计算机基础与实训教材系列

ASP.NET 4.0(C#)

实用教程

张玉兰 编著

清华大学出版社

北 京

内 容 简 介

本书由浅入深、循序渐进地介绍了微软公司推出的开发Web网站的新一代平台——ASP.NET 4.0的操作方法和使用技巧。全书共分13章，分别介绍了ASP.NET 4.0的基础知识、使用的编程语言、ASP.NET 基本对象、Web控件、ADO.NET数据库开发、数据绑定和数据控件、主题和母版页、网站导航、XML数据操作、LINQ查询、Web Service技术、ASP.NET AJAX等进行Web网站开发必须掌握的知识和技巧。最后一章讲解了一个综合实例——商场VIP积分管理系统，使读者在实际应用中能够更好地掌握ASP.NET。

本书内容丰富，结构清晰，语言简练，图文并茂，具有很强的实用性和操作性，适合作为高等院校及社会培训班的学习教材，也适合作为广大初、中级电脑用户的自学参考书。

本书对应的电子教案和实例源文件可以到http://www.tupwk.com.cn/edu网站下载。

图书在版编目CIP数据

ASP.NET 4.0(C#)实用教程/张玉兰 编著. —北京：清华大学出版社，2012.10
(计算机基础与实训教材系列)

ISBN 978-7-302-29699-7

Ⅰ. ①A… Ⅱ. ①张… Ⅲ. ①网页制作工具—程序设计—教材 Ⅳ. ①TP393.092

中国版本图书馆CIP数据核字(2012)第187532号

责任编辑：胡辰浩 易银荣
装帧设计：牛艳敏
责任校对：成凤进
责任印制：何 芊

出版发行：清华大学出版社
网 址：http://www.tup.com.cn，http://www.wqbook.com
地 址：北京清华大学学研大厦A座 邮 编：100084
社 总 机：010-62770175 邮 购：010-62786544
投稿与读者服务：010-62776969，c-service@tup.tsinghua.edu.cn
质 量 反 馈：010-62772015，zhiliang@tup.tsinghua.edu.cn
课 件 下 载：http://www.tup.com.cn，010-62796045
印 装 者：清华大学印刷厂
经 销：全国新华书店
开 本：190mm×260mm **印 张**：22 **字 数**：591千字
版 次：2012年10月第1版 **印 次**：2012年10月第1次印刷
印 数：1～5000
定 价：36.00元

产品编号：045691-01

编审委员会

丛书序

计算机已经广泛应用于现代社会的各个领域，熟练使用计算机已经成为人们必备的技能之一。因此，如何快速地掌握计算机知识和使用技术，并应用于现实生活和实际工作中，已成为新世纪人才迫切需要解决的问题。

为适应这种需求，各类高等院校、高职高专、中职中专、培训学校都开设了计算机专业的课程，同时也将非计算机专业学生的计算机知识和技能教育纳入教学计划，并陆续出台了相应的教学大纲。基于以上因素，清华大学出版社组织一线教学精英编写了这套“计算机基础与实训教材系列”丛书，以满足大中专院校、职业院校及各类社会培训学校的教学需要。

一、丛书书目

本套教材涵盖了计算机各个应用领域，包括计算机硬件知识、操作系统、数据库、编程语言、文字录入和排版、办公软件、计算机网络、图形图像、三维动画、网页制作以及多媒体制作等。众多的图书品种可以满足各类院校相关课程设置的需要。

⊙ 已出版的图书书目

《计算机基础实用教程》	《中文版 Excel 2003 电子表格实用教程》
《计算机组装与维护实用教程》	《中文版 Access 2003 数据库应用实用教程》
《五笔打字与文档处理实用教程》	《中文版 Project 2003 实用教程》
《电脑办公自动化实用教程》	《中文版 Office 2003 实用教程》
《中文版 Photoshop CS3 图像处理实用教程》	《JSP 动态网站开发实用教程》
《Authorware 7 多媒体制作实用教程》	《Mastercam X3 实用教程》
《中文版 AutoCAD 2009 实用教程》	《Director 11 多媒体开发实用教程》
《AutoCAD 机械制图实用教程(2009 版)》	《中文版 Indesign CS3 实用教程》
《中文版 Flash CS3 动画制作实用教程》	《中文版 CorelDRAW X3 平面设计实用教程》
《中文版 Dreamweaver CS3 网页制作实用教程》	《中文版 Windows Vista 实用教程》
《中文版 3ds Max 9 三维动画创作实用教程》	《电脑入门实用教程》
《中文版 SQL Server 2005 数据库应用实用教程》	《中文版 3ds Max 2009 三维动画创作实用教程》
《中文版 Word 2003 文档处理实用教程》	《Excel 财务会计实战应用》
《中文版 PowerPoint 2003 幻灯片制作实用教程》	《中文版 AutoCAD 2010 实用教程》
《中文版 Premiere Pro CS3 多媒体制作实用教程》	《AutoCAD 机械制图实用教程(2010 版)》
《Visual C#程序设计实用教程》	《Java 程序设计实用教程》

(续表)

《Mastercam X4 实用教程》	《SQL Server 2008 数据库应用实用教程》
《网络组建与管理实用教程》	《中文版 3ds Max 2010 三维动画创作实用教程》
《中文版 Flash CS3 动画制作实训教程》	《Mastercam X5 实用教程》
《ASP.NET 3.5 动态网站开发实用教程》	《中文版 Office 2007 实用教程》
《AutoCAD 建筑制图实用教程（2009 版）》	《中文版 Word 2007 文档处理实用教程》
《中文版 Photoshop CS4 图像处理实用教程》	《中文版 Excel 2007 电子表格实用教程》
《中文版 Illustrator CS4 平面设计实用教程》	《中文版 PowerPoint 2007 幻灯片制作实用教程》
《中文版 Flash CS4 动画制作实用教程》	《中文版 Access 2007 数据库应用实例教程》
《中文版 Dreamweaver CS4 网页制作实用教程》	《中文版 Project 2007 实用教程》
《中文版 InDesign CS4 实用教程》	《中文版 CorelDRAW X4 平面设计实用教程》
《中文版 Premiere Pro CS4 多媒体制作实用教程》	《中文版 After Effects CS4 视频特效实用教程》
《电脑办公自动化实用教程（第二版）》	《中文版 3ds Max 2012 三维动画创作实用教程》
《Visual C# 2010 程序设计实用教程》	《Office 2010 基础与实战》
《计算机组装与维护实用教程（第二版）》	《计算机基础实用教程（Windows 7+Office 2010 版）》
《中文版 AutoCAD 2012 实用教程》	《ASP.NET 4.0(C#)实用教程》
《Windows 7 实用教程》	

二、丛书特色

1、选题新颖，策划周全——为计算机教学量身打造

本套丛书注重理论知识与实践操作的紧密结合，同时突出上机操作环节。丛书作者均为各大院校的教学专家和业界精英，他们熟悉教学内容的编排，深谙学生的需求和接受能力，并将这种教学理念充分融入本套教材的编写中。

本套丛书全面贯彻“理论→实例→上机→习题”4 阶段教学模式，在内容选择、结构安排上更加符合读者的认知习惯，从而达到老师易教、学生易学的目的。

2、教学结构科学合理，循序渐进——完全掌握“教学”与“自学”两种模式

本套丛书完全以大中专院校、职业院校及各类社会培训学校的教学需要为出发点，紧密结合学科的教学特点，由浅入深地安排章节内容，循序渐进地完成各种复杂知识的讲解，使学生能够一学就会、即学即用。

对教师而言，本套丛书根据实际教学情况安排好课时，提前组织好课前备课内容，使课堂

教学过程更加条理化，同时方便学生学习，让学生在学习完后有例可学、有题可练；对自学者而言，可以按照本书的章节安排逐步学习。

3、内容丰富、学习目标明确——全面提升“知识”与“能力”

本套丛书内容丰富，信息量大，章节结构完全按照教学大纲的要求来安排，并细化了每一章内容，符合教学需要和计算机用户的学习习惯。在每章的开始，列出了学习目标和本章重点，便于教师和学生提纲挈领地掌握本章知识点，每章的最后还附带有上机练习和习题两部分内容，教师可以参照上机练习，实时指导学生进行上机操作，使学生及时巩固所学的知识。自学者也可以按照上机练习内容进行自我训练，快速掌握相关知识。

4、实例精彩实用，讲解细致透彻——全方位解决实际遇到的问题

本套丛书精心安排了大量实例讲解，每个实例解决一个问题或是介绍一项技巧，以便读者在最短的时间内掌握计算机应用的操作方法，从而能够顺利解决实践工作中的问题。

范例讲解语言通俗易懂，通过添加大量的“提示”和“知识点”的方式突出重要知识点，以便加深读者对关键技术和理论知识的印象，使读者轻松领悟每一个范例的精髓所在，提高读者的思考能力和分析能力，同时也加强了读者的综合应用能力。

5、版式简洁大方，排版紧凑，标注清晰明确——打造一个轻松阅读的环境

本套丛书的版式简洁、大方，合理安排图与文字的占用空间，对于标题、正文、提示和知识点等都设计了醒目的字体符号，读者阅读起来会感到轻松愉快。

三、读者定位

本丛书为所有从事计算机教学的老师和自学人员而编写，是一套适合于大中专院校、职业院校及各类社会培训学校的优秀教材，也可作为计算机初、中级用户和计算机爱好者学习计算机知识的自学参考书。

四、周到体贴的售后服务

为了方便教学，本套丛书提供精心制作的 PowerPoint 教学课件(即电子教案)、素材、源文件、习题答案等相关内容，可在网站上免费下载，也可发送电子邮件至 wkservice@vip.163.com 索取。

此外，如果读者在使用本系列图书的过程中遇到疑惑或困难，可以在丛书支持网站(http://www.tupwk.com.cn/edu)的互动论坛上留言，本丛书的作者或技术编辑会及时提供相应的技术支持。咨询电话：010-62796045。

ASP.NET 4.0 是 Microsoft 公司推出的新一代 Web 应用程序开发平台，它已经成为网络应用的主流。近年来，随着互联网的高速发展，能够便捷高效地开发 Web 2.0 网站已经成为编程人员的迫切需要。为了适应人们对网站开发的要求，ASP.NET 4.0 在 ASP.NET 3.5 的基础上提供了更强大的 Web 控件，更多支持控件的数据源以及支持多框架和多语言的开发，使编程人员能够轻易地创建功能丰富和界面友好的 Web 网站。

本书从教学实际需求出发，合理安排知识结构，从零开始、由浅入深、循序渐进地讲解 ASP.NET 4.0 的基本知识和使用方法。全书共分 13 章，主要内容如下所示。

第 1 章介绍 Web 的基本概念和 ASP.NET 4.0 的开发环境——Visual Studio 2010 的安装和使用界面，最后讲解了如何安装和配置 IIS。通过这一章的学习，读者能够对 ASP.NET 4.0 有一个初步的认识。

第 2 章介绍开发 ASP.NET 网站所使用的程序设计语言—— C#。通过对 C#语言中关键的语法和面向对象编程知识的讲解，为读者进行 Web 网站开发打下基础。

第 3 章系统介绍 ASP.NET 的常用内置对象 Page、Request、Response、Server、Cookie、Session 和 Application。通过使用这些内置对象的方法和属性，可以很方便地完成许多功能。

第 4 章介绍 ASP.NET 4.0 中最常用的服务器控件的属性和常用方法，包括列表控件、验证控件和用户控件。掌握这些控件，就可以设计出丰富的网页布局。

第 5 章介绍 ADO.NET 数据库开发。所有网站的开发都离不开与数据库的交互。本章重点介绍了 ADO.NET 对 SQL Server 关系型数据库的访问和操作，将整个操作数据库的步骤详细地介绍给读者。

第 6 章介绍最常用的数据绑定控件 GridView、ListView 和 DetailsView 的基本使用、与这些数据绑定控件配合使用的数据源控件 SqlDataSource 和新增的 Char 控件。结合使用这几类控件能够以不同的方式来显示数据。

第 7 章介绍主题和母版页。主题技术使编程人员能够设计出不同风格的界面。而母版页技术对整个网站的布局风格和界面的设计统一发挥着重要作用，对于网站后期的维护提供了切实可行的方案。这两种技术使用户能够更高效地设计网页。

第 8 章介绍网站导航。通过对 ASP.NET 4.0 中提供的网站地图和常用的导航控件 TreeView、Menu 和 SiteMapPath 的学习，能够很轻松地实现优秀的页面导航功能。

第 9 章介绍 XML 数据操作。通过对 XML 基本语法和实际操作的介绍，使读者掌握如何在网站中使用 XML 技术存储和访问数据。

第 10 章介绍 ASP.NET LINQ 技术。LINQ 集成查询技术代替了原有的 SQL，可以提供更好的完全面向对象开发的查询。本章介绍 LINQ 的基础知识及查询语法，通过 ADO.NET 中的 LINQ To SQL 技术实现对数据库数据的操作。

第 11 章介绍 Web 服务的基本原理、各种协议，以及在网站中如何创建、测试和调用 Web

服务。其中包括了使用现有 Web 服务和通过 Web 服务实现数据库操作。

第 12 章介绍 ASP.NET AJAX 技术。从 ASP.NET AJAX 的结构组成到核心控件的使用，以及 AJAX Control Toolkit 的 ASP.NET AJAX 扩展控件包，使读者能够快速掌握 ASP.NET AJAX 技术。

第 13 章为了提升读者对 ASP.NET 4.0 的学习，介绍了一个综合案例——商场 VIP 积分管理系统的开发过程。从项目最基本的系统分析与设计开始，先确定系统的需求分析和模块划分，然后根据需求分析进行数据库和数据表的结构设计。在此基础上，为了满足系统与数据库的交互，分别创建系统的实体类和数据库管理类。最后对这 4 个主要的管理模块界面的设计代码和业务逻辑代码进行详细的介绍。

本书图文并茂，条理清晰，通俗易懂，内容丰富，在讲解每个知识点时都配有相应的实例，方便读者上机实践。同时在难于理解和掌握的部分内容上给出相关提示和注意，让读者能够快速地提高操作技能。此外，本书配有大量综合实例和练习，让读者在不断的实际操作中更加牢固地掌握书中讲解的内容。

本书主要由张玉兰编写，此外，王相羽、韩浩阳、张瑛、吴小莉、杨阳、王炳乾、彭志敏、潘超、苏建国、张琴、高梅、吴敏、朱虹、陈浩、汪梅、张建、王明、鲁云、王勇等同志在整理材料方面给予了编者很大的帮助。在此，编者对他们表示衷心的感谢。在编写本书的过程中参考了相关文献，在此向这些文献的作者深表感谢。

由于作者水平所限，本书难免有不足之处，敬请广大读者批评指正。我们的邮箱是 huchenhao@263.net，电话是 010-62796045。

作　　者

2012 年 7 月

推荐课时安排

章　　名	重点掌握内容	教学课时
第 1 章　ASP.NET 4.0 网站开发入门	1. Visual Studio 2010 的开发环境 2. IIS 服务器的安装和配置 3. Web.config 文件的结构 4. ASP.NET 4.0 的基本框架	3 学时
第 2 章　C#程序设计语言	1. C#常用的数据类型 2. C#控制语句的运用 3. 使用类和对象实现面向对象编程	4 学时
第 3 章　ASP.NET 基本对象	1. 页面的生命周期 2. 在页面中使用 Request 对象传递值 3. Cookie 的应用 4. Session 对象的常用属性和方法	4 学时
第 4 章　Web 控件	1. 服务器控件的基本属性 2. ListBox 列表控件的应用 3. 如何配合使用各种验证控件 4. 用户控件的创建和应用	4 学时
第 5 章　ADO.NET 数据库开发	1. 在 Visual Studio 2010 中连接数据库 2. ADO.NET 常用的数据库操作类 3. 使用 DataSet 类的属性和方法 4. 访问数据库的基本步骤	4 学时
第 6 章　数据绑定和数据控件	1. 数据绑定的基本概念和类型 2. SqlDataSource 控件的使用 3. 使用 GridView 和 DetailsView 实现主从表 4. 使用模块设计 ListView 控件的外观	3 学时
第 7 章　主题和母版页	1. 主题中 SkinID 的应用 2. 母版页的创建和使用	4 学时
第 8 章　网站导航	1. 网站地图的编写 2. TreeView 控件的使用 3. Menu 控件的应用 4. SiteMapPath 控件的使用	3 学时

(续表)

章　名	重点掌握内容	教 学 课 时
第 9 章　XML 数据操作	1. XML 的概念和语法 2. 使用 XSL 转换 XML 3. 对 XML 文件的操作	3 学时
第 10 章　ASP.NET LINQ 技术	1. LINQ 的基本原理 2. LINQ 查询的语法 3. 使用 LINQ to SQL 技术访问数据库	4 学时
第 11 章　Web Service 技术	1. Web Service 的基本构成 2. SOAP 简单对象访问协议 3. Web Service 的实际使用	4 学时
第 12 章　ASP.NET AJAX 技术	1. ASP.NET AJAX 中 ScriptManager 控件的使用 2. ASP.NET AJAX 的服务器端和客户端 3. ASP.NET AJAX 中 UpdatePanel 控件的使用	4 学时
第 13 章　商场 VIP 积分管理系统	1. 系统需求分析的确定 2. 数据库管理模块的实现 3. 数据库表的设计 4. 界面设计和逻辑业务的实现	4 学时

注：1. 教学课时安排仅供参考，授课教师可根据情况作调整。

2. 建议每章安排与教学课时相同时间的上机练习。

目　录

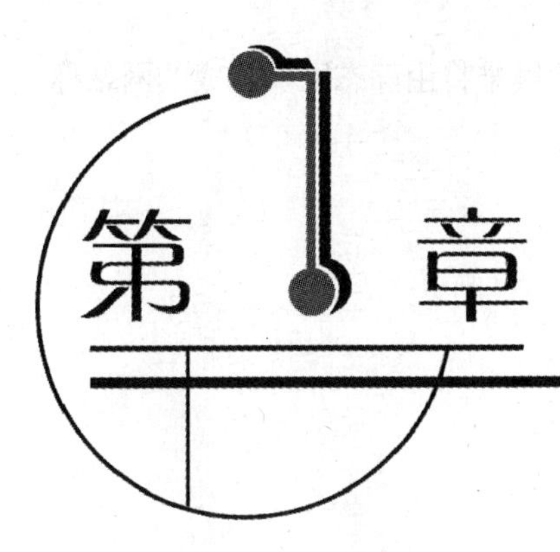

ASP.NET 4.0 网站开发入门

学习目标

ASP.NET 4.0 作为之前各个 ASP.NET 版本的集大成者，开创了公共语言运行库和动态语言运行库相结合的编程框架，可用于在服务器上生成功能强大的 Web 应用程序。本章首先介绍了 Web 页面的基础知识；接着概括地介绍了 ASP.NET 4.0 框架的基本理论；然后着重讲解了 Visual Studio 2010 的安装步骤和基本操作，包括 Web 服务器的安装和配置；最后介绍如何配置应用程序。通过本章的学习，读者可了解到 Visual Studio 2010 使开发者不用编写太多的代码就可以设计出精美的页面，从而为开发者提供了极大的方便。

本章重点

- Visual Studio 2010 的开发环境
- IIS 服务器的安装和配置
- Web.config 文件的结构
- ASP.NET 4.0 的基本框架

1.1 初识网页

互联网于 20 世纪 60 年代末出现，早期的互联网用户大多限于教育机构和国防机构。随着越来越多的用户在全球范围内实现信息共享，互联网逐渐兴盛起来。直到 20 世纪 90 年代初，调制解调器的出现使得互联网开始向普通用户开放。1993 年，第一个 HTML 浏览器的出现拉开了互联网革命的序幕。在互联网的发展过程中，Web 网站的开发技术也得到了不断的发展。

1.1.1 HTML 和 HTML 表单

早期网站发布的是静态网页，主要由 HTML 语言和 HTML 表单组成，虽然网页中包含文字

和图片，但这些内容需要在服务器端以手工方式进行变换，因此很难将由静态网页构成的网站称为 Web 程序。下面是一个简单的 HTML 文件的代码：

```
1. <html>
2.  <head>
3.     <title>Web Page</title>
4. </head>
5. <body>
6.     <h1>Html 文件</h1>
7. <p>这是一个静态的网页</p>
8. </body>
9. </html>
```

代码说明：该程序包含一个标题和一行文字。其中，标题包含在标记<h1>和</h1>之间，文字包含在标记<p>和</p>之间。如图 1-1 所示的是该网页文件被浏览器解析后的效果。

一个 HTML 文件包含两部分内容：文本和标记。其中，文本是 HTML 要显示的内容，标记则是告诉浏览器如何显示这些内容。HTML 的标记定义为不同层次的标题、段落、链接、斜体格式化和横向线等。

在 HTML 2.0 中引入 HTML 表单后，才有了真正意义的 Web 程序：在一个 HTML 表单中，所有的控件都放在<form>和</form>中。当客户端单击【提交】按钮后，网页上的所有内容就被以字符串的形式发送到服务器端，服务器端的处理程序根据事先设置好的动作来响应客户的请求。例如，下面的代码就是一个由 HTML 表单控件构成的简单页面。

```
1. <html>
2.  <head>
3.     <title>Web Page</title>
4. </head>
5. <body>
6. <form>
7.     <h3>请选择您的学历？</h3>
8. <p>请作出选择：</p>
9. <input type="checkbox" />本科<br/>
10. <input type="checkbox" />大专<br/>
11. <input type="checkbox" />高中<br/>
12. <input type="checkbox" />初中<br/>
13. <input type="submit" value="提交">
14. </form>
15. </body>
16. </html>
```

代码说明：该程序包含 1 个标题、1 行文字、4 个复选框和 1 个【提交】按钮，这些内容均被包含于表单标记之间。该网页的运行效果如图 1-2 所示。

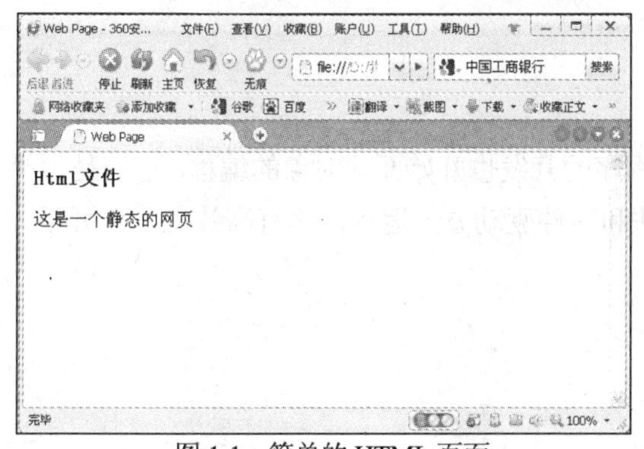

图 1-1　简单的 HTML 页面

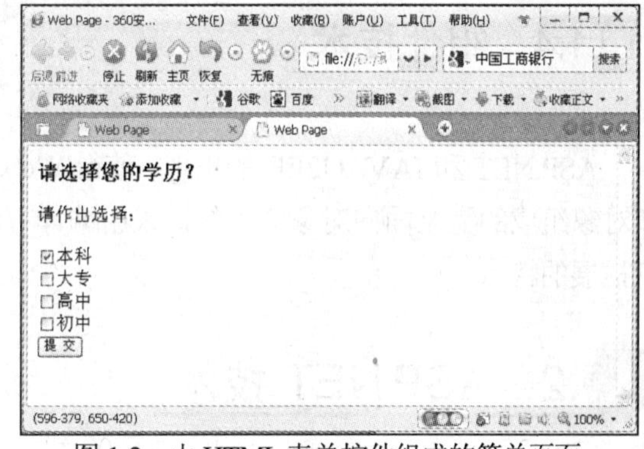

图 1-2　由 HTML 表单控件组成的简单页面

尽管 ASP.NET 动态页面当今很流行，但 HTML 表单控件仍然是这些页面的基本组成元素，所不同的是这些控件运行在服务器端。所以，开发人员必须掌握最基本的 HTML 表单，以便能够更好地使用 ASP.NET 平台进行程序开发。

1.1.2　CGI 接口

CGI 是 Common Gateway Interface 的缩写，是服务器端的一种通用(标准)接口。CGI 开启了动态网页的先河。其运行原理是：每当服务器接到客户端更新数据的请求以后，利用这个接口去启动外部应用程序(利用 C、C++、Perl、Java 或其他语言编写)，以进行各类计算、处理或访问数据库的工作，处理完后将结果返回 Web 服务器，最后返回浏览器。后来又出现了有所改进的 ISAPI 和 NSAPI 技术，提高了动态网页的运行效率，但仍然需要开发外部应用程序，而开发外部应用程序是一项很复杂的事情。

1.1.3　脚本语言

在 CGI 技术开发之后又出现了很多优秀的脚本语言，如 ASP、JSP、PHP 等。脚本语言简化了 Web 程序的开发，一时间成为 Web 开发人员的最爱。但脚本语言使用起来也并不简单，首先其代码组织混乱，和 HTML 标记杂乱堆砌在一起，开发与维护都非常不便，以至当 ASP.NET 的代码隐藏模式出现后，使用这些脚本语言的 Web 程序开发人员都有一种耳目一新的感觉；另外，脚本语言的编程思想也不符合当前流行的面向对象编程思想。因此，脚本语言必将会被其他更高级的语言(ASP.NET、JAVA 等)代替。

提示

网页的内容多种多样，但是网页的构成是基本一致的。通常一个网页由网页标记语言和脚本语言构成。网页标记语言构成固定的框架，脚本语言实现页面的动态变化。

1.1.4 组件技术

ASP.NET 和 JAVA(J2EE)的出现，使得 Web 程序的开发也开始面向对象的编程，它们是由类和对象组成的完全面向对象的系统，采用编译方法和事件驱动方式运行，具有高效率、高可靠、可扩展的特点。

1.2 ASP.NET 技术

经过了 8 年的发展，ASP.NET 技术已深入互联网。基于 HTML 的显示通讯，通过可编程的基于 XML 的技术得到了增强，Web 服务的概念被引入进来了。普通用户成为最大的受益者，实现了通过手写、语音以及图像增强技术与个人数据进行交互。如今在经历 ASP.NET 3.5 的短暂过渡之后，ASP.NET 4.0 以正式版本的形式出现在开发人员的视野中。ASP.NET4.0 框架代表着一系列的技术，这些技术可以用来帮助我们建立丰富的应用程序。

1.2.1 .NET 语言

ASP.NET 4.0 框架支持多种语言，包括 C#、VB、J#、C++等，而本书的实例在后台使用的语言主要是 C#。

C#是在.NET 1.0 中开始出现的一种新语言，在语法上，它与 JAVA 和 C++比较相似。实际上 C#是微软整合了 JAVA 和 C++的优点而开发出来的一种语言，是微软对抗 JAVA 平台的一张王牌。

.NET 框架还支持其他语言，比如 J#等。甚至可以使用第三方提供的语言，如 Eiffel 或 COBOL 的.NET 版本，这样就增加了程序员开发应用程序时可选择的范围。尽管如此，在开发 ASP.NET 应用程序时 VB 和 C#还是首选。

其实，所有.NET 语言在被执行之前，都会被编译成一种低级别的语言，这种语言就是中间语言(Intermediate Language，简称 IL)。CLR 之所以支持很多种语言，就是因为这些语言在运行之前被编译成了中间语言。由于所有的.NET 语言都是建立在中间语言之上，所以 VB 和 C#具有相同的特性和行为，因此一个利用 C#编写的 Web 页面可以使用一个 VB 编写的组件，同样，使用 VB 编写的 Web 页面也可以使用 C#编写的组件。

.NET 框架提供了一个公共语言规范(Common Language Specification，简称 CLS)，以保证这些语言之间的兼容性。只要遵循 CLS，任何利用某一种.NET 语言编写的组件都可以被其他语言引用。CLS 的一个重要部分是公共类型系统(Common Type System，简称 CTS)，其中定义了如数字、字符串和数组等数据类型的规则，它们能为所有的.NET 语言所共享。CLS 还定义了如类、方法、实践等对象成分。但事实上，基于.NET 进行程序开发的程序员却没有必要考虑 CLS 是如何工作的，因为这一切都由.NET 平台自动完成。其实 CLR 只执行中间语言代码，然后将其进一步编译成机器语言代码，以能够在当前平台执行。

提示

.NET 类库非常庞大，读者没必要熟悉其提供的每一个类和集合，只需熟悉一些常用的类和命名空间即可，如 Request 类、Response 类和 System.Web 命名空间等。

1.2.2 公共语言运行库

公共语言运行库是.NET Framework 的基础，是.NET Framework 的运行时环境。公共语言运行库是一个在执行时管理代码的代理，以跨语言集成、自描述组件、简单配置和版本化及集成安全服务为特点，提供核心服务(如内存管理、线程管理和远程处理)。公共语言运行库还强制实施严格的类型安全以及可确保安全性和可靠性的其他形式的代码准确性。公共语言运行库遵循公共语言架构(简称 CLI)标准，可以使 C++、C#、Visual Basic 以及 JScript 等多种语言能够深度集成。

1.2.3 动态语言运行时

.NET 4.0 框架中最令人激动的新特性是动态语言运行时(Dynamic Language Runtime，简称 DLR)。就像公共语言运行库为静态型语言(如 C# 和 VB.NET)提供了通用平台一样，动态语言运行时为 JavaScript、 Ruby、Python 甚至 COM 组件等动态型语言提供了通用平台。这代表.NET4.0 框架在互操作性方面向前迈进了一大步。

动态语言运行时是一种运行时环境，它将一组适用于动态语言的服务添加到公共语言运行时。借助于动态语言运行时，可以更轻松地开发要在.NET 4.0 框架上运行的动态语言，而且向静态类型化语言添加动态功能也会更容易。

1.2.4 .NET 类库

.NET Framework 的另一个主要组件是类库，它是一个综合性的面向对象的可重用类型集合，如 ADO.NET、ASP.NET 等。.NET 基类库位于公共语言运行库的上层，与.NET Framework 紧密集成在一起，可被.NET 支持的任何语言使用，这就是 ASP.NET 可以使用 C#、VB.NET、VC.NET 等语言进行开发的原因。.NET 类库非常丰富，提供了数据库访问、XML、网络通信、线程、图形图像、安全以及加密等多种功能服务。类库中的基类提供了标准的功能，如输入输出、字符串操作、安全管理、网络通信、线程管理、文本管理和用户界面设计功能。这些类库使得开发人员能够更容易地建立应用程序和网络服务，从而提高开发效率。

1.2.5 ASP.NET应用程序

ASP.NET 应用程序是一系列资源和配置的组合，这些资源和配置只在同一个应用程序内共享，而其他应用程序则不能共享这些资源和配置，即使这些应用程序发布在同一台服务器上。就技术而言，每个 ASP.NET 应用程序都运行在一个单独的应用程序域，应用程序域是内存中的独立区域，这样可以确保在同一台服务器上的应用程序不会相互干扰，防止其中某个应用程序发生错误影响到其他应用程序的正常运行。同样，应用程序域限制一个应用程序中的 Web 页面访问其他应用程序的存储信息。每个应用程序都单独运行，具有自己的存储、应用和会话数据。

ASP.NET 应用程序的标准定义是：文件、页面、处理器、模块和可执行代码的组合，并且它们能够从服务器上的一个虚拟目录中被引用。换句话说，虚拟目录是界定应用程序的基本组织结构。

1.2.6 ASP.NET页面与服务器交互

ASP.NET 页面以代码形式在服务器上运行。因此，要得到处理，页面必须在用户单击按钮(或当用户选中复选框或与页面中的其他控件交互)时提交到服务器。每次页面都会提交回自身，以便它可以再次运行其服务器代码，然后向用户呈现其自身的新版本。传递 Web 页面的过程如下。

- 用户请求页面。用户使用 HTTP GET 方法请求页面，页面第一次运行，执行初步处理(如果已通过编程让它执行初步处理)。
- 页面将标记动态呈现在浏览器上。
- 用户输入信息或从可用选项中进行选择，然后单击按钮。如果用户单击的是链接而不是按钮，页面可能仅仅定位到另一页，而第一页不会被进一步处理。
- 页面被发送到 Web 服务器。浏览器执行 HTTP POST 方法，该方法在 ASP.NET 中被称为"回发"。更明确地说，页面发送回其自身。例如，如果用户正在使用 Default.aspx 页面，则单击该页上的某个按钮可以将该页面发送回服务器，发送的目标则是 Default.aspx。
- 在 Web 服务器上，该页再次运行，并且可在页面上进行用户输入或选择信息。
- 页面执行程序指定的操作。
- 页面将其自身呈现于浏览器上。

1.2.7　ASP.NET 4.0 的新特性

ASP.NET 4.0 与之前的框架相比，增加了如下一些新的特性：

- 深度集成了 ASP.NET MVC 2.0 版本，从而提供了一种 ASP.NET Web 窗体模式之外的另一种开发模式，将应用程序分为模型、视图和控制器，化繁为简，使编程工作更加轻松。
- 利用 ASP.NET AJAX 4.0 技术可以建立更有效率、更具有互动性和高度个性化的 Web 体验，而且这些都可以在最流行的浏览器中实现。
- 改进了 Visual Studio 开发环境中的网页设计器，提高了 CSS 的兼容性，增加了对 HTML 和 ASP.NET 标记代码段的支持，并提供了重新设计的 JScript 智能感知功能。
- 对 Web 窗体开发功能进行了升级，从而解决了该框架的一些主要缺点，如对视图状态(ViewState)的控制、支持最近引入的浏览器和设备、支持对 Web 窗体使用 ASP.NET 等。

1.3　Visual Studio 2010 开发环境

每一个正式版本的.NET 框架都会有一个与之对应的高度集成的开发环境，微软称之为 Visual Studio，中文意思是可视化工作室。随同 ASP.NET 4.0 一起发布的开发工具是 Visual Studio 2010，它对基于 ASP.NET 4.0 的项目开发具有很大的帮助，使用 Visual Studio 2010 可以很方便地进行各种项目的创建、具体程序的设计、程序调试和跟踪以及项目发布等。

1.3.1　安装 Visual Studio 2010

Visual Studio 2010 目前有 3 个版本：Visual Studio 2010 Professional 版本、Visual Studio 2010 Premium 版本和 Visual Studio 2010 Ultimate 版本。其中，前两种用于个人和小型开发团队采用最新技术开发应用程序和实现有效的业务目标，第三种为体系结构、设计、开发、数据库开发以及应用程序测试等多任务的团队提供集成的工具集，在应用程序生命周期的每个步骤，团队成员都可以继续协作并利用一个完整的工具集与指南。

【例 1-1】将 Visual Studio 2010 安装到计算机中。

(1) 可以到 http://www.microsoft.com/visualstudio/zh-tw/products/2010-editions/professional 网站下载 Visual Studio 2010 的试用版，也可以去购买正版安装程序。

(2) 运行安装程序后，首先打开如图 1-3 所示的【Microsoft Visual Studio 2010 安装程序】对话框。

(3) 单击【安装 Microsoft　Visual Studio 2010】链接，即可打开如图 1-4 所示的资源复制过程界面。

图 1-3 【Microsoft Visual Studio 2010 安装程序】对话框

Microsoft Visual Studio 2010 专业版

安装程序正在将所需资源复制到 temp 目录。
正在复制文件 51/62。

正在复制安装文件：uninstall2.htm

图 1-4 资源复制过程界面

(4) 在资源复制完毕后，打开如图 1-5 所示的加载安装组件界面。

(5) 安装组件加载完毕后，【下一步】按钮被激活，界面如图 1-6 所示。

(6) 单击【下一步】按钮，打开如图 1-7 所示的软件安装许可条款确认界面。

(7) 选中【我已阅读并接受许可条款】单选按钮，然后输入产品密钥和用户名称，【下一步】按钮会被激活，单击【下一步】按钮，打开如图 1-8 所示的安装类型和路径选择界面。选中【完全】单选按钮，并选择所需的安装路径，然后单击【安装】按钮。

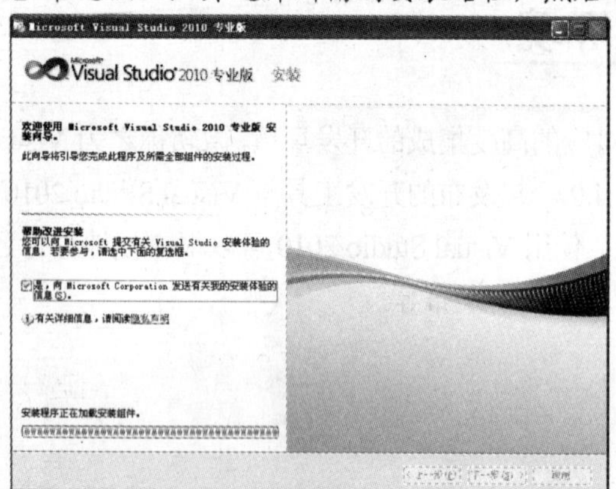

图 1-5 加载安装组件界面

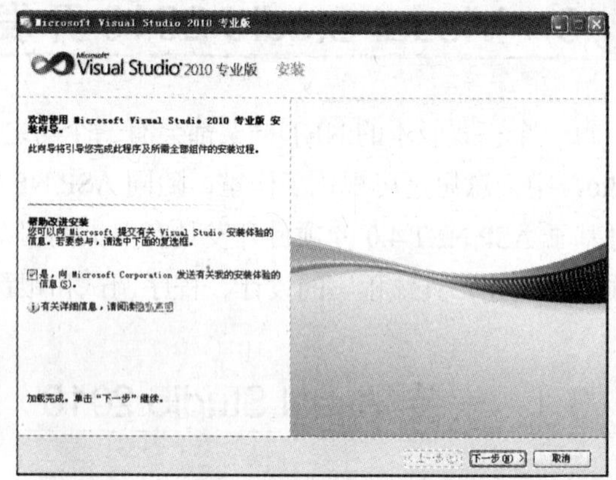

图 1-6 【下一步】按钮被激活界面

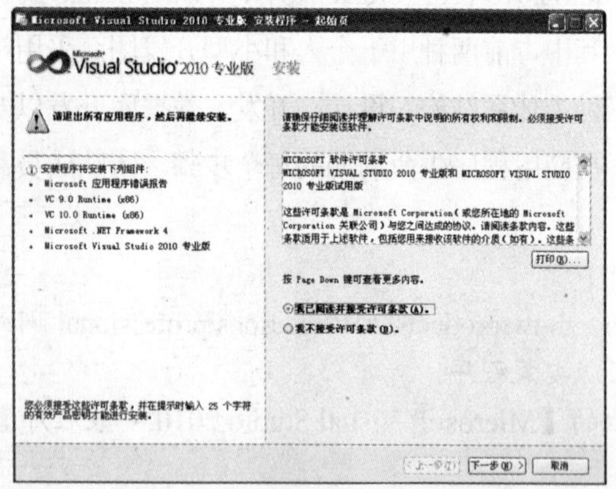

图 1-7 软件安装许可条款确认界面

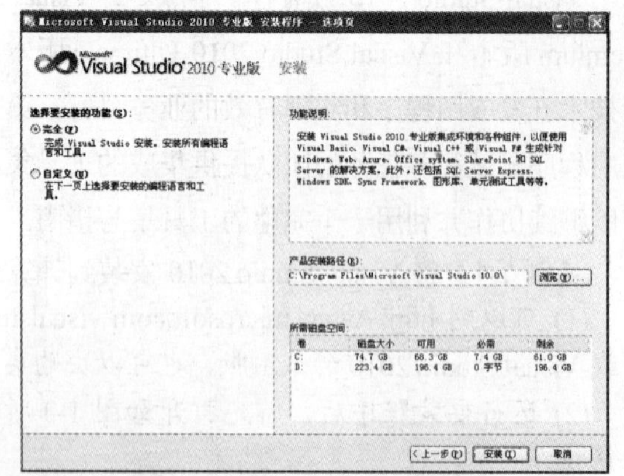

图 1-8 安装类型和路径选择界面

(8) 打开如图 1-9 所示的安装过程界面，开始安装并显示当前安装的组件。

(9) 当所有组件安装成功后，进入如图 1-10 所示的界面，其中显示已经成功安装 Visual Studio 2010 的信息，最后单击【完成】按钮结束安装过程。

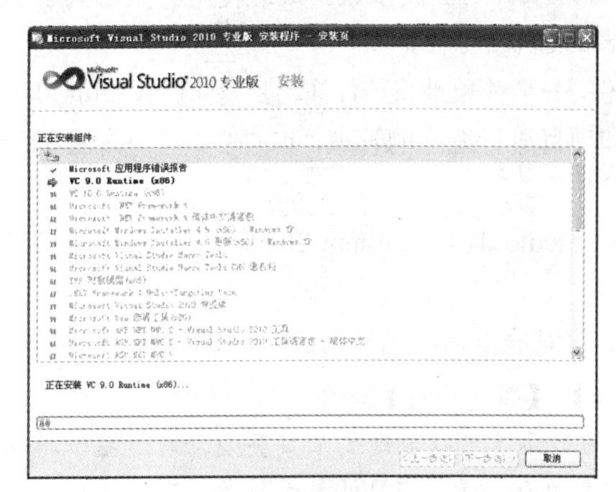

图 1-9　安装过程界面

图 1-10　安装成功后的界面

(10) 至此，Visual Studio 2010 已成功安装到计算机上了。

1.3.2　创建 Web 项目

【例 1-2】利用 Visual Studio 2010 创建一个 ASP.NET 项目。

(1) 选择【开始】|【所有程序】|【Microsoft Visual Studio 2010】|【Microsoft Visual Studio 2010】命令，打开 Visual Studio 2010 界面，如图 1-11 所示。

图 1-11　Visual Studio 2010 界面

Visual Studio 2010 主界面包含的内容如下。

- 标题栏、菜单栏、工具栏和状态栏：用于实现软件所有的功能和功能导航。
- 起始页：包括连接到团队、新建项目和打开项目的快捷按钮；最近使用的项目列表和 Visual Studio 2010 入门、指南和新闻列表的选项卡。
- 工具箱：提供了设计页面时常用的各种控件，只要简单地将控件拖动到设计页面即可使用。
- 解决方案资源管理器：用于对解决方案和项目进行统一的管理，其主要组成是各种类型的文件。
- 团队资源管理器：它是一个简化的 Visual Studio Team System 2010 环境，专用于访问 Team Foundation Server 服务。
- 服务器资源管理器：用于打开数据连接、登录服务器、浏览它们的数据库和系统服务。

(2) 单击【新建项目】快捷按钮或选择【文件】|【新建项目】命令，打开如图 1-12 所示的【新建项目】对话框，在【新建项目】对话框左边显示了可以创建的项目类型，右边显示与选定的项目类型对应的项目模板。展开【Viusal C#】节点，选择【Web】子节点，在对话框右边显示了可以创建的 Web 项目的模板。选择【ASP.NET 空 Web 应用程序 Viusal C#】选项，在【名称】文本框中输入项目名称，并选择相应的存储路径，单击【确定】按钮即可创建一个新的 Web 项目。

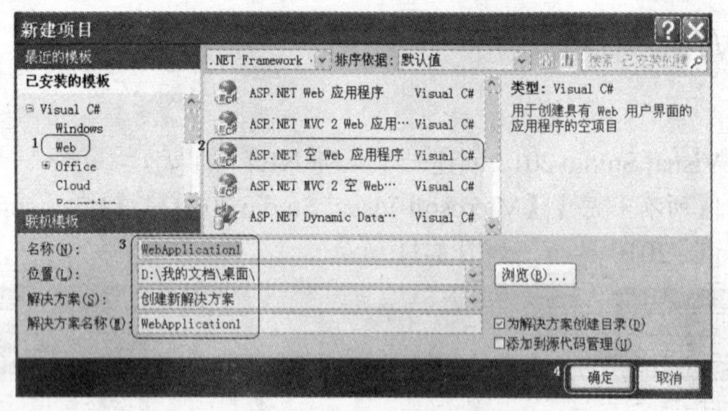

图 1-12 【新建项目】对话框

1.3.3 解决方案资源管理器

当创建一个新的网站项目之后，即可利用【解决方案资源管理器】对网站项目进行管理，通过【解决方案资源管理器】，可以浏览当前项目所包含的所有资源(.aspx 文件、.aspx.cs 文件、图片等)，也可以向项目中添加新的资源，并且可以修改、复制和删除已经存在的资源。【解决方案资源管理器】窗格如图 1-13 所示。

右击【解决方案资源管理器】中的项目名称，弹出如图 1-14 所示的快捷菜单。菜单中有多个添加命令，包括【添加新项】、【添加现有项】、【新建文件夹】、【添加 ASP.NET 文件夹】、【添加引用】、【添加 Web 引用】和【添加服务引用】等命令。其中，【添加新项】命令可用来添加 ASP.NET 4.0 支持的所有文件资源；【添加现有项】命令用来把已经存在的文件资源添加到

当前项目中；【新建文件夹】命令用来向网站项目中添加一个文件夹；【添加 ASP.NET 文件夹】命令用来向网站项目中添加一个 ASP.NET 独有的文件夹；【添加引用】命令用来添加类的引用，【添加 Web 引用】命令用来添加存在于 Web 上的公开类的引用；【添加服务引用】命令用来添加服务的引用。

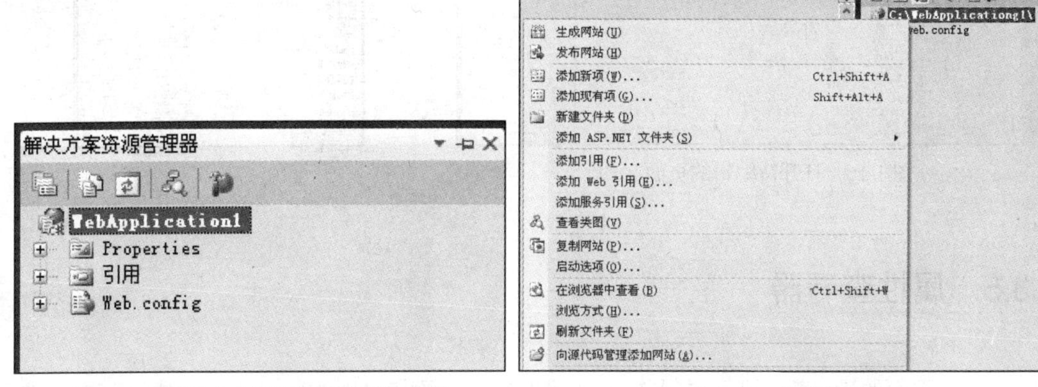

图 1-13　【解决方案资源管理器】窗格　　　　图 1-14　快捷菜单

选择【添加新项】命令，打开如图 1-15 所示的【添加新项】对话框，在该对话框中选中要添加的文件模板，并在【名称】文本框中输入该文件的名称，单击【添加】按钮即可向网站项目中添加一个新的文件。

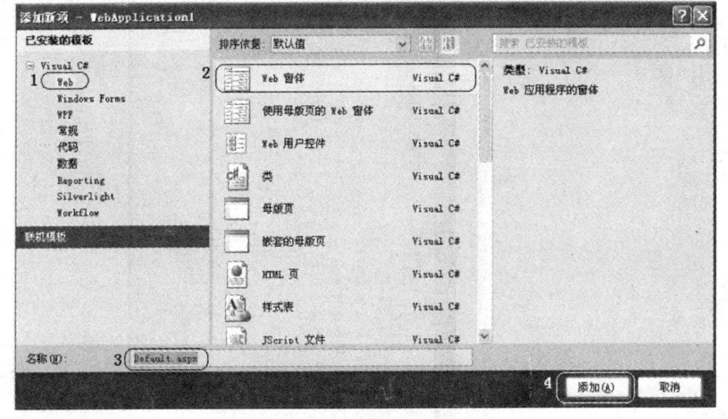

图 1-15　【添加新项】对话框

知识点

Windows 程序开发和 Web 程序开发所使用的工具栏并不相同。读者可根据项目属性来决定显示哪些工具栏。

1.3.4　编辑 Web 页面

在创建一个 Web 页面后，可以使用 Visual Studio 对它进行编辑。在资源管理器中双击某个需要编辑的 Web 页面文件，该页面文件就会在中间的视窗中打开，如图 1-16 所示。

页面文件编辑视窗有 3 种视图：设计视图、拆分视图和源视图。其中，设计视图用来显示页面设计的效果，并且可以从【工具箱】中直接拖动控件到设计视图中，【工具箱】是放置控件的容器，如图 1-17 所示；拆分视图同时显示页面的设计效果和源码；源视图显示页面的源码，可以在该视图中直接通过编写代码来设计页面。

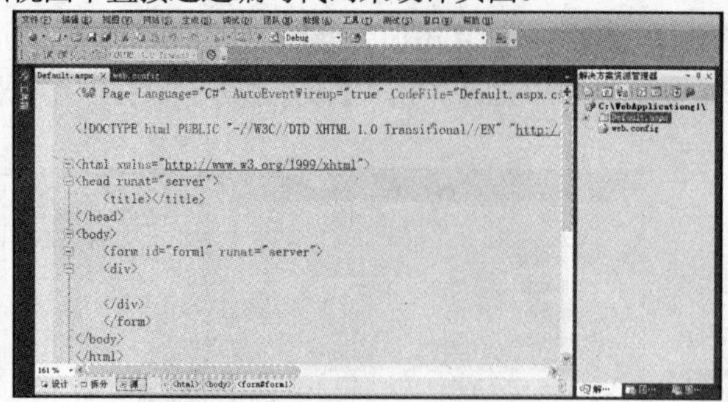

图 1-16　打开待编辑的页面文件

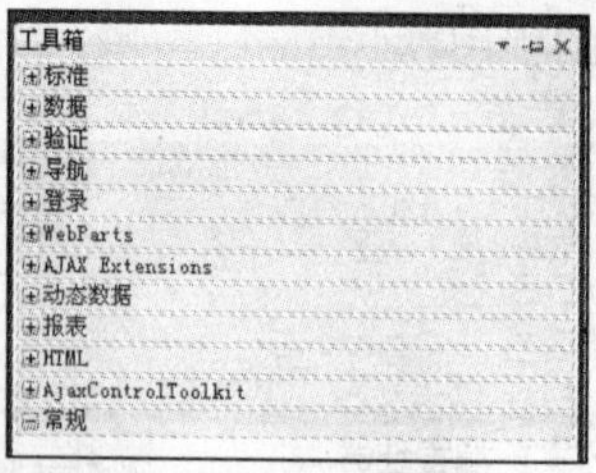

图 1-17　工具箱

1.3.5　属性查看器

在 Web 页面的设计视图下，右击某一个控件或页面的任何地方，在弹出的快捷菜单中选择【属性】命令，就会打开相应的【属性】窗格，如图 1-18 所示；或者选择菜单栏上的【视图】|【属性窗口】命令，如图 1-19 所示，也可以打开【属性】窗格。

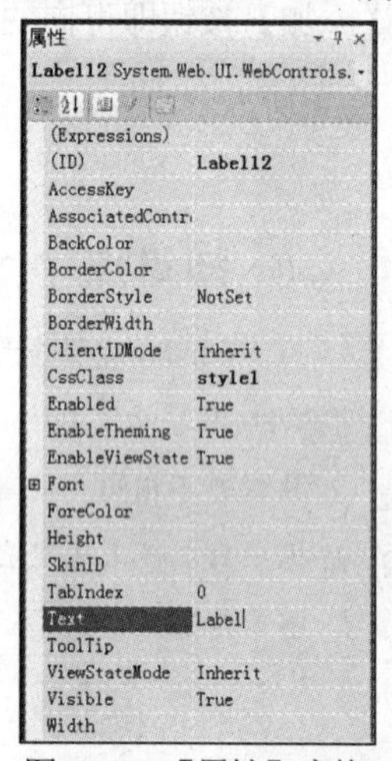

图 1-18　【属性】窗格

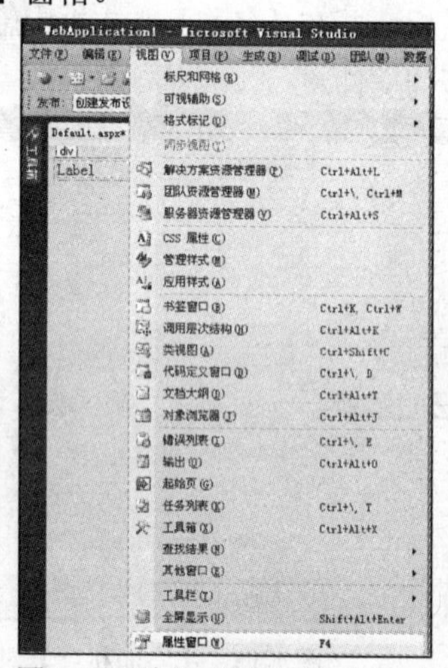

图 1-19　选择【属性窗口】命令

在【属性】窗格中，可以设置需要修改的属性，如修改背景色，可以在 BgColor 后面的文本框中输入所需的颜色值，或单击 BgColor 后面的三角按钮，在打开的颜色选择器中选择所需的颜色。

1.3.6　编辑后台代码

在 Web 页面的设计视图中，双击页面的任何地方，即可打开该页面的后台代码文件，如图 1-20 所示；或通过双击网站目录下的文件名 Default.aspx.cs，也可以打开后台代码文件。在此界面

中，开发者可以编写页面的后台逻辑代码。

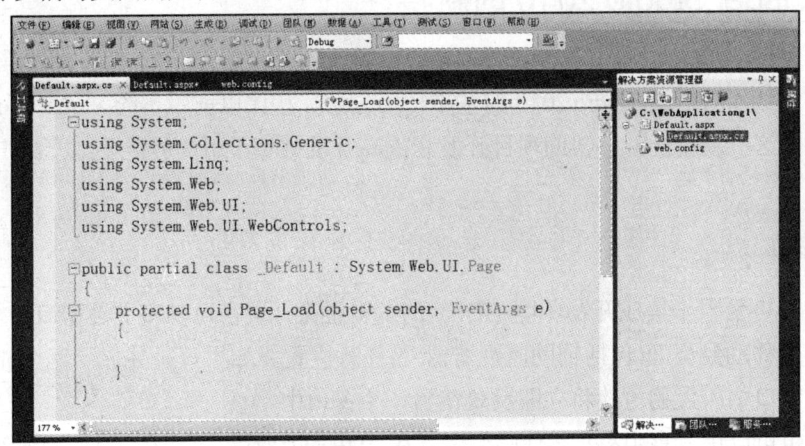

图 1-20　Web 页面的后台代码文件

1.3.7　编译和运行应用程序

选择菜单栏上的【生成】|【生成网站】命令，开始生成网站，如果生成成功，则弹出屏幕下方【输出】窗格中的内容，如图 1-21 所示。

单击工具栏上的【启动调试】按钮▶，打开如图 1-22 所示的【未启用调试】对话框。采用默认设置，单击【确定】按钮，浏览器就会显示程序的运行效果。

图 1-21　【输出】窗格

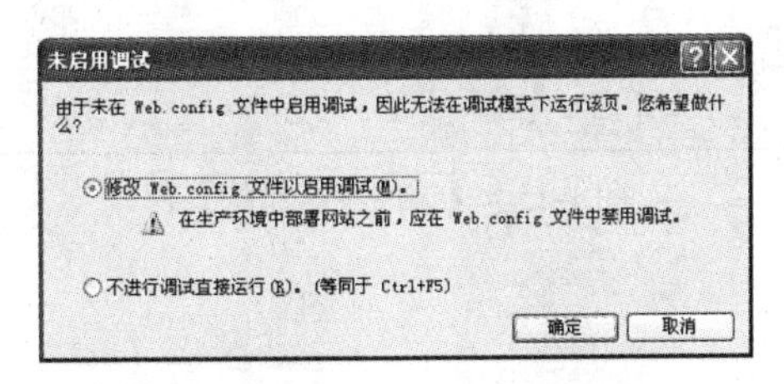

图 1-22　【未启用调试】对话框

提示

如果已经安装了 Visual Studio 2008，可以选择安装 MSDN 的帮助文档；如果不安装此文档；也可以到 MSDN 的网站在线查看相关文档。这个 MSDN 是 ASP.NET 开发人员最为重要的参考工具。

1.3.8 Visual Studio 2010 的新特性

前面两节介绍了 Visual Studio 2010 的基本使用方法，相比以前版本的 Visual Studio，它带来很多新的特性，这些新特性能够帮助项目开发和提高开发效率。下面就概要地介绍一下几个关键的新特性。

1. 窗口移动

文档窗口不再受限于集成开发环境 (IDE) 的编辑框架。现在可以将文档窗口停靠在 IDE 的边缘，或将它们移动到桌面(包括辅助监视器)上的任意位置。如果打开并显示两个相关的文档窗口，则在一个窗口中所做的更改将立即反映在另一个窗口中。

工具窗口也可以进行自由移动，使它们停靠在 IDE 的边缘、浮动在 IDE 的外部、填充部分或全部文档框架。这些窗口始终保持可停靠的状态。

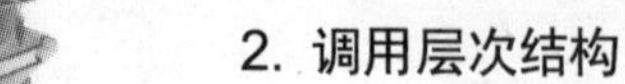

2. 调用层次结构

调用层次结构可以帮助用户分析代码，并实现导航定位功能。在方法、属性、字段、索引器或构造函数上点击右键，选择弹出菜单中的【查看调用层次结构】命令。在如图 1-23 显示的【调用层次结构】窗口能看到被调用方法的层次结构，双击某方法名称，即可定位到该方法定义的位置。

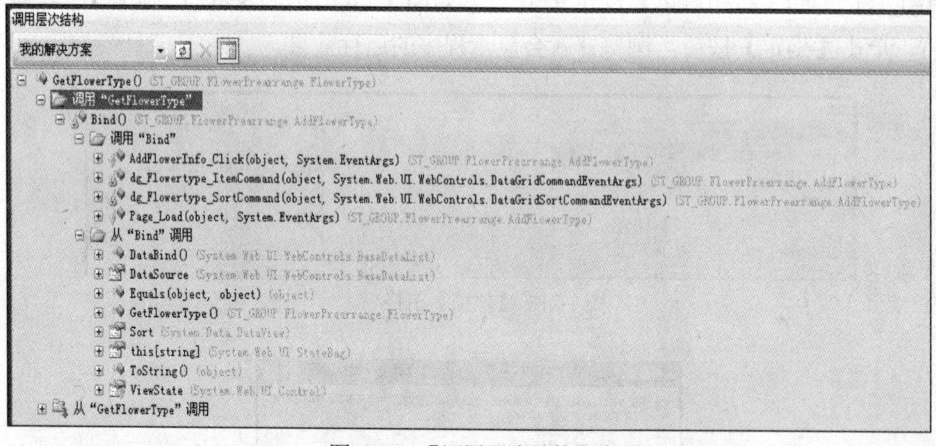

图 1-23 【调用层次结构】窗口

3. 定位搜索

这是一个使用字符进行快速搜索定位的工具。可以快速搜索源代码中的类型、成员、符号和文件。选择菜单栏上的【编辑】|【定位到】命令，打开如图 1-24 所示的定位搜索窗口。在搜索栏中输入查询内容(支持模糊查询功能)后，将列出相关结果信息。双击搜索结果可以直接转到代码所在位置。

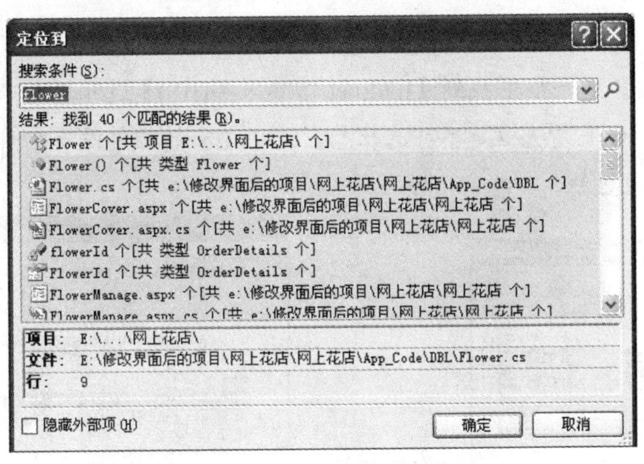

图 1-24　定位搜索窗口

4. 突出显示引用

用鼠标选中任何一个符号如方法、属性或变量等，在如图 1-25 所示的代码编辑器中将自动突出显示此符号的所有实例。用户还可以通过快捷键 CTRL+SHIFT+向上/向下键来从一个加亮的符号跳转到下一个加亮的符号。

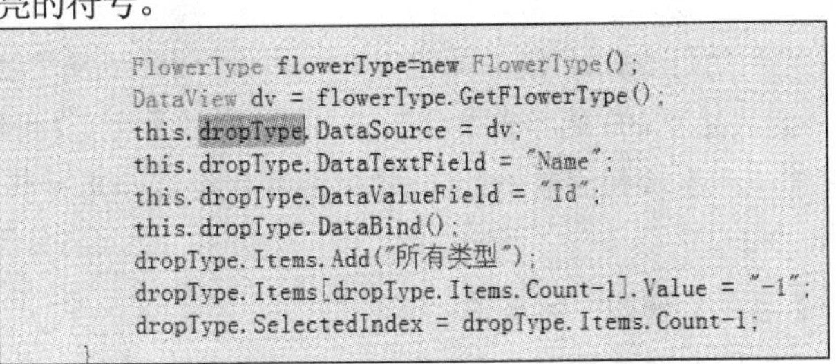

图 1-25　突出显示引用

5. 智能感知

在 Visual Studio 2010 中智能感知(IntelliSense)功能又进行了完善和加强，在用户输入一些关键字时，其搜索过滤功能并不只是将关键字作为查询项的开头，而是包含查询项所有位置。有时用户需要使用 switch、foreach、for 等类似语法结构，只需输入语法关键字，并按两下【Tab 键】，Visual Studio 2010 就会自动完成相应的语法结构。这一功能大大提高了开发人员的编程效率。

1.4　配置 Web 服务器

开发 Web 应用程序之前，需要安装和配置 IIS。IIS 是 Internet Information Server 的缩写，是微软公司主推的 Web 服务器。通过 IIS，开发人员可以方便地调试程序或发布网站。

【例 1-3】在计算机中安装和配置 IIS 服务器。

(1) 选择【开始】|【控制面板】|【添加或删除程序】命令，打开如图 1-26 所示的【添加或删除程序】对话框，该对话框显示了当前系统中已经安装的程序。

(2) 在对话框的左侧选择【添加/删除 Windows 组件】图标，在打开的如图 1-27 所示的【Windows 组件向导】对话框的【组件】列表框中找到【Internet 信息服务(IIS)】选项，如果尚未安装，则其左侧的复选框不会被选中；如果复选框是不可选状态，说明 IIS 的组件没有全部安装；否则说明 IIS 已经全部安装，退出安装过程。

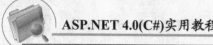

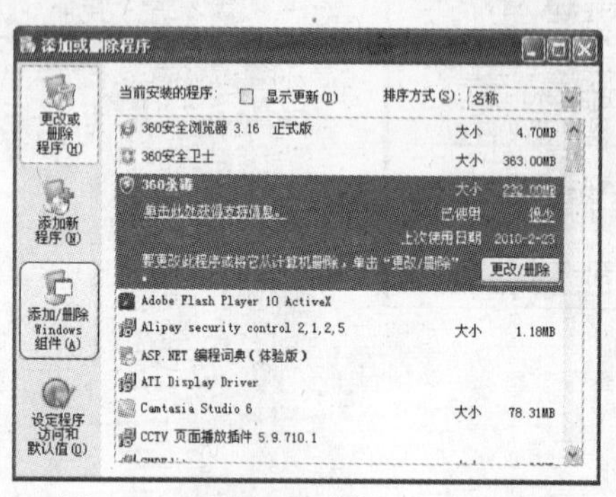

图 1-26 【添加或删除程序】对话框

图 1-27 【Windows 组件向导】对话框

(3) 如果复选框没有被选中，则选中该复选框；如果复选框是不可选状态，则选择该选项，单击【详细信息】按钮。

(4) 在打开的如图 1-28 所示的【Internet 信息服务(IIS)的子组件】对话框中选择要安装的选项，在此【公用文件】复选框是一定要选中的。选择要安装的选项后，单击【确定】按钮，返回【Windows 组件向导】对话框。单击【下一步】按钮安装 IIS，此时向导可能会提示用户将 Windows XP 系统盘放入光驱。

(5) 安装完毕后，单击【完成】按钮，完成 IIS 的安装。

(6) 选择【开始】|【控制面板】|【管理工具】|【Internet 信息服务】命令，打开如图 1-29 所示的【Internet 信息服务】窗口，依次展开【本地计算机】节点、【网站】节点和【默认网站】节点。

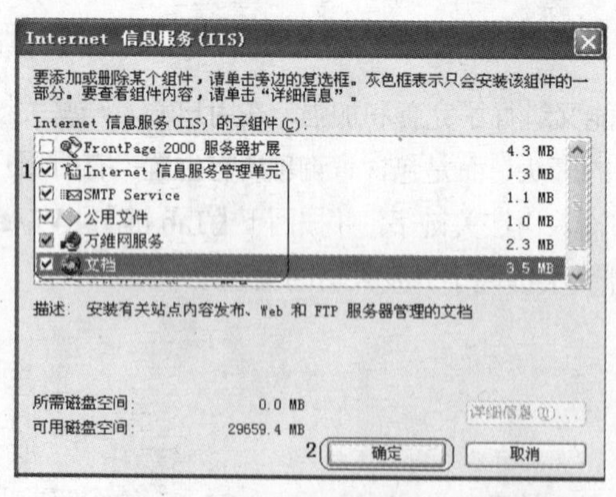

图 1-28 【Internet 信息服务(IIS)】对话框

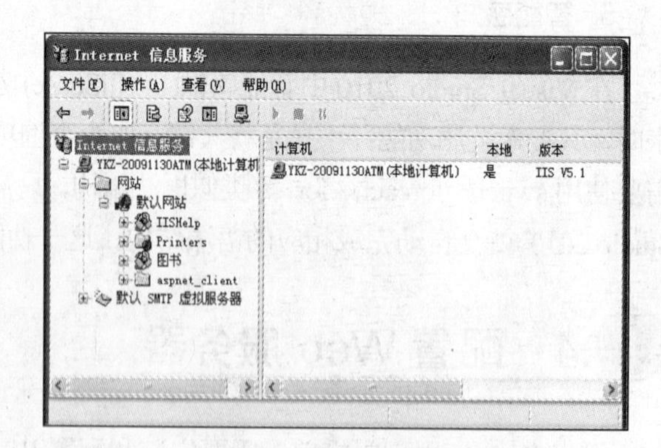

图 1-29 【Internet 信息服务】窗口

(7) 右击【默认网站】节点，弹出如图 1-30 所示的快捷菜单，用户可以选择【停止】命令关闭 IIS 服务，也可以选择【暂停】命令暂停 IIS 服务。

当用户通过 HTTP 浏览 Web 服务器上的一些 Web 页面时，Web 服务器需要确定与该页面对应的文件位于服务器硬盘上的具体位置。事实上，在 URL 给出的信息与包含页面的文件的物理

位置(在 Web 服务器的文件系统中)之间有着重要的关系，这个关系是通过虚拟目录来实现的。

虚拟目录相当于物理目录在 Web 服务器机器上的别名，它不仅使用户避免了冗长的 URL，也是一种很好的安全措施，因为虚拟目录对所有浏览者隐藏了物理目录结构。下面介绍创建虚拟目录的步骤。

(8) 在硬盘上创建一个物理目录，这里在 C 盘的根目录下创建一个目录，命名为 Sample。

(9) 右击【默认网站】节点，在弹出的如图 1-30 所示的快捷菜单中选择【新建】|【虚拟目录】命令，打开【虚拟目录创建向导】对话框，如图 1-31 所示。

(10) 在【虚拟目录创建向导】对话框中，单击【下一步】按钮。

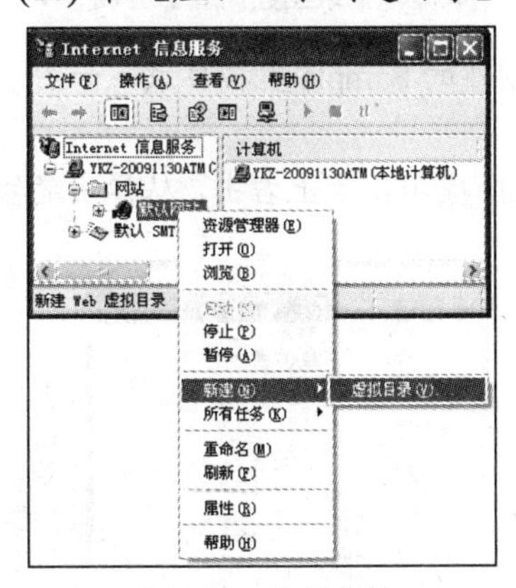

图 1-30　选择菜单

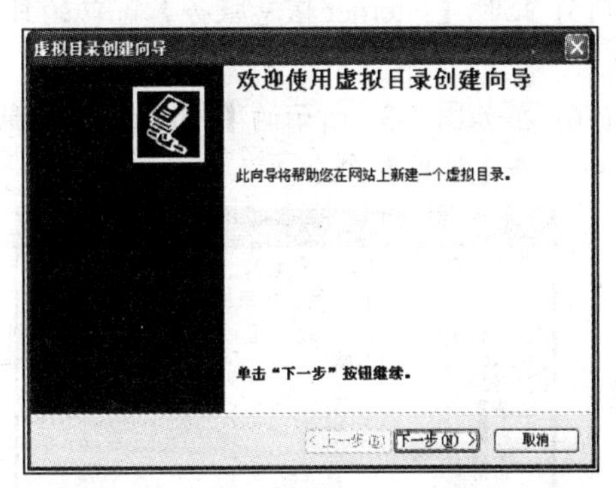

图 1-31　【虚拟目录创建向导】对话框

(11) 打开如图 1-32 所示【虚拟目录别名】界面，在【别名】文本框中输入虚拟目录的名称，这里命名为 Sample，和它的物理目录的名称相同，然后单击【下一步】按钮。

(12) 打开如图 1-33 所示的【网站内容目录】界面，选择刚才创建的物理目录 C:\Sample，单击【下一步】按钮。

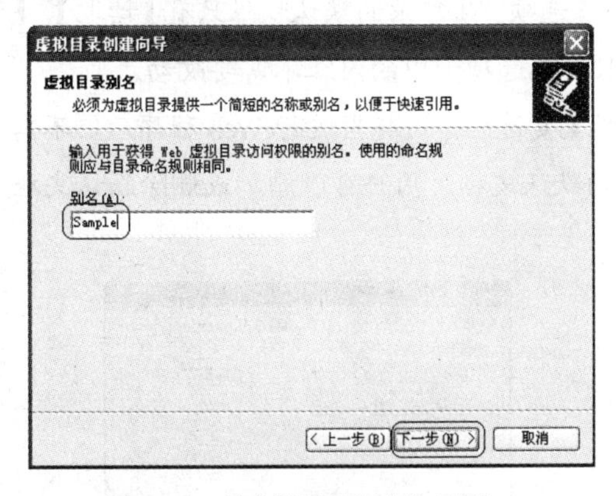

图 1-32　【虚拟目录别名】界面

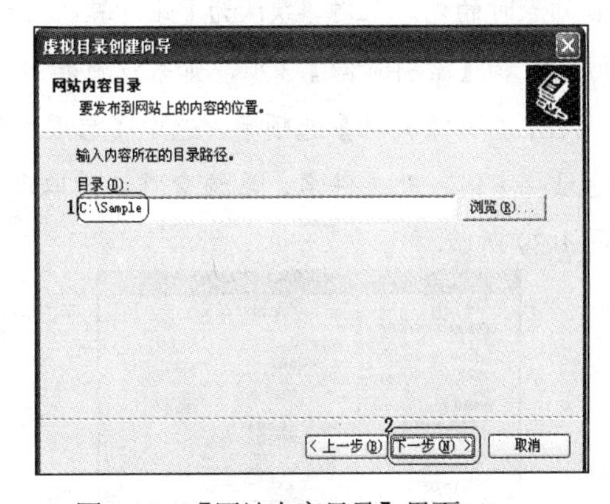

图 1-33　【网站内容目录】界面

(13) 打开如图 1-34 所示的【访问权限】界面，设置虚拟目录的访问权限，除非用户知道自己需要什么样的权限，否则无须改变创建时默认的权限，单击【下一步】按钮。

(14) 打开如图 1-35 所示的【已成功完成虚拟目录创建向导】界面，单击【完成】按钮，完成虚拟目录的创建。

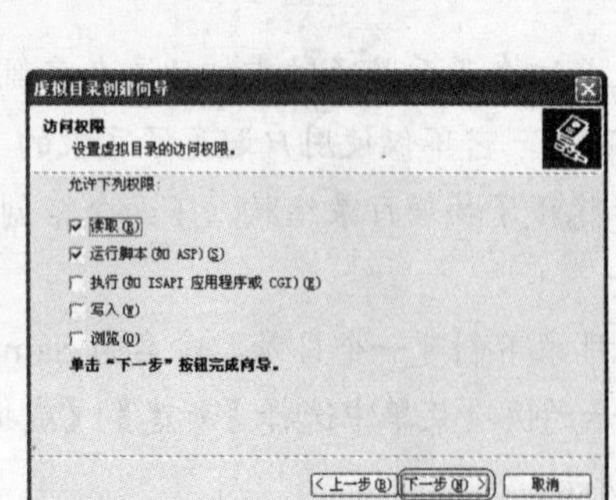

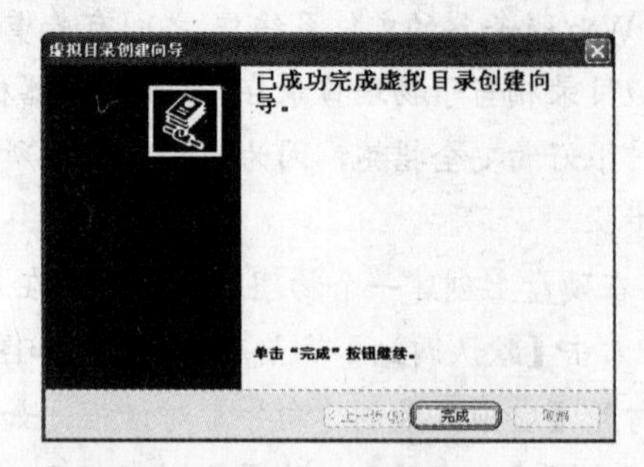

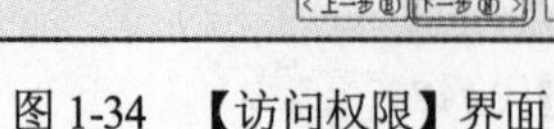

图 1-34　【访问权限】界面　　　　图 1-35　【已成功完成虚拟目录创建向导】界面

(15) 此时【Internet 信息服务】窗口的目录树中将显示所创建的 Sample 虚拟目录，如图 1-36 所示。

(16) 在如图 1-37 所示的【Internet 信息服务】窗口的 Sample 虚拟目录上右击，从弹出的快捷菜单中选择【属性】命令。

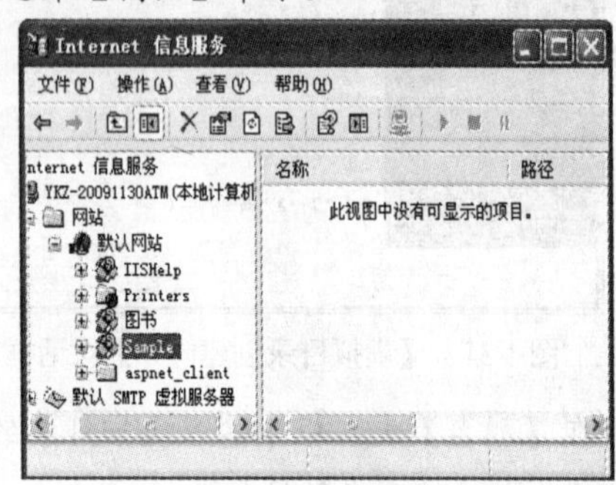

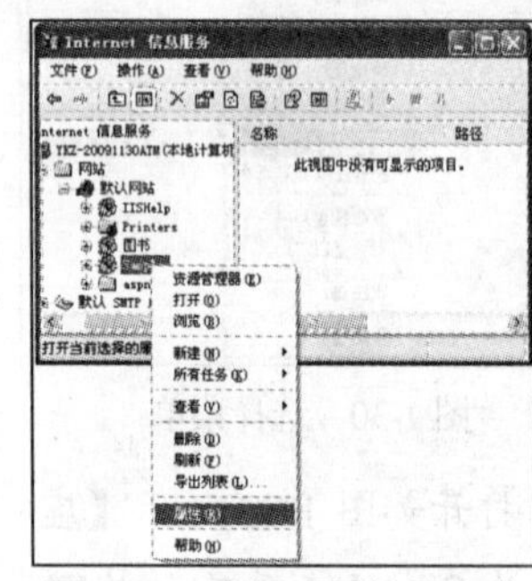

图 1-36　【Internet 信息服务】窗口　　　　图 1-37　选择【属性】命令

(17) 打开如图 1-38 所示的【Sample 属性】对话框，打开【虚拟目录】选项卡，设置连接到 Web 站点时的内容来源，默认为【此计算机上的目录】选项。此目录的默认权限只有【读取】、【记录访问】和【索引资源】3 项，如果没有特殊的要求，此选项卡中的内容不需要改动。

(18) 打开【文档】选项卡，选中【启用默认文档】复选框，这样当运行 Web 程序后，不需要在地址栏中输入此文件名，系统会默认读取所设置的默认文档。用户可以添加或删除默认文档，如图 1-39 所示。

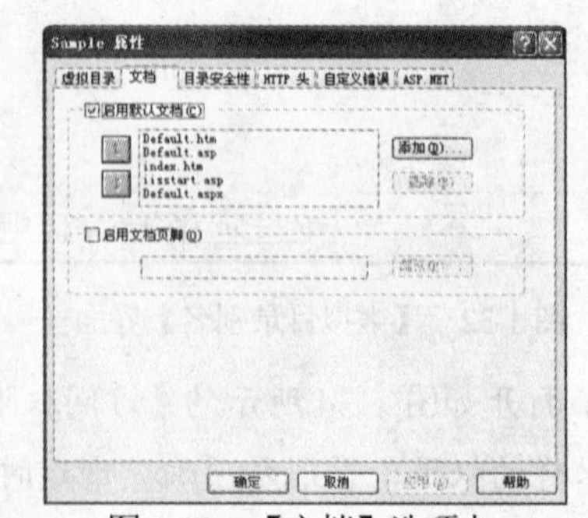

图 1-38　【虚拟目录】选项卡　　　　图 1-39　【文档】选项卡

(19) 打开【目录安全性】选项卡，设置目录的安全性。这里有 3 种方法可以控制目录的安全

性，分别为【匿名访问和身份验证控制】、【IP 地址和域名限制】和【安全通信】，通过这 3 种方法可以有效地控制目录的安全性，如图 1-40 所示。

(20) 打开 ASP.NET 选项卡，如图 1-41 所示，设置用户使用的 ASP.NET 版本，这里设置为 2.0.50727，最后单击【确定】按钮，完成所有的 Web 服务器设置。

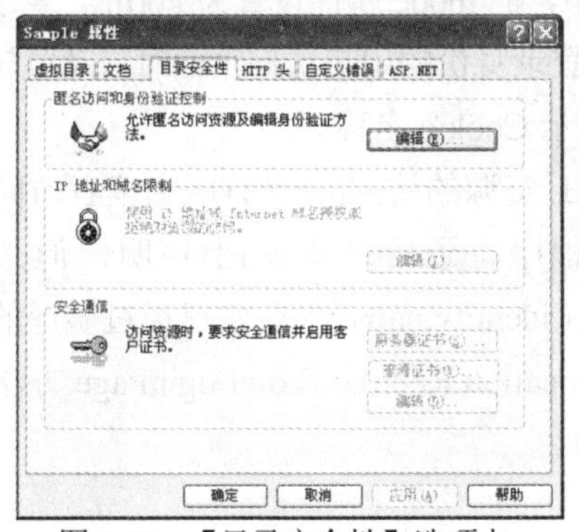

图 1-40　【目录安全性】选项卡

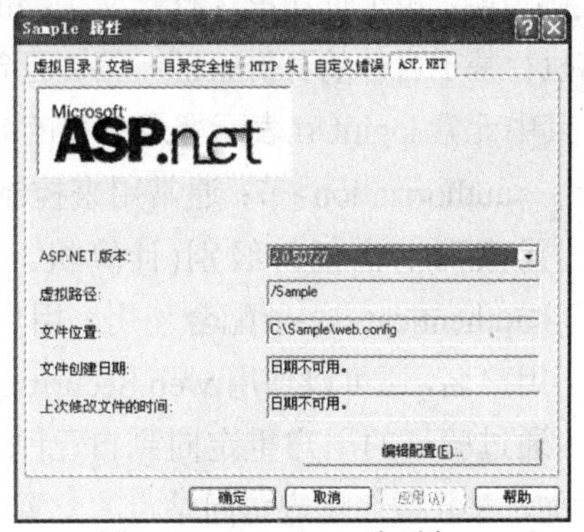

图 1-41　ASP.NET 选项卡

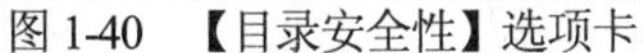

提示

一旦安装完成，系统会自动启动 IIS，而且在此之后，无论何时启动 Windows，系统都会自动启动 IIS。因此，用户不需要运行启动程序，也不需要像启动 Word 等程序那样双击快捷方式图标。

1.5　配置 ASP.NET 4.0 应用程序

在 ASP.NET 4.0 应用程序中，可以在系统提供的配置文件 Web.config 中对该应用程序进行配置，可以配置的信息包括错误信息显示方式、会话存储方式和安全设置等。Web.config 文件是一个 XML 文本文件，它用来存储 ASP.NET Web 应用程序的配置信息(如最常用的设置 ASP.NET Web 应用程序的身份验证方式等)，它可以出现在应用程序的每一个目录中。当读者通过 ASP.NET 4.0 新建一个 Web 应用程序后，默认情况下会在根目录自动创建一个默认的 Web.config 文件。

由于 ASP.NET 4.0 的 Machine.config 文件自动注册所有的 ASP.NET 标识、处理器和模块，所以在 Vistul Studio 2010 中创建新的空白 ASP.NET 应用项目时，会发现默认的 Web.config 文件既干净又简洁而不像以前的版本有 100 多行代码。如果想修改配置的设置，可以在 Web.config 文件下的 Web.Release.config 文件中进行重新配置。它可以提供重写或修改 Web.config 文件中定义的设置。在运行时对 Web.config 文件的修改不需要重启服务就可以生效(注：<processModel>节例外)。Web.config 文件是可以扩展的，用户可以自定义新的配置参数并编写配置节处理程序，以对它们进行处理。Web.config 配置文件的所有代码都应位于<configuration><system.web>和</system.web></configuration>之间。下面介绍一下常用的配置节。

- <authentication>节：通常用来配置 ASP.NET 身份验证支持(参数可以是 Windows、Forms、PassPort 和 None 4 种)。该元素只能在计算机、站点或应用程序级别声明。<authentication>元素必须与<authorization>节配合使用。

例如，基于窗体的身份验证站点的配置，代码如下。

```
1. <authentication mode="Forms" >
2.     <forms loginUrl="logon.aspx" name=".FormsAuthCookie"/>
3. </authentication>
```

代码说明：第 1 行和第 3 行定义了<authentication>节，把 mode 属性设置为 Forms，表示这个站点将执行基于窗体的身份验证；第 2 行定义了当没有登录身份的用户访问页面时自动跳转到的页面，其中元素 loginUrl 表示登录网页的名称，name 表示 Cookie 名称。

◎ <authorization>节：通常用来控制客户端对 URL 资源的访问(如允许匿名读者访问)。此元素可以在任何级别(计算机、站点、应用程序、子目录或页)上声明，但必须与<authentication>节配合使用。用户可以使用 user.identity.name 来获取已经过验证的当前用户名，还可以使用 web.Security. FormsAuthentication.RedirectFromLoginPage 方法将已通过验证的用户重定向到自己刚才请求的页面。

例如，禁止匿名用户访问站点的配置，代码如下。

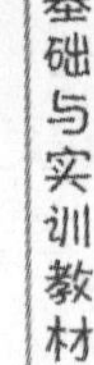

```
1.  <authorization>
2.      <deny users="?"/>
3.  </authorization>
```


代码说明：第 1 行和第 3 行代码定义<authorization>节，第 2 行通过设置<deny users="?"/>来实现任何来访用户都需要进行身份认证的功能。

◎ <compilation>节：通常用来配置 ASP.NET 使用的所有编译。默认的 debug 属性为 True，在程序编译完成并交付使用之后，应将其设置为 True。

◎ <customErrors>节：通常用来为 ASP.NET 应用程序提供有关自定义的错误信息，但它不适用于 XML Web services 中发生的错误。

例如，当发生错误时，将网页跳转到自定义的错误页面的配置，代码如下。

```
1. <customErrors defaultRedirect="ErrorPage.aspx" mode="RemoteOnly">
2. </customErrors>
```

代码说明：第 1 行和第 2 行定义<customErrors>节，并通过 defaultRedirect 属性来定义发生错误时跳转到页面 ErrorPage.aspx。

◎ <httpRuntime>节：通常用来配置 ASP.NET HTTP 运行库。该节可以在计算机、站点、应用程序和子目录级别声明。

例如，ASP.NET HTTP 运行库设置的代码如下。

```
<httpRuntime maxRequestLength="4096" executionTimeout="60" appRequestQueueLimit="100"/>
```

代码说明：这段代码的含义是限制用户能够上传的最大文件为 4M，最长时间为 60 秒，最多请求数为 100。

◎ <pages>节：通常用来标识特定于页的配置，如是否启用会话状态、视图状态或是否检测读者的输入等。<pages>节可以在计算机、站点、应用程序和子目录级别声明。

例如，检测用户在浏览器中输入的内容是否存在潜在的危险数据，代码如下。

```
<pages buffer="true" enableViewStateMac="true" validateRequest="false"/>
```

代码说明：buffer="true"表示页面发送前先缓冲输出。enableViewStateMac="true"表示在从客户端回发页时将检查加密的视图状态，以验证视图状态是否已在客户端被篡改。validateRequest = "false"表示 ASP.NET 检查从浏览器输入的所有数据，以找出潜在的危险数据。

- <sessionState>节：通常用来为当前应用程序配置会话状态(如设置是否启用会话状态和会话状态的保存位置)。

例如，设置会话状态，代码如下。

```
1. <sessionState mode="InProc" cookieless="true" timeout="20"/>
2. </sessionState>
```

代码说明：第 1 行和第 2 行用来设置会话状态，其中 mode="InProc"表示在本地储存会话状态(用户也可以选择存储在远程服务器或 SAL 服务器中，或不启用会话状态)cookieless="true"表示，如果用户浏览器不支持 Cookie 时，启用会话状态(默认为 False)timeout="20"表示会话可以处于空闲状态的分钟数。

- <trace>节：通常用来配置 ASP.NET 跟踪服务，主要用来测试程序以判断哪里出了错。

例如，Web.config 对跟踪服务的默认配置，代码如下。

```
<trace enabled="false" requestLimit="10" pageOutput="false" traceMode="SortByTime" localOnly="true" />
```

代码说明：这行代码用来设置跟踪服务，其中，enabled="false"表示不启用跟踪；requestLimit= "10"指定在服务器上存储的跟踪请求的数目；pageOutput="false"表示只能通过跟踪实用工具访问跟踪输出；traceMode="SortByTime"表示以处理跟踪的顺序来显示跟踪信息；localOnly="true"表示跟踪查看器(trace.axd)只用于宿主 Web 服务器。

提示

ASP.NET 3.5 配置系统有两类配置文件：(1)服务器配置。服务器配置信息存储在一个 machine.config 中，这个文件描述了所有 ASP.NET 3.5 应用程序所用的默认配置。(2)应用程序配置。应用程序配置信息存储在 web.config 文件中，该配置文件描述了一个 ASP.NET 3.5 应用程序的设置信息。

1.6 上机练习

下面通过一个实例来介绍创建 ASP.NET 4.0 应用程序的过程，本练习将实现在页面中显示【欢迎进入 ASP.NET 4.0 的世界】。

(1) 启动 Visual Studio 2010，选择【文件】|【新建项目】命令，在打开的如图 1-42 所示的【新建项目】对话框中，首先选择【ASP.NET 网站】模板，接着选择 Visual C#语言，然后在文件路径中创建网站“上机练习”，最后单击【确定】按钮。

打开 Viusal C#类型节点，选择 Web 子节点这个模板，同时在右边窗口选择【ASP.NET 空 Web 应用程序】。在【名称】文本框中输入“上机练习”，并在【位置】文本框中输入相应的存储路径，在【解决方案名称】文本框中输入“上机练习”。最后，单击【确定】按钮。

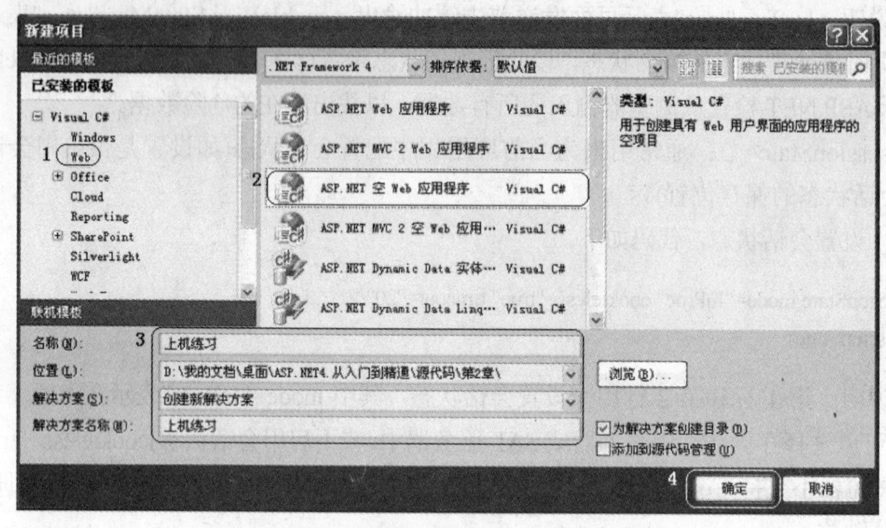

图 1-42【新建项目】对话框

(2) 这时在解决方案管理器的网站根目录下会生成一个【上机练习】的 Web 项目。右键单击项目名称【上机练习】，在弹出的菜单中选择【添加】|【新建项】命令。在弹出的【添加新项】对话框中选择【已安装模板】下的【Web】模板，并在模板文件列表中选中【Web 窗体】，然后在【名称】文本框输入该文件的名称“Default.aspx”，最后单击【添加】按钮。此时上机练习下面会生成一个 Default.aspx 文件和一个 Default.aspx.cs 文件，如图 1-43 所示。

图 1-43　生成相关文件

(3) 双击网站根目录下的 Default.aspx 文件，打开【设计】视图。从【工具箱】中拖动一个 Label 控件到【设计】视图中，如图 1-44 所示。

(4) 双击网站根目录下的 Default.aspx.cs 文件，编写代码如下。

```
1. protected void Page_Load(object sender, EventArgs e){
2.         Label1 .Text ="欢迎进入 ASP.NET 4.0 的世界！";
3.     }
```

代码说明: 第 1 行处理页面 Page 的加载事件 Load; 第 2 行设置 Label1 控件的文本显示为“欢迎进入 ASP.NET 4.0 的世界!”。

(5) 按 Ctrl+F5 组合键运行程序，效果如图 1-45 所示。

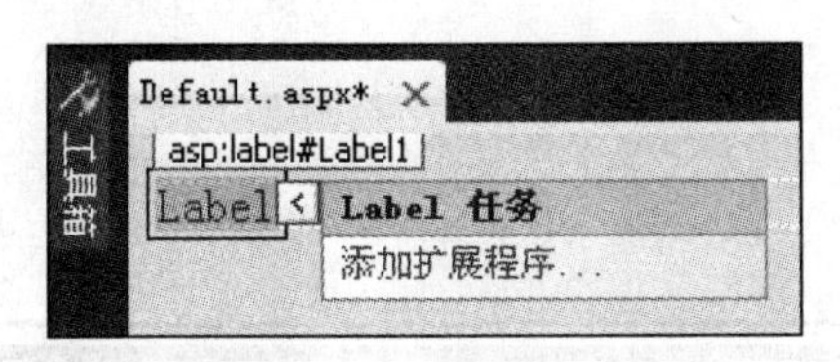

图 1-44　【设计】视图

图 1-45　运行效果

1.7　习题

1．参考本章的相关内容，在计算机中安装和配置 IIS(Internet Information Server)服务器。

2．参考本章的相关内容，在计算机中安装 Visual Studio 2010 开发环境，并为本书后续章节的学习做好环境的配置。

C#程序设计语言

学习目标

C#语言是微软公司设计的一种编程语言，它继承了 C/C++优良传统，又借鉴了 Java 的很多特点，具有很大的发展潜力。目前，与 ASP.NET 4.0 一起发布的 C#版本是 4.0 版本。本章从 C#的基础入手，详细地介绍了 C#的语法知识。如果读者对本章的语法已经非常熟悉，可以跳过本章的内容；如果需要巩固以前学习的 C#语法基础，可以详细阅读本章的内容，以方便后面章节的学习。

本章重点

- C#常用的数据类型
- C#控制语句的运用
- 使用类和对象实现面向对象编程

2.1 C#简介

C#语言是微软为了.NET 框架而设计的一门全新的编程语言，它由 C 和 C++发展而来，具有简单、现代、面向对象和类型安全的特点，其设计目标是要把 Visual Basic 高速开发应用程序的能力和 C++本身的强大功能结合起来。C#代码的外观和操作方式与 C++和 Java 等高级语言非常类似。

2.1.1 敏感的大小写

C#是一种对大小写敏感的语言。在 C#程序中，同名的大写和小写代表不同的对象，因此在输入关键字、变量和函数时必须使用适当的字符。

此外，C#对小写比较偏好，其关键字基本上均采用小写，如 if、for、while 等。

在定义变量时，C#程序员一般都遵守这样的规范：对于私有变量的定义一般都以小写字母开头，而公共变量的定义则以大写字母开头，如，以 adminName 定义一个私有变量，而以 AdminName 定义一个公共变量。

2.1.2 代码注解

注释在一个开发语言中也是非常重要的。C#提供了单行注释和多行注释两种注释类型。

单行注释的符号是//，如以下代码：

```
int a;  //一个整型变量，存储整数
```

代码说明：使用了单行注释符号//，该符号后面是注释的具体内容。

多行注释的符号是/*和*/，任何在符号/*和*/之间的注释内容都会被编译器忽略，如以下代码：

```
1. /*一个整型变量
2.  存储整数*/
3. int a;
```

代码说明：第 1 行和第 2 行使用了多行注释/*和*/符号，这两个符号之间是注释内容。

此外，XML 注释符号///也可以用来对 C#程序进行注释，如以下代码：

```
1. ///一个整型变量
2. ///存储整数
3. int a;
```

代码说明：第 1 行和第 2 行使用了 XML 注释符号///，该符号后面是具体的注释内容。

2.1.3 语句的终止

每一条 C#语句都要以语句终止符来结束，该终止符是;，如以下代码：

```
int a;
```

代码说明：这条语句使用了语句终止符;来结束变量的定义。

在 C#程序中，可以在一行中写多条语句，但每条语句都要以;结束；也可以将一条语句写为多行，但要在最后一行中以;结束，如以下代码：

```
1. int a; string s; float f;
2. int a = 1,b = 2,c = 3,d = 4,sum;
3. sum = a + b +
4. c + d;
```

代码说明：第1行中有3个语句，语句之间使用终止符是;进行分割，但放在了同一行中。第二行是仅定义一行语句只有一个终止符;，但其中声明了a、b、c、d和sum 5个整形的变量。第3和第4行形成了一个完整的语句，因为第3行没有语句终止符;。

2.1.4 语句块

在C#程序中，把使用符号{和}括起来的程序称为语句块。语句块在条件和循环语句中经常会用到，主要是把重复使用的程序语句放在一起以方便使用，这样有助于程序的结构化。如以下这段代码用来求100以内所有奇数的和：

```
1. int sum = 0;
2. for(int i = 1; i <= 100; i ++){
3.    if(i % 2 ! = 0){
4.      sum = sum + i;
5.      }
6. }
```

代码说明：第2行到第6行是使用了两组{和}符号的不同语句块。

2.2 C#中的数据类型

C#的数据类型包括值类型、引用类型和指针类型。指针类型是不安全类型，一般不推荐使用。

2.2.1 值类型

值类型包括简单类型(如字符型、浮点型和整数型等)、枚举类型和结构类型。所有的值类型都隐含地声明了一个公共的无参数的构造函数，这个构造函数返回一个初始值为零的值类型的实例。例如，对于字符型，默认值是\x0000；对于float，默认值是0.0F。

- 简单类型：它是C#预先定义的结构类型，简单类型用关键字定义，这些关键字仅仅是在System命名空间里预定义的结构类型的别名，如关键字int对应System.Int32。简单类型包括如表2-1所示的数据类型。

表2-1 简单数据类型

数据类型	中文名	存储范围
sbyte	字节型	-128~127
short	短整型	-32768~32767

(续表)

数 据 类 型	中 文 名	存 储 范 围
int	整型	-2147483648~2147483647
long	长整型	-9.2e18~9.2e18
float	浮点型	-3.4e38~3.4e38
double	双精度浮点型	-1.8e308~1.8e308
char	字符型	
bool	布尔型	true~flase

- 枚举类型：它是 C#中一种轻量级的值类型，用来表达一组特定值的集合，以 enum 关键字进行声明。
- 结构类型：它是用来封装小型的相关变量组，把这些变量组封装成一个实体来统一使用，以 struct 关键字进行声明。

2.2.2 引用类型

引用类型包括：类类型、对象类型、字符串类型、接口类型、委托类型和数组类型等。引用类型与值类型的不同之处在于值类型的变量直接包含数据，而引用类型的变量则把变量的引用存储在对象中。

- 字符串类型：直接从 Object 类中继承而来的密封类。String 类型的值可以写成字符串的形式，如，"123"、"hello world"是字符串类型。
- 接口类型：接口是只有抽象成员的引用类型，以关键字 interface 进行声明。接口中仅定义了方法，但没有给出方法的实现代码。
- 委托类型：委托引用一种静态的方法或对象实例，引用该对象的实例方法与 C/C++中的指针类似，以关键字 delegate 进行声明。

提示

在 C#中，所有数据类型都是基于基本对象 Object 来实现的，因此它们可以在允许的范围内通过装箱和拆箱操做相互转换。

2.3 C#中的变量和常量

所谓变量，就是在程序的运行过程中其值可以被改变的量，变量的类型可以是任何一种 C#的数据类型。所有值类型的变量具有实际存在于内存中的值，也就是说，当将一个值赋给变量时执行的是值拷贝操作。而常量，就是在程序的运行过程中其值不能被改变的量。常量的类型也可以是任何一种 C#的数据类型。

2.3.1 变量的声明和初始化

变量的声明格式为：

```
1. 变量数据类型 变量名;
2. 变量数据类型 变量名=变量值;
```

第 1 行声明了一个变量，但没有对变量进行赋值，此时变量使用默认值。第 2 行声明变量的同时对变量进行初始化，变量值应与变量数据类型一致。如以下代码：

```
1. int a ;
2. a= 10;
3. int b=20 d=100, e=200,c=50;
4. double f = a + b + c + d +e;
```

代码说明：第 1 行声明了一个整数类型的变量 a。第 2 行给变量 a 赋值。第 3 行定义了 4 个整数类型的变量，同时对变量进行了赋值。第 4 行把前面定义的变量相加，然后赋给一个 double 类型的变量。

提示

使用变量时要注意，有些错误编译器能够帮助程序员找出来，有些错误却不是编译器能够找到的，所以在开发程序时一定要遵守最基本的规则，才能编写出高质量的程序。

2.3.2 常量的声明和初始化

常量的定义格式为：

```
const 常量数据类型 常量名=常量值;
```

const 关键字表示声明一个常量，常量名用于唯一地标识该常量。常量名要有代表意义，不能过于简单或复杂。

常量值的类型要和常量数据类型一致，如果定义的常量是字符串型，常量值就应该是字符串类型，否则会发生错误。如以下代码：

```
1. const double PI = 3.1415926;
2. const string VERSION = "Visual Studio 2010";
```

代码说明：第 1 行定义了一个 double 类型的常量。第 2 行定义了一个字符串型的常量。

提示

常量一旦定义，用户在之后的代码中如果试图改变常量的值，编译器会发现这个错误，从而导致代码无法通过编译。

2.3.3　数组

数组是包含若干个相同类型数据的集合，数组的数据类型可以是任何类型。数组可以是一维的，也可以是多维的(常用的是二维和三维数组)。

1. 一维数组

数组的维数决定了相关数组元素的下标数，如一维数组只有一个下标。一维数组的声明方式如下：

```
数组类型[] 数组名;
```

数组类型是数组的数据类型，一个数组只能有一个数据类型。数组的数据类型可以是任何类型，包括前面介绍的枚举和结构类型。[]符号是必需的，否则就成为定义变量了。数组名定义了数组的名字，相当于变量名。

声明数组以后，就可以对数组进行初始化了。数组必须在访问之前进行初始化。数组是引用类型，所以声明一个数组变量只是为对此数组的引用设置空间。数组实例的实际创建是通过数组初始化程序实现的。数组的初始化有两种方式：第一种是在声明数组的时候进行初始化；第二种是使用 new 关键字进行初始化。

使用第一种方法初始化数组是在声明数组的时候，提供一个用逗号分隔开的元素值列表，该列表放在花括号中，如以下代码：

```
int[] score = {80, 90, 100, 66};
```

代码说明：数组 score 有 4 个元素，每个元素都是整数值。

第二种是使用关键字 new 为数组申请一块内存空间，然后直接初始化数组的所有元素。如以下代码：

```
int[] score = new int[4]{80, 90, 100, 66};
```

数组中的所有元素值都可以通过数组名和下标来访问，数组名后面的方括号用于指定下标(指定要访问的第几个元素)，从而可以访问该数组中的各个成员。数组中第一个元素的下标是 0，第二个元素的下标是 1，依此类推，如以下代码：

```
1.  int[] vector = {80, 90, 100, 66};
2.  vector[2] = 99;
```

代码说明：第 1 行定义并初始化了一个有 4 个元素的数组 vector，第 2 行使用 vector[2]访问该数组的第 3 个元素，并重新赋值为 99。

2. 多维数组

多维数组和一维数组有很多相似的地方，多维数组有多个下标。例如，二维数组和三维数组声明的语法分别为：

数组类型[,] 数组名;

数组类型[,,] 数组名;

更多维数的数组声明则需要使用更多的逗号。多维数组的初始化方法和一维数组的相似，可以在声明的时候进行初始化，也可以使用new关键字进行初始化。例如，以下代码：

```
1. int[,] point = { {0, 1}, {2, 3}, {6,9}};
2. int [,]point = new int[,] { {0, 1}, {2, 3}, {6,9}};
```

代码说明：第1行声明并初始化了一个3*2个元素的二维数组。第2行使用new关键字对数组进行初始化。

初始化时数组的每一行值都使用{}括号括起来，行与行之间用逗号分隔。point数组的元素安排如表2-2所示。

表 2-2　point 数组的元素

	第 1 列	第 2 列
第 1 行	0	1
第 2 行	2	3
第 3 行	6	9

要访问多维数组中的每个元素，只需指定其下标，并用逗号分隔开即可。例如，以下代码：

```
int num = point[0,1]
```

代码说明：访问point数组第1行第2列(其值为1)的元素。

【例 2-1】本例使用数组实现接收用户输入的存款金额，然后将一年后的存款余额显示在控制台上。

(1) 启动Visual Studio 2010，选择【文件】|【新建项目】命令，在打开的如图2-1所示的【新建项目】对话框中选择【控制台应用程序】模板，在【名称】文本框和【解决方案名称】文本框中输入“例2-1”，然后在【位置】文本框中输入文件路径，最后单击【确定】按钮。

(2) 系统在【解决方案资源管理器】中生成【例2-1】项目，如图2-2所示。

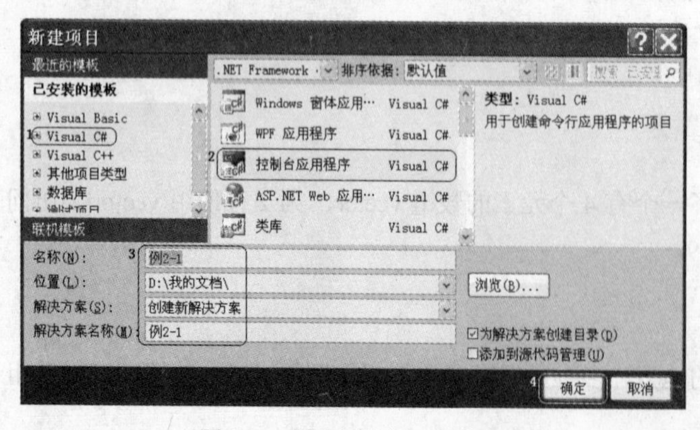

图 2-1　【新建项目】对话框

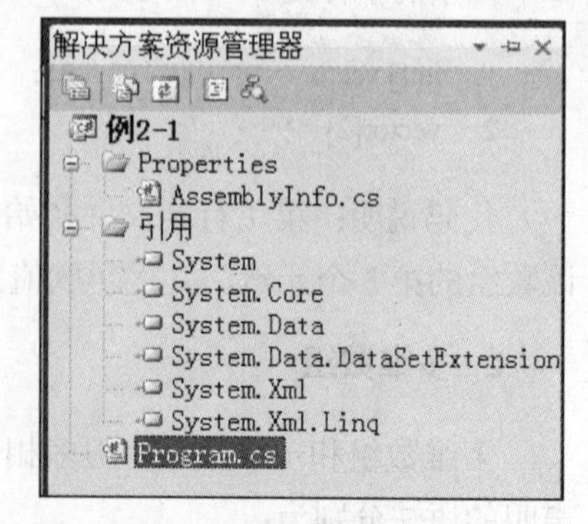

图 2-2　生成项目

(3) 双击网站目录下的 Program.cs 文件，在该文件中编写如下程序代码：

```
1. static void Main(string[] args){
2.          double interestRate = 0.0253;
3.          double[] accountBalances;
4.          accountBalances = new double[5];
5.          Console.WriteLine("请输入 5 笔存款");
6.          for (int i = 0; i < 5; i++){
7.             Console.WriteLine("第{0}笔存款数为：", i + 1);
8.             accountBalances[i] = Convert.ToDouble(Console.ReadLine());
9.            }
10.           for (int i = 0; i < 5; i++){
11.              accountBalances[i] += accountBalances[i] * interestRate;
12.            }
13.            Console.WriteLine("一年后 5 笔存款各为");
14.            int count = 1;
15.            foreach (int tmp in accountBalances){
16.                Console.WriteLine("第{0}笔存款数为：{1}", count, tmp);
17.                count++;
18.            }
19.     }
```

代码说明：第 1 行定义了一个 Main 函数，这是程序执行的入口。第 2 行声明了一个 double 类型的变量 interestRate 并赋值，表示存款的年利率。第 3 行声明了一个 double 类型的数组 accountBalances 变量。第 4 行对 accountBalances 变量进行初始化。第 6 行到第 9 行接收用户输入的 5 个数并保存到数组中。第 10 行到第 12 行分别计算数组中 5 笔存款一年后的余额。第 15 行到第 18 行将数组中 5 笔存款的余额显示到控制台。

(4) 按 Ctrl+F5 组合键运行程序，效果如图 2-3 所示。

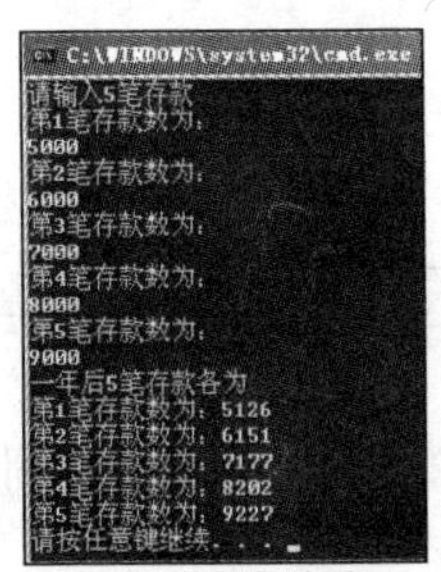

图 2-3　运行结果

知识点

使用 new 关键字初始化数组时，数组大小必须与元素个数相匹配，如果定义的元素数和初始化的元素数不同，会出现编译错误。

2.3.4　转义字符

在 C#中，通常用字符\加上另外一个字符来表示一种含义，这种方式称为转义，把字符\称为转义字符。常见的有以下几种转义类型。

- \"表示双引号，在 C#中，字符串是以双引号来封闭的，因此需要在字符串里包含双引号的时候，就要用到转义字符。
- \n 表示换行。
- \t 表示制表符。
- \\表示单斜杠\，由于字符\被定义为转义字符，所以需要用\\表示单斜杠\。

C#中有很多转义字符，这里不再一一介绍，读者可以参考 MSDN。

2.4 C#数据运算

在 C#中，程序员可以使用各种标准类型的表达式和运算符对数据进行运算操作。

2.4.1 表达式和运算符

表达式是可以运算的代码片段，包括运算符、方法调用等，它是程序语句的基本组成部分。例如，以下代码：

```
1. int num = 5;
2. string str = "你好，世界！";
```

代码说明：第 1 行定义一个整型变量 num，并对其赋值。第 2 行定义一个字符串变量 str，并对其赋值。

运算符则是数据运算的术语和符号，它接受一个或多个表达式作为输入并返回计算结果。C#中的运算符非常多，从操作数的个数进行划分，大致可分为以下 3 类。

- 一元运算符：处理一个操作数。一元运算符比较少。
- 二元运算符：处理两个操作数。大多数运算符都是二元运算符。
- 三元运算符：处理 3 个操作数。只有一个三元运算符。

从功能上划分，运算符主要可分为：算术运算符、赋值运算符、关系运算符、条件运算符、位运算符和逻辑运算符。

表达式中的运算符按照运算符优先级的特定顺序进行计算，如表 2-3 所示为按从高到低的优先级别列出常用的运算符。

表 2-3 常用运算符

优先级	运算符	功用	示例
1	()	括号，具有最高的优先级	(1 + 2) *3，结果为 6
2	.	点操作符，引用对象属性	P.x
3	++、--	后缀或前缀加减，使变量加 1 或减 1	P++、P--、++P、--P

(续表)

优 先 级	运 算 符	功　用	示 例
4	new	对象的创建	A a = new A()
5	typeof	类型判断，返回数据类型，只对类型操作	typeof(int)
6	sizeof	获取类型占用的空间，单位为字节	sizeof(int)
7	+、-	加、减	1+2、2-1
8	!	逻辑非	!a
9	~	位非，对位求反	~b
10	(T)x	强制类型转换	(int)a
11	== != < > <= >= is	相等 不等 小于 大于 小于等于 大于等于 判断变量的类型	A==B A!=B A<B A>B A<=B A>=B A is string
12	& | ^	按位与 按位或 按位异或	0&0=0 0|1=1 0^1=1
13	&&、||	逻辑与、逻辑或	A&&B、A||B
14	b?x:y	条件运算符，b 为真时表达式的值为 x，否则为 y	a?1:2
15	=、+=等	赋值运算符，把运算结果赋给变量	A=1、a+=1

例如，以下代码：

```
int num = 4 + 5 * 2 + 6 / 2
```

代码说明：本式先进行乘、除运算，后进行加法运算，结果为 17。

提示

依靠优先级来安排数据的运算顺序是可靠的。大部分情况下，使用括号()来改变运算的优先级，括号()的优先级比任何算术运算符高。

2.4.2　数值运算

对于数值型数据，可以使用如表 2-3 所示的常用数学运算符进行运算。例如，以下代码：

```
1. int num = 0;
```

```
2. num = 1 + 2 * 3;
```

代码说明：第 1 行定义了整型变量 num 并初始化为 0。第 2 行使用一个算术表达式对 num 进行赋值，该表达式包括乘法和加法，运算结果为 7。

对于数值型数据，C#还提供了一些高级的运算方法，如开方、绝对值等，这些运算方法由 Math 类提供，使用这些方法可以很方便地对数据进行复杂的操作。由于这些方法是静态方法，因此不需要实例化 Math 类就可以直接使用这些方法。例如以下代码：

```
1. double number = 0.0;
2. number = Math.Sqrt(36.0);
3. number = Math.Abs(-1);
```

代码说明：第 1 行定义并初始化 double 类型的变量 number。第 2 行计算数值 36 的平方根并赋给 number。第 3 行计算数值-1 的绝对值并赋给 number。

2.4.3 字符串运算

在表 2-3 中，运算符“+”还可以用于连接字符串，如以下代码：

```
1. string str = "";
2. string str1 = "C#";
3. string str2 = "语言";
4. str = str1 + str2;
```

代码说明：第 1 行定义的字符串 str 的内容最终为第 2 行字符串和第 3 行字符串连接的结果，即“C#语言”。

字符串的操作还有很多方法，主要由 String 类提供，包括提取子串、比较字符串等。例如，以下代码：

```
1. string str1 = "C# Language";
2. string str2 = "C# language";
3. string str;
4. str = str1.Substring(2);
5. str = String.Compare(str1,str2);.Tastring();
```

代码说明：第 4 行截取字符串 str1 的前两个字符并赋给 str。第 5 行对字符串 str1 和 str2 进行比较并将结果赋给 str。

在字符串操作中，还有一个比较复杂且有用的操作方法，那就是 Split()，该方法能够把字符串按照一定的规则分割成字符串数组。例如，以下代码：

```
1. string str1 = "1,2,3,4,5,6,7,8,9";
2. string[] str = str1.Split(new Char[] {',', ',', ',', ',', ',', ',', ',', ',', ','})
```

代码说明：第 2 行按照指定的规则分割字符串 str1，然后将结果存储在数组 str 中。

【例 2-2】定义两个双精度浮点型变量，通过控制台分别为这两个变量赋值，然后对这两个变量进行基本的数学运算。

(1) 启动 Visual Studio 2010，选择【文件】|【新建项目】命令，在打开的【新建项目】对话框中选择【控制台应用程序】模板，在【名称】文本框和【解决方案名称】文本框中输入“例 2-2”，然后在【位置】文本框中输入文件路径，最后单击【确定】按钮。

(2) 系统在【解决方案资源管理器】中生成【例 2-2】项目，如图 2-4 所示。

(3) 双击网站目录下的 Program.cs 文件，在该文件中编写如下程序代码:

```
1. static void Main(string[] args){
2.        double firstNumber, secondNumber;
3.        Console.WriteLine("请输入第一个数字：");
4.        firstNumber = Convert.ToDouble(Console.ReadLine());
5.        Console.WriteLine("请输入第二个数字:");
6.        secondNumber = Convert.ToDouble(Console.ReadLine());
7.        Console.WriteLine("{0}+{1}={2}", firstNumber, secondNumber, firstNumber + secondNumber);
8.        Console.WriteLine("{0}-{1}={2}", firstNumber, secondNumber, firstNumber - secondNumber);
9.        Console.WriteLine("{0}*{1}={2}", firstNumber, secondNumber, firstNumber * secondNumber);
10.       Console.WriteLine("{0}/{1}={2}", firstNumber, secondNumber, firstNumber / secondNumber);
11.       Console.WriteLine("{0}%{1}={2}", firstNumber, secondNumber, firstNumber % secondNumber);
12.       Console.ReadKey();
13.    }
```

代码说明：第 1 行定义了一个 Main 函数。第 2 行声明两个双精度浮点型变量 firstNumber、secondNumber。第 4 行将用户输入的第 1 个数字转换成 double 型，并赋给 firstNumber 变量。第 6 行将用户输入的第 2 个数字转换成 double 型，并赋给 secondNumber 变量。第 7 行到第 11 行分别对这两个数进行求和、求差、求积、求商和求余运算。

(4) 按 Ctrl+F5 组合键运行程序，效果如图 2-5 所示。

图 2-4　生成项目

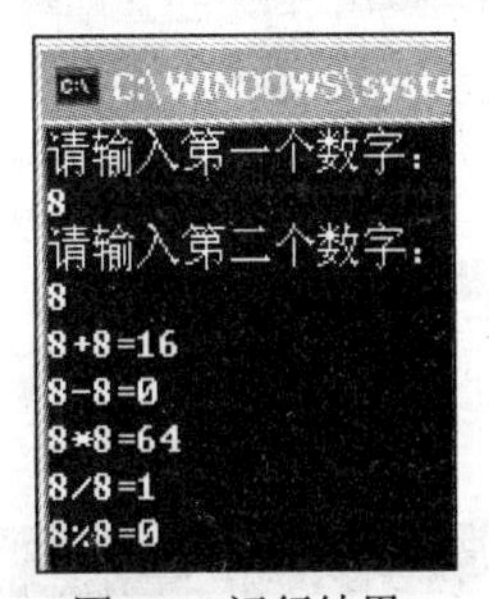

图 2-5　运行结果

2.5　C#中的控制语句

在 C#中，除了单行语句外，还有一些复杂的语句，如控制语句，用来实现比较复杂的逻辑控制。控制语句可分为选择语句和循环语句。

2.5.1 选择语句

选择语句就是分支控制语句，决定哪个流程分支被执行。程序要跳转到的代码分支由某个条件表达式来控制，该条件表达式为布尔表达式。C#中有两种选择语句：if 语句和 switch 语句。

1. if 语句

if 语句将布尔表达式的值作为判断的条件，以决定执行哪一部分的分支语句。标准 if 语句的格式如下：

```
if(布尔表达式){
  执行的语句 1;
}
[else{      //[]代表可选项
  执行的语句 2;
}]
```

如果布尔表达式的值为真，则执行语句 1，否则执行 else 分支的语句，若无 else 分支，则跳出 if 控制语句，继续执行后续的语句。if 语句允许使用嵌套来实现更复杂的选择流程。

【例 2-3】本例通过嵌套的 if...else...语句对两个变量进行大小比较，并将结果输出到控制台。

(1) 启动 Visual Studio 2010，选择【文件】|【新建项目】命令，在打开的如图 2-6 所示的【新建项目】对话框中选择【控制台应用程序】模板，在【名称】文本框和【解决方案名称】文本框中输入“例 2-3”，然后在【位置】文本框中输入文件路径，最后单击【确定】按钮。

(2) 系统在【解决方案资源管理器】中生成【例 2-3】项目，如图 2-7 所示。

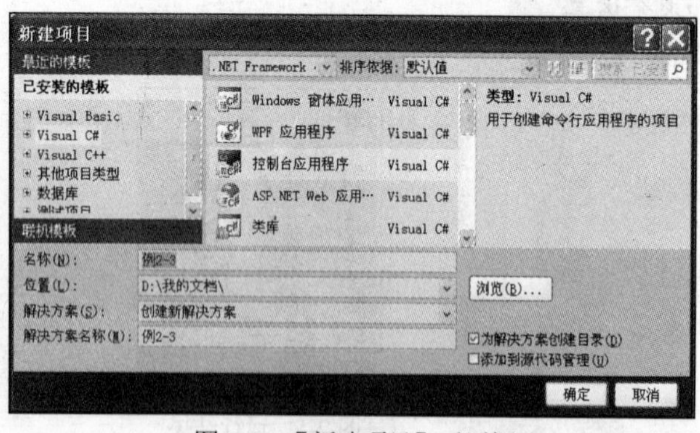

图 2-6 【新建项目】对话框

图 2-7 生成项目

(3) 双击网站目录下的 Program.cs 文件，在该文件中编写如下程序代码：

```
1. static void Main(string[] args){
2.          int a,b;
3.          Console.WriteLine("输入第 1 个数:");
4.          a = Convert.ToInt32(Console.ReadLine());
```

```
5.        Console.WriteLine("输入第 2 个数:");
6.        b = Convert.ToInt32(Console.ReadLine());
7.        if (a > b){
8.            Console.Write("第 1 个数{0}大于第 2 个数{1}", a, b);
9.        }
10.       else if (a == b){
11.           Console.Write("第 1 个数{0}等于第 2 个数{1}", a, b);
12.       }
13.       else{
14.           Console.Write("第 1 个数{0}小于第 2 个数{1}", a, b);
15.       }
16.       Console.ReadKey();
17.   }
```

代码说明：第 1 行定义了一个 Main 函数。第 2 行声明了两个整型变量 a 和 b。第 4 行接收从键盘输入的第 1 个数并赋给 a。第 6 行接收从键盘输入的第 2 个数并赋给 b。第 7 行到第 15 行分别根据输入的数判断大于、小于和等于 3 种比较情况，并将结果输出。

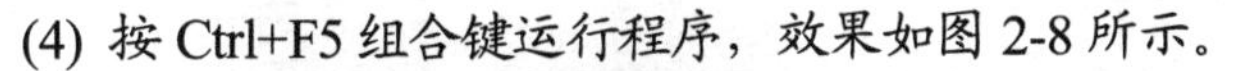

(4) 按 Ctrl+F5 组合键运行程序，效果如图 2-8 所示。

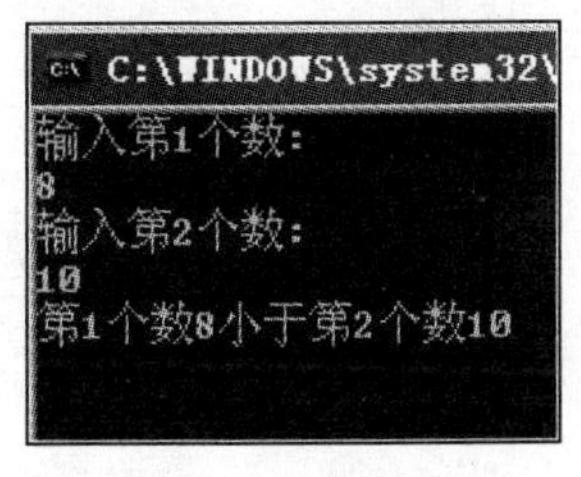

图 2-8 运行效果

知识点

在 C#中，if 语句中的条件表达式的结果必须为布尔值，因为 if 语句不能直接测试整数，因此必须把表达式的结果转换为布尔型。

2. switch 语句

switch 语句类似于 if 语句，它根据测试值来有条件地执行流程分支。与 if 语句不同的是，switch 语句可以一次将测试变量与多个值进行比较，而不仅仅是测试一个条件。标准的 switch 语句格式如下：

```
switch(控制表达式){
 case 测试值 1:
     执行的语句 1;
   break;
 …
       case  测试值 n:
     执行的语句 n;
   break;
       default:
     默认执行的语句;
break;
}
```

系统将控制表达式的值与case语句中的测试值比较，如果有符合条件的选项，就执行相应的语句；如果没有，就执行默认的语句。switch语句主要用于需要判断的条件比较多的情况。

【例2-4】本例使用switch...case...语句实现根据用户输入的数字显示星期几。

(1) 启动Visual Studio 2010，选择【文件】|【新建项目】命令，在打开的【新建项目】对话框中选择【控制台应用程序】模板，在【名称】文本框和【解决方案名称】文本框中输入“例2-4”，然后在【位置】文本框中输入文件路径，最后单击【确定】按钮。

(2) 系统在【解决方案资源管理器】中生成【例2-4】项目。

(3) 双击网站目录下的Program.cs文件，在该文件中编写如下程序代码:

```
1. static void Main(string[] args){
2.          string str1;
3.          int x;
4.          Console.WriteLine("请输入您选择的时间代号(1~7的数字)：");
5.          str1 = Console.ReadLine();
6.          x = Int32.Parse(str1);
7.          switch (x){
8.          case 1:Console.WriteLine("星期一\n");break;
9.          case 2:Console.WriteLine("星期二\n");break;
10.         case 3:Console.WriteLine("星期三\n");break;
11.         case 4:Console.WriteLine("星期四\n");break;
12.         case 5:Console.WriteLine("星期五\n");break;
13.         case 6:Console.WriteLine("星期六\n");break;
14.         default:Console.WriteLine("星期日\n");break;
15.                 }
16.         }
```

代码说明：第1行定义了一个Main函数。第2行和第3行定义了两个变量，即字符串变量str1和整型变量x。第5行获得用户输入的字符串。第6行将字符转换成数字。第7行到第15行使用switch...case...语句判断用户输入的数字，然后显示相应的星期几。

(4) 按Ctrl+F5组合键运行程序，效果如图2-9所示。

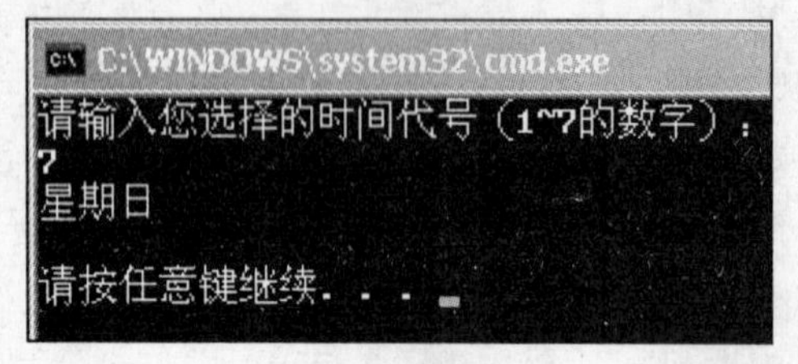

图2-9 运行效果

知识点

每个switch语句都可以使用相应的if语句来代替，但如果条件过多，使用if语句就比较复杂，而使用switch语句可以很清晰地把逻辑关系表达清楚。

2.5.2　循环语句

循环语句就是有条件地实现语句段的循环运行和终止。C#提供了以下 4 种循环控制语句。

1. for 语句

for 语句是最常用的循环语句，利用 for 语句可以完成常见的各种循环操作。标准的 for 语句格式如下：

```
for(初始化语句;循环控制条件;循环计算表达式){
  循环代码
}
```

for 循环语句的执行过程为：首先运行初始化语句，以初始化计数器变量的一个起始值，然后判断循环控制条件，该条件决定是否进行循环，当值为 true 时才执行循环代码，否则结束循环。

【例 2-5】通过 for 循环在标准输出设备上打印输出 1 到 10。

(1) 启动 Visual Studio 2010，选择【文件】|【新建项目】命令，在打开的【新建项目】对话框中先选择【控制台应用程序】模板，在【名称】文本框和【解决方案名称】文本框中输入“例 2-5”，然后在【位置】文本框中输入文件路径，最后单击【确定】按钮。

(2) 系统在【解决方案资源管理器】中生成【例 2-5】项目。

(3) 双击网站目录下的 Program.cs 文件，在该文件中编写如下程序代码:

```
1. static void Main(string[] args){
2.        for (int i = 1; i <= 10; i++){
3.               Console.WriteLine("{0}", i);
4.        }
5. }
```

代码说明：第 1 行定义了 Main 函数。第 2 行定义 for 语句的初始化计数器变量 i 的值为 1；定义判断循环的条件为计数器变量 i 的值小于或等于 10 时才继续循环；每次循环后，计数器 i 的值自增 1。第 3 行将计算器 i 的值显示到控制台上。

(4) 按 Ctrl+F5 组合键运行程序，效果如图 2-10 所示。

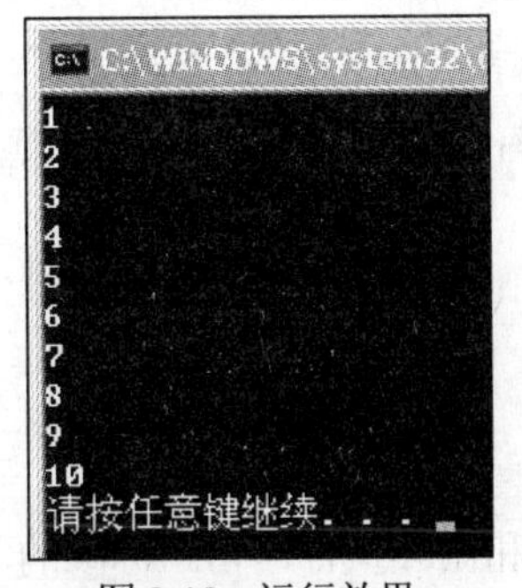

图 2-10　运行效果

> **知识点**
>
> 如果循环控制条件设置错误，有可能会出现死循环，即程序无限制地运行。此时使用跳转语句跳出整个循环即可。

2. foreach 语句

使用 foreach 语句可以遍历一个集合中的所有元素。标准的 foreach 语句的格式如下：

```
foreach (类型标识符  循环变量   in  表达式){
    循环代码
}
```

foreach 语句括号中的类型标识符用来指定循环变量所属的类型。循环变量相当于一个只读的局部变量，它的有效区间为整个嵌套语句内。在 foreach 语句执行的过程中，循环变量代表着当前操作针对的集合中的相关元素。

【例 2-6】通过 foreach 循环将数组中的元素输出到控制台上。

(1) 启动 Visual Studio 2010，选择【文件】|【新建项目】命令，在打开的【新建项目】对话框中选择【控制台应用程序】模板，在【名称】文本框和【解决方案名称】文本框中输入“例 2-6”，然后在【位置】文本框中输入文件路径，最后单击【确定】按钮。

(2) 系统在【解决方案资源管理器】中生成【例 2-6】项目。

(3) 双击网站目录下的 Program.cs 文件，在该文件中编写如下程序代码:

```
1. static void Main(string[] args){
2.        int[] array=new int[10]{1,2,3,4,5,6,7,8,9,10};
3.        foreach (int i in array){
4.            Console.WriteLine("{0}", i);
5.        }
6. }
```

代码说明: 第 1 行定义了 Main 函数。第 2 行声明了一个整型数组 array 并进行赋值。第 3 行通过 foreach 语句将 array 数组中的元素依次输出到控制台上。

(4) 按 Ctrl+F5 组合键运行程序，效果如图 2-11 所示。

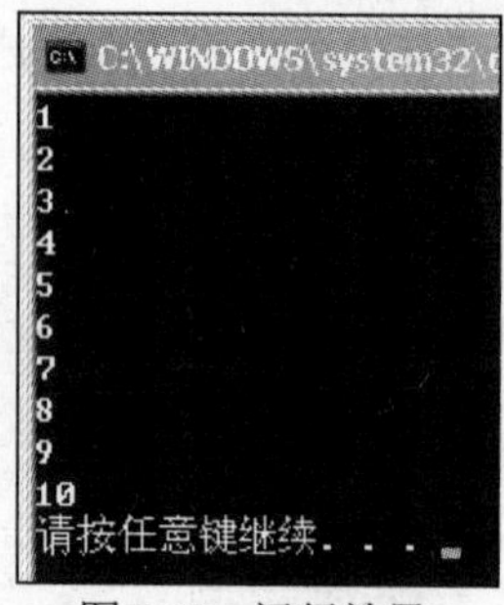

图 2-11　运行效果

> **知识点**
> 如果在循环代码中对循环变量赋值或把循环变量当作 ref 或者 out 参数传递，都会产生编译错误。

3. while 语句

while 语句与 for 语句的用法类似，只是少了初始化语句和循环执行语句。标准的 while 语句的格式如下:

```
while (循环控制条件){
    循环代码
}
```

while 语句中的循环控制条件判断是在循环开始时进行的。如果循环控制条件判断的结果为 true，则执行循环代码；如果循环控制条件判断的结果为 false，就不会执行循环代码，程序直接跳转到 while 循环之后的代码并执行。也可以使用 break 和 continue 语句来进行循环控制。while 语句的作用和 for 语句完全相同。

4. do...while 语句

do...while 语句的功能和 while 语句相同。标准的 do...while 语句的格式如下：

```
do{
    循环代码
}while (循环控制条件);
```

do...while 语句会首先执行一次循环代码，然后判断循环控制条件的值，如果值为 true 就从 do 语句位置开始继续执行循环代码，一直到循环控制条件的值为 false 为止。所以，无论循环控制条件的值是 true 还是 false，循环代码至少会执行一次，这是 do...while 语句和 while 语句的最大区别。

【例 2-7】本例通过 while 语句求两个自然数的最大公约数。

(1) 启动 Visual Studio 2010，选择【文件】|【新建项目】命令，在打开的【新建项目】对话框中选择【控制台应用程序】模板，在【名称】文本框和【解决方案名称】文本框中输入“例 2-7”，然后在【位置】文本框中输入文件路径，最后单击【确定】按钮。

(2) 系统在【解决方案资源管理器】中生成【例 2-7】项目。

(3) 双击网站目录下的 Program.cs 文件，在该文件中编写如下程序代码:

```
1. static void Main(string[] args){
2.          int a, b,temp,r;
3.          Console.WriteLine("请输入第一个数字:");
4.          a = Int32.Parse(Console.ReadLine());
5.          Console.WriteLine("请输入第二个数字:");
6.          b = Int32.Parse(Console.ReadLine());
7.          if (a < b){
8.            temp=a;
9.            a = b;
10.           b = temp;
11.           }
12.           while (a % b != 0){
13.               r = a % b;
14.               a = b;
15.               b = r;
```

```
16.             }
17.             Console.WriteLine("最大公约数为：{0}",b );
18.         }
```

代码说明：第 1 行定义了 Main 函数。第 2 行定义了 4 个整型变量 a、b、temp、r。第 3 行和第 6 行获得用户输入的第一个数字 a 和第二个数字 b。第 7 行到第 11 行，在进入循环前确保 a 大于 b。第 12 行到第 16 行，判断 a 和 b 的余数是否为零，如果不是，则通过循环相除直到两个数相除的余数为零为止。

(4) 按 Ctrl+F5 组合键运行程序，效果如图 2-12 所示。

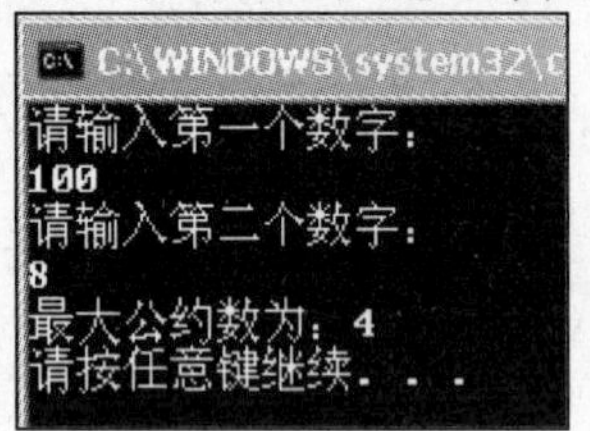

图 2-12　运行效果

知识点

while 语句后面的分号是必须的，如果没有它，将会产生编译错误。这一点是初学者非常容易犯的错误。

2.5.3　跳转语句

通过使用跳转语句可进行无条件跳转，C#为此提供了如下 5 个语句。

- break 语句：终止并跳出循环，主要用于跳出包含它的 switch、while、do、for 或 foreach 语句。
- continue 语句：用于终止当前的循环，并重新开始新一次包含它的 while、do、for 或 foreach 语句的执行。
- goto 语句：跳转到指定的位置，该语句并不常用，建议读者也不要使用 goto 语句，因为该语句可能会破坏程序的结构性。
- return 语句：跳出循环及其包含的函数。
- throw 语句：如果需要抛出一个异常，则需要使用 throw 语句。

提示

当有 switch、while、do、for 或 foreach 语句相互嵌套时，break 语句只是跳出直接包含它的那个语句块。如果要在多处嵌套语句中完成转移，必须使用 return 或者 goto 语句。

2.5.4　异常处理

程序“异常”(Exception)，是指程序运行中的一种“例外”情况，也就是正常情况以外的一

种状态。异常对程序可能碰到的错误进行了概括，是错误的集合。如果对异常置之不理，程序会因为它而崩溃。往往一个微小的异常错误也会终止代码的继续执行。

在程序出现异常时，开发人员最好能够编写有针对性的代码来加以处理，在一定程度上限制了异常产生的影响，使程序输出异常信息的同时能得以继续运行。

一般情况下，应考虑在容易出现异常情况的场合下使用异常处理，例如：

- 算术错误，如以零作除数；
- 方法接收的参数错误；
- 数组大小与实际不符；
- 数字转化格式异常；
- 空指针引用；
- 输入输出错误；
- 找不到文件；
- 不能加载所需的类。

在 C#中，可以用异常和异常处理程序很容易地将实现程序主逻辑的代码与错误处理代码区分，所有的异常都是从 System.Exception 类继承而来的。此类是所有异常的基类。当发生错误时，系统或当前正在执行的应用程序通过触发包含关于该错误信息的异常来报告错误。异常发生后，将由该程序或默认异常处理程序处理。

当在一个函数中遇到异常处理时，将会创建一个异常处理的对象并在函数中被抛出(throw)。当然，也可以在此函数中处理该异常。为了在函数中实现监视和处理异常的代码，C#提供了 3 个关键字：try、catch 和 finally。try 关键字后面的代码块称为一个 try 块，那么 catch 后的称为 catch 块，finally 形成一个 finally 块。

为了写出处理异常的程序，需要先做以下事情。

- 代码要放在一个 try 块中。代码运行时，它会尝试执行 try 块中所有语句。如果没有任何语句产生异常，那么所有语句都会被运行。这些语句将一个接一个运行，直到所有语句全部执行完成。然而，一旦出现异常，就会跳出 try 块，进入一个 catch 块处理程序中执行。
- 在 try 块之后紧接着写一个或多个 catch 处理程序，以处理可能发生的错误。在 try 块中抛出的所有异常对象将与下面的每个 catch 块进行比较，判断其中的 catch 块是否可以捕捉此异常。
- 如果没有找到匹配的 catch 块，catch 块就不会被执行。非捕获的异常对象由 CLR 默认的异常处理器处理，在此情况下，程序会突然终止。
- finally 块中的代码总是被执行。

【例 2-8】通过 try...catch...finally 语句块对程序进行异常处理。

(1) 启动 Visual Studio 2010，选择【文件】|【新建项目】命令，在打开的【新建项目】对话框中选择【控制台应用程序】模板，在【名称】文本框和【解决方案名称】文本框中输入“例 2-8”，然后在【位置】文本框中输入文件路径，最后单击【确定】按钮。

(2) 系统在【解决方案资源管理器】中生成【例 2-8】项目。

(3) 双击网站目录下的 Program.cs 文件，在该文件中编写如下程序代码:

```
1. static void Main(string[] args){
2.          try{
3.          int a,b,result;
4.          a=20;
5.          b=0;
6.          result=a/b;
7.          Console .WriteLine ("计算结果为"+result);
8.      }
9.      catch(ArithmeticException e){
10.             Console.WriteLine(e);
11.  }
12.     catch(Exception e1){
13.         Console .WriteLine(e1);
14.         }
15.     finally{
16.             Console .WriteLine("程序结束");
17.         }
18.     }
```

代码说明：第 2 行到第 9 行使用 try 块将可能发生异常的代码写在其中。第 7 行 result=a/b 产生了除零异常，try 块将会抛出此异常，中止了以下代码的继续执行。在第 10 行到第 15 行的两个 catch 块中捕获可能产生的异常，两项判断如果是同一类型的异常，程序第 11 行和第 14 行显示异常的各种详细信息和提示语句，接着执行 finally 语句块中第 17 行的“程序结束”的语句。

(4) 按 Ctrl+F5 组合键运行程序，效果如图 2-13 所示。

图 2-13　运行效果

知识点

一个 try 块可以有一个或多个相关的 catch 块，无 finally 块；有一个 finally 块，无 catch；包含一个或多个 catch 块，同时有 finally 块。

2.6　类和对象

面向对象的程序设计(Object-Oriented Programming，简称 OOP)是一种基于结构分析的、以数据为中心的程序设计方法。它是程序设计的一次大的进步，程序员跳出了结构化程序设计的传统方法，在程序设计过程中更多地考虑事务的处理和现实世界的自然描述。与传统面向过程的设计方法相比，采用面向对象的设计方法设计的程序可维护性较好，源程序易于阅读理解和修改，降

低了软件的复杂度。

OOP 的主要思想是将数据及处理这些数据的操作都封装到一个称为类(Class)的数据结构中，当使用这个类时，只需要定义一个类的变量即可，这个变量称为对象(Object)。

2.6.1　类的成员

在 C#中，类是一种功能强大的数据类型，而且是面向对象的基础。类定义了属性和行为，程序员可以声明类的实例，从而可以利用这些属性和行为。类的可继承特性使得程序代码可以复用，子类可以继承祖先类中的部分代码。由于类封装了数据和操作，从类外面看，只能看到公开的数据和操作，而这些操作都已在类设计时进行安全性考虑，因而外界操作不会对类造成破坏。

类具有如下特点：

- C#类只支持单继承，也就是类只能从一个基类继承实现。
- 一个类可以实现多个接口。
- 类定义可以在不同的源文件之间进行拆分。
- 静态类是仅包含静态方法的密封类。

类其实是创建对象的模板，类定义了每个对象可以包含的数据类型和方法，从而在对象中可以包含这些数据，并能够实现定义的功能。

声明类的结构形式如下：

```
class 类名{
 字段列表;
 方法列表;
}
```

在 C#中，类可包含如下 6 种成员。

- 字段：被视为类的一部分的对象实例，通常用来保存类数据，一般为私有成员。
- 属性：类中可以像字段一样进行访问的方法。属性可以为类字段提供保护，避免字段在对象不知道的情况下被修改。
- 方法：定义类可以执行的操作。
- 事件：向其他对象提供有关事件发生通知的一种方式。事件是使用委托来定义和触发的。
- 构造函数：第一次创建对象时调用的方法，用来对对象进行初始化。
- 析构函数：析构函数在对象使用完毕后从内存中清理对象占用的资源。在 C#中一般不需要明确定义析构函数，CLR 会解决内存的释放问题。

2.6.2　对象

对象是类的实例化，只有对象才能包含数据、执行行为及触发事件，而类只不过就像 int 一

样是数据类型，只有实例化后才能真正发挥作用。对象具有以下特点：

- C#中使用的全是对象。
- 对象是实例化的，是从类和结构所定义的模板中创建的。
- 对象使用属性获取和更改其所包含的信息。
- 对象通常具有允许其执行操作的方法和事件。
- 所有 C#对象都继承自 Object。
- 对象具有多态性，对象可以实现派生类和基类的数据和行为。

对象的声明就是类的实例化，类实例化的方式很简单，通过使用 new 来实现，例如：

```
1. Point p1 = new Point();
2. Point p2 = new Point(1,1);
```

代码说明：第 1 行使用默认构造函数声明类的对象。第 2 行使用指定的构造函数声明类的对象。

创建类的对象后，系统将向程序员传递回该对象的引用。在上面的代码中，p1 和 p2 均是对基于 Point 类的对象的引用，但只引用了新对象，不包含对象数据本身。实际上，可以在不创建对象的情况下创建对象引用，例如：

```
Point p;
```

这样创建一个对象后，该对象是不可用的，必须把其他对象赋给它之后才能使用，例如：

```
p = p1;
```

把 p1 赋给 p 后，才能使用 p。

提示

虽然程序员可以定义自己的类，但.NET 还为 C#提供了很多标准的类，用户在开发过程中可以使用这些类，这样可大大节省程序的开发时间。类的调用是通过对命名空间的引用来实现的，打开任何一个利用 Visual Studio 2008 生成的.cs 文件，就可以看到最基本的命名空间的引用。引用了命名空间后，就可以直接利用(·)操作引用该命名空间下的类。

2.6.3 类的继承

继承是面向对象编程的一大特性。通过继承，类可以从其他类继承相关的特性。继承实现方式是：在声明类时，在类名称后放置一个冒号，然后在冒号后指定要从中继承的类。

例如，类 B 从类 A 中继承，类 A 被称作基类，类 B 被称作派生类：

```
1. public class A {
2.     public A() { }
```

```
3. }
4. public class B : A{
5. public B() { }
6. }
```

代码说明：第 1 行定义了一个类 A。第 4 行定义了继承自类 A 的类 B。

派生类将获取基类的所有非私有数据、行为以及为自己定义的其他数据和行为。在上面示例中，派生类 B 既继承了基类 A 的所有非私有数据还可以具有自己的特定的数据和行为。要注意的是，访问派生类 B 的对象时，可以使用强制转换操作将其转换为基类 A 的对象，将 B 对象限制为仅具有 A 对象的数据和行为。但是反过来，基类的 A 对象通常情况下都不可以强制转换为它派生类的 B 对象。

2.6.4　方法的重载

C#支持方法重载，如果要重载一个方法，有两个条件，或者方法参数的个数不同，或者方法参数的类型不同。但是方法名必须相同。当调用这些方法时，CLR 会根据参数的不同来选择相应的方法。

如果方法名和参数一致，而返回类型不同，这种不是方法的重载，编译器会产生一个错误。

使用重载的主要场合如下。

- 默认的参数：方法重载的一个常见用途就是允许方法的某些参数可以带默认值，如果用户代码没有显式指定这些参数的值，就可以通过重载方法来实现默认参数值的功能。
- 不同的输入类型：因为有时在执行的同一操作上可能有不同的数据类型或者由不同组合的信息来执行相同的过程。例如以下代码：

```
1. int Add(int a,int b) {
2.   return a + b;
3. }
4. float Add(float a,float b){
5.   return a + b;
6. }
```

代码说明：第 1 行定义了 Add()方法，用于求两个整数的和。第 4 行重载了 Add()方法，用于求两个浮点数的和。这两个方法的参数类型不同，这样就可以调用 Add()方法来求两个数的和，CLR 会根据传递的参数来调用不同的方法，代码如下：

```
1. int sum = Add(1,2);
2. float sumF = Add(1.000000,2.000000);
```

代码说明：第 1 行调用求整数和的 Add()方法，传入的参数是整型。第 2 行调用了求浮点数和的 Add()方法，传入的参数是浮点型。

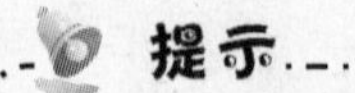

提示

重载的方法不能具有相同的名称和参数，因为 CLR 无法识别这样的方法。当调用重载方法时，CLR 会搜索所有的方法版本，当找不到匹配的版本时，就会发生错误。

2.7 C# 4.0 的新特性

C#经历几个版本的变革，虽然在大的编程方向和设计理念上没有引起太多的变化，但每次版本更新都带来一些新的特性，这些新特性使程序开发更加方便。本节我们来介绍几个比较常用的新特性，这里只是让读者对这些新特性能有一个大致的印象，具体如何使用还需要读者在实践中不断加深理解。

2.7.1 大整数类型 BigInteger

在 C# 4.0 中增加了一个数据类型 BigInteger，即大整数类型。它位于 System.Numerics 命名空间下。BigInteger 类型是不可变类型，代表一个任意大的整数，它不同于.NET Framework 中的其他整型，其值在理论上已没有上部或下部的界限。BigInteger 类型的成员与其他整数类型的成员近乎相同。

通常，可以使用多种方法实例化 BigInteger 对象。

用 new 关键字并提供任何整数或浮点值作为 BigInteger 构造函数的一个参数。下面的示例演示如何使用 new 关键字实例化 BigInteger 值。

```
1.  BigInteger b = new BigInteger(280143.76521);
2.  BigInteger big = new BigInteger(145268247903);
```

代码说明：第 1 行声明了 BigInteger 类型的对象 b，参数是浮点值，但仅保留小数点之前的整数值。第 2 行声明了 BigInteger 类型的对象 big，参数是一个大整数。

声明 BigInteger 变量并向其分配一个值，分配的值可以是任何数值，只要该值为整型即可。下面的示例利用赋值用 Int64 来创建 BigInteger 的值。

```
1.  long rusult = 7426590469223;
2.  BigInteger b = result;
```

代码说明：第 1 行先声明了一个 long 类型的变量 result 并赋值。第二行将该值再分配给 BigInteger 类型的变量 b。

通过强制类型转换实例化一个 BigInteger 对象，使其值可以超出现有数值类型的范围。

```
1.  BigInteger b = (BigInteger)280143.7652;
2.  BigInteger b = (BigInteger)75423.76m;
```

代码说明：直接使用强制类型转换的方式声明 BigInteger 的对象，仅保留整数部分的值。

可以像使用其他任何整数类型一样使用 BigInteger 实例。BigInteger 重载标准数值运算符，能够执行基本数学运算，如加法、减法、除法、乘法、减法、求反和一元求反。还可以使用标准数值运算符对两个 BigInteger 值进行比较。与其他该整型类型类似，BigInteger 还支持按位运算符。对于不支持自定义运算符的语言，BigInteger 结构还提供了用于执行数学运算的等效方法。其中包括 Add、Divide、Multiply、Negate、Subtract 和多种其他内容。

BigInteger 结构的许多成员直接对应于对应 Math 类(该类提供处理基元数值类型的功能)的成员。此外，BigInteger 增加了自己特有的成员：

Sign：可以返回表示 BigInteger 值符号的值。

Abs：可以返回 BigInteger 值的绝对值。

DivRem：可以返回除法运算的商和余数。

GreatestCommonDivisor：可以返回两个 BigInteger 值的最大公约数。

2.7.2　动态数据类型 dynamic

dynamic 是 C# 4.0 引入了一个新的静态类型，它会告诉编译器在编译期间不去检查 dynamic 类型，而是在运行时才决定。这表示了不再需要在程序中去声明一个固定的数据类型，而是由 C# 框架自动在执行期间获得数值的类型即可。

在大多数情况下，dynamic 类型与 object 类型的行为是一样的。但是，不会用编译器对包含 dynamic 类型表达式的操作进行解析或类型检查。编译器将有关该操作信息打包在一起，并且该信息以后用于计算运行时操作。在此过程中，类型 dynamic 的变量会编译到类型 object 的变量中。因此，类型 dynamic 只在编译时存在，在运行时则不存在。例如下列的代码：

```
1.  dynamic d = 888;
2.  Console.Write(d.GetType());
```

代码说明：第 1 行声明一个 dynamic 类型的对象 d 并赋值。第 2 行通过 GetType 方法，输出对象 d 的类型。最后显示的结果是“System.Int32”。并且输入对象 d 时，Visual Studio 2010 不会出现 Intellisense 智能提示，因为 Visual Studio 2010 不知道 d 的数据类型什么，所以无法自动提示可用的成员，若要使用该方法需要手动输入。同时 typeof 方法在 dynamic 类型上也无法使用。

dynamic 类型和其他数据类型之间，可以直接做隐式的数据转换，不论左边是 dynamic 或右边是 dynamic 都一样，例如：

```
1.  dynamic a1 = 8;
2.  dynamic a2 = "Visual Studio 2010";
3.  dynamic a3 = System.DateTime.Today;
4.  int i = a1;
5.  string str = a2;
6.  DateTime t =a3;
```

代码说明：第 1 行到第 3 行定义了 3 个 dynamic 类型的数据，分别是整形、字符串类型和时间类型。第 4 行到第 6 行再将这些 dynamic 类型的数据分别赋给对应的数据类型。

2.7.3 命名参数和可选参数

在 C# 3.5 时代，当用户希望用类似于 C++ 的可选参数为参数指定默认值时，会得到一个编译器错误，指示“不允许参数的默认值”。这个限制是因为在 C#中，任何地方都引入面向对象思想，所以尽量使用重载而不是可选参数。但在 C# 4.0 中这一点得到了改变。

开放命名参数和可选参数是出于动态语言运行时兼容性的要求。动态语言中存在动态绑定的参数列表，有时候并不是所有的参数值都需要指定；另外，在一些 COM 组件互操作时，往往 COM Invoke 的方法参数列表非常的长，如 ExcelApplication.Save 方法可能需要 12 个参数，但 COM 暴露的参数的实际值往往为 null，只有很少一部分参数需要指定值或者仅仅一个值。这就需要 C# 的编译器能够实现开放命名参数和可选参数。

1. 可选参数

方法、构造函数、索引器或委托的定义可以指定其的参数为必选参数还是可选参数。任何调用都必须为所有必选的参数提供参数值，但可以为可选的参数省略参数值。每个可选参数都具有默认值作为其定义的一部分。如果没有为该参数发送参数值，则使用默认值。

可选参数在参数列表的末尾定义，位于任何必选的参数之后。如果调用方为一系列可选参数中的任意一个参数提供了参数值，则它必须为前面的所有可选参数提供参数值。参数值列表中不支持使用逗号分隔。例如以下代码：

```
public void Function(int num1, string word = "Visual Studio 2010", int num2= 8)
```

代码说明：使用一个必选参数和两个可选参数定义实例方法 Function。其中，int num1 是必选参数，而由于 string word 和 int num2 都设置了默认值，所以是可选参数

接着来看如何正确地调用 function 方法。

```
1.  Function（16，“VS2010”，“26”）；
2.  Function（16）；
3.  Function（word：“VS2010”）；
4.  Function（16，，26）；
5.  Function（16，num2：“VS2010”）；
```

代码说明：第 1 行的调用方法对每一个参数都提供了参数值。第 2 行的调用方法仅对必选参数指定参数值也是正确的。第 3 行的调用方法错误，因为没有给必选参数指定参数值。第 4 行的调用方法错误，参数值列表中不支持使用逗号分隔且为第二个可选参数而不是第一个可选参数提供参数值。第 5 行的调用方法正确，给必选参数和第二个可选参数提供了参数值，其中可选参数指定参数值使用了“参数名：参数值”的正确格式。

2. 命名参数

命名参数让用户可以在调用方法时指定参数名字来给参数赋值，这种情况下可以忽略参数的顺序。利用命名参数，用户将能够为特定参数指定参数值，方法是将参数值与该参数的名称关联，而不是与参数在参数列表中的位置关联。

命名参数的语法为：

参数名称 1：参数值 1，参数名称 2：参数值 2…

有了命名参数，用户将不再需要记住或查找参数在所调用方法的参数列表中的顺序。可以按参数名称指定参数值。例如。

```
public int ExampleMethod(int num1, int num2, int num3)
```

上面的代码定义了一个方法 ExampleMethod，它有 3 个 int 类型的参数列表。根据命名参数的规则，用户可以按以下的方法去调用。

```
ExampleMethod (num1：6, num2：16, num3：26)
ExampleMethod (num2：16, num1：6, num3：26)
ExampleMethod (num3：26, num2：16，num1：6)
```

代码说明：以上 3 种调用方法突破了以前需要按照参数列表中顺序进行指定实参的限制，如果不记得参数的顺序，但却知道其名称，用户可以按任意顺序发送参数值。

不过要记住的是命名参数和可选参数虽然非常的好用，但是绝对不要滥用，否则会对程序的可读性造成相当大的伤害。

2.8　上机练习

本次上机练习首先需要定义一个研究生类 UnderGraduate，并为该类添加一个方法，以判断某个学生是否有资格成为研究生；然后定义一个 Student 类来存储学生的基本信息；由于学生属于人的范畴，因此可以定义一个 Person 类来存储人的最基本的信息。具体操作步骤如下：

(1) 启动 Visual Studio 2010，选择【文件】|【新建项目】命令，在打开的【新建项目】对话框中选择【控制台应用程序】模板，在【名称】文本框和【解决方案名称】文本框中输入“上机练习”，然后在【位置】文本框中输入文件路径，最后单击【确定】按钮。

(2) 系统在【解决方案资源管理器】中生成【上机练习】项目，如图 2-14 所示。

(3) 在【上机练习】项目中新建如图 2-15 所示的 3 个类文件，分别为 Person.cs、Student.cs 和 UnderGraduate.cs。

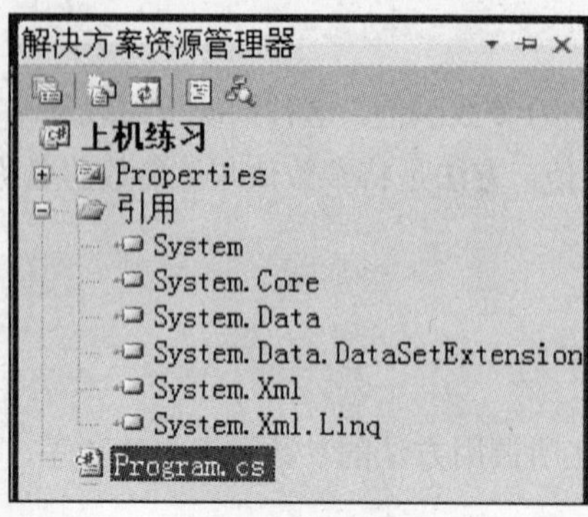

图 2-14　生成项目

图 2-15　添加类文件

(4) 双击 Person.cs 文件，在该文件中编写如下程序代码:

```
1. public class Person{
2.         private string _name;
3.         private uint _age;
4.         public void GetInfo(){
5.             Console.WriteLine("请输入您的姓名:");
6.             _name = Console.ReadLine();
7.             Console.WriteLine("请输入您的年龄:");
8.             _age = uint.Parse(Console.ReadLine());
9.         }
10.         public void DispInfo(){
11.             Console.WriteLine("尊敬的{0},您的年龄为{1}。", _name, _age);
12.         }
13.     }
```

代码说明：第 1 行定义了一个 Person 类。第 2 行和第 3 行定义两个变量，用于存储人的姓名和年龄。第 4 行到第 10 行定义了两个方法 GetInfo()和 DispInfo()，分别用来获取和显示姓名、年龄信息。

(5) 双击 Student.cs 文件，在该文件中编写如下程序代码:

```
1. public class Student : Person{
2.         private string _school;
3.         private int _eng;
4.         private int _math;
5.         private int _sci;
6.         private int _tot;
7.         public int GetMarks(){
8.             Console.WriteLine("请输入学校名称:");
9.             _school = Console.ReadLine();
10.             Console.WriteLine("请输入英语成绩:");
11.             _eng = uint.Parse(Console.ReadLine());
12.             Console.WriteLine("请输入数学成绩:");
13.             _math = uint.Parse(Console.ReadLine());
```

```
14.             Console.WriteLine("请输入自然科学成绩:");
15.             _sci = uint.Parse(Console.ReadLine());
16.             _tot = _eng + _math + _sci;
17.             Console.WriteLine("所得总分为:{0}", _tot);
18.             return _tot;
19.         }
20.     }
```

代码说明：第 1 行定义了一个 Student 类，该类继承自 Person 类，由于前面已经定义了 Person 类，因此就不再需要定义有关人的基本信息了，这些信息都可从 Person 类中继承。第 2 行到第 6 行定义了该类特有的变量，用于保存学校名称、英语成绩、数学成绩、自然科学成绩和总分。第 7 行到第 19 行提供了一个方法来获取这些信息。

(6) 双击 UnderGraduate.cs 文件，在该文件中编写如下程序代码：

```
1. public class UnderGraduate : Student {
2.         public void ChkEgbl(){
3.             Console.WriteLine("要上升一级，要求总分不低于 150");
4.             if (this.GetMarks() > 149){
5.                 Console.WriteLine("合格");
6.             }
7.             else{
8.                 Console.WriteLine("不合格");
9.             }
10.        }
11.    }
```

代码说明：第 1 行定义了一个 UnderGraduate 类，该类继承自 Student 类，而 Student 类继承自 Person 类，因此，UnderGraduate 类具有了作为学生和作为人的最基本的属性和行为。第 2 行到第 10 行定义了 ChkEgbl()方法，用来检测被定义对象是否具有研究生资格。

(7) 双击 Program.cs.cs 文件，在该文件中编写如下程序代码：

```
1. static void Main(string[] args){
2.     UnderGraduate objun = new UnderGraduate();
3.     objun.GetInfo();
4.     objun.DispInfo();
5.     objun.ChkEgbl();
6.     Console.ReadKey();
7. }
```

代码说明：第 2 行定义了 UnderGraduate 类的对象 objun。第 3 行调用 Person 类中的 GetInfo()方法来获取个人信息。第 4 行调用 Person 类中的 DispInfo()方法来显示个人信息。第 5 行调用 UnderGraduate 类的 ChkEgbl()方法来检测定义的对象是否具有研究生资格。

(8) 按 Ctrl+F5 组合键运行程序，效果如图 2-16 所示。

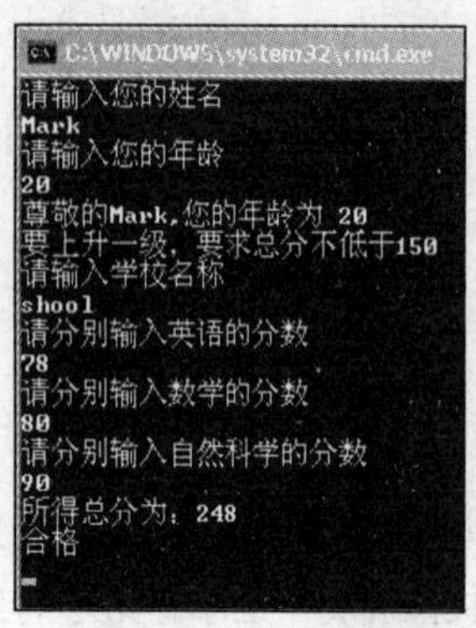

图 2-16　运行效果

知识点

在本次上机练习中定义的几个类是可以放在一个文件中的。在实际应用中，读者可根据自己的喜好将这些类放在一个或多个.cs 文件中。

2.9　习题

1．有一个字符串，包括若干个单词，这些单词以逗号隔开，如 hello，world，tom，jack，jane，要求分解出该字符串中的每个单词。

2．使用冒泡排序法对数组 array ={34,23,78,5,-11,567,12,0,543,89 }进行排序。

3．定义一个矩形类，该类具有计算矩形的面积和周长的功能。

4．定义一个汽车类，该类具有重量和速度属性；再定义一个跑车类，该类继承汽车类的属性，并拥有自己的颜色属性；然后声明一个汽车类的对象和一个跑车类的对象，并把它们的属性输出到控制台上。

5. 定义一个学生类，学生类中包含学生姓名、年龄和体重等信息，还包含一个方法，该方法能够实现学生之间的年龄和体重的比较，要求使用重载的方式实现该方法。

ASP.NET 基本对象

学习目标

ASP.NET 能够成为一个庞大的软件体系，与它提供了大量的对象类库有很大的关系。这些类库中包含许多封装好的内置对象，开发人员可以直接使用这些对象的方法和属性，因此用较少的代码量就能轻松完成很多功能。本章介绍的 Page 类、Request 对象、Response 对象和 Server 对象主要用来连接服务器和客户端浏览器之间的联系，而 Cookie 对象、Session 对象和 Application 对象则主要用于网站状态管理。学会使用这些对象能使开发人员站在系统的角度构建网站。

本章重点

- ⊙ 页面的生命周期
- ⊙ 在页面中使用 Request 对象传递值
- ⊙ Cookie 的应用
- ⊙ Session 对象的常用属性和方法

3.1 Page 类

在 ASP.NET Framework 中，Page 类为 ASP.NET 应用程序文件所构建的对象提供基本行为。该类在命名空间 System.Web.UI 中定义，从 TemplateControl 类派生而来，而 TemplateControl 类继承自 System.Web.UI.Control，它也是一种特殊的 Control 类并实现了 IHttpHandler 接口。

3.1.1 页面的生命周期

在本书的项目中，所有的 Web 页面都继承自 System.Web.UI.Page 类。要了解 Page 类，必须知道 ASP.NET 页面的工作过程与生命周期。下面首先介绍 ASP.NET 页面的工作过程。

⊙ 客户端浏览器向 Web 应用程序发送一个页面请求。

◎ 服务器端 Web 应用程序接收到这个请求后，先查看这个页面是否被编译过，如果没有被编译过，就编译这个 Web 页面，然后对这个页面进行实例化，产生一个 Page 对象。
◎ Page 对象根据客户请求，把用户所需的信息发送给 IIS，然后由 IIS 将信息返回给客户端浏览器。

在页面工作过程中，每个页面都被编译成一个类，当有请求的时候就对这个类进行实例化。

对于页面生命周期，Page 对象一共要关心以下 5 个阶段。

◎ 页面初始化：在这个阶段，页面及其控件被初始化；页面确定这是一个新的请求还是一个回传请求。页面事件处理器 Page_PreInit 和 PageInit 被调用；另外，所有服务器控件的 PreInit 和 Init 被调用。
◎ 载入：经过页面初始化之后，页面将进入载入阶段。在该阶段，如果当前页面的请求是一个回传请求，则该页面将从视图状态和控件状态中加载控件的属性。在此过程中，页面将引发 Load 事件。
◎ 回送事件处理：如果请求是一个回传请求，任何控件的回发事件处理过程将被调用。
◎ 呈现：在页面呈现状态中，视图状态被保存到页面，然后每个控件及页面都是把自己呈现给输出相应流。页面和控件的 PreRender 和 Render 方法先后被调用。最后，呈现的结果通过 HTTP 响应发送回客户机。
◎ 卸载：对页面使用过的资源进行最后的清除处理，控件或页面的 Unload 方法将被调用。

3.1.2 Page 类的属性和事件

在 ASP.NET 页面中包含两种代码模型，一种是单文件模型，另一种是代码隐藏页模型，这两个模型的功能完全一样，都支持控件的拖拽，以及智能代码的生成。

单文件页模型中所有的标记、服务器端元素以及事件处理代码全都位于同一个.aspx 文件中。在对该页进行编译时，如果存在使用@Page 指令的 Inherits 属性定义的自定义基类，编译器将生成和编译一个从该基类派生的新类，否则编译器将生成和编译一个从 Page 基类派生的新类。例如，如果在应用程序的根目录中创建一个名为 SamplePage1 的页面，则随后将从 Page 类派生一个名为 ASP.SamplePage1_aspx 的新类。对于应用程序子文件夹中的页面，将使用子文件夹名称作为生成的类的一部分。生成的类包含页面控件的声明、用户添加的事件处理程序和其他自定义代码。

在生成页面之后，生成的类被编译成程序集，并且被加载到应用程序域，然后对该类进行实例化并执行，将输出呈现到浏览器上。如果对生成类的页面进行更改(无论是添加控件还是修改代码)，则已编译的类代码将失效，系统将生成新的类。

而代码隐藏页模型与单文件模型的不同之处在于，代码隐藏页模型将事物处理的代码都存放在代码隐藏文件(.cs 文件)中。该代码文件包含一个分部类，即具有关键字 partial 的类声明，以表示该代码文件只包含构成该页面完整类的全体代码的一部分。在分部类中，添加应用程序要求该页面所具有的代码。此代码通常由事件处理程序构成，但是也可以包括用户需要的任何方法或属性。当 ASP.NET 网页运行时，ASP.NET 类生成时会先处理.cs 文件中的代码，再处理.aspx 页面中

的代码，这种过程被称为代码分离。

代码隐藏页模型中.aspx 页面的继承模型比单文件页面的继承模型要稍微复杂一些：

- 代码隐藏文件(.cs 文件)包含一个继承自基页类的分部类。基页类可以是 Page 类，也可以是从 Page 派生的其他类。
- .aspx 文件在@ Page 指令中包含一个指向代码隐藏分部类的 Inherits 属性。
- 在对代码隐藏页进行编译时，ASP.NET 基于.aspx 文件生成一个分部类，该类是代码隐藏文件的分部类。生成的分部类文件包含页面控件的声明。使用此分部类，用户可以将代码隐藏文件用作完整类的一部分，而无须显示声明控件。
- 最后，ASP.NET 生成另外一个类，该类从上面生成的分部类继承而来。它包含生成该页所需的代码。该类和代码隐藏文件中生成的类一起编译成程序集，运行该程序集可以将输出呈现到浏览器。

Page 类与扩展名为.aspx 的文件相关联，这些文件在运行时被编译为 Page 对象，Page 对象充当页中所有服务器控件的容器，并被缓存在服务器内存中。

下面介绍 Page 类的常见属性和事件，如表 3-1 所示。

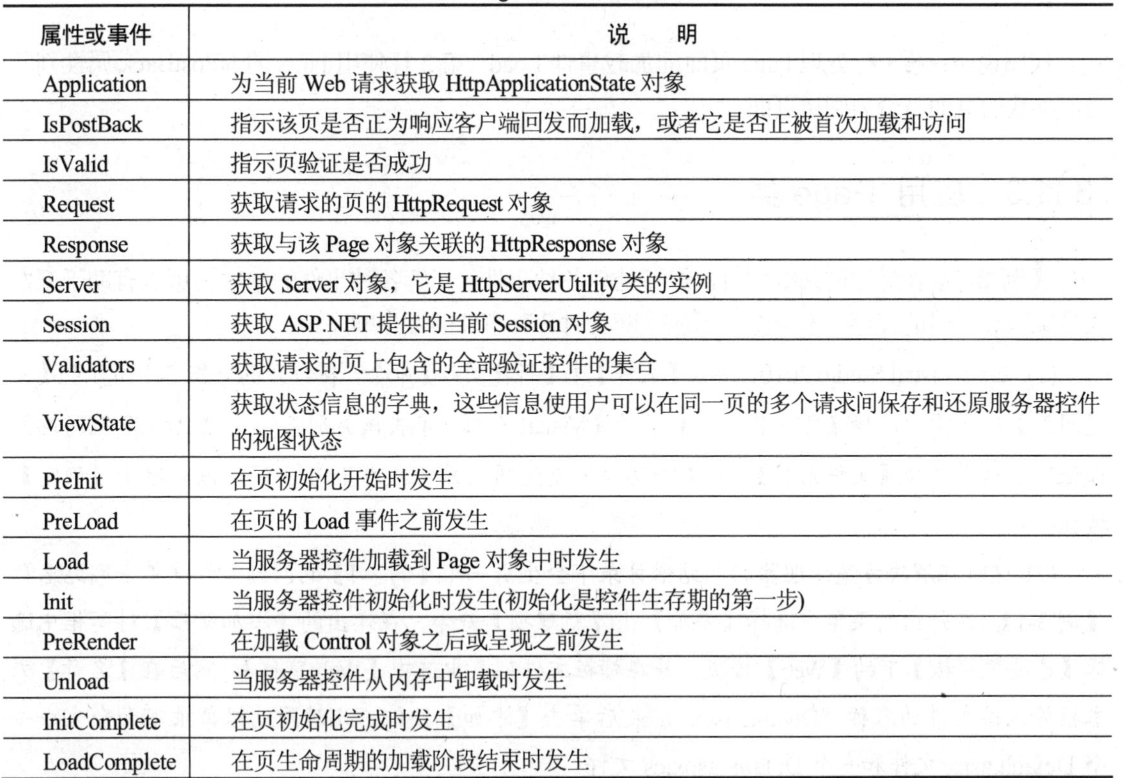

表 3-1 Page 类的重要属性和方法

属性或事件	说 明
Application	为当前 Web 请求获取 HttpApplicationState 对象
IsPostBack	指示该页是否正为响应客户端回发而加载，或者它是否正被首次加载和访问
IsValid	指示页验证是否成功
Request	获取请求的页的 HttpRequest 对象
Response	获取与该 Page 对象关联的 HttpResponse 对象
Server	获取 Server 对象，它是 HttpServerUtility 类的实例
Session	获取 ASP.NET 提供的当前 Session 对象
Validators	获取请求的页上包含的全部验证控件的集合
ViewState	获取状态信息的字典，这些信息使用户可以在同一页的多个请求间保存和还原服务器控件的视图状态
PreInit	在页初始化开始时发生
PreLoad	在页的 Load 事件之前发生
Load	当服务器控件加载到 Page 对象中时发生
Init	当服务器控件初始化时发生(初始化是控件生存期的第一步)
PreRender	在加载 Control 对象之后或呈现之前发生
Unload	当服务器控件从内存中卸载时发生
InitComplete	在页初始化完成时发生
LoadComplete	在页生命周期的加载阶段结束时发生

Page 对象的事件贯穿于网页执行的整个过程。在每个阶段，ASP.NET 都触发了可以在代码中处理的事件，大多数情况下，只需关心 Page_Load 事件即可。该事件的两个参数是由 ASP.NET

定义的，第一个参数定义了产生事件的对象，第二个参数是传递给事件的详细信息。每次触发服务器控件时，页面都会去执行一次 Page_Load 事件，说明页面被加载了一次，这种技术称为回传(或称为回送)技术。这个技术是 ASP.NET 最为重要的特性之一。这样，Web 页面就像一个 Windows 窗体一样。在 ASP.NET 中，当客户端触发了一个事件，它不是在客户端浏览器上对事件进行处理，而是把该事件的信息传送回服务器进行处理。服务器在接收到这些信息后，会重新加载 Page 对象，然后处理该事件，所以 Pgae_Load 事件会再次被触发。

由于 Pgae_Load 方法在每次页面加载时运行，因此，其中的代码即使在回传的情况下也会被运行，此时就可以用 Page 的 IsPostBack 属性来解决这个问题，因为这个属性是用来识别 Page 对象是否处于一个回送的状态下，也就弄清楚是请求页面的第一个实例，还是请求回送的原来的页面。可以在 Pgae 类的 Page_Load 事件中使用该属性，以便数据访问代码只在首次加载页面时运行，例如以下代码：

```
1. protected void Page_Load(object sender,EventAge e){
2.         if(!IsPostBack){
3.             BindDropDownList()
4.         }
5.  }
```

代码说明：第 1 行处理 Page 页面的加载事件 Load。第 2 行使用 Page 的 IsPostBack 属性判断当前加载的页面是否为回送页面。

3.1.3 应用 Page 类

【例 3-1】在进行网站编程时，需要处理各种事件。了解各种事件的顺序，可以有助于开发人员编写高质量的程序。本例将演示加载网页时各种事件的发生顺序。

(1) 启动 Visual Studio 2010，选择【文件】|【新建网站】命令，在打开的如图 3-1 所示的【新建网站】对话框中选择【已安装模板】下的【Visual C#】，单击该类别下的【ASP.NET 空网站】模板，然后再选择【文件系统】，在文件路径中创建网站并命名为“例 3-1”，最后单击【确定】按钮。

(2) 这时在解决方案管理器的网站根目录下会生成一个【例 3-1】的网站。右键单击网站名称【例 3-1】，在弹出的菜单中选择【添加】|【新建项】命令。在弹出的【添加新项】对话框中选择【已安装模板】下的【Web】模板，并在模板文件列表中选中【Web 窗体】，然后在【名称】文本框输入该文件的名称“Default.aspx”，最后单击【添加】按钮。此时网站根目录下面会生成一个 Default.aspx 文件和一个 Default.aspx.cs 文件。

(3) 双击 Default.aspx 文件，打开设计视图。从【工具箱】拖动一个 Button 控件和一个 Label 控件到设计视图中，系统自动分别命名为 Button1 与 Label1，如图 3-2 所示。设置网页的标题。Button1 控件的单击事件处理程序为 Button1_Click。Lable1 控件用于触发事件时显示消息。

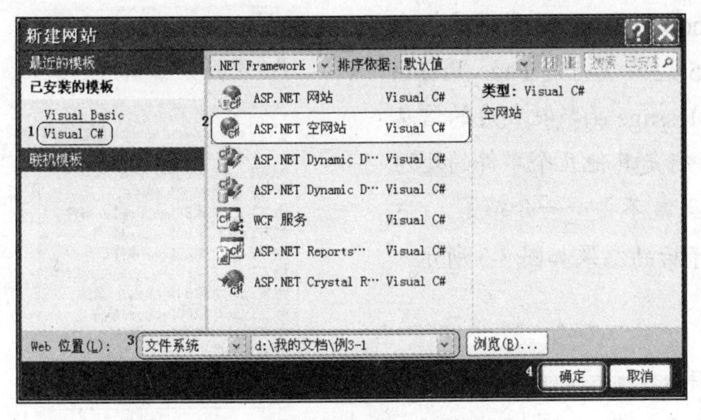

图 3-1　【新建网站】对话框

图 3-2　设计视图

(4) 双击网站根目录下的 Default.aspx.cs 文件，编写如下代码:

```
1. void ShowMessage(string str){
2.         string temp = Label1.Text;
3.         Label1.Text = temp + str;
4.     }
5.     protected void Page_PreInit(object sender, EventArgs e){
6.         ShowMessage("触发 Page 对象的 PreInit 事件。<br>");
7.     }
8.     protected void Page_Init(object sender, EventArgs e){
9.         ShowMessage("触发 Page 对象的 Init 事件。<br>");
10.    }
11.    protected void Page_InitComplete(object sender, EventArgs e){
12.        ShowMessage("触发 Page 对象的 InitComplete 事件。<br>");
13.    }
14.    protected void Page_PreLoad(object sender, EventArgs e){
15.        ShowMessage("触发 Page 对象的 PreLoad 事件。<br>");
16.    }
17.    protected void Page_Load(object sender, EventArgs e){
18.        ShowMessage("触发 Page 对象的 Load 事件。<br>");
19.    }
20.    protected void Page_LoadComplete(object sender, EventArgs e){
21.        ShowMessage("触发 Page 对象的 LoadComplete 事件。<br>");
22.    }
23.    protected void Page_PreRender(object sender, EventArgs e){
24.        ShowMessage("触发 Page 对象的 PreRender 事件。<br>");
25.    }
26.    protected void Button1_Click(object sender, EventArgs e){
27.        ShowMessage("触发按钮的 Click 事件。<br>");
28.    }
```

代码说明: 第 1 行到第 4 行的 ShowMessage 函数用于把指定的信息添加到 Label1 控件上。第 5 到第 7 行是 Page_PreInit 事件的处理程序，该程序调用 ShowMessage 函数把相应的信息添加到 Label1 控件上。第 8 到第 28 行是其他几个事件的处理程序，和 Page_PreInit 事件类似，这里就不再一一介绍了。

(5) 按 Ctrl+F5 组合键，运行程序后的结果如图 3-3 所示。

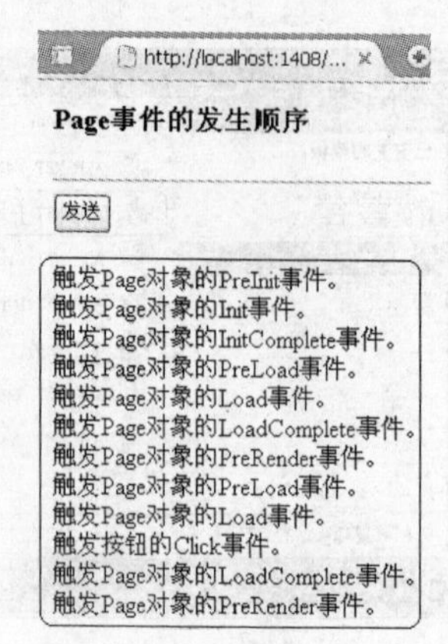

图 3-3　运行结果

提示

在 ASP.NET 程序中，可以编写事件处理程序来响应 Page 对象的事件，这些事件的处理顺序依次是 Page_PreInit、Page_Init、Page_PreLoad、Page_Load、Page_PreRender 和 Page_Unload。

3.2　Request 类

Request 对象是 System.Web.HttpRequest 类的实例。当用户在客户端使用 Web 浏览器向 Web 应用程序发出请求时，就会将客户端的信息发送到 Web 服务器。Web 服务器就接收到一个 HTTP 请求，它包含了所有查询字符串参数或表单参数、Cookie 数据以及浏览器的信息。在 ASP.NET 中运行程序时，这些客户端的请求信息被封装成 Request 对象。

3.2.1　Request 对象的属性和方法

要掌握 Request 对象的使用，必须了解其常用属性和方法。Request 对象的常用属性和方法如表 3-2 所示。

表 3-2　Request 对象的常用属性和方法

属性和方法	说　明
ApplicationPath	说明被请求的页面位于 Web 应用程序的哪一个文件夹中
Path	与 ApplicationPath 相同，即返回页面完整的 Web 路径地址，还包括页面的文件名称
PhysicalApplicationPath	返回页面的完整路径，但它位于物理磁盘上，而不是一个 Web 地址
Browser	提供对 Browser 对象的访问。Browser 对象在确定访问者的 Web 浏览器软件和其功能时非常有用
Cookies	查看访问者在以前访问本站点时使用的 Cookies
IsSecureConnection	检查 HTTP 连接是否使用加密
RequestType	检查请求是 Get 请求还是 Post 请求
QueryString	返回任何使用 Get 方式传输到页面的参数

(续表)

属性和方法	说　明
Url	返回浏览器提交的完整地址，为了把Url对象保留的Web地址显示为字符串，可以使用其方法ToString()
RawUrl	类似Url，但省略了协议和域名部分
UserHostName	返回从Web服务器上请求页面的机器名称
UserHostAddress	请求页面的机器的IP地址
UserLanguage	浏览器配置的语言设置
BinaryRead	执行对当前输入流进行指定字节数的二进制读取
MapImageCoordinate	将传入图像字段窗体参数影射为适当的x/y坐标值
MapPath	为当前请求，将请求的URL中的虚拟路径映射到服务器上的物理路径
SaveAs	将HTTP请求保存到磁盘
ValidateInput	验证由客户端浏览器提交的数据，如果存在具有潜在危险的数据，则引发一个异常

3.2.2 应用Request对象

3.2.1节介绍了Request对象的概念及其常用属性和方法。为了加深对Request对象的理解，本节通过一个实际例子来介绍Request对象中的事件和方法具体如何使用。

【例3-2】创建一个网页，在该网页中使用Request对象的Browser属性来获取正在请求的客户端浏览器的信息。

(1) 启动Visual Studio 2010，选择【文件】|【新建网站】命令，在打开的如图3-4所示的【新建网站】对话框中选择【已安装模板】下的【Visual C#】，单击该类别下的【ASP.NET空网站】模板，然后再选择【文件系统】，在文件路径中创建网站并命名为“例3-2”，最后单击【确定】按钮。

(2) 这时在解决方案管理器的网站根目录下会生成一个【例3-2】的网站。右键单击网站名称【例3-2】，在弹出的菜单中选择【添加】|【新建项】命令。在弹出的【添加新项】对话框中选择【已安装模板】下的【Web】模板，并在模板文件列表中选中【Web窗体】，然后在【名称】文本框输入该文件的名称“Default.aspx”，最后单击【添加】按钮。此时网站根目录下面会生成如3-5所示的一个Default.aspx文件和一个Default.aspx.cs文件。

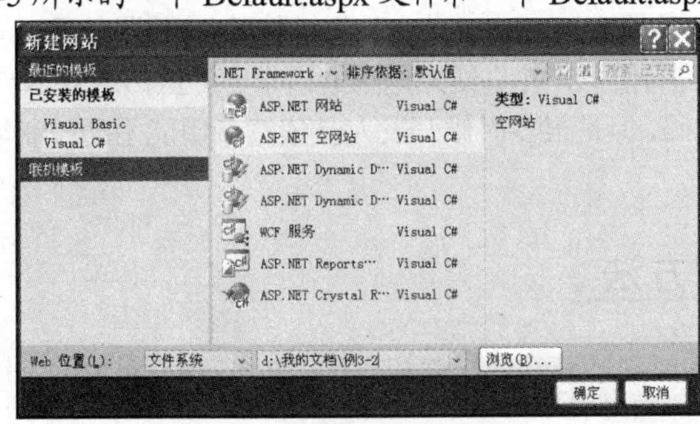

图3-4 【新建网站】对话框

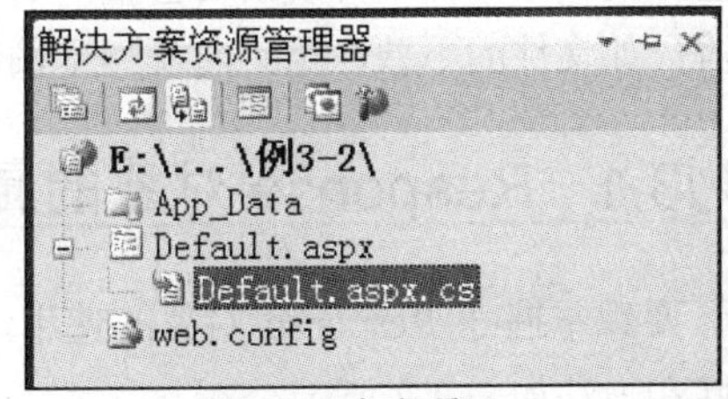

图3-5 生成项目

(3) 双击网站根目录下的Default.aspx.cs文件，编写如下代码:

```
1.  protected void Page_Load(object sender, EventArgs e){
2.      Response.Write("浏览器信息：<br>");
3.      Response.Write("浏览器是：" + Request.Browser.Type + "<br>");
4.      Response.Write("浏览器的名称是：" + Request.Browser.Browser + "<br>");
5.      Response.Write("浏览器的版本是：" + Request.Browser.Version + "<br>");
6.      Response.Write("浏览器的使用平台是：" + Request.Browser.Platform + "<br>");
7.  }
```

第2行使用Requeset对象的Write方法，在网页中输出显示“浏览器信息”：的文字后换行，代码中的
是HTML中用于换行的标记。

代码说明：第1行处理Page对象的Load加载事件。第3行使用Request对象的Browser属性集合中的Type属性获取客户端浏览器的类型。第4行使用Request对象的Browser属性集合中的Browser属性获取客户端浏览器的名称。第5行使用Request对象的Browser属性集合中的Version属性获取客户端浏览器的版本。第6行使用Request对象的Browser属性集合中的Platform属性获取客户端使用的平台名称。

(4) 按Ctrl+F5组合键，运行程序后的结果如图3-6所示。

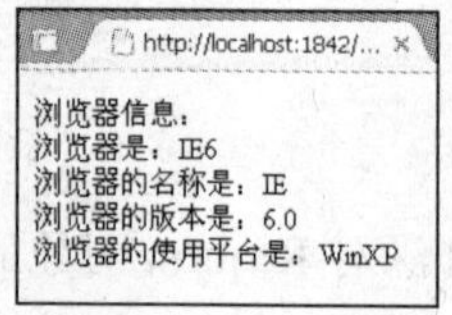

图3-6　运行结果

知识点

Get方法一般最多只能传递256字节的数据，而Post方法可以传递的数据达到2M。

提示

在Request对象的调用方法中，QueryString集合主要用于收集HTTP协议中的Get请求发送的数据，如果一个请求事件中被请求程序的Url中出现“？”号紧跟随着数据，则表示此次请求方式为Get。而Form集合用于收集以Post方式发送的请求数据，Post请求必须由Form来发送。

3.3　Response类

Response对象是System.Web.HttpResponse类的实例。Response对象封装了Web服务器对客户端请求的响应，它用来操作与HTTP协议相关的信息，并将结果返回给请求者。虽然ASP.NET中控件的输出不需要开发人员去编写HTML代码，但是很多时候开发人员依然希望能手动控制输出流，如文件的下载、重定向及脚本输出等。

3.3.1　Response对象的属性和方法

要想掌握好Response对象的使用，首先需要熟悉其常用属性和方法。Response对象的常用属性和方法如表3-3所示。

表 3-3　Response 对象的常用属性和方法

属性与方法	说　明
Buffer	获取或设置一个值，该值表示是否缓冲输出，并在完成处理整个响应之后将其发送
ContentType	获取或设置输出流的 HTTP MIME 类型
Cookies	获取响应 Cookie 集合
Clear	清除缓冲区流中所有内容的输出
Flush	向客户端发送当前所有缓冲的输出。该方法将当前所有缓冲的输出强制发送到客户端。在请求处理的过程中可多次调用 Flush
End	将当前所有缓冲的输出发送到客户端，停止该页的执行，并触发 EndRequest 事件
Redirect	将客户端重定向到新的 URL
Write	将信息写入 HTTP 响应输出流，如果打开缓存器，就将信息写入缓存器并等待稍后发送
WriteFile	将指定的文件直接写入 HTTP 响应输出流

Response 对象的 Redirect 方法可以将客户端重定向到新的 URL，其语法格式如下：

```
1. public void Redirect(string url);
2. public void Redirect( string url, bool endResponse);
```

代码说明：url 参数为要重新定向到的目标网址，endResponse 参数表示当前页的执行是否应终止。

Write 方法用于将信息写入 HTTP 响应输出流，并输出到客户端显示，其语法格式如下：

```
1. public void Write(char[], int, int);
2. public void Write(string);
3. public void Write(object);
4. public void Write(char);
```

代码说明：从以上 4 个方法的参数可以看出，通过 Write 方法可以把字符数组、字符串、对象或单个字符输出显示。

如果把指定的文件直接写入 HTTP 响应输出流，需要调用 WriteFile 方法，其语法格式如下：

```
1. public void WriteFile(string filename);
2. public void WriteFile(string filename, long offset, long size);
3. public void WriteFile(IntPtr fileHandle, long offset, long size);
4. public void WriteFile(string filename, bool readIntoMemory);
```

代码说明：filename 参数为要写入 HTTP 输出流的文件名；offset 参数为文件中将开始进行写入的字节位置；size 参数为要写入输出流的字节数(从开始位置计算)；fileHandle 参数是要写入 HTTP 输出流的文件的文件句柄；readIntoMemory 参数表示是否把文件写入内存块。

下面是 Response 对象的其他几个方法的作用。

- BinaryWrite：将一个二进制字符串写入 HTTP 输出流。

- Clear：清除缓冲区流中的所有输出内容。
- ClearContent：清除缓冲区流中的所有内容。
- ClearHeaders：清除缓冲区流中的所有头信息。
- Close：关闭到客户端的套接字连接。
- End：将当前缓冲区中的所有输出内容发送到客户端，停止该页的执行，并触发 Application_EndRequest 事件。
- Flush：向客户端发送当前缓冲区中所有输出的内容。Flush 方法和 End 方法都可以将缓冲区中的内容发送到客户端显示，不同之处在于，Flush 方法不停止页面的执行。

3.3.2 应用 Response 对象

3.3.1 节介绍了 Response 对象的概念及其常用方法和属性。本节将通过一个例子来讲解 Response 对象在实际中的应用。

【例 3-3】实现 Response 对象的重定向跳转页面功能，单击页面中的【去人人网】按钮，页面将跳转至人人网的首页。

(1) 启动 Visual Studio 2010，选择【文件】|【新建网站】命令，在打开的【新建网站】对话框中选择【已安装模板】下的【Visual C#】，单击该类别下的【ASP.NET 空网站】模板，然后再选择【文件系统】，在文件路径中创建网站并命名为“例 3-3”，最后单击【确定】按钮。

(2) 这时在解决方案管理器的网站根目录下会生成一个【例 3-3】的网站。右键单击网站名称【例 3-3】，在弹出的菜单中选择【添加】|【新建项】命令。在弹出的【添加新项】对话框中选择【已安装模板】下的【Web】模板，并在模板文件列表中选中【Web 窗体】，然后在【名称】文本框输入该文件的名称“Default.aspx”，最后单击【添加】按钮。此时网站根目录下面会生成一个 Default.aspx 文件和一个 Default.aspx.cs 文件。

(3) 双击网站根目录下的 Default.aspx 文件，打开该文件的设计视图。从【工具箱】中拖动一个 Button 按钮控件到设计视图，如图 3-7 所示。

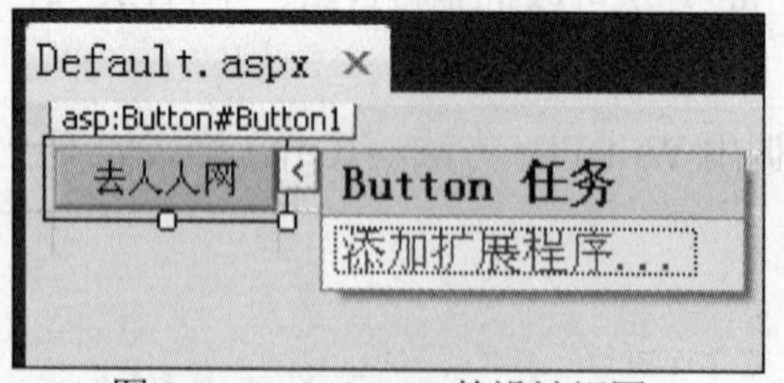

图 3-7　Default.aspx 的设计视图

知识点

Response.Redirect 方法可使浏览器链接到一个指定的 URL。当 Response.Redirect 方法被调用时，它会创建一个应答，应答头中指出了状态代码 302(表示目标已经改变)以及新的目标 URL。浏览器从服务器收到该应答，利用应答头中的信息发出一个对新 URL 的请求。

(4) 双击网站根目录下的 Default.aspx.cs 文件，编写如下代码：

```
1. protected void Button1_Click(object sender, EventArgs e){
2.            Response.Redirect("http://www.renren.com");
```

```
3.     }
```

代码说明：第 1 行处理 Button1 按钮的单击事件 Click。第 2 行调用 Response 对象的 Redirect 方法，将页面跳转至人人网的首页。

(5) 按 Ctrl+F5 组合键，运行程序后的结果如图 3-8 所示。

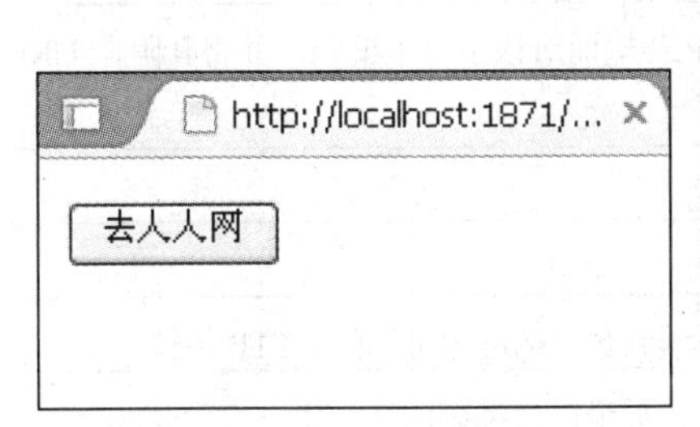

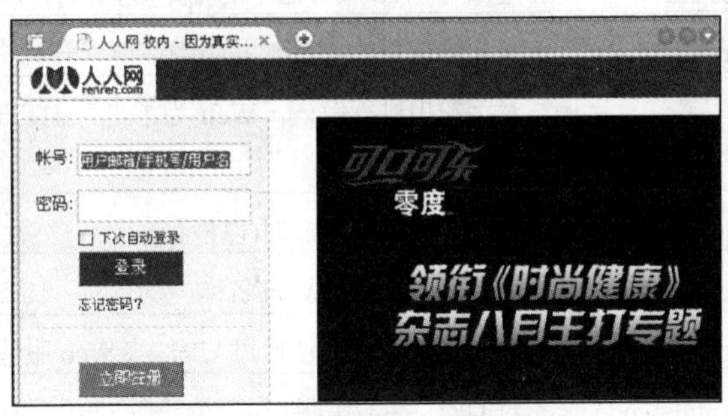

图 3-8　运行结果

提示

使用 Response.Redirect 方法时重定向操作发生在客户端，总共涉及两次与服务器的通信(两个来回)：第一次是对原始页面的请求，得到一个 302 应答；第二次是请求 302 应答中声明的新页面，得到重定向之后的页面。

3.4　Server 对象

Server 对象是 System.Web.HttpServerUtility 类的实例，它包含了一些与服务器相关的信息。使用它可以获得有关最新的错误信息、对 HTML 文本进行编码和解码、访问和读写服务器端的文件等功能。

3.4.1　Server 对象的属性和方法

Server 对象提供了许多有关访问的方法和属性，使程序能够有序执行。Server 对象的常用属性与方法如表 3-4 所示。

表 3-4　Server 对象的常用属性和方法

方法和属性	说　明
ClearError	清除前一个异常
CreateObject	创建由对象类型标识的 COM 对象的一个服务器实例
Execute	在当前请求的上下文中执行指定的虚拟路径的处理程序
GetLastError	返回前一个异常
HtmlDecode	对 HTML 编码的字符串进行解码，并将其发送到 System.IO.TextWriter 输出流

(续表)

方法和属性	说　明
HtmlEncode	对字符串进行 HTML 编码，并将其发送到 System.IO.TextWriter 输出流
MapPath	返回与 Web 服务器上的指定虚拟路径相对应的物理文件路径
Transfer	终止当前页的执行，并为当前请求开始执行新页
UrlDecode	对字符串进行解码。Web 为了进行 HTTP 传输而对该字符串编码，并将其附在 URL 中发送到服务器
ScriptTimeout	获取和设置请求超时(以秒计)
MachineName	获取服务器的计算机名称
UrlEncode	编码字符串，以便通过 URL 从 Web 服务器到客户端进行可靠的 HTTP 传输
UrlPathEncode	对 URL 字符串的路径部分进行 URL 编码，并返回已编码的字符串

利用 Server 对象的 GetLastError 方法可以获得前一个异常，当发生错误时，可以通过该方法访问错误信息。例如：

```
Exception LastError = Server.GetLastError();
```

Server 对象的 Transfer 方法用于终止当前页的执行，并为当前请求开始执行新页，其语法格式如下：

```
1. public void Transfer( string path);
2. public void Transfer(string path, bool preserveForm);
```

代码说明：path 参数是服务器上要执行的新页的 URL 路径。如果 preserveForm 参数为 true，则保存 QueryString 和 Form 集合，否则就清除它们(默认为 false)。

Server 对象的 MapPath 方法是一个非常有用的方法，它能够返回与 Web 服务器上的指定虚拟路径相对应的物理文件路径，其语法格式如下：

```
public string MapPath( string path);
```

代码说明：path 参数是 Web 服务器上的虚拟路径。该方法的返回值是与 path 相对应的物理文件路径。

Server 对象的 HtmlEncode 方法用于对需要在浏览器中显示的字符串进行编码，其语法格式如下：

```
1. public string HtmlEncode(string s);
2. public void HtmlEncode(string s, TextWriter output);
```

代码说明：s 参数是需要编码的字符串。Output 参数是 TextWriter 输出流，用于存放编码后的字符串。例如，若希望在页面上输出“<p></p>标签用于分段”，通过代码 Response.Write("<p></p>标签用于分段")输出后，则结果并非是这个字符串，其中的<p></p>被当作 HTML 元素来解析，

为了能够输出所期望的结果，这里可以使用 HtmlEncode 方法对字符串进行编码，然后再通过 Response.Write 方法输出。

Server 对象的 HtmlDecode 方法用于对已进行 HTML 编码的字符串进行解码，是 HtmlEncode 方法的逆操作，其语法格式如下：

```
1. public string HtmlDecode(string s);
2. public void HtmlDecode( string s, TextWriter output);
```

代码说明：s 参数是要解码的字符串。Output 参数是 TextWriter 输出流，用于存放解码后的字符串。下面的代码可以把已经进行 HTML 编码的字符串还原。

Server 对象的 UrlEncode 方法用于编码字符串，以便通过 URL 从 Web 服务器到客户端进行可靠的 HTTP 传输。UrlEncode 方法的语法格式如下。

```
1. public string UrlEncode( string s);
2. public void UrlEncode(string s, TextWriter output);
```

代码说明：s 参数是需要编码的字符串。Output 参数是 TextWriter 输出流，用于存放编码后的字符串。

Server 对象的 UrlDecode 方法用于对字符串进行解码。Web 为了进行 HTTP 传输而对该字符串进行编码并将其附在 URL 中发送到服务器。UrlDecode 方法的语法格式如下：

```
1. public string UrlDecode(string s);
2. public void UrlDecode(string s, TextWriter output);
```

代码说明：s 参数是需要解码的字符串。Output 参数是 TextWriter 输出流，用于存放解码后的字符串。UrlDecode 方法是 UrlEncode 方法的逆操作，用于还原被编码的字符串。

3.4.2　应用 Server 对象

3.4.1 节介绍了 Server 对象的概念及其常用方法和属性。本节通过示例来介绍 Server 对象的属性和方法在实际中的使用。

【例 3-4】通过 Server 对象的常用属性获得服务器端的服务器名称、超时时间和文件的物理路径。

(1) 启动 Visual Studio 2010，选择【文件】|【新建网站】命令，在打开的【新建网站】对话框中选择【已安装模板】下的【Visual C#】命令，单击该类别下的【ASP.NET 空网站】模板，然后再选择【文件系统】，在文件路径中创建网站并命名为“例 3-4”，最后单击【确定】按钮。

(2) 这时在解决方案管理器的网站根目录下会生成一个【例 3-4】的网站。右击网站名称【例 3-4】，在弹出的菜单中选择【添加】|【新建项】命令。在弹出的【添加新项】对话框中选择【已安装模板】下的【Web】模板，并在模板文件列表中选中【Web 窗体】，然后在【名称】文本框输入该文件的名称“Default.aspx”，最后单击【添加】按钮。此时网站根目录下面会生成如图 3-9 所示的一个 Default.aspx 文件和一个 Default.aspx.cs 文件。

(3) 双击网站根目录下的 Default.aspx.cs 文件，编写如下代码:

```
1. protected void Page_Load(object sender, EventArgs e){
2.        Response.Write("获得服务器信息:" + "<br/>");
3.        Response.Write("服务器名称: " + Server.MachineName + "<br/>");
4.        Response.Write("服务器超时时间: " + Server.ScriptTimeout + "<br/>");
5.        Response.Write("服务器的文件路径为: " + Server.MapPath("风景.jpg"));
6. }
```

代码说明：第 1 行处理 Default 页面 Page 对象的加载事件 Load。第 3 行使用 Server 对象的 MachineName 属性获得服务器的名称。第 4 行使用 Server 对象的 ScriptTimeout 获得服务器的超时时间。第 5 行使用 Server 对象的 MapPath 方法获得图片文件【风景】的物流路径。

(4) 按 Ctrl+F5 组合键，运行程序后的结果如图 3-10 所示。

图 3-9　生成项目

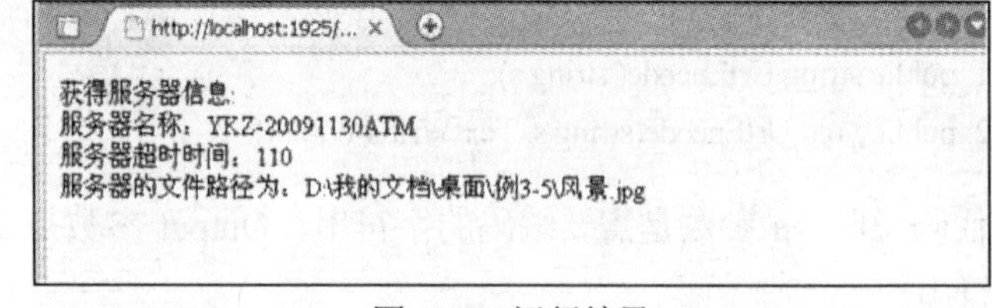

图 3-10　运行结果

提示

通过 Server.MapPath 方法获得的路径都是服务器上的物理路径，也就是通常所说的绝对路径。

<%=Server.MapPath("database/cnbruce.mdb")%>获得所在页面的当前目录，等价于 Server.MapPath("./")。

<%=Server.MapPath("/database/cnbruce.mdb")%>获得应用程序根目录所在的位置。

<%=Server.MapPath("../database/cnbruce.mdb")%>获得所在页面的上级目录。

3.5 Cookie 对象

Cookie 对象是 System.Web 命名空间中 HttpCookie 类的对象。Cookie 对象为 Web 应用程序保存用户相关信息提供了一种有效的方法。当用户访问某个站点时，该站点可以利用 Cookie 保存用户首选项或其他信息，这样当用户下次再访问该站点时，应用程序就可以检索以前保存的信息。

3.5.1 Cookie 对象的属性和方法

Cookie 其实是一小段文本信息，伴随着用户请求在 Web 服务器和浏览器之间传递。用户每次访问站点时，Web 应用程序都可以读取 Cookie 包含的信息。

当用户第一次访问某个站点时，Web 应用程序发送给该用户一个页面和一个包含日期与时间的 Cookie。用户的浏览器在获得页面的同时得到该 Cookie，并且将它保存在用户硬盘上的某个文件夹中。以后如果该用户再次访问这个站点上的页面，浏览器就会在本地硬盘上查找与该网站相

关联的 Cookie。如果 Cookie 存在，浏览器就将它与页面请求一起发送到网站，Web 应用程序就能确定该用户上一次访问站点的日期和时间。

Cookie 是与 Web 站点相关连而不是与具体页面关联的，所以无论用户请求浏览站点中的哪个页面，浏览器和服务器都将交换网站的 Cookie 信息。用户访问其他站点时，每个站点都可能会向用户浏览器发送一个 Cookie，而浏览器会将这些 Cookie 分别保存。Cookie 中的信息片断以"键/值"对的形式储存，一个"键/值"对仅仅是一条命名的数据。一个网站只能取得访问它的用户计算机中的信息，而无法从其他 Cookies 文件中取得信息，也无法取得用户计算机上的其他任何信息。Cookies 中的大多数内容经过了加密处理，因此一般用户看到的只是一些毫无意义的字母与数字的组合，只有服务器的处理程序才知道其真正含义。

使用 Cookie 的优点可以归纳为如下几点：

- 可配置到期规则。Cookie 可以在浏览器会话结束时到期，或者可以在客户端计算机上无限期存在，这取决于客户端的到期规则。
- 不需要任何服务器资源。Cookie 存储在客户端并在发送后由服务器读取。
- 简单性。Cookie 是一种基于文本的轻量结构，包含简单的键值对。
- 数据持久性。虽然客户端计算机上 Cookie 的持续时间取决于客户端上的 Cookie 过期处理和用户干预，但 Cookie 通常是客户端上持续时间最长的数据保留形式。

在 ASP.NET 中，Cookies 是一个内置的对象，但该对象并不是 Page 类的子类，在这方面，它和 Session 对象是不同的。

Cookie 对象的常用属性和方法如表 3-5 所示。

表 3-5　Cookie 对象的常用属性和方法

属性和方法	说　明
Domain	获取或设置与此 Cookies 关联的域
Expires	获取或设置此 Cookie 的过期日期和时间
Item	HttpCookie.Values 的快捷方式。此属性是为了与以前的 ASP 版本兼容而提供的。在 C#中，该属性为 HttpCookie 类的索引器
Name	获取或设置 Cookies 的名称
Path	获取或设置输出流的 HTTP 字符集
Secure	获取或设置一个值，该值表示是否通过 SSL(即仅通过 HTTPS)传输 Cookie
Add	添加一个 Cookies 变量
Clear	清除 Cookies 集合中的变量
Get	通过索引或变量名获取 Cookies 变量值
GetKey	通过索引值获取 Cookies 变量名称
Remove	通过 Cookies 变量名称来删除 Cookies 变量
Value	获取或设置单个 Cookies 值
Values	获取在单个 Cookies 对象中包含的键值对的集合

3.5.2 应用 Cookie 对象

Cookies 使用起来非常简单。在使用 Cookies 之前，需要在程序中引用 System.Web 命名空间，代码如下：

```
using System.Web;
```

代码说明：Request 和 Response 对象都提供了一个 Cookies 集合。可以利用 Response 对象设置 Cookies 的信息，而使用 Request 对象获取 Cookies 的信息。

若要设置一个 Cookie，只需创建一个 System.Web.HttpCookie 的实例，把信息赋予该实例，然后把它添加到当前页面的 Response 对象中即可，例如，以下代码创建了一个 HttpCookie 实例：

```
1. HttpCookie cookie = new HttpCookie("test");
2. cookie.Values.Add("Name","张三");
3. Response.Cookies.Add(cookie);
```

代码说明：第 1 行创建了一个 HttpCookie 的实例 cookie。第 2 行采用“键/值”对形式添加要存储的信息。第 3 行将 cookie 加入当前页面的 Response 对象中。

采用以上方式，一个 Cookie 对象被添加，它将被发送到每一请求，该 Cookie 将要保持到用户关闭浏览器为止。为了创建一个有效期比较长的 Cookie 对象，可以使用 Expires 属性为 Cookie 对象设置有效期，示例代码如下：

```
cookie.Expires = DateTime.Now.AddYears(1);
```

代码说明：设置 cookie 对象的生命周期为一年。

当在 Cookie 对象中存储信息后，就可以利用 Cookie 对象名从 Request.Cookies 集合中取得信息，示例代码如下：

```
1. HttpCookie cookie1 = Request.Cookies["test"];
2. string name;
3. if (cookie1 != null){
4. name = cookie1.Values["Name"];
5. }
```

代码说明：第 1 行声明了一个变量 cookie1，用来存储从 Cookie 里取出的信息。第 3 行判断 cookie1 是否为空，因为用户有可能禁止 Cookies 或把 Cookies 删除。

有时可能需要修改某个 Cookie，更改其值或延长其有效期，实际上并不是直接更改 Cookie，因为浏览器不会把 Cookie 的有效期信息传递到服务器，所以程序无法读取 Cookie 的过期日期，尽管可以从 Request.Cookies 集合中获取 Cookie 并对其进行操作，但 Cookie 本身仍然存在于用户硬盘上的某个地方。因此，修改某个 Cookie 实际上是指在服务器端创建新的 Cookie 并赋予新的值，并把该 Cookie 发送到浏览器，覆盖客户机上旧的同名 Cookie。

【例 3-5】 获得用户输入的姓名，将其保存到 Cookie 中，当刷新页面时会出现欢迎用户的信息。

(1) 启动 Visual Studio 2010，选择【文件】|【新建网站】命令，在打开的【新建网站】对话框中选择【已安装模板】下的【Visual C#】命令，单击该类别下的【ASP.NET 空网站】模板，然

后再选择【文件系统】，在文件路径中创建网站并命名为“例 3-5”，最后单击【确定】按钮。

(2) 这时在解决方案管理器的网站根目录下会生成一个【例 3-5】的网站。右击网站名称【例 3-5】，在弹出的菜单中选择【添加】|【新建项】命令。在弹出的【添加新项】对话框中选择【已安装模板】下的【Web】模板，并在模板文件列表中选中【Web 窗体】，然后在【名称】文本框输入该文件的名称“Default.aspx”，最后单击【添加】按钮。此时网站根目录下面会生成一个 Default.aspx 文件和一个 Default.aspx.cs 文件。

(3) 双击网站根目录下的 Default.aspx 文件，打开视图设计从【工具箱】中分别拖动两个 Label 控件、一个 TextBox 控件和一个 Button 控件到设计视图中，然后设置相关的属性，如图 3-11 所示。

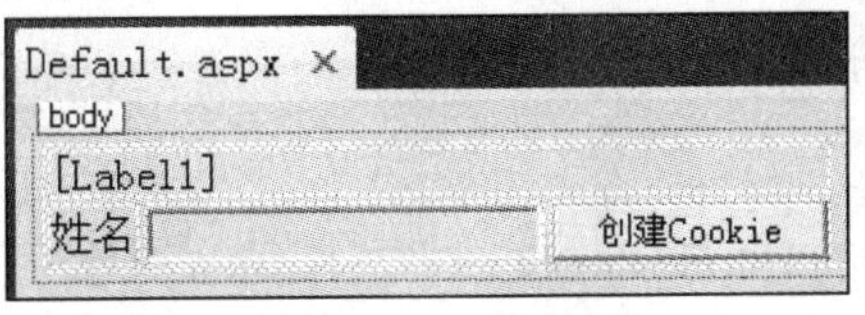

图 3-11　设计视图

知识点

使用 Cookie 的缺点是：一些用户可能在浏览器中禁止 Cookies，这会导致需要 Cookies 的 Web 应用程序出现问题。

(4) 双击网站根目录下的 Default.aspx.cs 文件，编写如下代码：

```
1.    protected void Page_Load(object sender, EventArgs e){
2.        HttpCookie cookie = Request.Cookies["test"];
3.          if (cookie == null){
4.              Label1.Text = "欢迎，登录我们的网站";
5.          }
6.          else{
7.              Label1.Text = "欢迎" + cookie.Values["Name"] + "登录我们的网站";
8.          }
9.    }
10.     protected void Button1_Click(object sender, EventArgs e){
11.         HttpCookie cookie = Request.Cookies["test"];
12.         if (cookie == null){
13.             cookie = new HttpCookie("test");
14.         }
15.         cookie.Values.Add("Name", this.TextBox1.Text.ToString());
16.         cookie.Expires = DateTime.Now.AddYears(1);
17.         Response.Cookies.Add(cookie);
18.     }
```

代码说明：第 1 行处理当前页面即当前 Page 对象的加载事件 Load。第 2 行声明一个名称为 cookie 的 HttpCookie 类的对象，然后读取 Request 对象的 Cookies 集合中键名为 test 的 Cookie 对象赋给该对象。第 3 行到第 7 行判断 cookie 对象是否为空，若为空，则 Label1 控件显示“欢迎登录我们的网站”；若不为空，则 Label1 控件显示“欢迎 XX 登录我们的网站”(XX 为用户在 TextBox 控件中输入的姓名)。第 10 行处理 Button1 按钮控件的单击事件 Click。第 11 行使用 Request 对象的 Cookies 属性创建 HttpCookie 对象 cookie。第 12 行判断 cookie 为空，第 13 行创建一个新的 cookie 对象。第 15 行使用 cookie 对象的 Values 属性的 Add 方法将页面文本框中的值添加到 cookie 对象中保存。第 16 行使用 cookie 对象的 Expires 的属性设置 cookie 的过期日期为一年。第 17 行使用 Response 对象的 Cookies 属性的 Add 方法将 cookie 对象添加到 Cookies 集合中。

(5) 按 Ctrl+F5 组合键，运行程序，页面显示的欢迎词【欢迎登录我们的网站】中没有姓名的显示。输入姓名“王海”，单击【创建 Cookie】按钮保存输入的内容到 Cookie 中，如图 3-12 所示。然后刷新页面，得到如图 3-13 所示的效果，此时输入的姓名出现在欢迎词中。

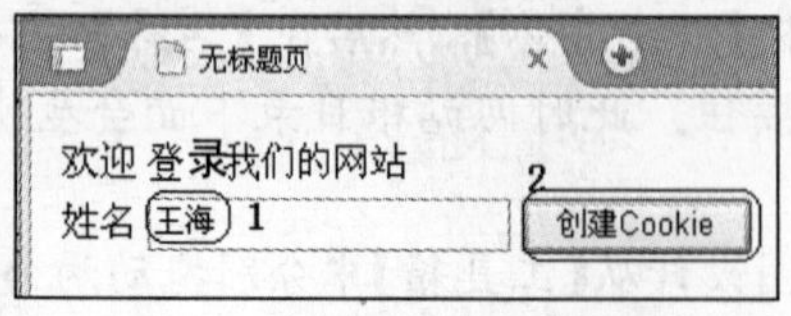

图 3-12 保存输入内容到 Cookie

图 3-13 显示 Cookie 中的内容

3.6 Session 对象

Session 对象实际上操作的是 System.Web 命名空间中的 HttpSessionState 类。Session 对象可以为每个用户的会话存储信息。Session 对象中的信息只能被用户自己使用，而不能被网站的其他用户访问。因此，利用 Session 对象可以在不同的页面间共享数据，但是不能在不同的用户间共享数据。

3.6.1 Session 对象的属性和方法

利用 Session 对象进行状态管理是 ASP.NET 的一个显著特点。Session 对象允许程序员把任何类型的数据存储在服务器上。这些数据信息是受到保护的，因为它永远不会被传送给客户端，只捆绑到一个特定的 Session 对象。每一个向应用程序发出请求的客户端由不同的 Session 对象和一个独特的信息集合来管理。当用户请求来自应用程序的 Web 页时，如果该用户还没有会话，Web 服务器将自动创建一个 Session 对象。Session 对象可以说是一个理想的信息存储器。

对于每个用户的每次访问，Session 对象是唯一的，具体包括以下两个含义：

- 对于某个用户的某次访问，Session 对象在访问期间是唯一的，可以通过 Session 对象在页面间共享信息。只要 Session 对象没有超时，或者 Abandon 方法没有被调用，Session 对象中的信息就不会丢失。
- 对于不同用户的每次访问而言，每次产生的 Session 对象都不同，所以不能共享数据，而且 Session 对象是有时间限制的，通过 TimeOut 属性可以设置 Session 对象的超时时间，单位为分钟。如果在规定的时间内，用户没有对网站进行任何操作，Session 对象将超时。

ASP.NET 采用一个具有 120 位的标识符来跟踪每一个 Session 对象。ASP.NET 中利用专门的算法来生成这个标识符的值，它是随机产生的，因此保证了这个值是独一无二的，所以能够保证恶意的用户无法获得某个客户端的标识符的值。这个特殊的标识符被称为 SessionID。

SessionID 是传播于网络服务器和客户端之间唯一的一个信息。当客户端出示自己的 SessionID 时，ASP.NET 找到相应的 Session 对象，从状态服务器里获得相应的序列化数据信息，从而激活该 Session 对象，并把它存放到一个可以被程序访问的集合里。以上整个过程是自动发生的。

为了系统能够正常工作，客户端必须为每个请求保存相应的 SessionID。获取某个请求的 SessionID 的方式有以下两种：

- 使用 Cookie。在这种情况下，当 Session 集合被使用时，SessionID 被 ASP.NET 自动转换为一个特定的 Cookie 对象，该对象被命名为 ASP.NET_SessionID。
- 使用 URL。在这种情况下，会话状态在一个特定的被修改的 URL 中传递，从而允许在不支持 Cookie 的客户端时也能够使用会话状态。

ASP.NET 对于 Session 内容的存储提供了以下几种模式。

- InProc(默认)：Session 对象存储在 IIS 进程中(Web 服务器内存)。InProc 模式拥有最好的性能，但牺牲了健壮性和伸缩性。
- StateServer：Session 对象存储在独立的 Windows 服务进程 asp.net_state.exe 中(可以不是 Web 服务器)。
- SqlServer：Session 对象存储在 SqlServer 数据库的表中，可以用 aspnet_regsql.exe 配置 SqlServer 服务器。

虽然 Session 对象解决了许多与会话相关的问题，但同其他形式的状态管理相比，它迫使服务器存储额外的信息。这个额外的存储空间，即使很小，随着数百或数千名客户进入网站，也能快速积累到可以破坏服务器正常运行的程度。

在使用 Session 对象之前，必须熟悉它的各种属性和方法。Session 对象的常用属性和方法如表 3-6 所示。

表 3-6　Session 对象的常用属性和方法

属性和方法	说　明
Count	获取会话状态下 Session 对象的个数
TimeOut	Session 对象的生存周期
SessionID	用于标识会话的唯一编号
Abandon	取消当前会话
Add	向当前会话状态集合中添加一个新项
Clear	清空当前会话状态集合中所有的键和值
CopyTo	把当前会话状态值集合复制到一维数组中
Remove	删除会话状态集合中的项
RemoveAll	删除所有会话状态值
RemoveAt	删除指定索引处的项

Session 对象具有两个事件：Session_OnStart 事件和 Session_OnEnd 事件。Session_OnStart 事件在创建一个 Session 时触发，Session_OnEnd 事件在用户 Session 结束时(可能是因为超时或者调用了 Abandon 方法)被调用。可以在 Global.asax 文件中为这两个事件添加处理程序。

3.6.2 Session 对象的使用

上一节介绍了 Session 对象的概念及其常用方法和属性。本节通过示例来演示 Session 对象的属性和方法在实际中的应用。

【例 3-6】通过 Session 对象的常用属性获得当前 Session 对象的 ID、模式、有效期和集合中的数量。

(1) 启动 Visual Studio 2010，选择【文件】|【新建网站】命令，在打开的【新建网站】对话框中选择【已安装模板】下的【Visual C#】命令，单击该类别下的【ASP.NET 空网站】模板，然后再选择【文件系统】，在文件路径中创建网站并命名为“例 3-6”，最后单击【确定】按钮。

(2) 这时在解决方案管理器的网站根目录下会生成一个【例 3-6】的网站。右击网站名称【例 3-6】，在弹出的菜单中选择【添加】|【新建项】命令。在弹出的【添加新项】对话框中选择【已安装模板】下的【Web】模板，并在模板文件列表中选中【Web 窗体】，然后在【名称】文本框输入该文件的名称“Default.aspx”，最后单击【添加】按钮。此时网站根目录下面会生成一个 Default.aspx 文件和一个 Default.aspx.cs 文件，如图 3-14 所示。

(3) 双击网站根目录下的 Default.aspx.cs 文件，编写如下代码:

```
1. protected void Page_Load(object sender, EventArgs e){
2.         Response.Write("获得 Session 信息:" + "<br/>");
3.         Response.Write("Session 的 ID 为：" + Session.SessionID + "<br/>");
4.         Response.Write("Session 的数量为：" + Session.Count + "<br/>");
5.         Response.Write("Session 的模式为：" + Session.Mode + "<br/>");
6.         Response.Write("Session 的有效期为：" + Session.Timeout + "<br/>");
7. }
```

代码说明: 第 1 行处理当前页面 Page 对象的加载事件 Load。第 3 行使用 Session 对象的 SessionID 属性获得 SessionID 的值。第 4 行使用 Session 对象的 Count 属性获得 Session 集合中 Session 对象的数量。第 5 行使用 Session 对象的 Mode 属性获得 Session 的模式。第 6 行使用 Session 对象的 Timeout 属性获得 Session 的有效期。

(4) 按 Ctrl+F5 组合键，运行程序后的结果如图 3-15 所示。

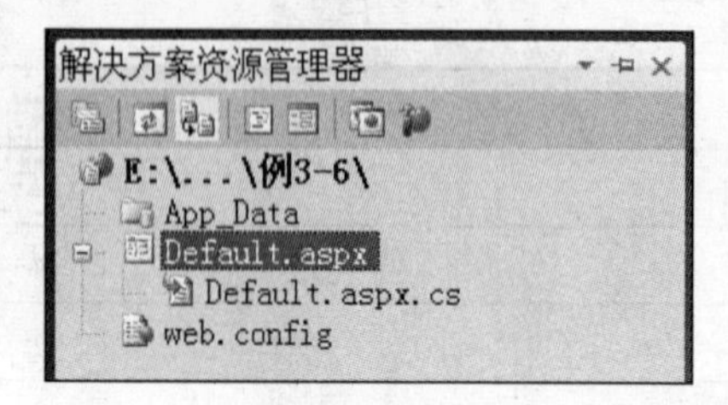

图 3-14　生成项目

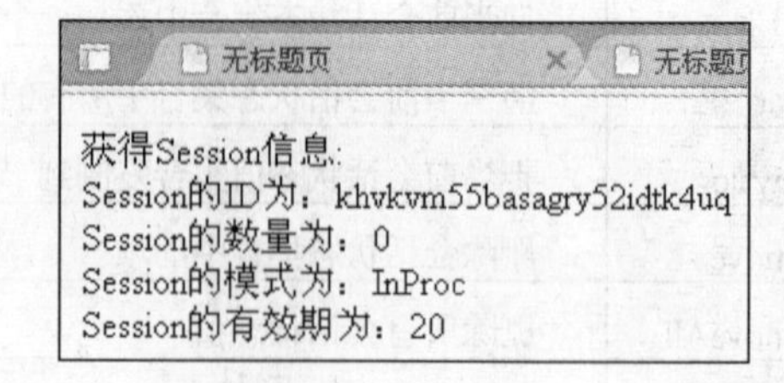

图 3-15　运行结果

提示

程序员必须慎用 Session。有时不小心使用了 Session，可能导致网站不能被大批客户访问，这时可以考虑使用缓存来解决这个问题。

3.7　Application 对象

Application 对象是 System.Web 命名空间中的 HttpApplicationState 类的实例。Application 对象为经常使用的信息提供了一个有用的 Web 站点存储位置。Application 中的信息可以被网站的所有页面访问，因此利用 Application 对象可以在不同的用户间共享数据。

3.7.1　Application 对象的属性和方法

Application 的原理是在服务器端建立一个状态变量来存储所需的信息。要注意的是，首先，这个状态变量是建立在内存中的，其次，这个状态变量是可以被网站的所有页面访问的。

Application 对象用来存储变量或对象，以便在网页再次被访问时(不管是不是同一个连接者或同一个访问者)，所存储的变量或对象的内容还可以被重新调出来使用，也就是说，Application 对象对于同一网站来说是公用的，可以在各个用户间共享。访问 Application 对象变量的方法如下：

```
Application["变量名"]=变量值
变量=Application["变量名"]
```

为了简便，还可以把 Application["变量名"]直接当作变量来使用。在 Web 页面中，可以通过语句<%=Application["变量名"]%>直接使用这个变量的值。如果通过 ASP.NET 内置的服务器控件对象使用 Application 变量，则代码为：Label1.Text = (String)Application["变量名"]。

下面总结一下 Application 对象具有的特点：

- Application 对象中的数据可以在程序的内部被所有用户共享。
- Application 对象拥有自己的事件，可以在需要的时候被触发以执行相应的程序代码。
- 在一个应用程序中可以存在多个 Application 对象，它们之间彼此互不影响，在各自的内存中运行。用户可以创建一个能够被所有用户共享的 Application 对象，也可以再创建另外一个只能被网络管理员使用的 Application 对象。
- Application 对象在服务器运行期间能够持久地保存数据。当关闭 IIS 或使用 Clear 方法清除时，它的生命周期才会结束。
- 因为 Application 对象可以在程序中被共享，所以必须使用 Lock 和 Unlock 方法，以保证多个用户无法同时改变它的属性。

Application 对象的常用属性和方法如表 3-7 所示。

表 3-7 Application 对象的常用属性和方法

方法和属性	说　明
AllKeys	返回 HttpApplicationState 集合中的访问键
Count	返回 HttpApplicationState 集合中的对象个数
Add	向 Application 对象添加一个变量
Clear	清除 Application 对象中的所有变量
Get	通过索引或者变量名称获取变量值
GetKey	通过索引获取变量名称
Lock	锁定全部变量
Remove	通过变量名删除 Application 对象的一个变量
RemoveAll	删除 Application 对象的所有变量
Set	通过变量名更新 Application 对象变量的内容
UnLock	解除锁定的 Application 对象的变量

3.7.2 应用 Application 对象

上一节介绍了 Application 对象的概念及其常用方法和属性。本节通过示例来介绍 Application 对象的属性和方法在实际中的应用。

【例 3-7】向 Application 对象中添加一个键值对，然后修改键值对的值，最后将修改前的值和修改后的值显示在页面中。

(1) 启动 Visual Studio 2010，选择【文件】|【新建网站】命令，在打开的【新建网站】对话框中选择【已安装模板】下的【Visual C#】命令，单击该类别下的【ASP.NET 空网站】模板，然后再选择【文件系统】，在文件路径中创建网站并命名为“例 3-7”，最后单击【确定】按钮。

(2) 这时在解决方案管理器的网站根目录下会生成一个【例 3-7】的网站。右击网站名称【例 3-7】，在弹出的菜单中选择【添加】|【新建项】命令。在弹出的【添加新项】对话框中选择【已安装模板】下的【Web】模板，并在模板文件列表中选中【Web 窗体】，然后在【名称】文本框输入该文件的名称“Default.aspx”，最后单击【添加】按钮。此时网站根目录下面会生成一个 Default.aspx 文件和一个 Default.aspx.cs 文件，如图 3-16 所示。

(3) 双击网站根目录下的 Default.aspx.cs 文件，编写如下代码：

```
1. protected void Page_Load(object sender, EventArgs e){
2.          Response.Write("修改前的值为：<br>");
3.          Application.Add("美国","纽约");
4.          Response.Write("国家："+Application.GetKey (0)+"<br>");
5.          Response.Write("城市：" + Application[0] + "<br>" + "<br>");
6.          Application.Lock();
7.          Application["美国"] = "洛杉矶";
8.          Response.Write("修改后的值为：<br>");
```

```
9.          Response.Write("国家：" + Application.GetKey(0) + "<br>");
10.          Response.Write("城市：" + Application[0] + "<br>" + "<br>");
11.          Application.UnLock();
12.          Application.Clear();
13.     }
```

代码说明：第 1 行处理当前页面 Page 对象的加载事件 Load。第 3 行将一个键名为“美国”、值为“纽约”的变量添加到 Application 对象中。第 6 行调用 Application 对象的 Lock 方法锁定对象，以便修改。第 7 行将键名为“美国”的 Application 变量的值改为“洛杉矶”。第 11 行使用 UnLock 方法解除锁定的对象。第 12 行清空 Application 对象。

(4) 按 Ctrl+F5 组合键，运行程序后的结果如图 3-17 所示。

图 3-16　生成项目

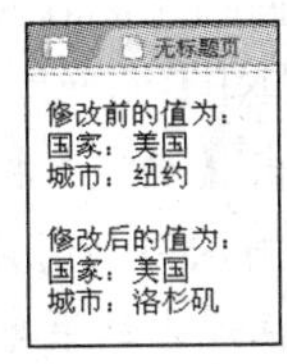

图 3-17　运行效果

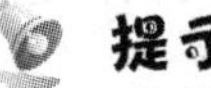

提示

Application 对象的变量应该是经常使用的数据，如果只是偶尔使用的数据，可以将其存储在磁盘的文件中或数据库中。如果站点一开始就有很大的通信量，则建议使用 Web.config 文件进行处理，不要使用 Application 对象变量。

3.8　上机练习

本次上机练习实现使用在线投票方式调查网民对自己网站的满意度，以便进一步改进网站的功能和服务质量。浏览者可以选择【满意】、【基本满意】和【不满意】3 个选项中的一个，然后单击【投票】按钮进行投票，同时还能够查看目前的投票结果。如果浏览者是第二次进行投票，网站会弹出提示对话框，告知浏览者每人只能投一次票。本实例的运行效果如图 3-18 所示。

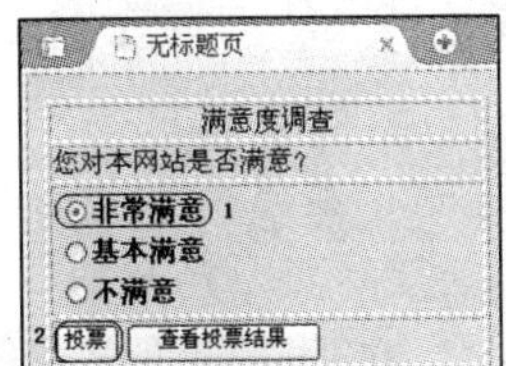

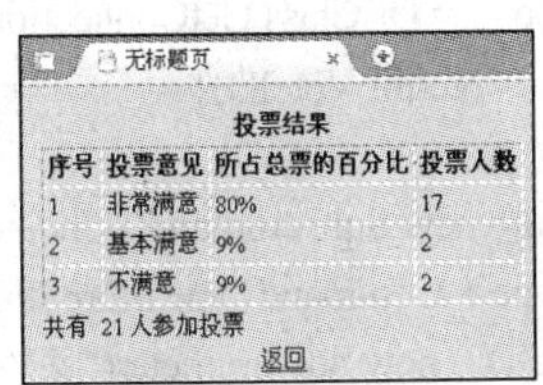

图 3-18　运行效果

(1) 启动 SQL Server 2008，创建 db_11_Data 数据库和 Vote 数据表。Vote 数据表的结构如图 3-19 所示。

(2) 创建存储过程 UpdateVoteInfo，Sql 脚本的代码如下：

```
1. ALTER proc UpdateVoteInfo(@VoteID int )
```

```
2. as
3. if   Exists(select * from Vote where NumVote>0)
4.   begin
5.        update Vote set NumVote=(NumVote+1) where VoteID=@VoteID
6.   end
7. else
8.   update Vote set NumVote=1 where VoteID=@VoteID
```

代码说明:第1行创建一个名为UpdateVoteInfo的存储过程,它有一个int类型的参数VoteID,表示投票的编号。第3行判断如果查询到投票表中的投票数存在,则第5行将指定投票编号这一项的投票数在原来的基础上加1。否则,就在第8行给指定投票编号这一项的投票数为1。

(3) 启动Visual Studio 2010,选择【文件】|【新建网站】命令,在打开的【新建网站】对话框中选择【ASP.NET空网站】,然后再选择【文件系统】,在文件路径中创建网站并命名为"上机练习",最后单击【确定】按钮。

(4) 这时在解决方案管理器的网站根目录下会生成一个【上机练习】的网站。右击网站名称【上机练习】,在弹出的菜单中选择【添加】|【新建项】命令。在弹出的【添加新项】对话框中选择【已安装模板】下的【Web】模板,并在模板文件列表中选中【Web窗体】,然后在【名称】文本框输入该文件的名称"Default.aspx",最后单击【添加】按钮。此时网站根目录下面会生成一个Default.aspx文件和一个Default.aspx.cs文件。

(5) 双击网站根目录下的Default.aspx文件,打开其设计视图。从【工具箱】中分别拖动两个Label控件、一个RadioButtonList控件和两个Button控件到设计视图中,然后设置这些控件的相关属性。如图3-20所示。

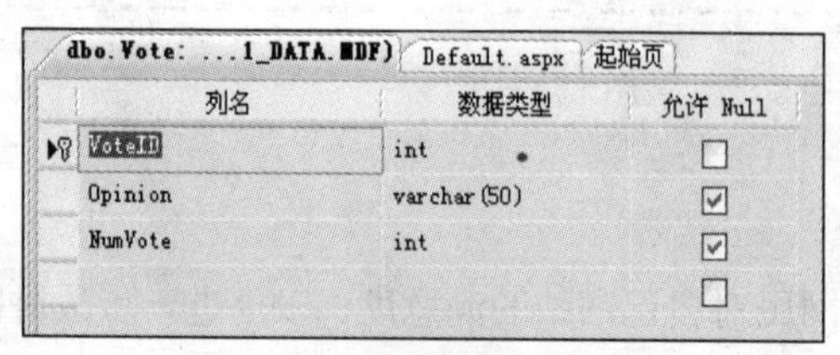

列名	数据类型	允许 Null
VoteID	int	☐
Opinion	varchar(50)	☑
NumVote	int	☑

图3-19　Vote数据表的结构

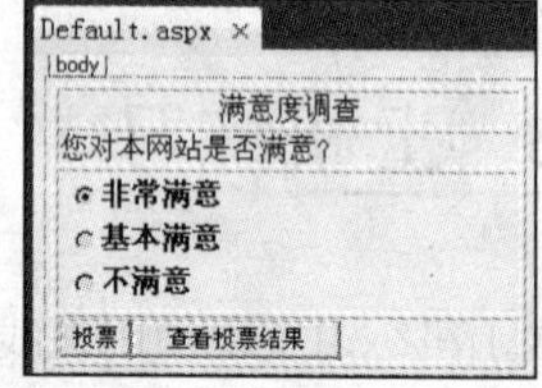

图3-20　设计视图

(6) 双击网站根目录下的Default.aspx.cs文件,编写如下代码:

```
1.   SqlConnection myConn = DBClass.GetConnection();
2.     public void UpdateVote(int VoteID){
3.     myConn.Open();
4.     SqlCommand cmd = new SqlCommand("UpdateVoteInfo", myConn);
5.     cmd.CommandType = CommandType.StoredProcedure;
6.     SqlParameter voteID = new SqlParameter("@VoteID",SqlDbType.Int,4);
7.     voteID.Value = VoteID;
8.     cmd.Parameters.Add(voteID);
9.     cmd.ExecuteNonQuery();
10.    cmd.Dispose();
11.    myConn.Close();
12.    }
13.    protected void Button1_Click(object sender, EventArgs e){
```

```
14.         string UserIP = Request.UserHostAddress.ToString();
15.         int VoteID = Convert.ToInt32(RadioButtonList1.SelectedIndex.ToString())+1;
16.         HttpCookie oldCookie=Request.Cookies["userIP"];
17.         if (oldCookie == null){
18.             UpdateVote(VoteID);
19.             Response.Write("<script>alert('投票成功，谢谢您的参与！')</script>");
20.             HttpCookie newCookie = new HttpCookie("userIP");
21.             newCookie.Expires = DateTime.MaxValue ;
22.             newCookie.Values.Add("IPaddress", UserIP);
23.             Response.AppendCookie(newCookie);
24.             return;
25.         }
26.         else{
27.             string userIP = oldCookie.Values["IPaddress"];
28.             if (UserIP.Trim() == userIP.Trim()){
29.     Response.Write("<script>alert('您只能投一次票，谢谢您的参与！');history.go(-1);</script>");
30.                 return;
31.             }
32.             else{
33.                 HttpCookie newCookie = new HttpCookie("userIP");
34.                 newCookie.Values.Add("IPaddress", UserIP);
35.                 newCookie.Expires = DateTime.MaxValue ;
36.                 Response.AppendCookie(newCookie);
37.                 UpdateVote(VoteID);
38.                 Response.Write("<script>alert('投票成功，谢谢您的参与！')</script>");
39.                 return;
40.             }
41.         }
42.     }
43.     protected void Button2_Click(object sender, EventArgs e){
44.         Response.Redirect("Result.aspx");
45.     }
```

计算机基础与实训教材系列

代码说明：第 1 行获取数据库连接字符串。第 2 行定义更新投票信息的方法 UpdateVote()，并将选项编号 VoteID 作为参数。第 3 行打开数据库连接。第 4 行创建 SqlCommand 对象并设置其查询文本与所基于的连接对象，其中 UpdateVoteInfo 是一个存储过程名。第 5 行设置查询文本的类型为存储过程，因为第 4 行中的 UpdateVoteInfo 是一个存储过程。第 6 行初始化存储过程的参数和参数类型。第 7 行将传递的选项编号 VoteID 作为存储过程的参数的值。第 8 行将该参数添加到 SqlCommand 对象 cmd 的参数集合中。第 9 行执行 cmd 对象中的 sql 命令。第 10 行释放 cmd 对象中的资源。第 11 行关闭数据库连接。第 13 行处理【投票】按钮 Button1 的单击事件 Click。第 14 行获取客户端的 IP 地址。第 15 行获取用户在 RadioButtonlist1 控件中选择的选项。第 16 行创建键名为 userIP 的 Cookie 对象 oldCookie。第 17 行到第 25 行判断 oldCookie 是否为空。如果为空，则调用更新投票信息的方法 UpdateVote()。第 19 行显示投票成功的提示信息。第 20 行创建 Cookie 对象 newCookie。第 21 行设置 newCookie 对象的有效期。第 22 行将 IP 地址的值保存到

newCookie 中。第 23 行将 newCookie 对象添加到 Request 对象的 Cookie 集合中。

如果第 17 行判断 oldCookie 对象不为空，则执行第 27 到第 40 行的程序代码。判断 oldCookie 对象中的 IP 地址和客户端的 IP 地址是否一致，如果一致，显示不可重复投票的提示信息，否则将客户端的 IP 地址保存到新的 Cookie 对象 newCookie 中，然后再调用 UpdateVote()方法更新投票信息。第 43 行处理【查看投票结果】按钮控件 Button2 的单击事件 Click。第 44 行跳转到显示投票结果的页面 Result.aspx。

(7) 在网站根目录下创建一个新的页面 Result.aspx 文件，如图 3-21 所示。

(8) 双击网站根目录下的 Result.aspx 文件，打开设计视图。从【工具箱】中拖动两个 Label 控件、一个 GridView 控件和一个 LinkButton 按钮控件到设计视图中，如图 3-22 所示。

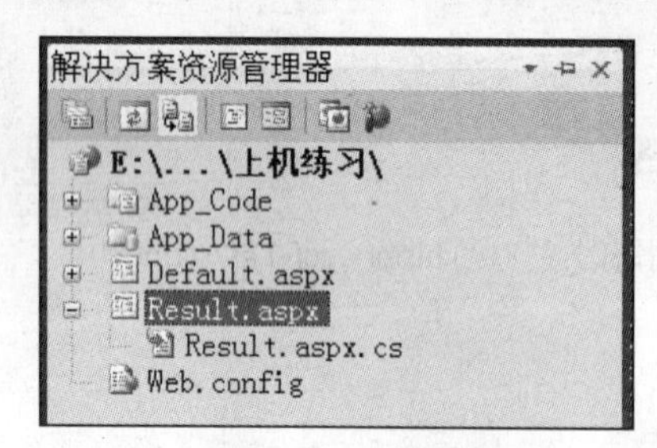

图 3-21 生成页面

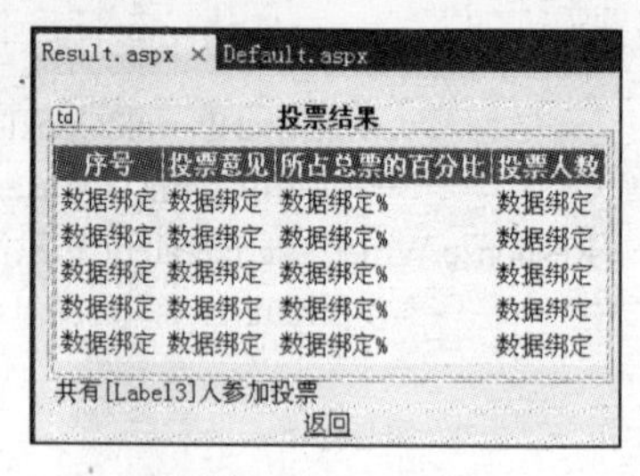

图 3-22 设计视图

(9) 双击网站根目录下的 Result.aspx.cs 文件，编写如下代码。

```
1.  SqlConnection myConn = DBClass.GetConnection();
2.  protected void Page_Load(object sender, EventArgs e){
3.      if (!IsPostBack){
4.          Label3.Text = TotalNum().ToString();
5.          DVBind();
6.      }
7.  }
8.  public void DVBind(){
9.      myConn.Open();
10.     string sqlStr = "select * from Vote";
11.     SqlDataAdapter da = new SqlDataAdapter(sqlStr,myConn);
12.     DataSet ds = new DataSet();
13.     da.Fill(ds,"Vote");
14.     myConn.Close();
15.     GridView1.DataSource = ds.Tables["Vote"].DefaultView;
16.     GridView1.DataBind();
17. }
```

代码说明：第 1 行创建数据库连接对象 myConn 并获取数据库连接字符串。第 2 行处理 Result.aspx 页面的加载事件 Load。第 3 行判断当前加载的页面是否为回传页面，如果是，则执行第 4 行获取投票总人数，并在第 5 行调用 DVBind()方法将数据绑定到列表控件 GridView1。第 8 行定义了将数据绑定到控件的方法 DVBind()。第 9 行打开数据库连接。第 10 行定义查询所有投票信息的 SQL 语句。第 11 行创建数据库适配器对象 da。第 12 行创建数据结果集对象 ds，第 13 行将

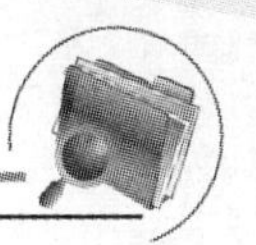

在 Vote 表中查询到的数据填充到数据结果集对象 ds 中。第 15 行设置 GridView1 列表控件的数据源为 ds 对象中的 Vote 表。第 16 行将数据源绑定到列表控件 GridView1。

(10) 至此，整个实例已经完成，选择【文件】|【全部保存】命令保存文件即可。

3.9 习题

1. 创建一个页面，实现从数据库的商品信息表中读取商品信息，使用 Page 对象的 DataBind() 方法将商品的信息绑定到页面中的 GridView 控件中。运行效果如图 3-23 所示。

2. 创建 Default 和 Welcome 两个页面，在 Default 页的文本框中输入姓名后，单击【提交】按钮，跳转到 Welcome 页面，该页中显示欢迎光临！XX(XX 为用户在 Default 页面输入的姓名)。要求使用 Response 对象实现页面之间参数值的传递和地址重定向。运行效果如图 3-24 所示。

图 3-23　查看商品信息

图 3-24　运行效果

3. 通过 Session 对象保存用户访问页面的次数，并设置 Session 对象保存数据的有效时间。运行效果如图 3-25 所示。

4. 在 Global.asax 中，利用 Application 对象统计当前在线用户的数量并将其显示在 Default.aspx 页面上。运行效果如图 3-26 所示。

5. 将一个绘制好的数字和字符串混合的验证码保存到 Cookie 对象中，每次登录页面时，从 Cookie 对象中读取验证码并显示在该页面上。运行效果如图 3-27 所示。

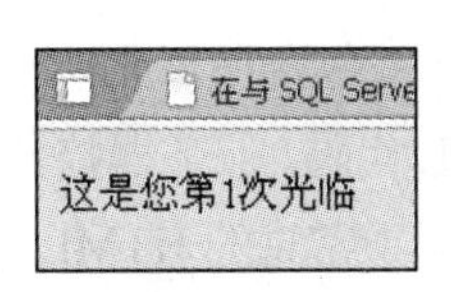

图 3-25　运行效果

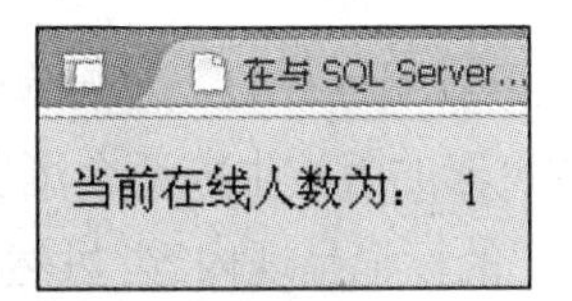

图 3-26　显示在线人数

图 3-27　显示验证码

第4章 Web 控件

学习目标

本章将介绍 ASP.NET 页面的重要组成要素——Web 控件。首先介绍的是 Web 控件的基本类型及其所提供的属性，接着介绍基本的 Web 控件，然后介绍常用的列表控件、验证控件和自定义用户控件的创建和使用。在创建 ASP.NET 页面时，会大量使用到这些控件，因此，掌握 Web 控件的相关知识非常重要。

本章重点

- 服务器控件的基本属性
- ListBox 列表控件的应用
- 如何配合使用各种验证控件
- 用户控件的创建和应用

4.1 服务器控件

ASP.NET 4.0 服务器控件是在服务器端运行的，它与代码和标记一起被包含在页面中。在初始化时，服务器控件会根据用户的浏览器的版本生成适合浏览器的 HTML 代码。服务器控件参与页面的执行过程，并在客户端生成自己的标记呈现内容。虽然这些控件类似于常见的 HTML 元素，但是它包括了一些相对复杂的行为。这些 Web 控件提供了丰富的功能。在熟悉了这些控件后，开发人员就可以将主要精力放在程序的逻辑业务开发上。

提示

ASP.NET 把几乎所有的 HTML 控件都转化成了服务器控件，然而这些控件的功能有限，ASP.NET 提供的 Web 控件则提供了丰富的功能，可以使程序的开发变得更加简单和丰富。ASP.NET 服务器控件在服务器端运行，服务器在初始化这些控件时，根据客户的浏览器版本，自动生成适合浏览器的 HTML 代码。

4.2 服务器控件类

大多数 Web 服务器控件类都派生于 System.Web.UI.WebControl 类，而 WebControl 类又从 System.Web.UI.Control 类派生，这两个类都包含在 System.Web.UI.WebControl 命名空间中。

在 System.Web.UI.WebControl 命名空间中的服务器控件可分为以下两类。

- Web 控件：用来组成与用户进行交互的页面。这类控件包括常用的按钮控件、文本框控件及标签控件等，还有用于验证用户输入的控件，以及自定义的用户控件等。使用这些控件可以创建与用户交互的接口。
- 数据绑定控件：用来实现数据的绑定和显示。这类控件包括：广告控件、表格控件等，还有用于导航的菜单控件和树形控件。

4.2.1 基本属性

服务器控件的基类 WebControl 类定义了一些可以应用于几乎所有的服务器控件的基本属性，如表 4-1 所示。

表 4-1 服务器控件的基本属性

属 性	说 明
BackColor	获取或设置 Web 服务器控件的背景色
BorderColor	获取或设置 Web 控件的边框颜色
BorderStyle	获取或设置 Web 服务器控件的边框样式
BorderWidth	获取或设置 Web 服务器控件的边框宽度
CssClass	获取或设置由 Web 服务器控件在客户端呈现的级联样式表(CSS)类
Enabled	获取或设置一个值，该值表示是否启用 Web 服务器控件
EnableTheming	获取或设置一个值，该值表示是否对此控件应用主题
Font	获取与 Web 服务器控件关联的字体属性
ForeColor	获取或设置 Web 服务器控件的前景色(通常是文本颜色)
Height	获取或设置 Web 服务器控件的高度
ID	获取或设置分配给服务器控件的编程标识符
SkinID	获取或设置需要应用于控件的外观
Style	获取将在 Web 服务器控件的外部标记上呈现为样式属性的文本属性的集合
Visible	获取或设置一个值，该值表示服务器控件是否作为 UI 呈现在页上
Runrat	设置为 Server 时，表示该控件是一个服务器控件
Width	获取或设置 Web 服务器控件的宽度

1. 单位

服务器控件提供了如 Borderwidth、Width 和 Hight 属性来控制控件显示的大小，可以使用一

个数值加一个度量单位来设置这些属性，这些度量单位包括像素(pixels)、百分比等。在设置这些属性时，必须添加单位符号 px(表示像素)或%(百分比)，以表明使用的单位类型。

例如，定义一个 Button 控件，并设置 BorderWidth、Hight 和 Width 属性的值来定义 TextBox 控件的边框大小、高度和宽度，代码如下：

```
<asp:Button ID="Button1" runat="server" BorderWidth="1px" Width="300px" Height="20px"></asp: Button >
```

代码说明：这段代码设置了 Button1 控件的 BorderWidth 属性为 1px，表示边框的宽度为 1px；Height 为 20px，表示高度为 20px；Width 为 300px，表示宽度为 300px。

2．颜色

在.NET 框架中，System.Drawing 命名空间提供了一个 Color 对象，使用该对象可以设置控件的颜色属性。

创建颜色对象的方式有如下 3 种。

- 使用 ARGB(alpha，red，green，blue)颜色值：可以为每个值指定一个从 0 到 255 的整数。其中，alpha 表示颜色的透明度，当 alpha 的值为 255 时，表明完全不透明；red 表示红色，当 red 的值为 255 时，表示颜色为纯红色；green 表示绿色，当 green 的值为 255 时，表示颜色为纯绿色；blue 表示蓝色，当 blue 的值为 255 时，表示颜色为纯蓝色。
- 使用颜色的枚举值，可供挑选的颜色名有 140 个。
- 使用 HTML 颜色名，可以使用 ColorTranslator 类把字符串转换成颜色值。

例如，设置 Button1 控件的颜色属性，代码如下：

```
1. int alpha = 255,red = 0,green = 255,blue = 0;
2. Button1.BackColor = Color.FromArgb(alpha,red,green,blue);
3. Button1.BackColor = Color.Red;
4. Button1.BackColor = ColorTranslator.FromHtml("Blue");
```

代码说明：第 1 行和第 2 行代码利用 ARGB 值设置 Button1 控件的背景色，第 3 行使用颜色枚举值设置 Button1 控件的背景色，第 4 行使用 HTML 颜色名来创建颜色，然后将该颜色设置为 Button1 控件的背景色。

3．字体

控件的字体属性依赖于 System.Web.UI.WebControl 命名空间中的 FontInfo 对象。该对象提供的属性如表 4-2 所示。

表 4-2 FontInfo 对象的属性

属　性	说　明
Name	指明字体的名称(如 Arial)
Names	指明一系列字体，浏览器会首先选用第一个去匹配用户安装的字体
Size	字体的大小，可以设置为相对值或者真实值

(续表)

属 性	说 明
Bold、Italic、Strikeout、Underline、Overline	布尔属性，用来设置是否应用给定的样式特性。Bold 为加粗，Italic 为斜体，Strikeout 为中划线，Underline 为下划线，Overline 为上划线

例如，设置 Button1 按钮的字体属性，代码如下：

```
1. Button1.Font.Name = "Verdana";
2. Button1.Font.Bold = true;
3. Button1.Font.Size = FontUnit.Small;
4. Button1.Font.Size = FontUnit.Point(14);
```

代码说明：第 1 行设置 Button1 按钮控件上文字的字体。第 2 行设置字体样式为加粗。第 3 行设置字体的相对大小。第 4 行设置字体的实际大小为 14 个像素。

4.2.2 服务器控件的事件

在 ASP.NET 页面中，用户与服务器的交互是通过 Web 控件的事件来完成的，例如，当单击一个按钮控件时，就会触发该按钮的单击事件，如果程序员在该按钮的单击事件处理程序中提供了相应的代码，服务器就会按照这些代码来对用户的单击行为做出响应。

1. 服务器控件的事件模型

Web 控件的事件的工作方式与传统的 HTML 标记的客户端事件工作方式有所不同，这是因为 HTML 标记的客户端事件是在客户端触发和处理的，而 ASP.NET 页面中的 Web 控件的事件虽然也是在客户端触发，但却在服务器端进行处理。

Web 控件的事件模型：客户端捕捉到事件信息，接着通过 HTTP POST 将事件信息发送到服务器，而且页面框架(这里的页面框架是指可以在服务器上动态生成 Web 页面的公共语言运行库编程模型。ASP.NET 的 Web 页面框架可以创建和使用大量 Web 窗体控件，因此大大减少了 Web 页面开发人员编写的代码量)必须解释该 POST 以确定所发生的事件，然后在要处理该事件的服务器上调用代码中的相应方法。

基于以上的事件模型，Web 控件事件可能会影响到页面的性能，因此，Web 控件仅仅提供有限的一组事件，如表 4-3 所示。

表 4-3 Web 控件的事件

事 件	支持的控件	功 能
Click	Button、ImageButton	单击事件
TextChanged	TextBox	输入焦点变化
SelectedIndexChanged	DropDownList、ListBox、CheckBoxList、RadioButtonList	选择项变化

Web 控件通常不再支持经常发生的事件，如 OnMouseover 事件等，因为如果在服务器端进行处理这些事件，就会浪费大量的资源，但 Web 控件仍然可以为这些事件调用客户端处理程序。此外，控件和页面本身在每个处理步骤都会触发生命周期事件，如 Init 事件、Load 事件和 PreRender 事件，在应用程序中可以使用这些生命周期事件。

所有的 Web 事件处理函数都包括两个参数：第 1 个参数表示触发事件的对象，第 2 个参数表示包含该事件特定信息的事件对象，通常是 EventArgs 类型或 EventArgs 类型的继承类型。例如，按钮控件的单击事件处理程序，其代码形式如下：

```
1. public void Button1_Click(object sender, EventArgs e)//单击事件处理程序
2. {
3. //在此处添加处理程序
4. }
```

代码说明：第 1 行的定义包含两个参数，第 1 个参数 sender 为触发事件的对象，这里触发该事件的对象是 Button1 控件；第 2 个参数 e 为 EventArgs 类型。

2．服务器控件事件的绑定

在处理 Web 控件时，经常需要把事件绑定到事件处理程序。将事件绑定到事件处理程序的方法有以下两种。

(1) 在 ASP.NET 页面中，当声明控件时，指定该控件的事件对应的事件处理程序，例如，把一个 Button 控件的 Click 事件绑定到名为 ButtonClick 的方法，代码如下：

```
<asp:Button ID="Button1"runat="server"Text="按钮"OnClick="ButtonClick"/>
```

(2) 如果控件是动态创建的，则需要通过编写代码动态地将事件绑定到方法，例如：

```
1. Button btn= new Button();
2. btn.Text = "提交";
3. btn.Click += new System.EventHandler(ButtonClick);
```

代码说明：这段代码定义了一个按钮控件 btn，并把名为 ButtonClick 的方法绑定到该控件的 Click 事件。其中，第 1 行定义了按钮控件 btn，第 3 行为该控件添加了一个名为 ButtonClick 的单击事件处理程序。

提示

在以定义的方式把事件绑定到事件处理程序时，本章的表 4-3 所列举的事件在控件定义标记中都以 on 开头跟随着事件名称的形式出现。

4.3 基本的 Web 控件

ASP.NET 提供了与 HTML 控件相对应的基本的 Web 控件。如表 4-4 所示的是 ASP.NET 提供的基本的 Web 控件。

表 4-4　基本的 Web 控件

基本的 Web 控件	对应的 HTML 元素	功　能
Label	<Span>	标签
Button	<Input type="Submit">、<Input type="Button">	按钮
TextBox	<Input type="Text">、<Input type="Password">、<Textarea>	文本框
CheckBox	<Input type="Checkbox">	复选框
RadioButton	<Input type="Radio">	单选按钮
HyperLink	<a>	超链接
LinkButton	在标记<a>和</a>之间包含一个<img>标记	超链接
ImageButton	<Input type="Image">	图形按钮
Image	<Img>	图像
Panel	<Div>	面板

在 ASP.NET 中，Web 控件是使用相应的标记来编写控件的。Web 控件的标记有特定的格式：以<asp:开始，后面跟随着相应控件的类型名，最后以/>结束，在其间可以设置各种属性。例如，以下代码定义了一个 Button1 控件：

```
<asp:Button ID= "Button1"runat="server">
```

代码说明：以上代码是定义 Button1 控件的标记，ID 属性定义该控件的标识为 Button1，runat 属性表示该控件是一个服务器控件。

4.3.1　Label 控件

Label 服务器控件为开发人员提供了一种以编程方式设置 Web 页面中文本的方法。通常，当希望在运行时更改页面中的文本，就可以使用 Label 控件。当希望显示的内容不可以被用户编辑时，也可以使用 Label 控件。

Label 控件最常用的 Text 属性用于设置要显示的文本内容。定义 Label 控件对象的语法格式如下：

```
<asp:Label ID="Label1" Text="要显示的文本内容" runat="server"/>
```

代码说明：以上代码是定义 Label1 控件的标记，其中，ID 属性定义该控件的标识为 Label1，Text 属性定义 Label1 控件要显示的文字，runat 属性为 Server，表示该控件是一个服务器控件。

4.3.2　TextBox 控件

TextBox 控件为用户提供了一种向 Web 页面中输入信息，包括文本、数字和日期的方法。

TextBox 控件最重要的属性是 Text 和 TextMode。前者可以用来设置和获取 TextBox 中的文字。后者用于设置文本的显示模式，可取的值有以下 3 个。

- SingleLine：创建单行文本框，相当于 HTML 控件的<Input Type="Text">。
- Password：创建用于输入密码的文本框，用其他字符替换用户输入的密码。相当于<Input Type="Password">。
- MultiLine：创建多行文本框，相当于<TextArea>。

Columns 属性用于获取或设置文本框的显示宽度(以字符为单位)。

Rows 属性用于获取或设置多行文本框显示的行数，默认值为 0，表示显示为单行文本框。该属性仅当 TextMode 属性为 MultiLine 有效。

TextBox 控件有一个 TextChanged 事件，当在向服务器发送文本框的内容时，如果当前内容和上次发送的内容不同，就会触发该事件。

4.3.3 按钮控件(Button、LinkButton 和 ImageButton)

在 ASP.NET 4.0 中，有以下 3 种 Web 服务器按钮。

- Button：显示为标准的 HTML 表单按钮。其声明如下：

```
<asp:Button ID= "Button1"runat="Server"Text="按钮"></asp:Button>
```

代码说明：以上是定义 Button 控件的 HTML 标记，通过 ID 属性定义该控件的标识为 Button1，通过 Text 属性指定控件上显示的文字，runat="server"表示该控件是一个服务器控件。

- LinkButton：显示为超文本链接。其声明如下：

```
<asp: LinkButton ID= "LinkButton1"runat="server">删除</asp: LinkButton>
```

代码说明：以上代码是定义 LinkButton 控件的 HTML 标记。通过 ID 属性定义该控件的标识为 LinkButton1。runat="server"表示该控件是一个服务器控件。

- ImageButton：显示为图像的按钮控件。其声明如下：

```
<asp: ImageButton ID=" ImageButton1"runat="server" ToolTip= "添加" ImageUrl="Images/01.jpg">
</asp: ImageButton >
```

代码说明：以上代码是定义 ImageButton 控件的 HTML 标记。通过 ID 属性定义该控件的标识为 ImageButton1。通过 ToolTip 属性指定将鼠标放在控件上时显示的提示文字。runat="server"表示该控件是一个服务器控件。ImageUrl 属性用于指定要显示图像的 Url。

以上 3 种按钮控件在使用上没有太大的区别。LinkButton 控件在显示的时候是一个超文本链接。ImageButton 控件可以通过 ImageUrl 属性指定所用图片的 URL。3 种按钮控件最重要的事件都是 Click 事件。

提示

在交互性要求比较高的动态页面中，Web 控件具有以下优势：Web 控件的可编程性比较好，并且提供了丰富的属性。

【例 4-1】本例将学习如何在页面中使用 Label、Button、TextBox 这 3 个 Web 服务器控件。当用户在文本框中输入文本后，单击【提交】按钮，页面中的 Label 控件会显示【您好！XXX】(XXX 为用户输入的文本)。如果用户未在文本框中输入任何内容就单击【提交】按钮，Label 控件会显示“请输入内容！”。

(1) 启动 Visual Studio 2010，选择【文件】|【新建网站】命令，在打开的如图 4-1 所示的【新建网站】对话框中先选择【ASP.NET 空网站】，然后再选择【文件系统】，在文件路径中创建网站并命名为“例 4-1”，最后单击【确定】按钮。

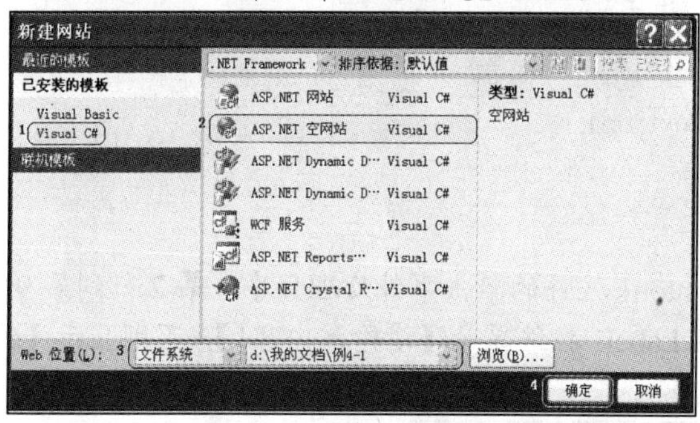

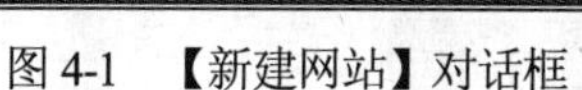
图 4-1 【新建网站】对话框

知识点

双击设计视图中的 Button 控件，ASP.NET 将在 Default.aspx.cs 文件中自动生成 Clink 事件的处理程序代码框架，开发人员只需编写处理事件的代码即可。

(2) 这时在解决方案管理器的网站根目录下会生成一个【例 4-1】的网站。右键单击网站名称【例 4-1】，在弹出的菜单中选择【添加】|【新建项】命令。在弹出的【添加新项】对话框中选择【已安装模板】下的 Web 模板，并在模板文件列表中选中【Web 窗体】，然后在【名称】文本框输入该文件的名称“Default.aspx”，最后单击【添加】按钮。此时网站根目录下面会生成一个 Default.aspx 文件和一个 Default.aspx.cs 文件。

(3) 双击【解决方案资源管理器】中的【例 4-1】网站根目录下的 Default.aspx 文件，打开其设计视图。从【工具箱】中分别拖动一个 TextBox 控件、一个 Button 控件和一个 Label 控件到设计视图中。

(4) 为设计视图中的 Label1 控件和 Button1 控件分别设置属性，其【属性】窗格分别如图 4-2 和图 4-3 所示。

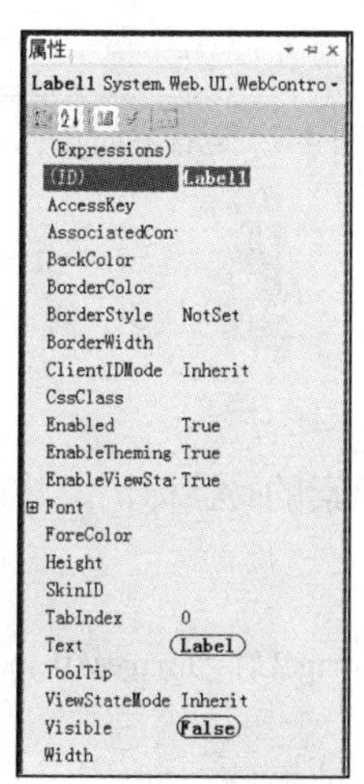

图 4-2 Label1 控件的【属性】窗格

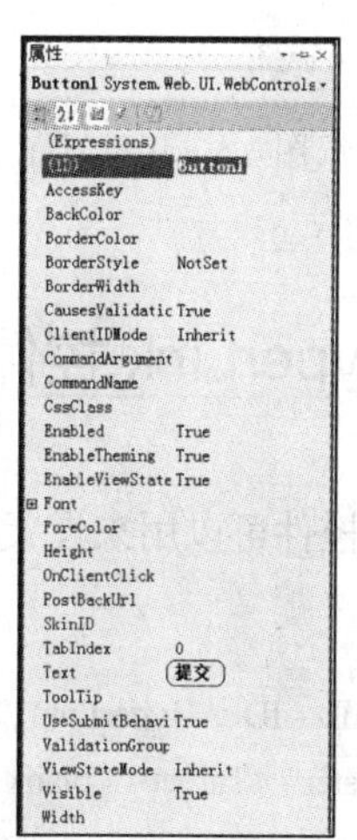

图 4-3 Button1 控件的【属性】窗格

(5) 双击设计视图中的 Button1 控件，打开如图 4-4 所示的设计界面，在 Default.aspx.cs 文件中的 Button1_Click 事件处理程序中编写如下代码：

```
1. protected void Button1_Click(object sender, EventArgs e){
2.         if (TextBox1.Text == ""){
3.              Label1.Visible = true;
4.              Label1.Text = "请输入内容！";
5.         }
6.         else{
7.              Label1.Visible = true;
8.              Label1.Text = "您好！" + TextBox1.Text;
9.         }
10.    }
```

代码说明：第 1 行定义【提交】按钮 Button1 控件的单击事件处理程序。第 2 行到第 9 行处理用户的输入，如果 TextBox1 为空，则通过 Label1 控件显示【请输入内容!】，否则显示【你好! XXX】(XXX 为用户在 TextBox1 中输入的内容)。

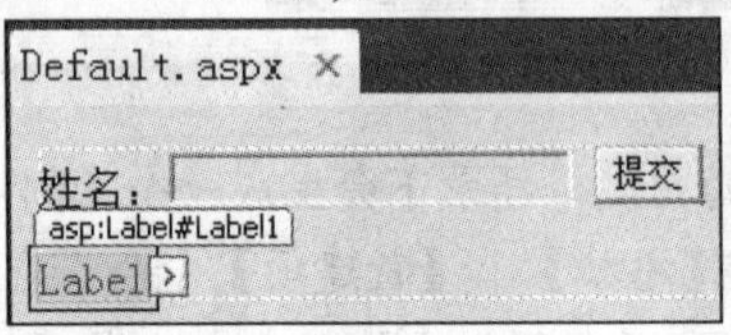

图 4-4 【设计界面】

(6) 运行程序，在文本框中输入内容，单击【提交】按钮，Label1 控件显示相应的内容，如图 4-5 所示。

(7) 如果用户未在文本框中输入任何内容，单击【提交】按钮后，Label1 控件显示的是【请输入内容!】，如图 4-6 所示。

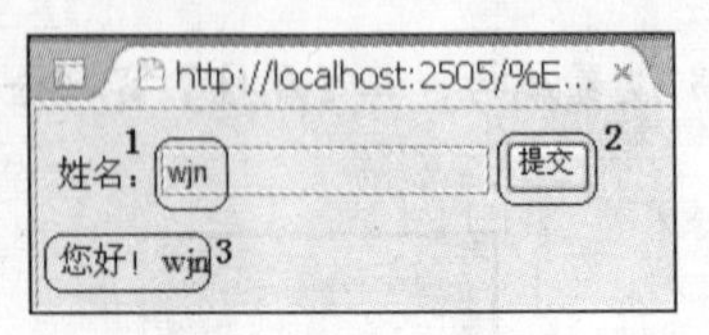

图 4-5 运行界面 1

图 4-6 运行界面 2

4.3.4 HyperLink 控件

HyperLink 控件可以用来设置超级链接，相当于 HTML 元素的<A>标记，其声明的语法格式如下：

```
<asp:Hyperlink  ID=" Hyperlink 1"  runat="server"  Text="注册"  ImageUrl="Images/01.jpg"
NavigateUrl="Register"  Target="_blank "/>
```

HyperLink 控件的常用属性如下。

- Text：用于指定超级链接所显示的文字。
- ImageUrl：用于设置超级链接所显示的图像的路径。
- NavigateUrl：指定了具体的目标超级链接地址，该地址可以是相对路径，也可以是绝对路径。当设置了 NavigateUrl 属性后，如果用户单击了文字或图像，就会自动跳转到目标超级链接地址指向的页面。
- Target：用于设置目标链接页面要显示的位置，可取值为如下几种。
  - _top：将内容呈现在没有框架的全窗口中。
  - _parent：将内容呈现在上一个框架集父级中。
  - _self：将内容呈现在含焦点的框架中。
  - _blank：将内容呈现在一个没有框架的新窗口中。

【例 4-2】本例将学习 HyperLink 控件的使用，在页面设置“开心网”和“新浪网”两个友情链接，单击链接后当前页面直接跳转到相应的网站首页。

(1) 启动 Visual Studio 2010，选择【文件】|【新建网站】命令，在打开的【新建网站】对话框中创建网站并命名为“例 4-2”。

(2) 在【例 4-2】中添加一个名为 Default 的 Web 窗体。

(3) 双击网站根目录下的 Default.aspx 文件，打开其设计视图。从【工具箱】中分别拖动一个表格和两个 HyperLink 控件到设计视图中，并设置相关的属性，如图 4-7 所示。

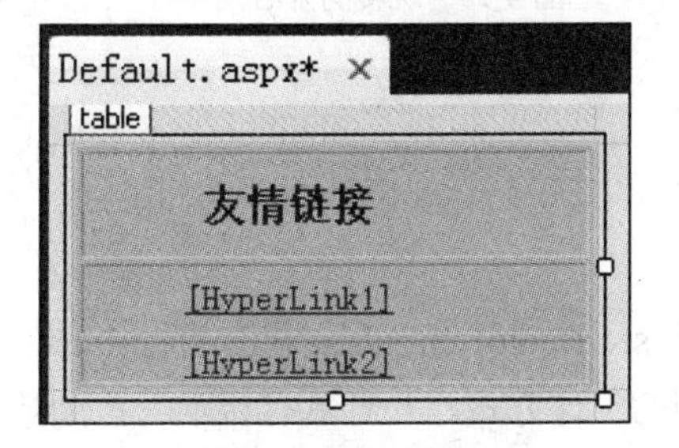

图 4-7 设计视图

知识点

如果链接的字符串需要编程拼接，或者想通过编程来确定此链接是否可见时，使用 HyperLink 控件最为合适。

(4) 将 Default.aspx 页面切换到源视图，代码如下：

```
1. <table style="width:13%; text-align:center" border ="1">
2.     <tr><td class="style2">友情链接</td></tr>
3.     <tr><td class="style4">
4.         <asp:HyperLink ID="HyperLink1" runat="server" style="font-size: small;" NavigateUrl=
"http:\\www.kaixin001.com">开心网 </asp:HyperLink></td>
5.     </tr>
6.      <tr><td class="style1">
7.           <asp:HyperLink ID="HyperLink2" runat="server"
8.         NavigateUrl="http:\\www.sina.com.cn"style="font-size: small">新浪网</asp:HyperLink></td>
9.      </tr>
10. </table>
```

代码说明：第 1 行设置了表格宽度与表格内文字居中对齐。第 4 行和第 7 行分别为两个 HyperLink 控件的代码，设置了链接的路径和显示的文本。

(5) 设置完成后，将页面切换到设计视图，效果如图 4-8 所示。

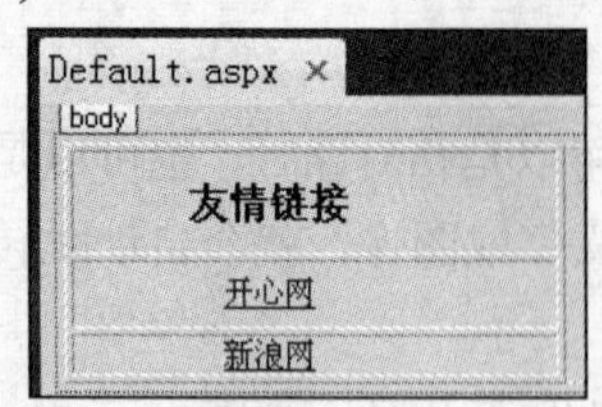

图 4-8 设计视图

知识点

当对 HyperLink 控件同时设置了 Text 属性和 ImageUrl 属性时，ImageUrl 属性优先显示。在支持工具提示功能的浏览器中，Text 属性会被当成工具提示信息显示。

(6) 运行程序后，效果如图 4-9 所示。单击页面中的【开心网】超级链接，跳转至如图 4-10 所示的开心网首页。

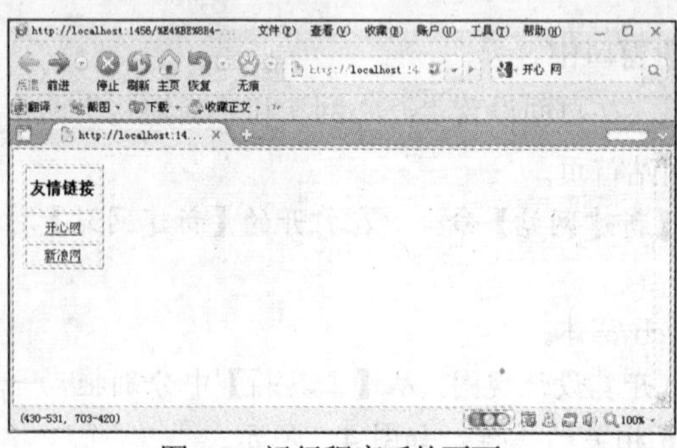

图 4-9 运行程序后的页面

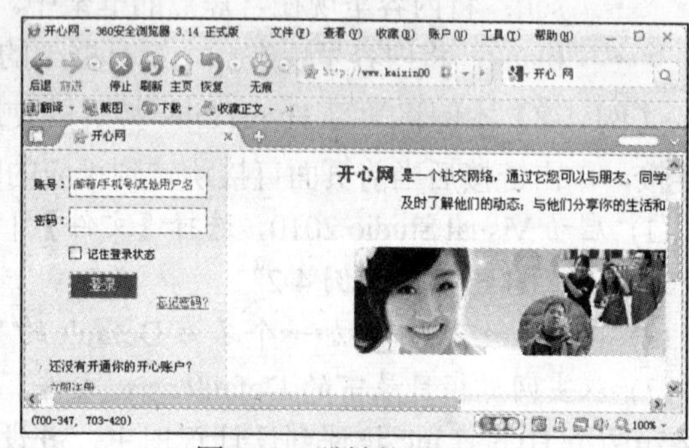

图 4-10 跳转的开心网

4.4 列表控件

列表控件包括 ListBox、DropDownList、CheckBoxList、RadioButtonList 和 BulletedList。尽管这些控件在浏览器中的构建方式不尽相同，但具有相同的工作方式，并且具有显示一系列数据的功能。

4.4.1 ListBox 控件

ListBox 控件用于创建单选或多选的列表框，其可选项通过 ListItem 元素定义。ListBox 控件的常用属性如表 4-5 所示。

表 4-5 ListBox 控件的常用属性

属 性	说 明
Count	表示列表框中项的总数
Items	表示列表框中的所有项，而每一项的类型都是 ListItem
Rows	表示列表框中显示的行数
Selected	表示某个项是否被选中

(续表)

属　性	说　明
SelectedIndex	列表框中被选择项的索引值
SelectedItem	获得列表框中被选择的项，返回的类型是 ListItem
SelectionMode	项的选择类型，可以是多选(Multiple)或单选(Single)
SelectedValue	获得列表框中被选中的值

ListBox 控件的常用方法如表 4-6 所示。

表 4-6　ListBox 控件的常用方法

方　法	说　明
ClearSelected	取消选择 ListBox 中的所有项
EndUpdate	在 BeginUpdate 方法挂起绘制后，使用该方法恢复绘制 ListBox 控件
GetItemHeight	获得 ListBox 中某项的高度
GetItemRectangle	获得 ListBox 中某项的边框
GetSelected	返回一个值，该值表示是否选择了指定的项
Sort	对 ListBox 中的项进行排序

【例 4-3】本例通过使用 ListBox 控件实现图书名称列表，当选择其中的某一本图书时，在页面上显示该图书的信息。

(1) 启动 Visual Studio 2010，选择【文件】|【新建网站】命令，在打开的【新建网站】对话框中创建网站并命名为“例 4-3”。

(2) 在【例 4-3】中添加一个名为 Default 的 Web 窗体。

(3) 双击网站根目录下的 Default.aspx 文件，打开其设计视图。从【工具箱】分别拖动一个 ListBox 控件和一个 Label 控件到设计视图中，如图 4-11 所示。

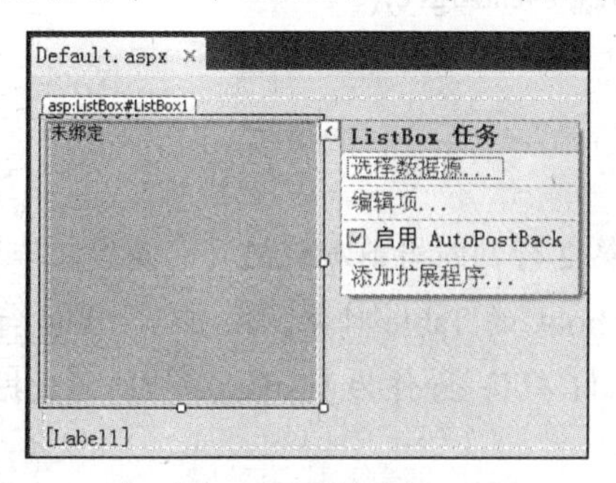

图 4-11　设计视图

知识点

还可以对 ListBox 控件中的项进行多选，只需把 SelectionMode 属性设置为 Multiple 即可。当 ListBox 具有多选功能时，可以通过遍历其中的所有项并判断每一项的 Selected 属性是否为 true 来确定该项是否被选中。

(4) 将 Default.aspx 页面切换到源视图，设置各控件的属性，代码如下。

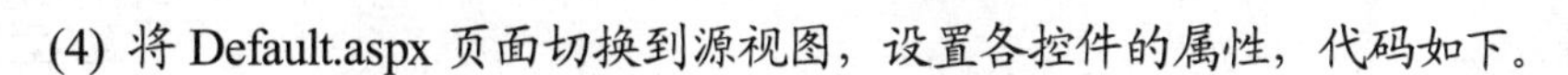

```
1. 图书列表:
2.       <br />
3.       <asp:ListBox ID="ListBox1" runat="server" Height="200px" Width="200px"
4.           Font-Size="Small" onselectedindexchanged="ListBox1_SelectedIndexChanged"
5.           AutoPostBack="True"></asp:ListBox>
6.       <br />
7.       <br />
8. <asp:Label ID="Label1" runat="server" Text=""></asp:Label>
```

代码说明：第 3 行到第 5 行为 ListBox1 控件的代码。第 3 行设置了 ListBox1 控件的高度和宽度属性；第 4 行设置其文字大小属性和选择索引改变的事件；第 5 行设置其自动回传属性为 true。第 8 行为 Label1 控件。

(5) 双击网站根目录下的 Default.aspx.cs 文件，编写如下代码。

```
1. protected void Page_Load(object sender, EventArgs e){
2.          if (!Page.IsPostBack){
3.          DataSet ds = new DataSet();
4.          ds.Tables.Add("book");
5.          ds.Tables["book"].Columns.Add("bookNo", typeof(int));
6.          ds.Tables["book"].Columns.Add("bookName", typeof(string));
7.          ds.Tables["book"].Rows.Add(new object[] { 001, "三国演义"});
8.          ds.Tables["book"].Rows.Add(new object[] { 002, "水浒传"});
9.          ds.Tables["book"].Rows.Add(new object[] { 003, "西游记" });
10.         ds.Tables["book"].Rows.Add(new object[] { 004, "红楼梦" });
11.         this.ListBox1.DataSource = ds.Tables["book"];
12.         this.ListBox1.DataValueField = "bookNo";
13.         this.ListBox1.DataTextField = "bookName";
14.         this.ListBox1.DataBind();
15.           }
16.      }
17. protected void ListBox1_SelectedIndexChanged(object sender, EventArgs e){
18.         this.Label1.Text = "你选择的图书是：图书编号 " + this.ListBox1.SelectedValue.ToString() + " 书
            名 " + this.ListBox1.SelectedItem.Text.ToString();
19. }
```

代码说明：第 1 行处理页面加载事件 Page_Load。第 2 行判断当前加载的页面是否回传页面。第 3 行创建数据集对象 ds。第 4 行到第 10 行生成名为 book 的 Table 对象。第 5 行和第 6 行创建表格的行标题。第 7 行到第 10 行创建 4 个数据行。第 11 行将 ds 作为 ListBox1 控件的数据源。第 14 行将数据绑定到控件。

第 17 行处理 ListBox1 控件的 SelectedIndexChanged 事件。第 18 行将选择的图书编号和书名用 Label1 控件。

(6) 运行程序后，效果如图 4-12，选择某一图书，该图书的信息就显示在列表下方，如图 4-13 所示。

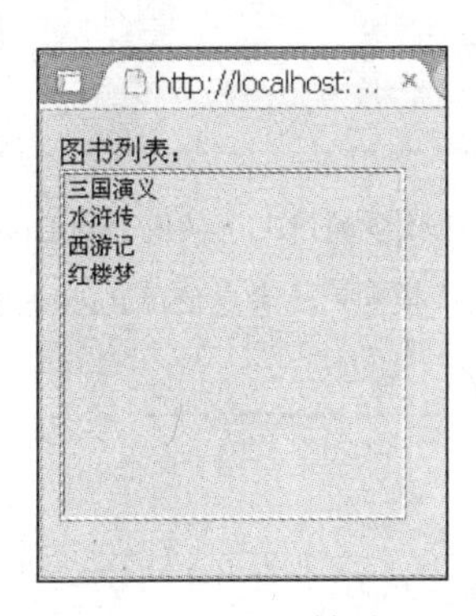

图 4-12　运行效果

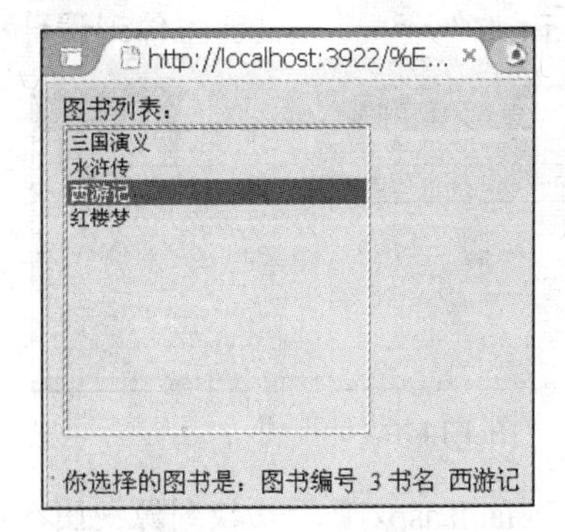

图 4-13　选择图书

4.4.2　DropDownList 控件

DropDownList 控件用于创建单选的下拉列表框。该控件类似于 ListBox 控件，但只在列表框中显示选定项和下拉按钮，当用户单击下拉按钮时才显示可选项的列表。

DropDownList 控件的常用属性如表 4-7 所示。

表 4-7　DropDownList 控件的常用属性

属　性	说　明
Items	获取列表控件项的集合，每一项的类型都是 ListItem
Selected	表示某个项是否被选中
SelectedIndex	获取或设置列表框中被选择项的索引值
SelectedItem	获得列表框中索引最小的选定项，返回类型为 ListItem
SelectedValue	获得列表框中被选中的值

DropDownList 控件的常用方法如表 4-8 所示。

表 4-8　DropDownList 控件的常用方法

方　法	说　明
ClearSelection	清除列表选择并将所有项的 Selected 属性设置为 false

【例 4-4】本例通过使用 DropDownList 控件实现图书名称列表，当选择其中的某一本图书时，在页面上显示该图书的信息。

(1) 启动 Visual Studio 2010，选择【文件】|【新建网站】命令，在打开的【新建网站】对话框中创建网站并命名为“例 4-4”。

(2) 在【例 4-4】中添加一个名为 Default 的 Web 窗体。

(3) 双击网站根目录下的 Default.aspx 文件，打开其设计视图。从【工具箱】分别拖动一个

DropDownList 控件和一个 Label 控件到设计视图，如图 4-14 所示。

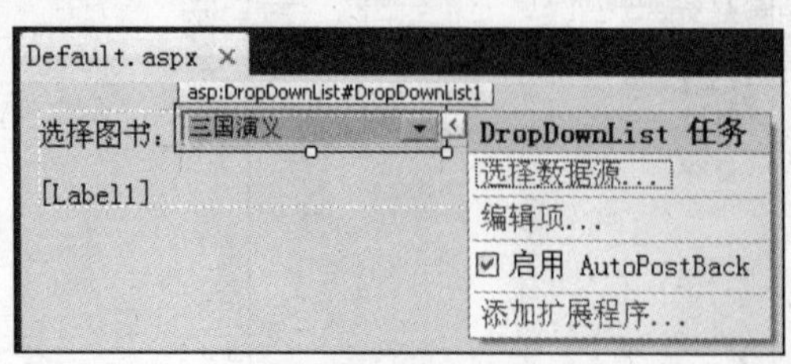

图 4-14　设计视图

知识点

一般在选项比较多的情况下使用 DropDownList 控件，而如果选项比较少则应考虑使用 RadioButtonList 控件。

(4) 将 Default.aspx 页面切换到源视图，设置各控件的属性，代码如下。

```
1. 选择图书：<asp:DropDownList ID="DropDownList1" runat="server" AutoPostBack="True" Width="146px"
2.  onselectedindexchanged="DropDownList1_SelectedIndexChanged">
3.      <asp:ListItem>三国演义</asp:ListItem>
4.      <asp:ListItem>水浒传</asp:ListItem>
5.      <asp:ListItem>西游记</asp:ListItem>
6.      <asp:ListItem>红楼梦</asp:ListItem>
7.      </asp:DropDownList>   <br />
8.      <br />
9.      <asp:Label ID="Label1" runat="server"></asp:Label>
```

代码说明：第 1 行添加了一个 DropDownList1 控件并设置其自动回传属性 AutoPostBack 为真。第 2 行设置当触发 on Selectedindexchanged 事件时调用 DropDownList1_SelectedIndexChanged 处理程序。第 3 行到第 6 行添加 4 个列表项。第 9 行添加一个 Label 控件，用于显示选择的图书名称。

(5) 双击设计视图中的 DropDownList1 控件，在 Default.aspx.cs 文件中的 DropDownList1_SelectedIndexChanged 事件中编写如下代码：

```
1. protected void DropDownList1_SelectedIndexChanged(object sender, EventArgs e){
2.  this.Label1.Text = "你选择的图书是：" + this.DropDownList1.SelectedItem.Text.ToString();
3.  }
```

代码说明：第 1 行处理 DropDownList1 控件的 SelectedIndexChanged 事件。第 2 行将选择的下拉列表项的内容用 Label1 控件显示出来。

(6) 运行程序后，在如图 4-15 所示的下拉列表中选择某一图书，当页面回传后，图书的信息会显示在下拉列表下方，如图 4-16 所示。

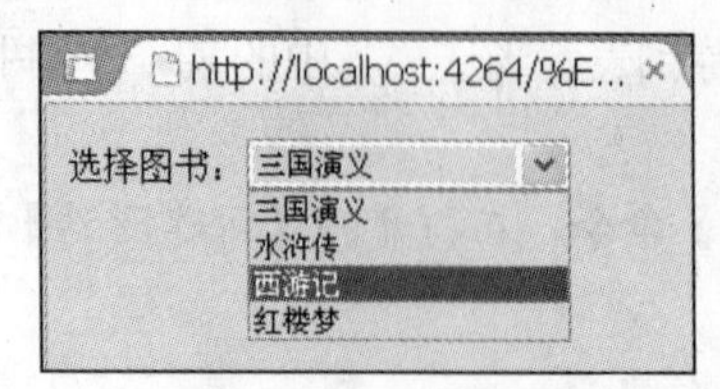

图 4-15　选择图书

图 4-16　显示选择的图书

4.4.3　CheckBoxList 控件

CheckBoxList 控件用来创建多项的复选框组，可以通过与数据源绑定动态创建该控件。CheckBoxList 控件的常用属性如表 4-9 所示。

表 4-9　CheckBoxList 控件的常用属性

属　性	说　明
RepeatColumns	获取或设置要在 CheckBoxList 控件中显示的列数
RepeatDirection	获取或设置一个值，该值表示控件是垂直显示还是水平显示
RepeatLayout	获取或设置 CheckBoxList 控件的布局
SelectedIndex	获取或设置 CheckBoxList 控件中被选择项的索引值
SelectedItem	获得 CheckBoxList 控件中索引最小的选定项，返回类型为 ListItem
SelectedValue	获得 CheckBoxList 控件中被选中的值

CheckBoxList 控件的常用方法如表 4-10 所示。

表 4-10　CheckBoxList 控件的常用方法

方　法	说　明
DataBind	将数据源绑定到被调用的服务器控件及其所有子控件
FindControl	在当前的命名容器中搜索指定的服务器控件
Dispose	使服务器控件得以在从内存中释放之前执行最后的清理操作
HasControls	确定服务器控件是否包含任何子控件
ClearSelection	清除所有项的选择并将 Selected 属性设置为 false

【例 4-5】本例通过 CheckBoxList 控件实现一个图书名称列表。

(1) 启动 Visual Studio 2010，选择【文件】|【新建网站】命令，在打开的【新建网站】对话框中创建网站并命名为“例 4-5”。

(2) 在【例 4-5】中添加一个名为 Default 的 Web 窗体。

(3) 双击网站根目录下的 Default.aspx 文件，打开其设计视图。从【工具箱】拖动一个 CheckBoxList 控件和一个 Label 控件到设计视图中，如图 4-17 所示。

(4) 选择【CheckBoxList 任务】中的【编辑项】选项，打开【ListItem 集合编辑器】对话框，单击【添加】按钮，添加 4 个成员，然后分别设置这些成员的 Text 和 Value 属性，单击【确定】按钮，如图 4-18 所示。

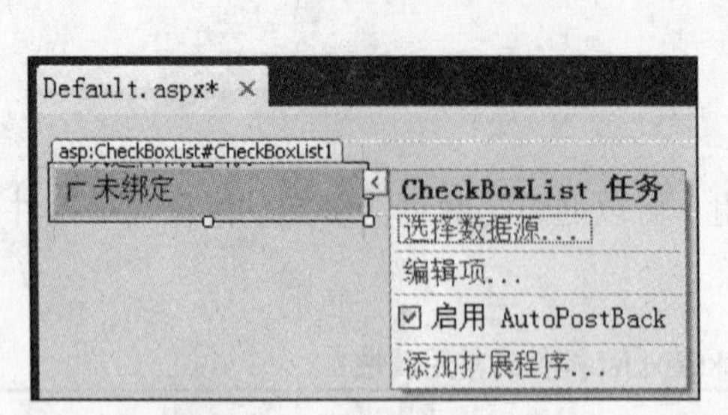

图 4-17　设计视图

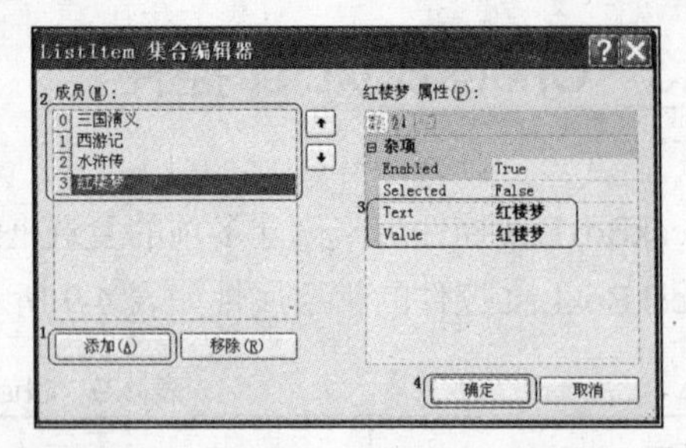

图 4-18　【ListItem 集合编辑器】对话框

(5) 此时设计视图中的 CheckBoxList 控件效果如图 4-19 所示。

(6) 运行程序后；CheckBoxList 控件的效果如图 4-20 所示，可以从中选择需要的图书。

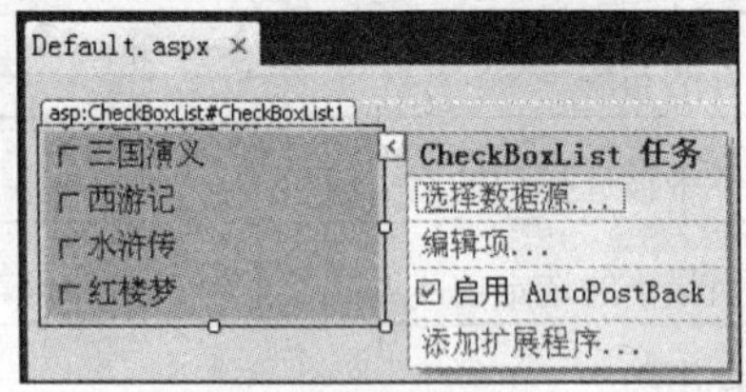

图 4-19　设计视图

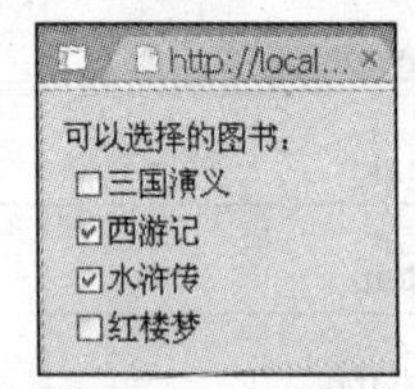

图 4-20　选择图书

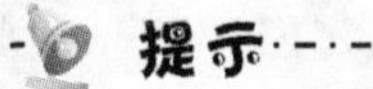

提示

如果想以数据库中的数据作为数据源创建一系列的复选框，则使用 CheckBoxList 控件较好，但是，如果希望能够灵活控制页面上复选框的布局，则应使用 CheckBox 控件。

4.4.4　RadioButtonList 控件

RadioButtonList 控件为网页开发人员提供了创建一组单选按钮的方法，这些按钮可以通过与数据绑定而动态生成。

RadioButtonList 控件的常用属性如表 4-11 所示。

表 4-11　RadioButtonList 控件的常用属性

属　性	说　明
RepeatColumns	获取或设置要在 RadioButtonList 控件中显示的列数
RepeatDirection	获取或设置一个值，该值表示控件是垂直显示还是水平显示
RepeatLayout	获取或设置 RadioButtonList 的布局
SelectedIndex	获取或设置 RadioButtonList 中被选择项的索引值
SelectedItem	获得 RadioButtonList 中索引最小的选定项，返回类型为 ListItem
SelectedValue	获得 RadioButtonList 中被选中的值

RadioButtonList 控件的常用方法如表 4-12 所示。

表 4-12　RadioButtonList 控件的常用方法

方　法	说　明
ClearSelection	清除 RadioButtonList 控件中的所有选择项并将其 Selected 属性设置为 false

【例 4-6】本例通过 RadioButtonList 控件实现一个用户学历列表。

(1) 启动 Visual Studio 2010，选择【文件】|【新建网站】命令，在打开的【新建】对话框中创建网站并命名为“例 4-6”。

(2) 在【例 4-6】中添加一个名为 Default 的 Web 窗体。

(3) 双击网站根目录下的 Default.aspx 文件，打开设计视图，从【工具箱】拖动一个 RadioButtonList 控件到设计视图中。

(4) 选择【RadioButtonList 任务】中的【编辑项】选项，打开【ListItem 集合编辑器】对话框，单击【添加】按钮，添加 6 个成员，然后分别设置这些成员的 Text 和 Value 属性，单击【确定】按钮，如图 4-21 所示。

(5) 此时设计视图中的 RadioButtonList 控件的效果如图 4-22 所示。

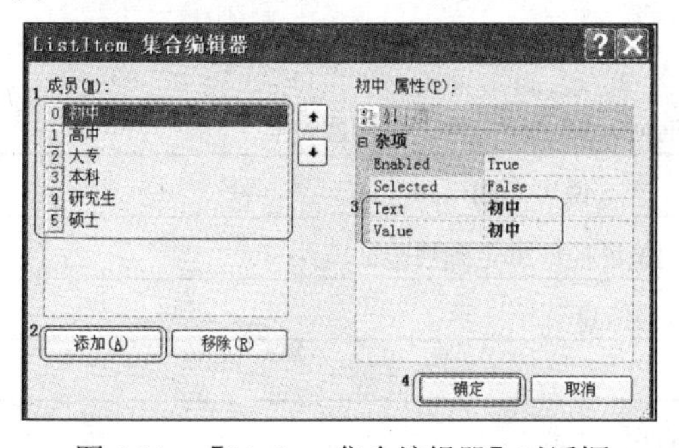

图 4-21　【ListItem 集合编辑器】对话框

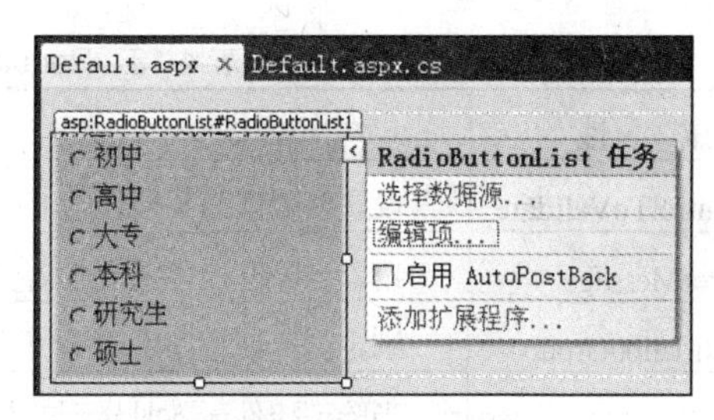

图 4-22　设计视图

(6) 运行程序，RadioButtonList 控件的效果如图 4-23 所示，此时可以从中选择自己的最高学历。

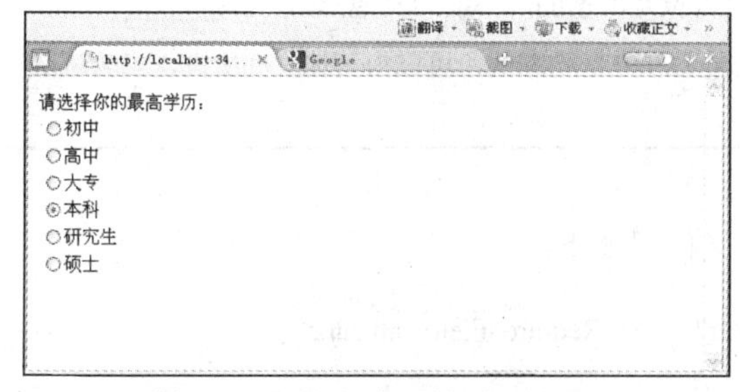

图 4-23　运行程序后的页面效果

知识点

RadioButtonList 控件不允许在各单选按钮之间插入文本，而 RadioButton 控件允许在各个单选按钮之间插入文本。

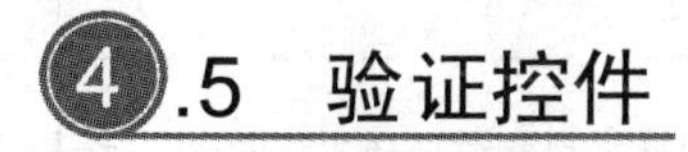

4.5　验证控件

为了更好的创建交互式 Web 应用程序，加强 Web 应用程序的安全性，例如，防止脚本入侵等，程序开发人员应该对用户输入的内容进行验证。ASP.NET 提供了验证控件来帮助开发人员实现输入验证功能。ASP.NET 提供了 5 个验证控件：RequiredFieldValidator、CompareValidator、RangeValidator、RegularExpressionValidator 和 CustomValidator，这些控件直接或者间接派生自 System.Web.UI.WebControls.BaseValidator，每个验证控件执行特定类型的验证，当验证失败时显示自定义消息。

4.5.1 RequiredFieldValidator 控件

RequiredFieldValidator 控件的功能是要求用户必须为 ASP.NET 网页上的某个指定控件提供信息。例如，在登录一个网站时，要求用户名不能为空，此时就可以将 RequiredFieldValidator 控件绑定到用户名文本框，当用户名为空时，RequiredFieldValidator 控件显示“用户名为空”的提示信息。

对于 RequiredFieldValidator 控件的使用一般是通过对其进行属性设置来完成的。该控件的常用属性如表 4-13 所示。

表 4-13　RequiredFieldValidator 控件的常用属性

属　性	说　明
ControlToValidate	设置该属性为某控件的 ID，以把验证控件绑定到被验证控件
ErrorMessage	设置当验证控件无效时需要显示的信息
ValidationGroup	绑定到验证程序所属的组
Text	当验证控件无效时显示的验证程序的文本
Display	通过该属性来设置验证控件的显示模式，该属性有以下 3 个值： None 表示验证控件无效时不显示信息； Static 表示验证控件在页面上占位是静态的，不能为其他空间所占； Dynamic 表示验证控件在页面上占位是动态的，可以为其他空间所占，当验证失效时验证控件才占据页面位置

RequiredFieldValidator 控件在页面中的定义代码如下：

```
<asp:RequiredFieldValidator ID="RF1" runat="server"></asp:RequiredFieldValidator>
```

代码说明：以上代码是定义 RequiredFieldValidator 控件的标记，其中，ID 属性定义了该控件的标识为 RF1，runat="server"表示该控件是一个服务器控件。

提示

在使用 RequiredFieldValidator 控件执行验证之前，需清除被验证控件中输入内容前后的多余空格，这样可防止用户在被验证控件中输入空格得以通过验证。

4.5.2 CompareValidator 控件

CompareValidator 控件的功能是验证某个输入控件里输入的信息是否满足事先设定的条件。例如，当输入人的年龄时，希望用户输入的值大于 0，可以将 CompareValidator 控件绑定到用于输入年龄的文本框，并设置适当的条件来控制用户误输入小于 0 的数值。

对于 CompareValidator 控件的使用，一般也是通过对其属性进行设置来完成的。该控件的常用属性如表 4-14 所示。

表 4-14 CompareValidator 控件的常用属性

属　性	说　明
ControlToValidate	设置该属性为某控件的 ID，以把验证控件绑定到被验证控件
ErrorMessage	设置当验证控件无效时需要显示的信息
ValidationGroup	绑定到验证程序所属的组
Text	当验证控件无效时显示的验证程序的文本
Display	设置验证控件的显示模式。该属性有以下 3 个可取值： None 表示验证控件无效时不显示信息； Static 表示验证控件在页面上占位是静态的，不能为其他空间所占； Dynamic 表示验证控件在页面上占位是动态的，可以为其他空间所占，当验证失效时验证控件才占据页面位置
Operator	设置比较时所用到的运算符。运算符有以下几种： Equal，表示等于； NotEqual，表示不等于； GreaterThan，表示大于； GreaterThanEqual，表示大于等于； LessThan，表示小于； LessThanEqual，表示小于等于； DataTypeCheck，表示用于数据类型检测
Type	指定按照哪种数据类型来进行比较。常用的数据类型包括： String，表示字符串； Integer，表示整数； Double，表示小数； Date，表示日期
ValueToCompare	指定用来做比较的数据
ControlToCompare	指定用来做比较的控件，当需要让验证控件控制的控件和其他控件里的数据做比较时，就会用到这个属性

CompareValidator 控件在页面中的定义代码如下：

```
<asp:CompareValidator ID="CV1" runat="server"></asp:CompareValidator>
```

代码说明：以上代码是定义 CompareValidator 控件的标记，其中，ID 属性定义了该控件的标识为 CV1，runat="server"表示该控件是一个服务器控件。

提示

如果输入控件为空，CompareValidator 控件将显示验证成功，即 CompareValidator 控件不起作用，因此需要先使用 RequiredFieldValidator 控件要求用户必须输入内容，然后再利用 CompareValidator 控件比较用户输入的内容。

4.5.3 RangeValidator 控件

RangeValidator 控件的功能是验证用户对某个文本框的输入是否在某个范围之内，如输入的数值是否在某两个数值之间，输入的日期是否在某两个日期之间等。

对于 RangeValidator 控件的使用，一般也是通过对其属性进行设置来完成的。该控件的常用属性如表 4-15 所示。

表 4-15　RangeValidator 控件的常用属性

属　性	说　明
ControlToValidate	设置该属性为某控件的 ID，以把验证控件绑定到被验证控件
ErrorMessage	设置当验证控件无效时需要显示的信息
ValidationGroup	绑定到验证程序所属的组
Text	当验证控件无效时显示的验证程序的文本
Display	设置验证控件的显示模式。该属性有以下 3 个可取值： None 表示验证控件无效时不显示信息； Static 表示验证控件在页面上占位是静态的，不能为其他空间所占； Dynamic 表示验证控件在页面上占位是动态的，可以为其他空间所占，当验证失效时验证控件才占据页面位置
Type	设置按照哪种数据类型来进行比较。常用的数据类型包括： String，表示字符串； Integer，表示整数； Double，表示小数； Date，表示日期
MaximumValue	设置用来做比较的数据范围的上限
MinimumValue	设置用来做比较的数据范围的下限

RangeValidator 控件在页面中的定义代码如下：

```
<asp:RangeValidator ID="RV1" runat="server"></asp:RangeValidator>
```

代码说明：以上代码是定义 RangeValidator 控件的标记，其中，ID 属性定义了该控件的标识为 RV1，runat="server"表示该控件是一个服务器控件。

4.5.4 RegularExpressionValidator 控件

RegularExpressionValidator 控件的功能是验证用户输入的数据是否符合规则表达式预定义的格式，如输入的数据是否符合电话号码、电子邮件等的格式。规则表达式一般都是利用正则表达式来描述，因此，如果想要使用正则表达式，必须了解一些与其相关的知识。不过，如果对正则表达式完全不了解也没关系，因为很多常用格式的正则表达式都可以在网上找到。

对于 RegularExpressionValidator 控件的使用，一般也是通过对其进行属性设置来完成的。该控件的常用属性如表 4-16 所示。

表 4-16　RegularExpressionValidator 控件的常用属性

属　性	说　明
ControlToValidate	设置该属性为某控件的 ID，以把验证控件绑定到被验证控件
ErrorMessage	设置当验证控件无效时需要显示的信息
ValidationGroup	绑定到验证程序所属的组
Text	当验证控件无效时显示的验证程序的文本
Display	设置验证控件的显示模式。该属性有以下 3 个可取值： None 表示验证控件无效时不显示信息； Static 表示验证控件在页面上占位是静态的，不能为其他空间所占； Dynamic 表示验证控件在页面上占位是动态的，可以为其他空间所占，当验证失效时验证控件才占据页面位置
ValidationExpression	通过该属性来设置利用正则表达式描述的预定义格式

RegularExpressionValidator 控件在页面中的定义代码如下：

```
<asp:RegularExpressionValidator ID="RE1" runat="server"></asp:RegularExpressionValidator>
```

代码说明：以上代码是定义 RegularExpressionValidator 控件的标记，其中 ID 属性定义了该控件的标识为 RE1，runat="server"表示该控件是一个服务器控件。

4.5.5 CustomValidator 控件

CustomValidator 控件的功能是能够调用程序开发人员在服务器端编写的自定义验证函数。有时使用现有的验证控件可能满足不了程序员的需求，因此，有时需要程序员自己来编写验证函数，

而通过 CustomValidator 控件的服务器端事件可以为该验证函数绑定到相应的控件。

对于 CustomValidator 控件的使用，一般也是通过对其属性进行设置来完成的。该控件的常用属性如表 4-17 所示。

表 4-17　CustomValidator 控件的常用属性

属　性	说　明
ControlToValidate	设置该属性为某控件的 ID，以把验证控件绑定到被验证控件
ErrorMessage	设置当验证控件无效时需要显示的信息
ValidationGroup	绑定到验证程序所属的组
Text	当验证控件无效时显示的验证程序的文本
Display	设置验证控件的显示模式。该属性有以下 3 个可取值： None 表示验证控件无效时不显示信息； Static 表示验证控件在页面上占位是静态的，不能为其他空间所占； Dynamic 表示验证控件在页面上占位是动态的，可以为其他空间所占，当验证失效时验证控件才占据页面位置
ValidationEmptyText	该属性用来判断绑定的控件为空时是否执行验证，若为 true，则执行验证，否则不执行验证
IsValid	通过一个值来判断是否通过验证，true 表示通过验证，false 表示不能通过验证

此外，还需要启用该控件的 ServerValidate 事件，才能把程序员自定义的函数绑定到相应的控件。

CustomValidator 控件在页面中的定义代码如下：

```
<asp:CustomValidator ID="CV1" runat="server"></asp:CustomValidator>
```

代码说明：以上代码是定义 CustomValidator 控件的标记，其中，ID 属性定义了该控件的标识为 CV1，runat="server"表示该控件是一个服务器控件。

提示

RequiredFieldValidator 控件、CompareValidator 控件、RegularExpressionValidator 控件和 RangeValidator 控件必须设置 ControlToValidate 属性，否则会出现编译错误，而 CustomValidator 是可以不设置该属性的。

【例 4-7】本例通过验证控件实现一个注册用户信息的页面，其中通过不同的验证控件对用户名、密码、重复密码、年龄、电话、E-mail 进行验证。

(1) 启动 Visual Studio 2010，选择【文件】|【新建网站】命令，在打开的【新建网站】对话框中创建网站并命名为“例 4-7”。

(2) 在【例 4-7】中添加一个名为 Default 的 Web 窗体。

(3) 双击网站根目录下的 Default.aspx 文件，打开设计视图，从【工具箱】拖动 5 个文本框控件、5 个 RequiredFieldValidator 控件、1 个 RangeValidator 控件、1 个 CompareValidator 控件、1 个 RegularExpressionValidator 控件和 1 个按钮控件到设计视图中。

(4) 将 Default.aspx 页面切换到源视图中，设置各控件的属性，代码如下。

```
1. <asp:TextBox ID="TextBox1" runat="server"></asp:TextBox>
2. <asp:RequiredFieldValidator ID="RequiredFieldValidator1" runat="server"  ControlToValidate="TextBox1"
   ErrorMessage="用户名必填！"></asp:RequiredFieldValidator>
3. <asp:TextBox ID="TextBox2" runat="server" TextMode="Password"></asp:TextBox>
4. <asp:RequiredFieldValidator ID="RequiredFieldValidator2" runat="server" ControlToValidate="TextBox2"
   ErrorMessage="密码必填！"></asp:RequiredFieldValidator>
5. <asp:TextBox ID="TextBox3" runat="server" TextMode="Password"></asp:TextBox>
6. <asp:RequiredFieldValidator ID="RequiredFieldValidator3" runat="server"  ControlToValidate="TextBox3"
   ErrorMessage="重复密码必填！"></asp:RequiredFieldValidator>
7. <asp:CompareValidator ID="CompareValidator1" runat="server"
8. ControlToCompare="TextBox2" ControlToValidate="TextBox3"
9. ErrorMessage="两次密码不一致！"></asp:CompareValidator>
10. <asp:TextBox ID="TextBox4" runat="server" TextMode="Password"></asp:TextBox>
11. <asp:RequiredFieldValidator ID="RequiredFieldValidator4" runat="server"  ControlToValidate="TextBox4"
    ErrorMessage="年龄必填！"></asp:RequiredFieldValidator>
12. <asp:RangeValidator ID="RangeValidator1" runat="server"  ErrorMessage="年龄必须大于 0 小于 120！"
    MaximumValue="120" MinimumValue="1" Type="Integer"
13. ControlToValidate="TextBox4"></asp:RangeValidator>
14. <asp:TextBox ID="TextBox5" runat="server"></asp:TextBox>
15. <asp:RequiredFieldValidator ID="RequiredFieldValidator5" runat="server"  ControlToValidate="TextBox5"
    ErrorMessage="电子邮件必填！"></asp:RequiredFieldValidator>
16. <asp:RegularExpressionValidator ID="RegularExpressionValidator1" runat="server"
    ControlToValidate="TextBox5" ErrorMessage="输入格式错误！"
    ValidationExpression="\w+([-+.']\w+)*@\w+([-.]\w+)*\.\w+([-.]\w+)*"></asp:RegularExpressionValidator>
```

代码说明：第 2 行是 RequiredFieldValidator 控件的代码，用于验证【用户名】文本框，即 TextBox1 控件，设置显示的错误信息为【用户名必填!】。第 4 行、第 6 行、第 11 行和第 15 行同样是 RequiredFieldValidator 控件的代码，只是验证的控件和显示的错误信息不同。第 7 行是 CompareValidator 控件的代码，用于比较验证【密码】文本框和【重复密码】文本框的值是否相同，在此设置了需要比较的控件和关联的控件以及错误提示信息。

第 12 行为 RangeValidator 控件，用于验证【年龄】文本框中数值的范围，在此设置了验证的最大值和最小值，数据类型是 Integer。第 13 行设置要验证的控件。第 16 行为 RegularExpressionValidator 控件，用于验证电子邮件的格式，在此设置了所要验证的控件和用于验证的正则表达式。

(5) 设置各控件的属性后，设计视图的效果如图 4-24 所示。

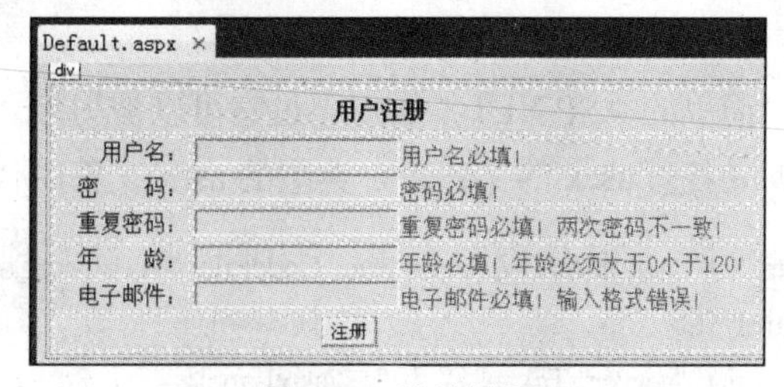

图 4-24　设计视图

(6) 运行程序后，效果如图 4-25 所示。当用户未输入任何内容就单击【注册】按钮时，用于验证文本框的各个验证控件将被激发，显示预设的各种错误提示信息，如图 4-26 所示。

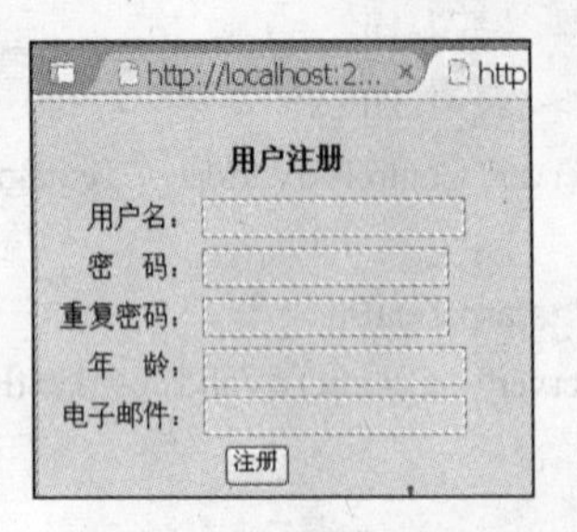

图 4-25　运行后的页面

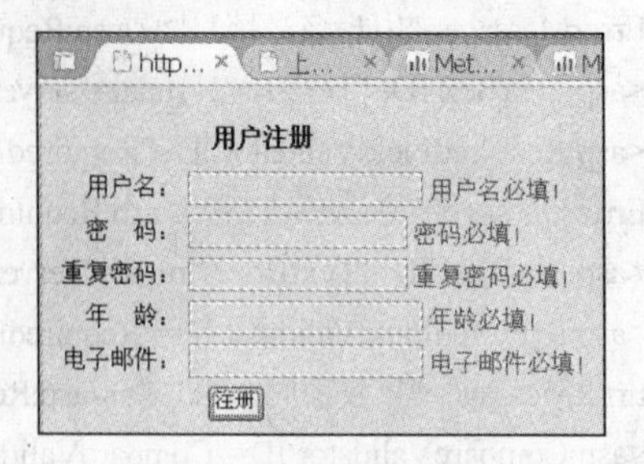

图 4-26　验证文本框

(7) 如果用户输入的重复密码不一致，年龄超出范围和电子邮件格式不正确，则会显示如图 4-27 所示的错误提示信息。

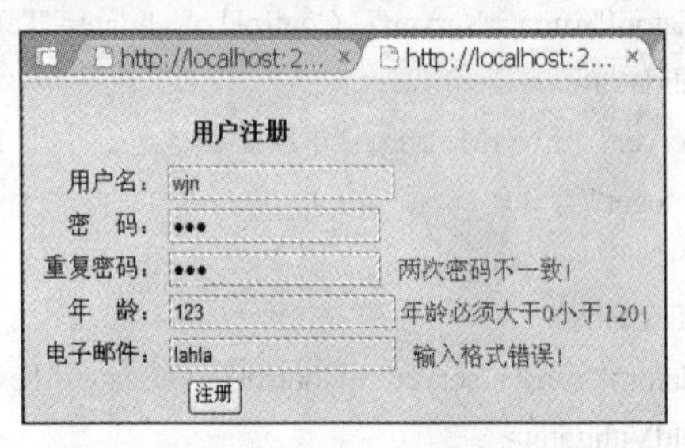

图 4-27　输入错误的提示信息

> **知识点**
>
> 需要注意的是，验证控件通常是组合使用的。对于一个未添加 RequiredFieldValidator 验证控件的文本框，若设置有其他验证控件，则当用户输入为空时不会激活空验证。

4.6　用户控件

在开发网站的时候，有时具有同样功能的控件组合会经常出现在页面中，如具有查询数据功能的控件，这时可定义一个可重复利用的控件，使该控件能够像 ASP.NET 系统提供的标准控件那样可以很方便地拖放到网页中，从而减少重复代码的编写工作，以提高开发效率。所以，ASP.NET 提供了一种允许用户根据自己的需要来开发控件——用户控件。

4.6.1　用户控件简述

一个用户控件就是一个简单的 ASP.NET 页面，不过它可以被另外一个 ASP.NET 页面包含进去。用户控件存放在文件扩展名为.ascx 的文件中，典型的.ascx 文件的代码如下：

```
1. <%@ Control Language="C#" AutoEventWireup="true" CodeFile="WebUserControl.ascx.cs"
   Inherits="WebUserControl" %>
2. <asp:Label ID="Label1" runat="server" Text="名 称"></asp:Label>
3. <asp:TextBox ID="TextBox1" runat="server"></asp:TextBox>
4. <asp:Button ID="Button1" runat="server" Text="搜 索" />
```

代码说明：第 1 行代码和.aspx 文件一样，只是把 Page 指令换成了 Control 指令，第 2 行到第 4 行定义了几个常用的 Web 控件。

从以上.ascx 文件的代码可以看出，用户控件代码格式和.aspx 文件的代码格式非常相似，.ascx 文件中没有<html>标记，也没有<body>标记和<form>标记，因为用户控件是要被.aspx 文件所包含的，而以上这些标记在一个.aspx 文件中只能包含一个。一般来说，用户控件和 ASP.NET 网页有如下区别：

- 用户控件的文件扩展名为.ascx，而 ASP.NET 文件的扩展名为.aspx。
- 用户控件中没有@ Page 指令，而是包含@ Control 指令，该指令对用户控件进行配置以及对其他属性进行定义。
- 用户控件不能作为独立文件运行，而必须像处理标准控件一样，将其添加到 ASP.NET 页面中。
- 用户控件中没有<html>、<body>或<form>标记，这些标记必须位于宿主页中。

用户控件提供了这样一种机制，它使得程序员能够非常容易建立可以被 ASP.NET 页面反复使用的代码部件。在 ASP.NET 应用程序中使用用户控件的一个主要优点是：用户控件支持一个完全面向对象的模式，使得程序员有能力去捕获事件，并且用户控件支持程序员使用一种语言编写 ASP.NET 页面中的一部分代码，而使用另一种语言编写 ASP.NET 页面的另外一部分代码，因为每一个用户控件可以使用和主页面不同的语言来编写。

提示

用户控件参与每个请求的整个执行生存期，并且可以处理自己的事件，封装来自 Web 页面的一些代码。

4.6.2 创建和使用用户控件

【例 4-8】在网站中创建一个具有登录功能的用户控件，通过验证输入的用户名和密码，判断用户身份是否有效。

(1) 启动 Visual Studio 2010，选择【文件】|【新建网站】命令，在打开的【新建网站】对话框中创建网站并命名为“例 4-8”。

(2) 右击网站项目名称，在弹出的快捷菜单中选择【添加新项】命令，如图 4-28 所示。

(3) 打开【添加新项】对话框，选择【Web 用户控件】选项，默认文件名为 WebUserControl.ascx，当然也可以根据需要进行修改，最后单击【添加】按钮，如图 4-29 所示。

(4) 此时 ASP.NET 在网站根目录添加一个 WebUserControl1.ascx 文件和一个 WebUserControl1.ascx.cs 文件，如图 4-30 所示。

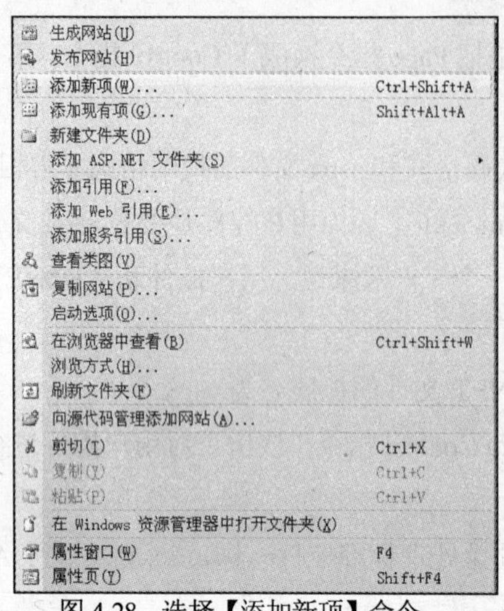

图 4-28 选择【添加新项】命令

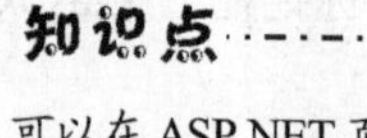

知识点

可以在 ASP.NET 页面中多次使用相同的用户控件，惟一的要求是每个实例应具有惟一的 ID。

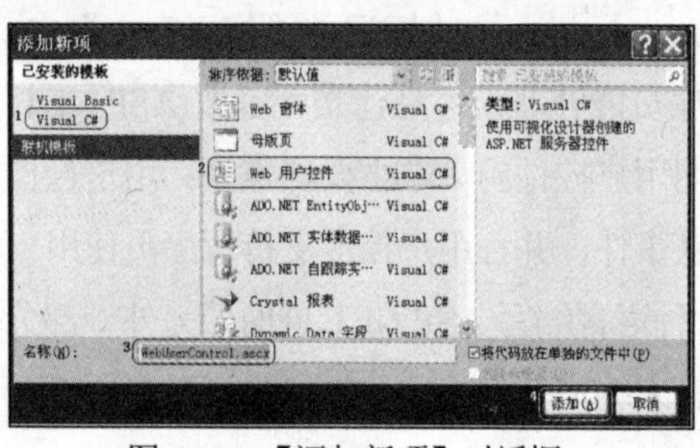

图 4-29 【添加新项】对话框

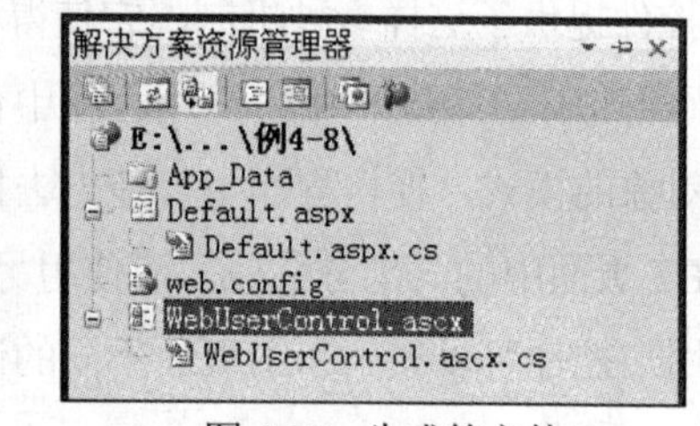

图 4-30 生成的文件

生成的 WebUserControl.ascx 文件的初始代码如下：

```
<%@ Control Language="C#" AutoEventWireup="true" CodeFile="WebUserControl.ascx.cs"
Inherits="WebUserControl" %>
```

代码说明：以上是用户控件的界面定义代码，用户可以在该文件中添加用户控件的界面定义，Inherits 属性指定该控件的名称为 WebUserControl。

(5) 双击 WebUserControl.ascx 文件，打开其设计视图，从【工具箱】拖动 3 个 Label 控件、两个 TextBox 控件、两个 Button 控件和两个 RequiredFieldValidator 控件到设计视图中。

(6) 将当前页面切换到源视图，设置各控件的属性，代码如下：

```
1. <table width="400px">
2. <tr><td colspan="3" align="left">用户登录</td></tr>
3. <tr><td align="left"><asp:Label ID="Label1" runat="server" Text="用户名："></asp:Label></td>
4. <td align="left"><asp:TextBox ID="TextBox1" runat="server" Width="130px"></asp:TextBox></td>
5. <td><asp:RequiredFieldValidator ID="RequiredFieldValidator1" runat="server"  ErrorMessage="用户名不能为
空！" ControlToValidate="TextBox1"></asp:RequiredFieldValidator></td>
6. </tr>
7. <tr><td align="left"><asp:Label ID="Label2" runat="server" Text="密码："></asp:Label></td>
8. <td align="left"><asp:TextBox ID="TextBox2" runat="server" TextMode="Password"
```

```
Width="130px"></asp:TextBox></td>
9. <td><asp:RequiredFieldValidator ID="RequiredFieldValidator2" runat="server" ErrorMessage="密码不能为空!
" ControlToValidate="TextBox2"></asp:RequiredFieldValidator></td>
10. </tr>
11. <tr><td colspan="2" align="left"><asp:Button ID="Button1" runat="server" Text="登 录" /><span
lang="zh-cn">     </span>
12. <asp:Button ID="Button2" runat="server" Text="注 册" /><asp:Label ID="Label3"
runat="server"></asp:Label>
13.  </td>
14. <td><asp:CustomValidator ID="CustomValidator1" runat="server"   ControlToValidate="TextBox2"
ErrorMessage="用户名或密码不正确! "
onservervalidate="CustomValidator1_ServerValidate"></asp:CustomValidator></td>
15. </tr>
16. </table>
```

代码说明：第 3 行的 Label1 控件用于显示文字“用户名”。第 4 行添加了一个 TextBox 控件，并为 TextBox1 设置了宽度。第 5 行和第 9 行是 RequiredFieldValidator 控件，其中设置了关联的被验证控件和错误提示文字。第 7 行为 Label2 控件，用于显示文字“密码”。第 8 行为 TextBox2 控件，设置为密码文本模式。第 11 行和第 12 行为 Button 控件，分别用于登录和注册操作。第 14 行为 CustomValidator 自定义验证控件，用于验证用户名和密码的输入是否正确，同时设置了要验证的关联控件和处理的事件。

(7) 设置控件属性后的设计视图如图 4-31 所示。

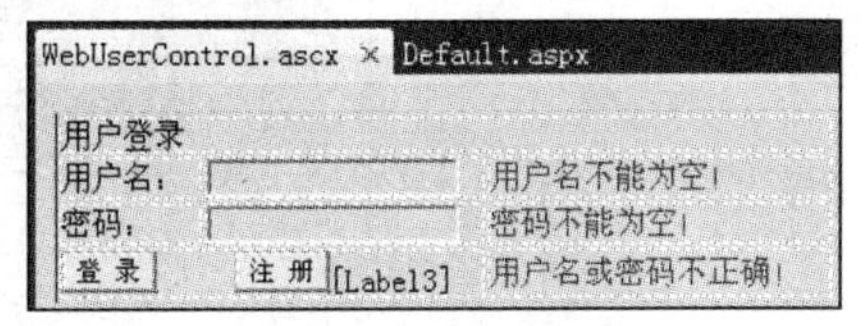

图 4-31 设计视图

(8) 双击网站目录下的 WebUserControl.ascx.cs 文件，在该文件中编写如下代码：

```
1. protected void CustomValidator1_ServerValidate(object source, ServerValidateEventArgs args){
2.     if (IsPassed(this.TextBox1.Text.Trim(), this.TextBox2.Text.Trim())){
3.                 args.IsValid = true;
4.                 Label3.Visible = true;
5.                 Label3.Text = "登录成功";
6.             }
7.             else{
8.                 args.IsValid = false;
9.                 Label3.Visible = false;
10.             }
11.     }
12.     private bool IsPassed(string userName, string password){
13.             if (userName == "wjn" && password == "123"){
14.                 return true;
```

```
15.            }
16.        else
17.            return false;
18.    }
```

代码说明：第 1 行处理 CustomValidator1 控件的 ServerValidate 事件。第 2 行调用自定义方法 IsPassed 判断是否可通过用户名和密码验证。第 8 行定义了 IsPassed 方法，其参数是用户名和密码。第 9 行到第 13 行判断输入的用户名和密码是否正确，并返回相应的布尔值。

(9) 在【例 4-8】中添加一个名为 Default 的 Web 窗体。

(10) 将 WebUserControl.ascx 文件直接拖动到【Default.aspx】文件的设计视图中，如图 4-32 所示。

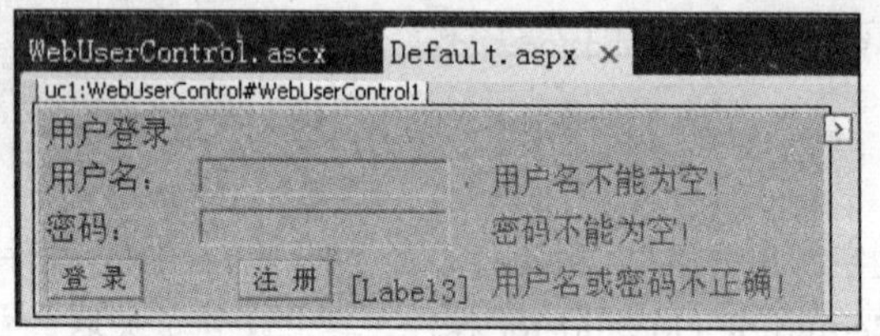

图 4-32 设计视图

知识点

如果 RangeValidator 控件的 MaximumValue 属性或 MinimumValue 属性指定的值无法转换为 Type 属性指定的数据类型，则会引发异常。

(11) 运行本程序，出现登录界面，如果输入的用户名和密码正确，将显示登录成功的提示信息，如图 4-33 所示；如果输入的用户名和密码错误，则显示错误提示信息，如图 4-34 所示。

图 4-33 登录成功

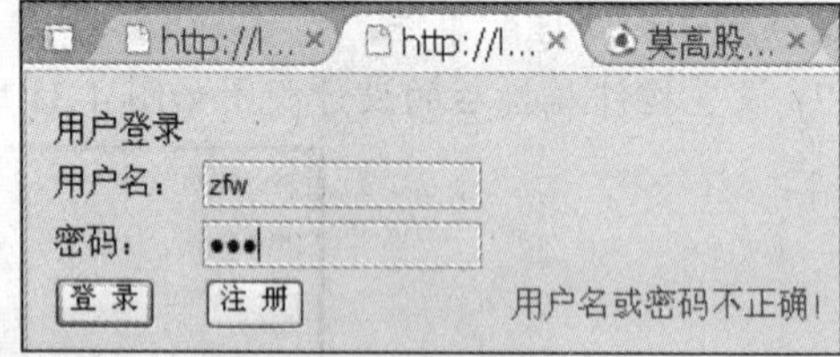

图 4-34 登录失败

4.7 上机练习

本次上机练习实现一个餐饮管理系统中的点菜功能，页面中使用到了两个 ListBox 控件，其中，一个 ListBox 控件用来显示可选的菜单项，另一个 ListBox 控件用来放置选定的菜单项。通过【点菜】和【取消】两个按钮来执行点菜和取消操作。实例的运行效果图如 4-35 所示。

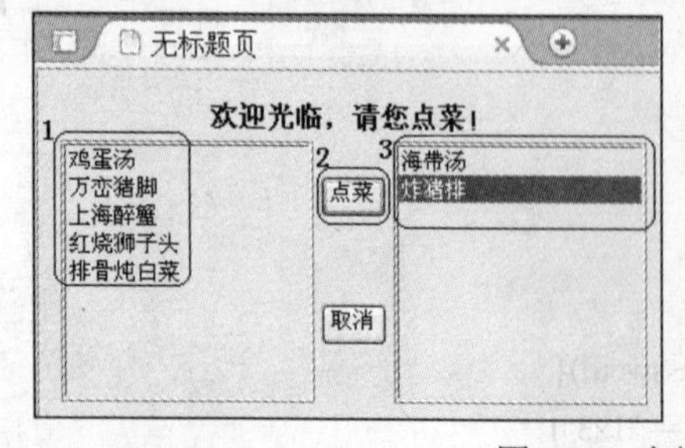

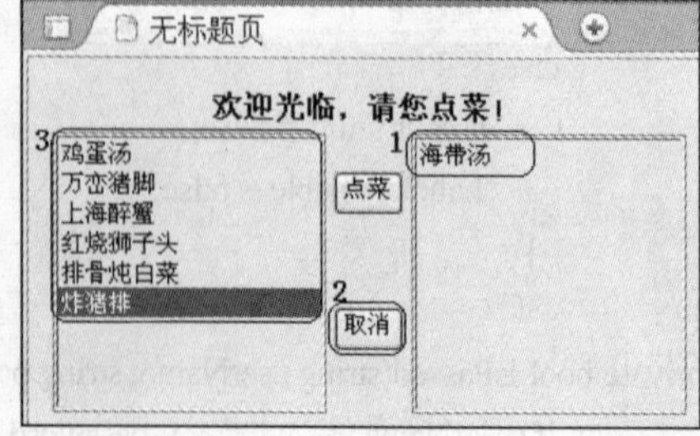

图 4-35 实例的运行效果

(1) 启动 Visual Studio 2010，选择【文件】|【新建网站】命令，在打开的【新建网站】对话框中创建网站并命名为“上机练习”。

(2) 在【上机练习】中添加一个名为 Default 的 Web 窗体。

(3) 双击网站根目录下的 Default.aspx 文件，打开其设计视图。从【工具箱】拖动两个 ListBox 控件和两个 Button 控件到设计视图中。

(4) 选择 ListBox1 控件的【ListBox 任务】中的【编辑项】选项，打开【ListItem 集合编辑器】，单击【添加】按钮，先后添加 7 个成员，并分别设置 Text 和 Value 属性，如图 4-36 所示。单击【确定】按钮，效果如图 4-37 所示。接着使用同样的方法设置 ListBox2 控件。

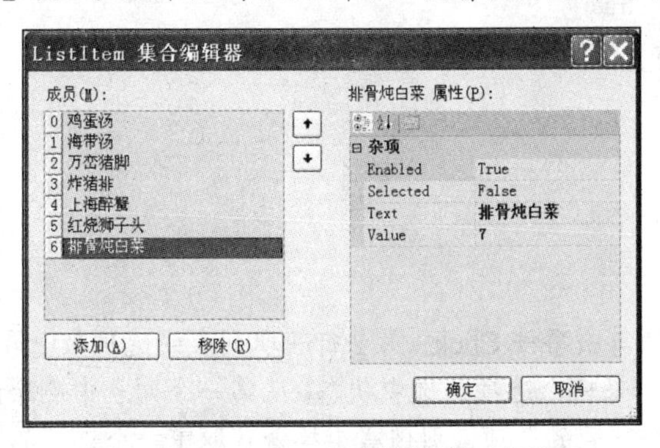

图 4-36 【ListItem 集合编辑器】对话框

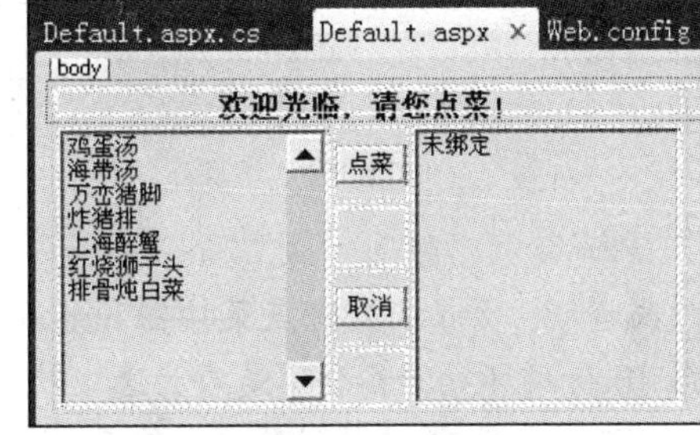

图 4-37 设计视图

(5) 切换到源视图，设置其他控件的属性，代码如下。

```
1. <asp:Label ID="Label1" runat="server" Font-Bold="true"
2.                                  Text="欢迎光临，请您点菜！"></asp:Label>
3. <asp:Button ID="btnSelect" runat="server" Text="点菜" OnClick="btnSelect_Click" />
4. <asp:ListBox ID="lbxDest" runat="server" Height="150px" SelectionMode="Multiple" Width="150px">
5. <asp:Button ID="btnDelete" runat="server" Text="取消" OnClick="btnDelete_Click" />
```

代码说明：第 1 行为 Label1 控件，设置了其字体和显示文字。第 3 行为名称为 btnSelect 的 Button 控件，用于实现点菜操作，在此设置了其显示文字和触发的单击事件。第 4 行为一个名为 lbxDest 的 ListBox 控件，设置为多行模式并调整控件的大小。第 5 行为一个名为 btnDelete 的 Button 控件，用于实现取消的操作，在此设置了该按钮上的显示文字和触发单击事件时调用的处理程序。

(6) 双击设计视图中 btnSelect 按钮控件，在 Default.aspx.cs 文件的源视图中编写如下代码：

```
1. protected void btnSelect_Click(object sender, EventArgs e){
2.         int count = lbxSource.Items.Count;
3.         int index = 0;
4.         for (int i = 0; i < count; i++){
5.             ListItem Item = lbxSource.Items[index];
6.             if (lbxSource.Items[index].Selected == true){
7.                 lbxSource.Items.Remove(Item);
8.                 lbxDest.Items.Add(Item);
9.                 index--;
10.            }
```

```
11.             index++;
12.         }
13.     }
14.     protected void btnDelete_Click(object sender, EventArgs e){
15.         int count = lbxDest.Items.Count;
16.         int index = 0;
17.         for (int i = 0; i < count; i++){
18.             ListItem Item = lbxDest.Items[index];
19.             if (lbxDest.Items[index].Selected == true){
20.                 lbxDest.Items.Remove(Item);
21.                 lbxSource.Items.Add(Item);
22.                 index--;
23.             }
24.             index++;
25.         }
```

代码说明：第 1 行处理点菜按钮 btnSelect 的单击事件 Click。第 2 行获取列表的选项数。第 4 行到第 10 行循环判断各个项是否为选中状态，如果哪个选项为选中状态，从第一个列表中删除该选项并将其添加到第二个列表中，然后将第一个列表的选项索引值减 1 接着获取下一个选项的索引值。

第 14 行处理取消按钮 btnDelete 的单击事件 Click。第 17 行到第 22 行循环判断第二个列表中的各选项是否为选中状态，如果为选中状态，从该列表中删除并将其添加到第一个列表中。

(7) 至此，整个实例已完成，选择【文件】|【全部保存】命令保存文件即可。

4.8 习题

1．利用 3 个 DropDownList 控件实现年月日选择的功能，如图 4-38 所示。

2009 ▾ 年	2 ▾ 月	1 ▾ 日

图 4-38 年月日选择的功能

2．利用 CustomValidator 控件判断用户输入的用户名的长度是否大于等于 8，运行效果如图 4-39 所示。

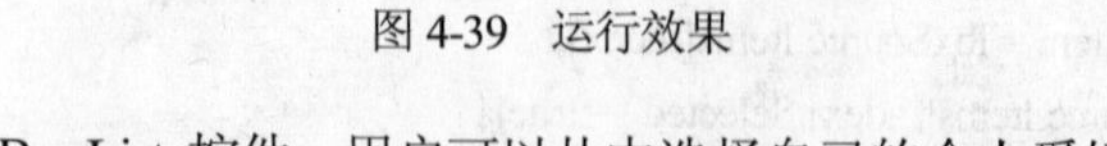

用户名：	zhang	用户名的长度大于等于8.

图 4-39 运行效果

3. 创建一个 CheckBoxList 控件，用户可以从中选择自己的个人爱好，并动态地显示在其下方的一个 Label 控件上。运行效果如图 4-40 所示。

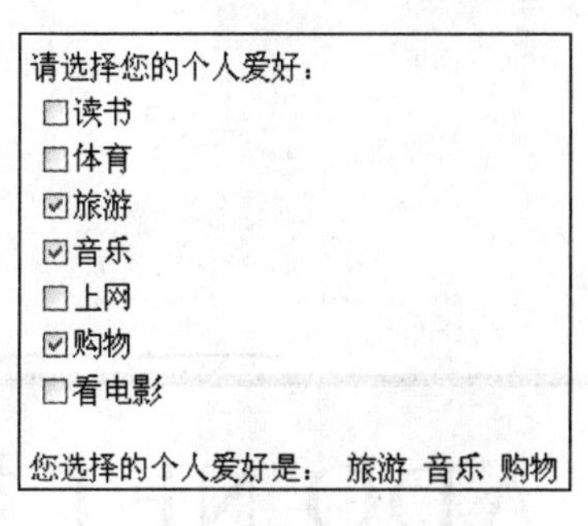

图 4-40 选择个人爱好

4. 创建一个自定义的用户控件，通过验证控件实现在网站注册用户信息的功能，利用不同的验证控件对输入的用户名、密码、重复密码、年龄、电话以及E-mail进行验证。运行效果如图4-41所示。

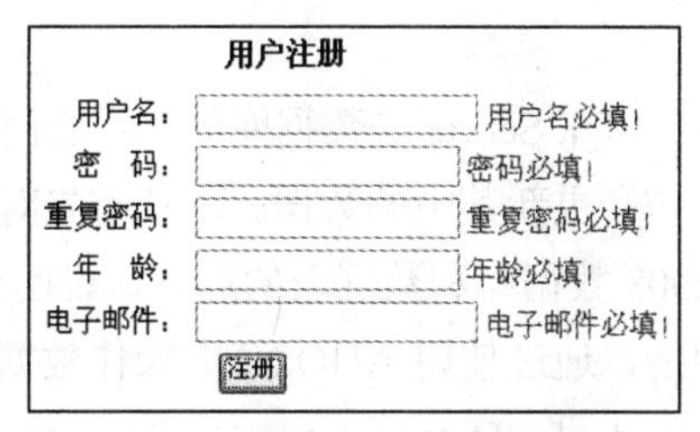

图 4-41 注册用户信息的控件

5. 创建一个自定义用户控件，实现显示当前系统时间的功能，其中通过Label控件来显示时间，运行效果如图4-42所示。

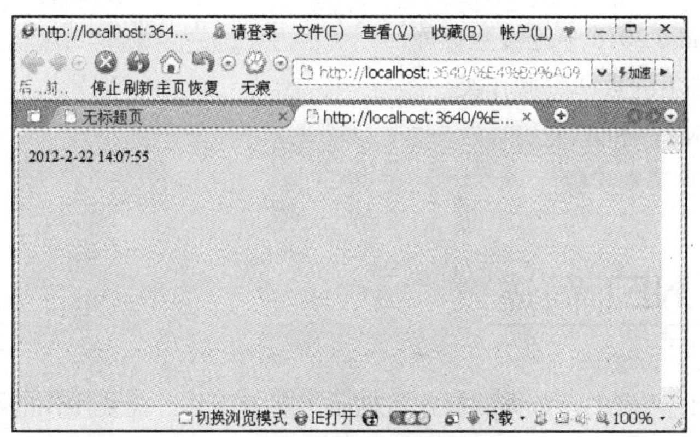

图 4-42 显示当前系统时间

第5章 ADO.NET 数据库开发

学习目标

ADO.NET 提供了对 Microsoft SQL Server 等数据库的一致访问。应用程序可以通过 ADO.NET 连接到各种数据库，并检索、操作和更新其中的数据。本章首先对 ADO.NET 进行一个总体的介绍，接着讲解创建 SQL Server 2008 数据库和数据表的过程，说明如何在 Visual Studio 2010 中连接数据库并进行浏览和管理。随后，通过使用 ADO.NET 操作数据库，介绍了 ADO.NET 中常用的对象 SqlConnection、SqlCommand、SqlDataAdapter、SqlDataReader 和 DataSet 的属性、方法和在程序中的实际应用。通过本章的学习，读者应能够掌握对数据库访问的基本技术。

本章重点

- 在 Visual Studio 2010 中连接数据库
- ADO.NET 常用的数据库操作类
- DataSet 类的属性和方法
- 访问数据库的基本步骤

5.1 ADO.NET 简述

在 Web 应用系统开发中，数据的操作占据了大量的工作。需要操作的数据包括：存储在数据库中的数据、存储在文件中的数据以及 XML 数据，其中操作存储在数据库中的数据最为常见。ASP.NET 提供了 ADO.NET 技术，它是一组向.NET 编程人员公开数据访问服务的类。ADO.NET 提供了对关系数据、XML 和应用程序数据的访问，所以是.NET Framework 不可缺少的一部分。ADO.NET 支持多种开发需求，包括创建由应用程序、工具、语言或 Internet 浏览器使用的前端数据库客户端和中间层业务对象。

ADO.NET 组件将数据访问与数据处理分离。它是通过两个主要的组件：.NET 数据提供程序 data provider 和 Dataset 来完成这一操作的。如图 5-1 所示的 ADO.NET 整体结构图体现了数据访

问与数据处理分离的概念。

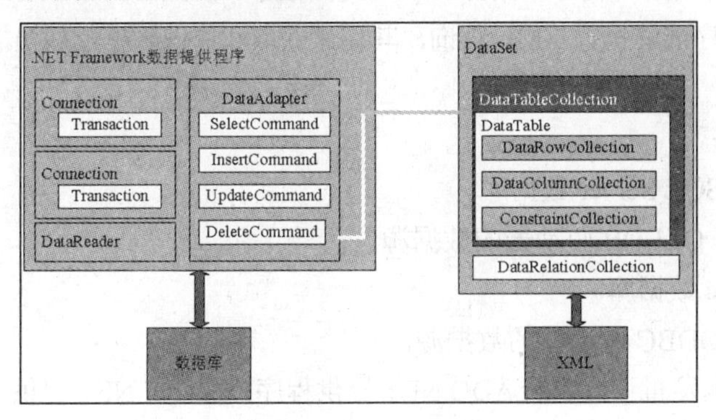

图 5-1　ADO.NET 整体结构图

知识点

ADO.NET 通过数据处理将数据访问分解为多个可以单独使用或一前一后使用的不连续的组件，它包含连接到数据库、执行命令和检索结果整个操作过程。

从图 5-1 可以清楚地看到 ADO.NET 的内部组成，还可以知道数据访问一般有两种方式：一种是通过 DataReader 对象来直接访问；另一种则是通过 DataSet 对象和 DataAdapter 对象来访问。

ADO.NET 整体结构的一个核心元素是.NET 数据提供程序，它是专门为数据处理以及快速地只进、只读访问数据而设计的组件，包括 Connection、Command、DataReader 和 DataAdapter 对象的组件，具体如表 5-1 所示。

表 5-1　数据提供者的对象

对象名称	描　述
Connection	提供与数据源的连接
Command	用于返回数据、修改数据、运行存储过程以及发送或检索参数信息的数据库命令
DataReader	从数据源中提供高性能的数据流
DataAdapter	提供连接 DataSet 对象和数据源的桥梁，使用 Command 对象在数据源中执行 SQL 命令，以便将数据加载到 DataSet 对象中，并使对 DataSet 对象中数据的更改与数据源保持一致

DataSet 对象是 ADO.NET 整体结构中的另一个核心组件，它是专门为各种数据源的数据访问独立性而设计的，所以它可以用于多个不同的数据源、XML 数据或管理应用程序的本地数据，如内存中的数据高速缓存。DataSet 对象包含一个或多个 DataTable 对象的集合，这些对象由数据行和数据列以及有关 DataTable 对象中数据的主键、外键、约束和关系信息组成。它本质上是一个内存中的数据库，但用户不必关心它的数据是从数据库中、XML 文件中、还是从这两者中或是从其他地方获得。

5.2　ASP.NET 命名空间

针对不同的数据源，ADO.NET 提供了不同的数据提供程序，但连接数据源的过程具有类似的方式，可以使用几乎同样的代码来完成数据源连接。数据提供程序类都继承自相同的基类，实现同样的接口和包含相同的方法及属性。尽管针对特殊数据源的某个提供程序可能具有自己独有的特性。例如，SQL Server 的数据提供程序能够执行 XML 查询，其用来获取和修改数据的成员是基本相同的。

.NET 主要包含如下 4 个数据提供程序。

- SQL Server 提供程序：用来访问 SQL Server 数据库。
- OLEDB 提供程序：用来访问拥有 OLEDB 驱动器的数据源。
- Oracle 提供程序：用来访问 Oracle 数据库。
- ODBC 提供程序：用来访问拥有 ODBC 驱动器的数据源。

此外，第三方开发者和数据库提供商也发布了自己的 ADO.NET 提供程序，按照与.NET 提供数据源提供器的同样的公约和同样的方式，这些 ADO.NET 提供程序同样可以很方便地使用。

用户应根据数据源的类型来选择提供程序。如果找不到合适的数据源提供程序，可以使用 OLEDB 提供程序，这时数据源需要拥有 OLEDB 驱动器。OLEDB 技术在 ADO 中就使用了很久，因此很多数据源(SQL Server、Oracle、Access 及 MySQL 等)都拥有 OLEDB 驱动器。如果数据源不包含自己的提供程序，也不拥有 OLEDB 驱动，就可以使用 ODBC 提供程序，这时只要拥有 ODBC 驱动即可。

ADO.NET 组件包含在.NET 类库中的几个不同的命名空间里。如表 5-2 所示是 ADO.NET 组件所在的命名空间。

表 5-2 ADO.NET 命名空间

命 名 空 间	描 述
System.Data	该命名空间提供对表示 ADO.NET 结构的类的访问
System.Data.Common	该命名空间包含由各种.NET 数据提供程序共享的类
System.Data.OleDb	该命名空间用于 OLEDB 的.NET 数据提供程序
System.Data.SqlClient	该命名空间用于 SQLServer 的.NET 数据提供程序
System.Data.SqlTypes	该命名空间为 SQL Server 中的本机数据类型提供类，这些类向.NET 公共语言运行库的数据类型提供了一种更为安全和快速的替代项。使用此命名空间中的类有助于防止出现精度损失造成的类型转换错误
System.Data.OracleClient	该命名空间用于 Oracle 的.NET 数据提供程序
System.Data.Odbc	该命名空间用于 ODBC 的.NET 数据提供程序

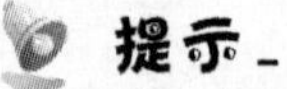

对于不同的数据库，.NET 框架提供了不同的数据提供程序。例如，对于 SQL Server 数据库，Connection 对象就是 SqlConnection，对于 Access 数据库，Connection 对象就是 OleDbConnection。尽管实际应用中数据提供程序的名称可能有所不同，但都具有相同的用法，只是操作的数据库不同而已。

5.3 数据库连接

ADO.NET 可以用来访问任何数据库，其中用来访问 SQL Server 时效果最好，本书使用的数据库是 SQL Server 2008。

5.3.1 创建 SQL Server 2008 数据库

【例 5-1】在 SQL Server 2008 中创建一个名为 Hotel 的数据库。

(1) 启动 Microsoft SQL Server Management Studio，打开如图 5-2 所示的【连接到服务器】对话框，在此对话框中选择身份验证的方式后单击【连接】按钮。

(2) 连接成功后，进入应用程序的主界面。在【对象资源管理器】窗格中右击【数据库】选项，从弹出的快捷菜单中选择【新建数据库】命令，如图 5-3 所示。

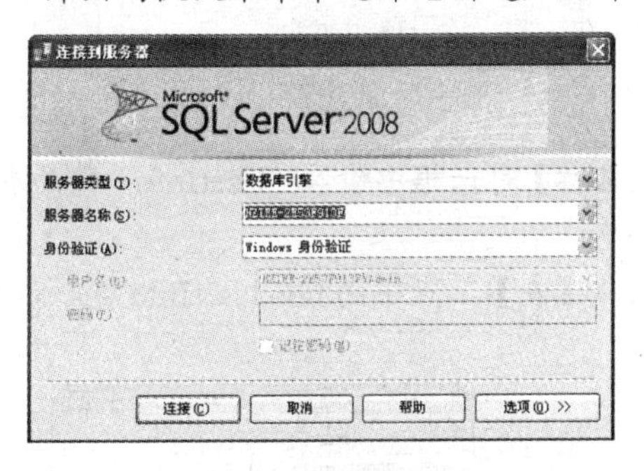

图 5-2 【连接到服务器】对话框

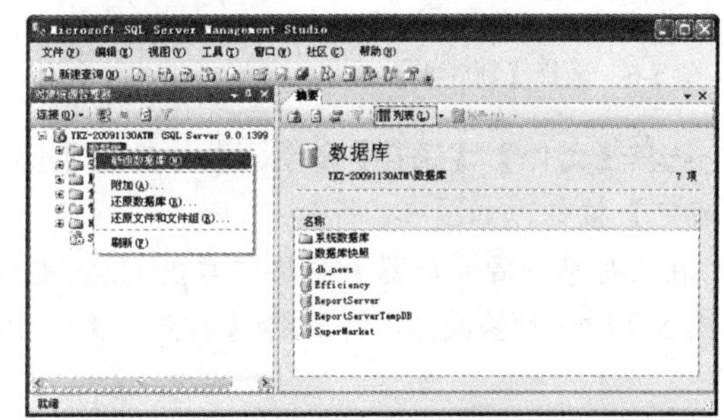

图 5-3 选择命令

(3) 在打开的如图 5-4 所示的【新建数据库】对话框的【数据库名称】文本框中输入要创建的数据库名称 “Hotel”，单击【确定】按钮。

(4) 这时主界面的【对象资源管理器】窗格中的【数据库】节点中增加了一个名为 Hotel 的数据库，如图 5-5 所示。

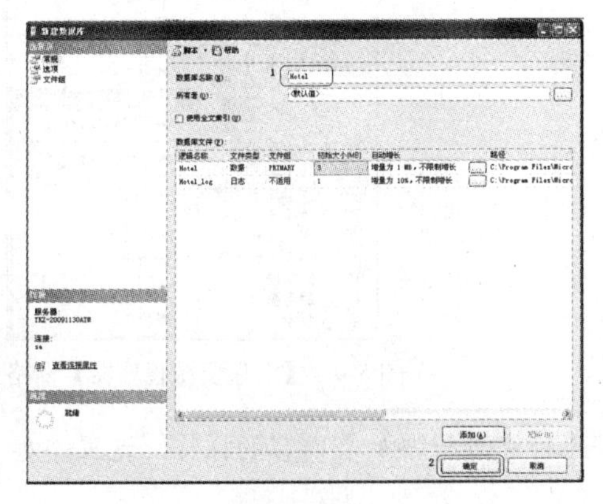

图 5-4 【新建数据库】对话框

图 5-5 【对象资源管理器】窗格

(5) 展开 Hotel 节点，右击其中的【表】节点，从弹出的快捷菜单中选择【新建表】命令，如图 5-6 所示。

(6) 在主界面进行表的编辑操作，添加 6 列并分别设置列名、数据类型和是否允许为空，最后结果如图 5-7 所示。

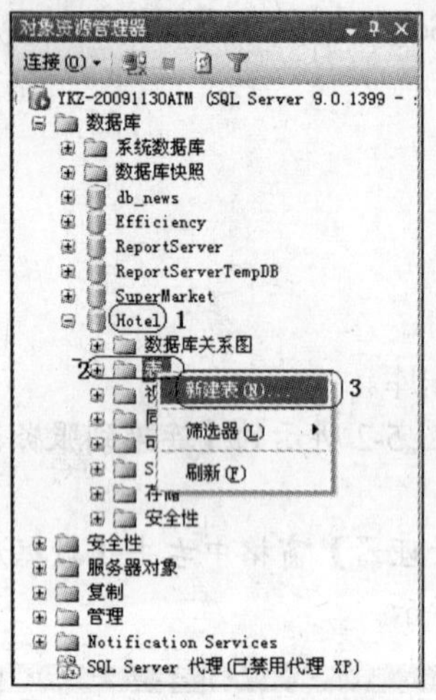

图 5-6 选择【新建表】命令

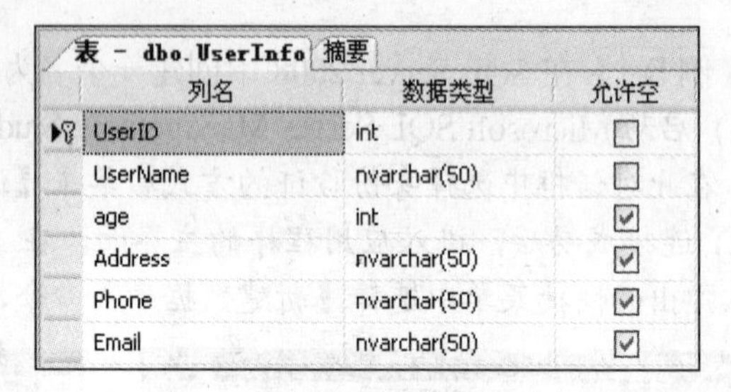

表 - dbo.UserInfo | 摘要

列名	数据类型	允许空
UserID	int	☐
UserName	nvarchar(50)	☐
age	int	☑
Address	nvarchar(50)	☑
Phone	nvarchar(50)	☑
Email	nvarchar(50)	☑

图 5-7 新建表

(7) 选择【文件】|【保存】命令，在打开的【选择名称】对话框中输入“UserInfo”作为表名，单击【确定】按钮，如图 5-8 所示。

(8) 在【对象资源管理器】窗格中右击 Hotel 数据库【表】节点下的 dbo.UserInfo 选项，从弹出的如图 5-9 所示的快捷菜单中选择【打开表】命令。

图 5-8 【选择名称】对话框

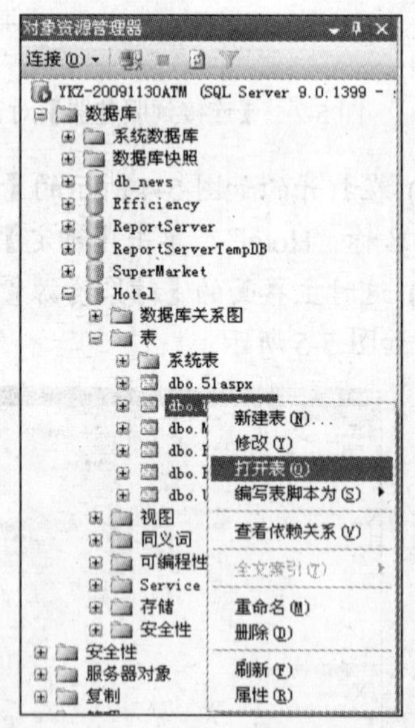

图 5-9 【对象资源管理器】窗格

(9) 应用程序在主界面中打开 UserInfo 表，此时可进行添加表内容的操作，这里添加 5 个用户的信息，如图 5-10 所示。

表 - dbo.UserInfo					
UserID	UserName	age	Address	Phone	Email
1	admin	22	珠海	123456	zhuhai@123.com
2	qb	23	北京	456789	beijin@123.com
3	sss	24	上海	789123	shanghai@123.c...
4	wjn	25	深圳	123321	sz@123.com
5	zfq	26	湖北	888888	zfq@123.com

图 5-10　添加表内容

(10) 至此就完成了 Hotel 数据库和及其 UserInfo 表的创建。

5.3.2　在 Visual Studio 2010 中管理数据库

如果计算机中未安装 SQL Server 2008 数据库，还可以通过使用 Visual Studio 2010 中的【服务器资源管理器】来管理已经创建的数据库。

【例 5-2】在 Visual Studio 2010 中管理 Hotel 数据库。

(1) 启动 Visual Studio 2010，选择【视图】|【服务器资源管理】命令，打开如图 5-11 所示的【服务器资源管理器】窗格，右击其中的【数据连接】选项，从弹出的快捷菜单中选择【添加连接】命令。

(2) 在打开的【添加连接】对话框中单击【浏览】按钮，选择前面创建的 Hotel 数据库文件。单击【测试连接】按钮，如果连接成功，会打开连接成功的对话框，然后单击该对话框中的【确定】按钮，最后单击【添加连接】对话框中的【确定】按钮，如图 5-12 所示。

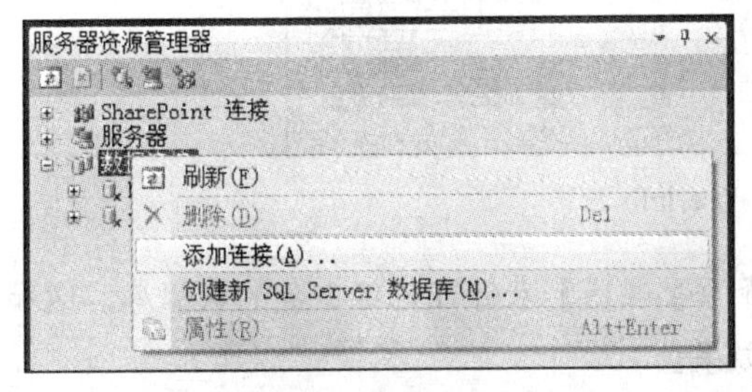

图 5-11　【服务器资源管理器】窗格

图 5-12　【添加连接】对话框

(3) 这时在如图 5-13 所示的【服务器资源管理器】窗格中的【数据连接】节点下会出现刚才添加的 Hotel.mdf 数据库。依次展开 Hotel.mdf 节点及其【表】节点，可以看到上例创建的 UserInfo 表。

(4) 双击 UserInfo 表，打开如图 5-14 所示的表的编辑窗口，在此可以浏览和修改数据表的结构。

图 5-13 【Hotel.mdf】数据库

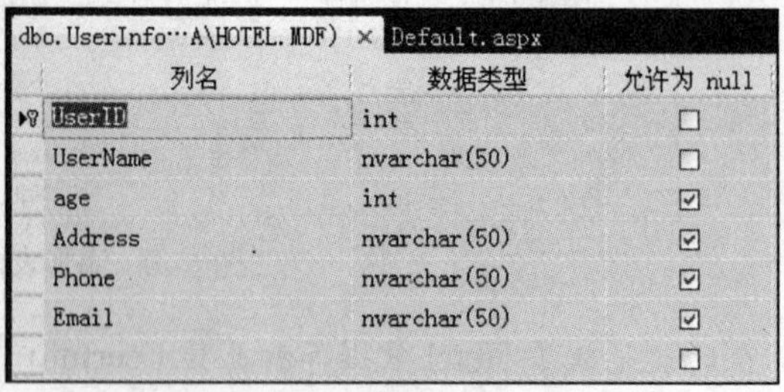

dbo.UserInfo…A\HOTEL.MDF) × Default.aspx

列名	数据类型	允许为 null
UserID	int	☐
UserName	nvarchar(50)	☐
age	int	☑
Address	nvarchar(50)	☑
Phone	nvarchar(50)	☑
Email	nvarchar(50)	☑
		☐

图 5-14 表的编辑窗口

(5) 右击 UserInfo 选项，从弹出的快捷菜单中选择【显示表数据】命令，如图 5-15 所示。

图 5-15 选择【显示表数据】命令

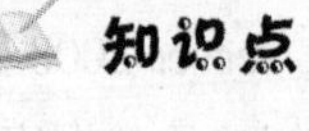

知识点

在 Visual Studio 2010 中使用【服务器资源管理器】时，可以选择数据库文件或 SQL Server 数据库作为数据连接的对象。

(6) 在打开的如图 5-16 所示的界面中可以浏览和修改 UserInfo 数据表的数据。

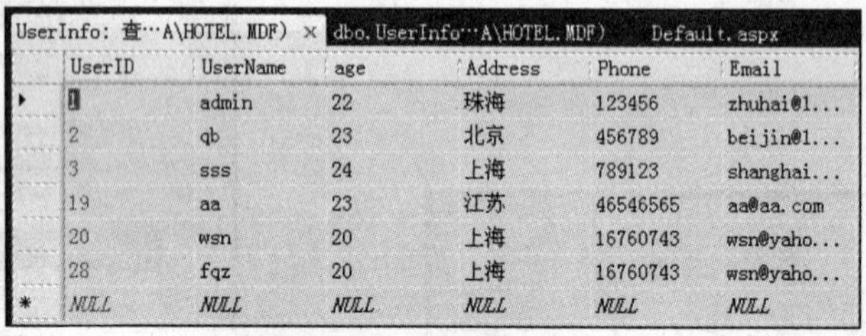

UserInfo: 查…A\HOTEL.MDF) × dbo.UserInfo…A\HOTEL.MDF) Default.aspx

	UserID	UserName	age	Address	Phone	Email
▸	1	admin	22	珠海	123456	zhuhai@1...
	2	qb	23	北京	456789	beijin@1...
	3	sss	24	上海	789123	shanghai...
	19	aa	23	江苏	46546565	aa@aa.com
	20	wsn	20	上海	16760743	wsn@yaho...
	28	fqz	20	上海	16760743	wsn@yaho...
*	NULL	NULL	NULL	NULL	NULL	NULL

图 5-16 UserInfo 表

(7) 使用 Visual Studio 2010 中的【服务器资源管理器】来管理已经创建的数据库。这和 SQL Server 2008 提供的图形化管理工具具有同样的效果。

5.3.3 使用 Connection 类连接数据库

在获取或更新数据之前，需要先创建一个数据库连接。在 ADO.NET 中，可以使用 Connection 对象进行数据库的连接。对于不同的数据源，需要使用不同的类来建立连接，本节主要讲解 SqlConnection 对象，其他连接与此类似。SqlConnection 连接字符串的常用参数如表 5-3 所示。

表 5-3　SqlConnection 对象的连接字符串参数表

参　数	说　明
Data Source|Server	SQL Server 数据库服务器的名称，可以是(local)、localhost，也可以是具体的名字
Initial Catalog	数据库的名称
Integrated Security	决定连接是否安全，取值可以是 True、False 或 SSPI
User ID	SQL Server 登录帐户
Password	SQL Server 帐户的登录密码

创建一个数据库连接的步骤如下：

◉ 声明一个 Connection 对象。

使用构造函数来初始化 SqlConnection 对象，在创建连接时，需要引用 Syatem.Data 和 System.Data.SqlClient 命名空间。SqlConnection 类的构造函数定义如下：

```
public SqlConnection(
    string connectionString
)
```

代码说明：connectionString 参数用于指定打开 SQL Server 数据库的连接字符串。

◉ 为该对象的 ConnectionString 属性设置一个值。

一般情况下，在一个网站项目中，所有创建数据库连接的代码都使用相同的数据库连接字符串，因此，可以使用一个类的成员来存储这个字符串。代码如下：

```
public class ConString{
    public static string ConnectionString = "Data Source=.;Initial Catalog=Hotel;User ID=sa;Password=585858";
 }
```

代码说明：声明一个 ConString 类，该类包含一个静态的公开数据成员 ConnectionString，用于存储数据库连接字符串。其中，Data Source 用于设置登录 SQL Server 数据库服务器为本地机器，Initial Catalog 用于设置数据库的名称，User ID 和 Password 分别用于设置 SQL Server 登录的帐号和密码。

◉ 接下来在其他地方创建数据库连接对象的时候，即可采用如下代码：

```
SqlConnection connection = new SqlConnection (ConString.ConnectionString);
```

代码说明：使用 SqlConnection 类的构造函数实例化一个数据库连接对象 connection。

另外，还可以在配置文件的<connectionStrings>节中利用“键/值”对来存储数据库连接字符串，代码如下：

```
1. <configuration>
2.    <connectionStrings>
3.        <add name="Con" connectionString=
4. " Data Source=.;Initial Catalog=Hotel;User ID=sa;Password=585858"/>
```

```
5.    </connectionStrings>
6. </configuration>
```

代码说明：第3行添加了一个名为Con的数据库连接字符串对象connectionString，用来保存连接Hotel数据库的连接字符串。

为了获取配置文件中存储的数据库连接字符串，需要使用System.Web.Configuration命名空间包含的静态类WebConfigurationManager，代码如下：

```
SqlConnection connection = new SqlConnection
(System.Web.Configuration.WebConfigurationManager.ConnectionStrings["Con"].ConnectionString.ToString());
```

利用上面的方法创建一个数据库连接对象后，在执行任何数据库操作之前，需要打开数据库连接，示例代码如下：

```
connection.Open();
```

代码说明：调用connection的Open方法打开数据库。

提示

在设置数据连接字符串时，如果没有采用Windows组帐号登录SQL Server数据库服务器，这时需要在连接字符串中指定用户ID和口令，登录时SQL Server会将此用户ID和口令进行验证。

【例5-3】本例通过SqlConnection对象和Web config配置文件实现与Hotel数据库的连接。

(1) 启动Visual Studio 2010，选择【文件】|【新建网站】命令，在打开的如图5-17所示的【新建网站】对话框中先选择【ASP.NET空网站】，然后再选择【文件系统】，在文件路径中创建网站并命名为“例5-3”，最后单击【确定】按钮。

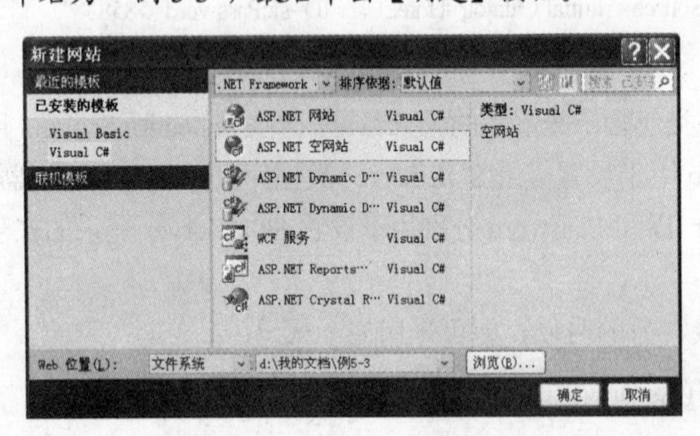

图5-17 【新建网站】对话框

知识点

数据库连接对象的打开和关闭，应遵循的原则是：尽可能晚打开连接，尽可能早关闭连接。

(2) 这时在解决方案管理器的网站根目录下会生成一个【例5-3】的网站。右击网站名称【例5-3】，在弹出的菜单中选择【添加】|【新建项】命令。在弹出的【添加新项】对话框中选择【已安装模板】下的Web模板，并在模板文件列表中选中【Web窗体】，然后在【名称】文本框输入该文件的名称Default.aspx，最后单击【添加】按钮。此时网站根目录下面会生成一个Default.aspx文件和一个Default.aspx.cs文件。

(3)双击【解决方案资源管理器】窗格中网站根目录下的 Default.aspx 文件，打开如图 5-18 所示的设计视图。从【工具箱】中拖动一个 Label 控件到设计视图中。

(4) 双击网站根目录下的 web.config 文件，如图 5-19 所示。

图 5-18　设计视图

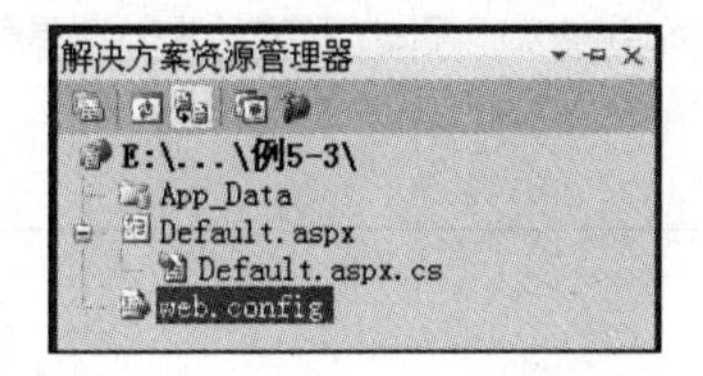

图 5-19　双击 web.config 文件

(5) 在打开的网站配置文件 web.config 的<configuration>和</configuration>节点中添加一个<connectionStrings>节点，编写代码如下:

```
1. <connectionStrings>
2. <add name="Con" connectionString="Server=.; DataBase=Hotel; User ID=sa;Password=585858"/>
3.    </connectionStrings>
```

代码说明：第 2 行添加了一个名为 Con 的数据连接字符串对象 connectionString 来保存连接 Hotel 数据库的连接字符串。

(6) 双击【解决方案资源管理器】中网站根目录下的 Default.aspx.cs，在打开的 Default.aspx.cs 文件中添加如下代码:

```
1. protected void Page_Load(object sender, EventArgs e){
2. SqlConnection connection = new SqlConnection(System.Web.Configuration. WebConfigurationManager.
        ConnectionStrings["Con"].ConnectionString.ToString());
3.          try{
4.              connection.Open();
5.              this.Label1.Text = "连接 Hotel 数据库成功！";
6.          }
7.          catch (Exception err){
8.              Label1.Text = "连接 Hotel 数据库失败！.";
9.              Label1.Text += err.Message;
10.          }
11.          finally{
12.              connection.Close();
13.          }
14.     }
```

代码说明：第 1 行处理页面 Page 的加载事件 Load。第 2 行通过调用 web.config 文件<connectionStrings>节点中保存的数据库连接字符串的值，创建了 SqlConnection 对象 connection。第 4 行调用 connection 对象的 Open 方法打开和 Hotel 数据库的连接。第 5 行在 Label1 控件中显示连接成功的提示信息。第 8 行，如果连接数据库失败，在 Label1 控件中显示连接失败的提示信息。第 9 行显示发生错误的详细信息。第 12 行调用 connection 对象的 Close 方法关

闭数据库连接。

(7) 运行程序，效果如图 5-20 所示。

图 5-20　运行效果

5.4 操作数据库

在连接数据库成功后，可以读取和操作数据库中的数据，主要通过使用 Command 对象执行 SQL 命令来实现。

5.4.1 Command 类

Command 类提供了对数据源操作命令的封装。这些操作命令可以是 SQL 语句，也可以是存储过程。Command 对象要建立在数据源的连接之上，只有在数据源连接对象建立的情况下才能使用 Command 对象。对于不同的数据源，需要使用不同的类建立连接，本节主要讲解 SqlCommand 类。

SqlCommand 类的属性如表 5-4 所示。

表 5-4　SqlCommand 类的属性

属　　性	说　　明
CommandText	类型为 string，其值可以是 SQL 语句、存储过程或表
CommandTimeOut	类型为 int，终止执行命令并生成错误之前的等待时间
CommandType	类型为枚举类型，Text 为 SQL 语句、StoredProcedure 为存储过程、TableDirect 为要读取的表。 默认值为 Text
Connection	获取 SqlConnection 对象，使用该对象与数据库进行通信
SqlParameterCollection	提供给命令的参数

SqlCommand 类的方法如表 5-5 所示。

表 5-5　SqlCommand 方法表

方　法	说　　明
Cancle	类型为 void，取消命令的执行
CreateParameter	创建 SqlParameter 对象

(续表)

方　法	说　明
ExecuteNonQuery	类型为 int，执行无返回结果的 SQL 语句，包括 INSERT、UPDATE、DEIETE、CREATE TABLE、CREATE PROCEDURE 以及无返回结果的存储过程
ExecuteReader	类型为 SqlDataReader，执行 SELECT、TableDirect 命令或有返回结果的存储过程
ExecuteScalar	类型为 Object，执行返回单个值的 SQL 语句，如 Count(*)、Sum()、Avg()等聚合函数
ExecuteXmlReader	类型为 XmlReader，执行返回 Xml 语句的 SELECT 语句

可以使用构造函数生成 SqlCommand 对象，也可以使用 SqlConnection 对象的 CreateCommand() 方法生成。

SqlCommand 类的构造函数如表 5-6 所示。

表 5-6　SqlCommand 类的构造函数

构 造 函 数	说　明
SqlCommand()	不用参数，直接创建 SqlCommand 对象
SqlCommand(string CommandText)	根据 Sql 语句创建 SqlCommand 对象
SqlCommand(string CommandText, SqlConnection conn)	根据 Sql 语句和数据源连接创建 SqlCommand 对象
SqlCommand(string CommandText, SqlConnection conn,SqlTransaction tran)	根据 sql 语句、数据源连接和事务对象创建 SqlCommand 对象

创建 Command 对象有以下两种方式。

⊙ 创建一个 Command 对象，指定 SQL 命令，并设置数据库连接，示例代码如下：

```
1. SqlCommand myCommand = new SqlCommand();
2. myCommand.Connection = connection;
3. myCommand.CommandText = "Select * from DataTable":
```

代码说明：第 1 行使用不带参数的构造函数创建 SqlCommand 对象 myCommand。第 2 行设置 myCommand 对象所基于的数据库连接。第 3 行设置 myCommand 对象的 Sql 查询语句。

⊙ 在创建 Command 对象时，直接指定 SQL 命令和数据库连接，示例代码如下：

```
SqlCommand myCommand = new SqlCommand("Select * from DataTable", connection);
```

代码说明：在构造函数中将 Sql 语句和数据源连接作为参数创建 SqlCommand 对象。

提示

SqlCommand 的 CommandText 属性除了可以设置为 SQL 语句外，还可以设置为存储过程。此时需要将其 CommandType 属性设置为 CommandType.StoredProcedure，这表示要执行的是一个存储过程。

5.4.2 DataReader 类

如果利用 Command 对象所执行的命令是有返回数据的 Select 语句，此时 Command 对象会自动产生一个 DataReader 对象。DataReader 对象非常有用，使用 DataReader 对象可以将数据源的数据取出后显示给用户。可以在执行 Execute 方法时传入一个 DataReader 类型的变量来接收。DataReader 对象很简单，它一次只读取一条数据，而且只能只读，所以效率很好而且可以降低网络负载。由于 Command 对象自动会产生 DataReader 对象，所以只要声明一个指到 DataReader 对象的变量来接收即可。另外要注意的是，DataReader 对象只能配合 Command 对象使用，而且 DataReader 对象在操作的时候，Connection 对象保持连接状态。对于不同的数据源，需要使用不同的类来建立连接，本节主要讲解 SqlDataReader 类。

SqlDataReader 对象的属性如表 5-7 所示。

表 5-7　SqlDataReader 对象的属性

属　性	描　述
FieldCount	只读，表示记录中有多少字段
HasMoreResult	表示是否有多个结果
HasMoreRows	只读，表示是否还有数据未读取
IsClosed	只读，表示 DataReader 是否关闭
Item	只读，集合对象，以键值(Key)或索引值的方式取得记录中某个字段的数据
RowFetchCount	用来设定一次取回多少条记录，默认值为 1

SqlDataReader 对象的方法如表 5-8 所示。

表 5-8　SqlDataReader 对象的方法

方　法	描　述
Close	关闭 DataReader 对象
GetDataTypeName	获取指定字段的数据类型
GetName	获取指定字段的名称
GetOrdinal	获取指定字段在记录中的顺序
GetValue	获取指定字段的数据
GetValues	获取全部字段的数据
IsNull	判断字段的值是否为 Null
NextResult	获取下一个结果
Read	读取下一条记录，如果读到数据则传回 True，否则传回 False

创建 SqlDataReader 对象，必须调用 SqlCommand 对象的 ExecuteReader 方法，而不是直接使

用其构造函数。在使用 SqlDataReader 对象时，相关的 SqlConnection 对象将无法执行任何其他操作，所以在 SqlDataReader 对象使用完毕后，必须调用其Close方法将其及时关闭。以便使 SqlConnection 对象能够进行其他的工作。

提示

DataReader 被填充时，它将先被定位到 Null 记录，直至第一次调用它的 Read 方法。这种方法与传统 ADO 逻辑中默认情况下指向记录集的第一条记录是不同的。

【例 5-4】使用 DataReader 对象获取 Hotel 数据库中 UserInfo 表的内容，并把得到的结果显示在页面上。

(1) 启动 Visual Studio 2010，选择【文件】|【新建网站】命令，在打开的如图 5-21 所示的【新建网站】对话框中先选择【ASP.NET 空网站】，然后再选择【文件系统】，在文件路径中创建网站并命名为“例 5-4”，最后单击【确定】按钮。

(2) 这时在解决方案管理器的网站根目录下会生成一个【例 5-4】的网站。右击网站名称【例 5-4】，在弹出的菜单中选择【添加】|【新建项】命令。在弹出的【添加新项】对话框中选择【已安装模板】下的 Web 模板，并在模板文件列表中选中【Web 窗体】，然后在【名称】文本框输入该文件的名称 Default.aspx，最后单击【添加】按钮。此时网站根目录下面会生成一个 Default.aspx 文件和一个 Default.aspx.cs 文件。

(3)双击【解决方案资源管理器】中网站根目录下的 Default.aspx.cs，在打开的 Default.aspx.cs 文件中添加如下代码：

```
1. protected void Page_Load(object sender, EventArgs e){
2.         String sqlstr = "Server=.; DataBase=Hotel; User=sa;Password=585858 ";
3.         SqlConnection con = new SqlConnection(sqlstr);
4.         con.Open();
5.         SqlCommand com = new SqlCommand("select * from UserInfo", con);
6.         SqlDataReader dr;
7.         dr = com.ExecuteReader();
8.         Response.Write("<h3>DataReader 对象读取数据</h3>");
9.         Response.Write("<table border=1 cellspacing=0 cellpadding=2>");
10.        Response.Write("<tr bgcolor=ccffff>");
11.        for (int i = 0; i < dr.FieldCount; i++){
12.            Response.Write("<td>" + dr.GetName(i) + "</td>");
13.        }
14.        Response.Write("</tr>");
15.        while (dr.Read()){
16.            Response.Write("<tr>");
17.            for (int i = 0; i < dr.FieldCount; i++){
18.                Response.Write("<td>" + dr[i].ToString() + "</td>");
19.            }
20.            Response.Write("</tr>");
```

```
21.         }
22.         Response.Write("</table>");
23.         dr.Close();
24.         con.Close();
25.     }
```

代码说明：第 2 行声明字符串变量 sqlstr，用于存储连接字符串，这里使用的数据库是 Hotel 数据库。第 4 行打开数据库连接。第 5 行创建一个 SqlCommand 对象，然后将指定的 SQL 查询语句作为参数。第 6 行和第 7 行创建一个 DataReader 对象，并使用 UserInfo 表的内容填充该对象。第 11 行到第 13 行显示 UserInfo 表中各列的标题。第 15 行调用了 SqlDataReader 的 Read 方法读取下一条记录，若获取到数据，则在第 17 行到第 19 行把获取的数据打印出来，否则跳出 while 循环。第 23 行关闭 SqlDataReader 对象，第 24 行关闭与数据库的连接，释放使用的资源。

(4) 程序运行的结果如图 5-22 所示。

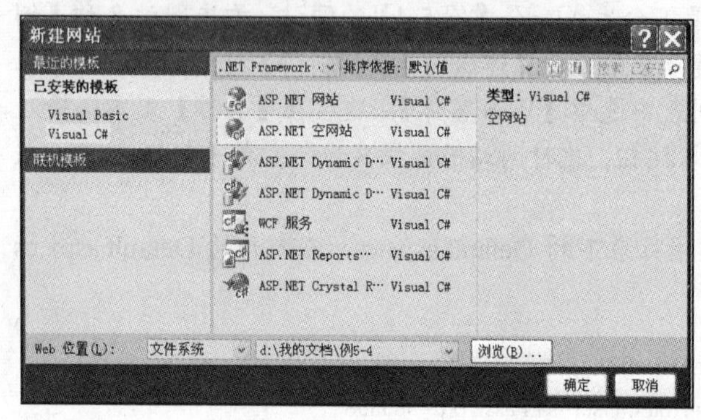

图 5-21 【新建网站】对话框

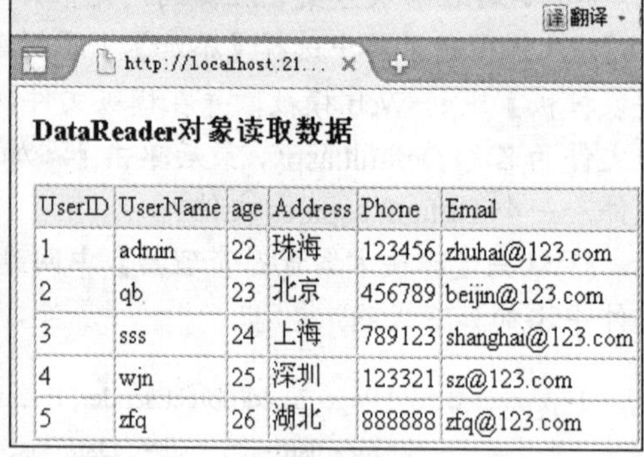

UserID	UserName	age	Address	Phone	Email
1	admin	22	珠海	123456	zhuhai@123.com
2	qb	23	北京	456789	beijin@123.com
3	sss	24	上海	789123	shanghai@123.com
4	wjn	25	深圳	123321	sz@123.com
5	zfq	26	湖北	888888	zfq@123.com

图 5-22 运行结果

提示

由于在使用 DataReader 对象时一直要保持同数据库的连接，DataReader 对象在开启的状态下，将以独占方式使用 Connection，因此在此期间该对象所对应的 Connection 连接对象不能用来执行其他操作，如果 Command 包含输出参数或返回值，那么在 DataReader 关闭之前，将无法访问这些输出参数或返回值。所以在使用完 DataReader 对象时，一定要使用 Close 方法关闭该对象，否则不仅会影响到数据库连接的效率，还会阻止其他对象使用 Connection 连接对象来访问数据库。

5.5 填充数据库

数据集 DataSet 是 ADO.NET 数据库组件中非常重要的一个控件，通过这个控件可以实现大多数的数据库访问和操纵功能。DataSet 作为一个实体而单独存在，并可以被视为始终断开的记录集。

DataSet 对象常和 DataAdapter 对象配合使用，通过 DataAdapter 对象向 DataSet 中填充数据。

5.5.1　DataAdapter 类

DataAdapter 对象是数据库和 ADO.NET 对象模型中非连接对象之间的桥梁，能够用来保存和检索数据。DataAdapter 类的 Fill 方法用于将查询结果填充到 DataSet 或 DataTable 中，以便能够脱机处理数据。

SqlDataAdapter 对象的属性如表 5-9 所示。

表 5-9　SqlDataAdapter 对象的属性

属　性	说　明
SelectCommand	从数据源中检索记录
InsertCommand	从 DataSet 中把插入的记录写入数据源
UpdateCommand	从 DataSet 中把修改的记录写入数据源
DeleteCommand	从数据源中删除记录

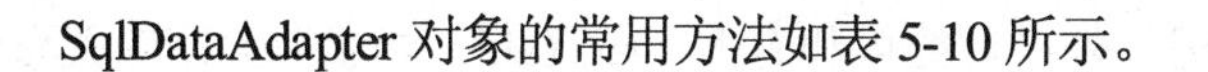

SqlDataAdapter 对象的常用方法如表 5-10 所示。

表 5-10　SqlDataAdapter 对象的常用方法

方　法	说　明
Fill(DataSet dataset)	函数返回值类型为 int，通过添加或更新 DataSet 中的行填充一个 DataTable 对象。返回值是成功添加或更新的行的数量
Fill(DataSet dataset,string datatable)	根据 DataTable 名填充 DataSet 对象
Update(DataSet dataset)	函数返回值类型为 int，更新 DataSet 中指定表的所有已修改行。返回成功更新的行的数量

可以使用构造函数生成 SqlDataAdapter 对象，SqlDataAdapter 对象的构造函数如表 5-11 所示。

表 5-11　SqlDataAdapter 对象的构造函数

构 造 函 数	说　明
SqlDataAdapter ()	不用参数，直接创建 SqlDataAdapter 对象
SqlDataAdapter(SqlCommand cmd)	根据 SqlCommand 对象创建 SqlDataAdapter 对象
SqlDataAdapter(string sqlCommandText,SqlConnection conn)	根据 SQL 语句和数据源连接创建 SqlDataAdapter 对象
SqlCommand(string　sqlCommandText,string sqlConnection)	根据 SQL 语句和 sqlConnection 字符串创建 SqlDataAdapter 对象

5.5.2 DataSet 类

DataSet 在 ADO.NET 实现不连接的数据访问中起到了关键作用，在从数据库完成数据抽取后，DataSet 就是数据的存放地，它是各种数据源中的数据在计算机内存中映射成的缓存，所以有时说可以将 DataSet 看成是一个数据容器。同时它在客户端实现读取、更新数据库等过程中起到了中间部件的作用。

DataSet 主要有如下几个特性：

◎ 独立性。DataSet 独立于各种数据源。微软公司在推出 DataSet 时就考虑到了各种数据源的多样性和复杂性。无论什么类型的数据源，.NET 都提供了一致的关系编程模型，而这就是 DataSet。

◎ 离线(断开)和连接。DataSet 既可以为离线方式，也可以为实时连接方式来操纵数据库中的数据。

◎ DataSet 对象是一个可以用 XML 形式表示的数据视图，是一种数据关系视图。

DataSet 具有一个比较复杂的结构模型，每一个 DataSet 往往是一个或多个 DataTable 对象的集合，这些对象由数据行和数据列以及主键、外键、约束和有关 DataTable 对象中数据的关系信息组成。

创建 DataSet 的方式有两种，第一种方式如下：

```
DataSet dataSet = new DataSet();
```

代码说明：这种方式先建立一个空的数据集，然后再把建立的数据表放到该数据集里。

另外一种方式则采用以下声明方式：

```
DataSet dataSet = new DataSet("表名");
```

代码说明：这种方式先建立数据表，然后再建立包含数据表的数据集。

DataSet 的常用属性如表 5-12 所示。

表 5-12　DataSet 的常用属性

属　性	说　明
CaseSensitive	获取或设置一个值，该值表示 DataTable 对象中的字符串比较是否区分大小写
DataSetName	获取或设置 DataSet 的名称
DefaultViewManager	获取 DataSet 所包含的数据的自定义视图，以允许使用自定义的 DataViewManager 进行筛选、搜索和导航
EnforceConstraints	获取或设置一个值，该值表示在尝试执行任何更新操作时是否遵循约束规则
ExtendedProperties	获取与 DataSet 相关的自定义用户信息的集合
HasErrors	获取一个值，该值表示在此 DataSet 中的任何 DataTable 对象中是否存在错误
Prefix	获取或设置一个 XML 前缀，该前缀是 DataSet 的命名空间的别名

(续表)

属　性	说　明
Relations	获取用于将表链接起来并允许从父表浏览到子表的关系的集合
Tables	获取包含在 DataSet 中的表的集合

DataSet 对象的常用方法如表 5-13 所示。

表 5-13　DataSet 对象的常用方法

方　法	说　明
Clear	通过移除所有表中的所有行来清除 DataSet 中的任何数据
Copy	复制该 DataSet 的结构和数据
GetXml	返回存储在 DataSet 中的数据的 XML 表示形式
GetXmlSchema	返回存储在 DataSet 中的数据的 XML 表示形式的 XML 架构
HasChanges	获取一个值，该值指示 DataSet 是否有更改，包括新增行、已删除的行和已修改的行
Merge	将指定的 DataSet、DataTable 或 DataRow 对象的数组合并到当前的 DataSet 或 DataTable 中
ReadXml	将 XML 架构和数据读入 DataSet
ReadXmlSchema	将 XML 架构读入 DataSet
WriteXml	从 DataSet 写 XML 数据，还可以选择写架构
WriteXmlSchema	写 XML 架构形式的 DataSet 结构

提示

无连接的数据访问方式并不意味着不需要连接到数据库，而是在连接数据库后，把数据从数据库中取出，并把这些数据放入 DataSet，然后断开数据库连接，这时虽然数据库连接断开了，但仍然可以对这些数据进行操作。不过，由于数据库连接已经断开，因此对这些数据的操作不会影响到数据库中数据的状态。

5.6　访问数据库

使用数据适配器 SqlDataAdapter 和 DataSet 访问数据库的一般步骤如下。

(1) 建立数据库连接。

(2) 建立 SqlCommand 对象，设置要执行的 SQL 语句。

(3) 建立并实例化一个 SqlDataAdapter 对象。如果要执行的 SQL 语句为 Delete，则设置 DeleteCommand 属性为 SqlCommand 对象；如果要执行的 SQL 语句为 Insert，则设置 InsertCommand 属性为 SqlCommand 对象；如果要执行的 SQL 语句为 Select，则设置 SelectCommand 属性为 SqlCommand 对象；如果要执行的 SQL 语句为 Update，则设置 UpdateCommand 属性为 SqlCommand

对象。

(4) 建立一个 DataSet 对象，用于接收执行 SQL 命令时返回的数据集。

(5) 填充数据集。

(6) 绑定数据控件。

(7) 关闭数据库连接。

【例 5-5】使用 SqlDataAdapter 和 DataSet 将 Hotel 数据库的 UserInfo 表中的第一条记录显示在网页中。

(1) 启动 Visual Studio 2010，选择【文件】|【新建网站】命令，在打开的【新建网站】对话框中先创建网站并命名为“例 5-4”。

(2) 在网站中添加一个名为 Default 的 Web 窗体。

(3) 双击【解决方案资源管理器】中网站根目录下的 Default.aspx 文件，打开如图 5-23 所示的设计视图。从【工具箱】中拖动一个 GridView 控件到设计视图中。

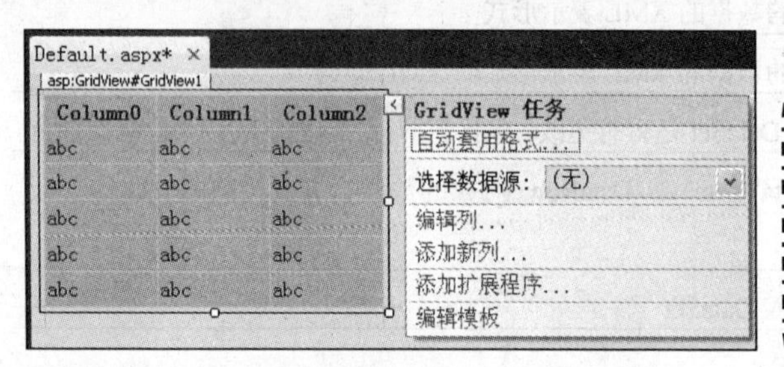

图 5-23 设计视图

知识点

使用 DataAdapter 对象可以实现数据的批量更新。当更新完 DataSet 中的数据后，调用 DataAdapter 对象的 Update 方法，该方法循环访问指定的 DataTable 中的行，检查每个 DataRow 是否已被修改，如果是，则调用相应的命令更新数据库。

(4) 双击【解决方案资源管理器】窗格中网站根目录下的 Default.aspx.cs，在 Default.aspx.cs 文件中添加如下代码:

```
1. protected void Page_Load(object sender, EventArgs e){
2.         String sqlconn = "Server=.; DataBase=Hotel; User=sa;Password=585858 ";
3.         SqlConnection myConnection = new SqlConnection(sqlconn);
4.         myConnection.Open();
5.         SqlCommand myCommand = new SqlCommand("select * from UserInfo where UserID='1'",
           myConnection);
6.         SqlDataAdapter Adapter = new SqlDataAdapter();
7.         Adapter.SelectCommand = myCommand;
8.         DataSet myDs = new DataSet();
9.         Adapter.Fill(myDs);
10.        GridView1.DataSource = myDs.Tables[0].DefaultView;
11.        GridView1.DataBind();
12.        myConnection.Close();
13.    }
```

代码说明：第 1 行创建连接字符串，第 4 行打开数据库连接。第 5 到第 9 行从 Hotel 数据库中读取 UserInfo 数据表的第一条记录，然后填充到 DataSet 中。第 11 通过数据绑定将数据显示在 GridView 控件中。第 12 行关闭与数据库的连接。

(5) 程序运行效果如图 5-24 所示。

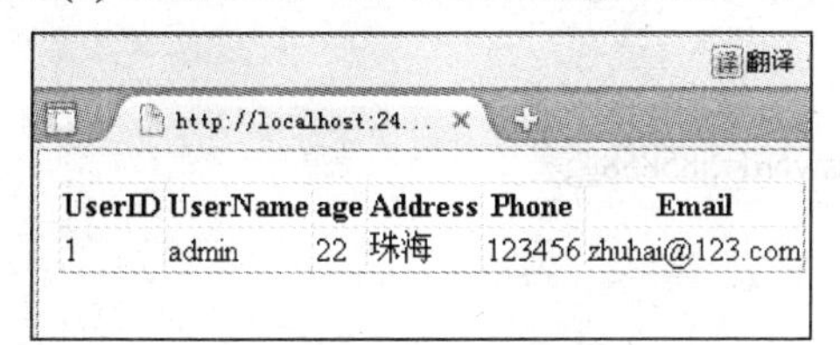

图 5-24　运行效果

> **知识点**
> 一般情况下，DataReader 的速度不仅比 DataSet 快，所使用的内存也较少，如果数据绑定控件并不需要提供排序或分页功能，最好使用 DataReader。反之，则可以选择使用 DataSet。

5.7　上机练习

本次上机练习将对 Hotel 数据库的用户信息表 UserInfo 进行数据访问操作，通过 ADO.NET 中常用的对象完成用户信息的显示、添加和删除操作。当用户单击页面的【添加】按钮时，将向用户信息表 UserInfo 中添加一条记录，如果用户单击【修改】按钮，则可修改刚才添加的记录。当单击【删除】按钮时，可将该记录从表中删除。实例运行效果图如 5-25 所示。

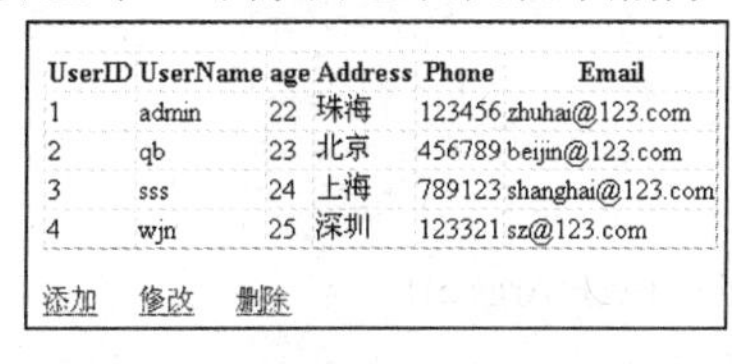

图 5-25　运行效果

(1) 启动 Visual Studio 2010，选择【文件】|【新建网站】命令，在打开的【新建网站】对话框中创建网站并命名为“上机练习”。

(2) 在网站中添加一个名为“Default”的 Web 窗体

(3) 双击【解决方案资源管理器】窗格中网站根目录下的 Default.aspx 文件，打开如图 5-26 所示的设计视图。从【工具箱】中拖动一个 GridView 控件和 3 个 LinkButton 控件到设计视图中。

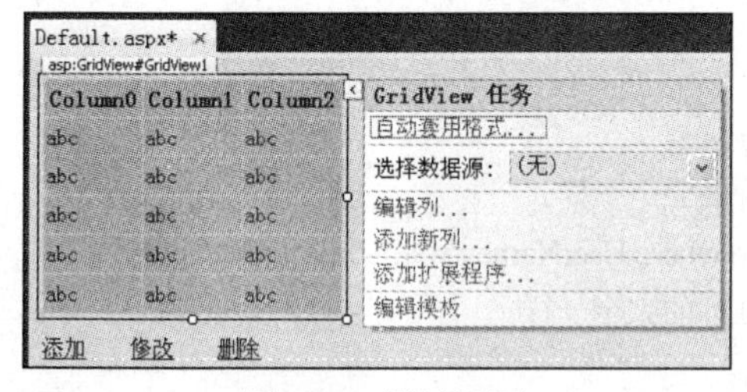

图 5-26　设计视图

> **知识点**
> 当需要数据库连接时才去创建连接，而不是提前建立。一旦使用完数据库连接立即关闭它，不要等到垃圾收集器来处理。

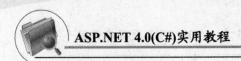

(4) 双击【解决方案资源管理器】窗格中网站根目录下的 Default.aspx.cs，在 Default.aspx.cs 文件中添加如下代码:

```
1. String sqlconn = "Server=.; DataBase=Hotel; User=sa;Password=585858 ";
2.      SqlConnection myConnection = null;
3.      SqlCommand myCommand = null;
4.      SqlDataAdapter adp = null;
5.      DataSet ds = null;
6.      protected void Page_Load(object sender, EventArgs e){
7.          myConnection = new SqlConnection(sqlconn);
8.          myConnection.Open();
9.          myCommand = new SqlCommand("select * from UserInfo", myConnection);
10.           adp = new SqlDataAdapter();
11.           adp.SelectCommand = myCommand;
12.           ds = new DataSet();
13.           adp.Fill(ds);
14.           GridView1.DataSource = ds.Tables[0].DefaultView;
15.           GridView1.DataBind();
16.           myConnection.Close();
17.     }
18.     protected void LinkButton1_Click(object sender, EventArgs e){
19.           myConnection = new SqlConnection(sqlconn);
20.           myConnection.Open();
21.           myCommand = new SqlCommand("insert into UserInfo values('wsn','20','上海
              ','16760743','wsn@yahoo.com')", myConnection);
22.           myCommand.ExecuteNonQuery();
23.           myCommand = new SqlCommand("select * from UserInfo", myConnection);
24.           adp = new SqlDataAdapter();
25.           adp.SelectCommand = myCommand; ;
26.           ds = new DataSet();
27.           adp.Fill(ds);
28.           GridView1.DataSource = ds.Tables[0].DefaultView;
29.           GridView1.DataBind();
30.           myConnection.Close();
31.     }
32. protected void LinkButton2_Click(object sender, EventArgs e{
33.         这里的代码和 LinkButton1_Click 中 19 到 20 行的完全一样。
34. myCommand = new SqlCommand("Delete from UserInfo where UserName='wsn'", myConnection);
35.         这里的代码和 LinkButton1_Click 中 22 行到 30 行的完全一样。
36. }
37. protected void LinkButton3_Click(object sender, EventArgs e{
38.         这里的代码和 LinkButton1_Click 中 19 到 20 行的完全一样。
```

```
39. myCommand = new SqlCommand("Update UserInfo set age='30',phone='88888888',address='北京
    ',Email='dha@ds.com' where UserName='wsn'", myConnection);
40.          这里的代码和 LinkButton1_Click 中 22 到 30 行的完全一样。
41. }
```

代码说明：第 1 行创建连接字符串。第 2 到第 5 行创建了 4 个常用的数据库操作对象。第 6 行处理页面 Page 的加载事件 Load。第 9 行实例化查询命令对象 myCommand 并创建查询语句。第 11 行将查询命令对象设置为适配器对象 adp 的查询命令。第 13 行调用 adp 对象的 Fill 方法填充数据集。第 15 行将数据集中的数据表绑定到 GridView1 控件。

第 18 行处理 LinkButton1 的单击事件 Click。第 21 行创建添加 sql 语句并实例化查询命令对象 myCommand。第 22 行调用 myCommand 对象的 ExecuteNonQuery 方法执行数据库操作。接下来的代码查询修改过的数据表并将其绑定到 GridView1 控件。

第 32 行处理 LinkButton2 的单击事件 Click。此方法中第 34 行创建了 Delete 删除语句，其他代码和 LinkButton1_Click 方法相同。第 37 行处理 LinkButton3 的单击事件 Click，此方法中仅有第 39 行创建修改语句和 LinkButton1 的单击事件 Click 中的代码不同。

(5) 至此，整个实例编写完成，选择【文件】|【全部保存】命令保存文件即可。

5.8 习题

1．使用 SqlCommand 把 Hotel 数据库 UserInfo 表中 UserName 为 wjn 的记录改为 njw，并显示修改后的记录，如图 5-27 所示。

2．向 Hotel 数据库的 UserInfo 数据表中插入一条记录：qfz、30、湖南、53636366、qfz@afd.com，运行程序的效果如图 5-28 所示。

使用SqlCommand类更新数据

UserID	UserName	age	Address	Phone	Email
4	njw	25	深圳	123321	sz@123.com

图 5-27　更新数据

添加数据

UserID	UserName	age	Address	Phone	Email
1	admin	22	珠海	123456	zhuhai@123.com
2	qb	23	北京	456789	beijin@123.com
3	sss	24	上海	789123	shanghai@123.com
4	njw	25	深圳	123321	sz@123.com
16	qfz	30	湖南	53636366	qfz@afd.com

图 5-28　添加数据

3．删除 Hotel 数据库的 UserInfo 数据表中 UserName 为 qfz 的记录。如果没有正确地设置 DeleteCommand 属性，在提交数据到服务器时，会触发一个错误，运行效果如图 5-29 所示。

删除数据

删除成功

UserID	UserName	age	Address	Phone	Email
1	admin	22	珠海	123456	zhuhai@123.com
2	qb	23	北京	456789	beijin@123.com
3	sss	24	上海	789123	shanghai@123.com
4	njw	25	深圳	123321	sz@123.com

删除数据

没有找到要删除的记录

UserID	UserName	age	Address	Phone	Email
1	admin	22	珠海	123456	zhuhai@123.com
2	qb	23	北京	456789	beijin@123.com
3	sss	24	上海	789123	shanghai@123.com
4	njw	25	深圳	123321	sz@123.com

图 5-29　删除数据

4．使用 SqlCommand 对象查询 Hotel 数据库的 UserInfo 数据表中 UserName 为 admin 的用户信息。运行效果如图 5-30 所示。

5．使用 Visual Studio 2010 中的服务器资源管理器连接 Hotel 数据库，然后浏览和操作 UserInfo 数据表的数据，效果如图 5-31 所示。

使用SqlCommand类查询数据

UserID	UserName	age	Address	Phone	Email
1	admin	22	珠海	123456	zhuhai@123.com

图 5-30　查询数据

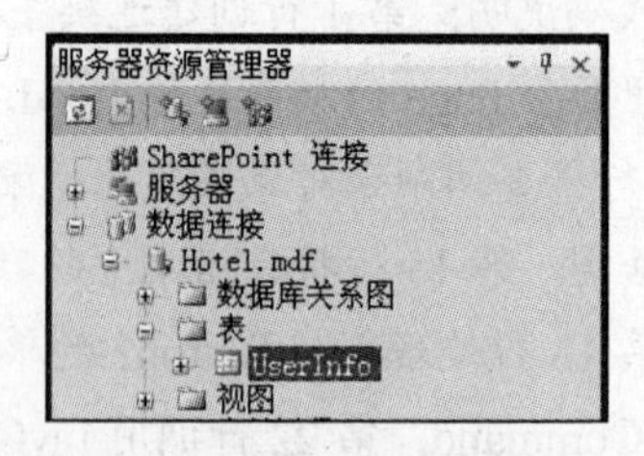

图 5-31　【服务器资源管理器】窗格

数据绑定和数据控件

学习目标

数据绑定是 ASP.NET 4.0 中除 ADO.NET 之外的又一种访问数据库的方法，它不仅允许开发人员绑定数据源，还可以绑定到简单属性、集合及表达式等，使数据的显示更加方便和高效。而各种数据控件与数据绑定技术配合使用更是相得益彰、事半功倍。大大地提高了开发人员的开发效率。本章就从数据绑定的概念和类型讲起，并结合最为常用的数据源控件 SqlDataSource 讲解实际中绑定技术的应用。接着详细介绍开发中使用得最多的 3 个数据控件 GridView、ListView 和 DetailView 的属性、方法和事件并辅以相关的实例。通过本章的学习，读者应能够熟练掌握数据绑定和数据控件的使用，以实现高效率开发。

本章重点

- 数据绑定的基本概念和类型
- SqlDataSource 控件的使用
- 使用 GridView 和 DetailsView 实现主从表
- 使用模块设计 ListView 控件的外观

6.1 数据绑定概述

数据绑定是 ASP.NET 提供的另外一种访问数据库的方法。与 ADO.NET 数据库访问技术不同的是：数据绑定技术可以让程序员不用关注数据库连接、数据库命令以及如何格式化这些数据便可显示在页面上等环节，而是直接把数据绑定到 HTML 元素。这种读取数据的方式效率非常高，而且基本上不用写很多代码。

数据绑定的原理是：首先要设置控件的数据源和数据的显示格式，设置完毕后，控件就会自动完成剩余的工作，便可把要显示的数据按照设定的格式显示在页面上。

ASP.NET 数据绑定具有两种类型：单值绑定和多值绑定。单值绑定相对来说比较简单，然而多值绑定则满足 ASP.NET 数据控件的数据绑定需要。

6.1.1 单值绑定

单值绑定其实就是实现动态文本的一种方式。为了实现单值绑定，可以向 ASP.NET 页面中添加特殊的数据绑定表达式。主要有以下 4 种数据绑定表达式。

- <%=XXX %>。内联引用方式，可以引用 C#代码。
- <%# XXX %>。可以引用.cs 文件中的字段，但这个字段必须初始化后，在页面的 Load 事件中使用 Page.DataBind 方法来实现。
- <%#$ XXX %>。可以引用 Web.config 文件中预定义的字段或者已注册的类。
- <%# Eval(XXX) %>。类似于 JavaScript，数据源也需要绑定。

【例 6-1】 本例将在程序中使用 Label 控件，通过单值绑定方式将系统当前时间显示在页面中。

(1) 启动 Visual Studio 2010，选择【文件】|【新建网站】命令，在打开的如图 6-1 所示的【新建网站】对话框中先选择【ASP.NET 空网站】模板，接着选择【文件系统】，然后在文件路径中创建网站并命名为“例 6-1”，最后单击【确定】按钮。

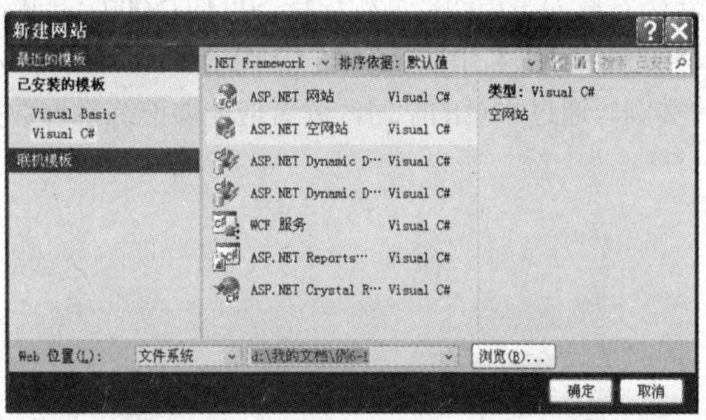

图 6-1 【新建网站】对话框

> **知识点**
> 用于单值数据绑定的数据源可以是变量、属性值或者是表达式。

(2) 在该网站中添加一个名为 Default 的 Web 窗体。

(3) 双击创建的网站根目录下的 Default.aspx 文件，打开设计视图。从【工具箱】拖动一个 Label 控件到设计视图中，如图 6-2 所示。

(4) 切换到源视图中，设置 Label 控件的属性，代码如下:

```
<asp:Label ID="Label1" runat="server" Text="<%#DateTime.Now %>"></asp:Label>
```

代码说明：添加了一个 Label 控件，名称为 Label1。使用绑定表达式<%#DateTime.Now %>将系统当前时间绑定到 Label1 控件的 Text 属性，以便在页面上显示当前系统时间。

(5) 双击网站根目录下的 Default.aspx.cs 文件，在打开的 Default.aspx.cs 文件中添加如下代码。

```
1. protected void Page_Load(object sender, EventArgs e){
2.         Page.DataBind();
```

```
3. }
```

代码说明：第 2 行调用页面 Page 对象的 DataBind 方法将数值绑定到相应的控件。

(6) 运行程序，效果如图 6-3 所示。

图 6-2　设计视图

图 6-3　运行效果

提示

单值绑定存在两个缺点。一为数据绑定的代码与定义用户界面的代码混合在一起，二为代码过于分散。正是由于这两个缺点，因此不方便管理页面和代码，容易引起混乱。因此，在程序开发中应尽可能少地采用单值数据绑定方式绑定数据。

6.1.2　多值绑定

多值绑定通常与列表控件以及复杂的数据控件一起工作，可以把多条数据一次绑定在这些控件中，即可将这些数据显示在页面上。

多值绑定的步骤如下：

- 把存储数据的数据对象(DataTable，ArrayList 等)绑定到列表控件或数据控件的 DataSource 属性；
- 调用 List 控件或数据控件的 DataBind 方法。

经过以上两个步骤，列表控件或数据控件即可装上所需显示的数据。

以下代码就是一个简单的多值数据绑定的示例：

```
this. CheckBoxList1. DataSource = dataTable.DefaultView;//设置数据源为 dataTable
this. CheckBoxList1.DataBind();//数据绑定
```

代码说明：以上代码通过为 CheckBoxList1 控件指定数据源，把数据表对象 dataTable 中的数据绑定到 CheckBoxList1 控件。

多值绑定可以使程序员不用写循环语句就可以把 Array 或 DataTable 中的数据添加到控件中，还简化了支持复杂格式和模板选择的数据显示，使得数据能够自动被配置为在控件中要显示的格式。

为了创建多值绑定，需要使用支持数据绑定的控件，ASP.NET 提供了一系列这类控件，这些控件如下：

◎ 列表控件，如 ListBox、DropDownList、CheckBoxList 和 RadioButtonList 等。

◎ HtmlSelect，是一个 HTML 控件，类似于 ListBox 控件。

◎ GirdView、DetailsView、FormView 和 ListView 等复杂数据控件。

可以在后台代码通过设置控件的 DataSource 属性来绑定数据，也可以在.aspx 文件中直接修改控件标记来实现。

【例 6-2】本例将学习通过多值绑定方式将一周的星期数绑定到 DropDownList 控件进行显示。

(1) 启动 Visual Studio 2010，选择【文件】|【新建网站】命令，在打开的【新建网站】对话框中创建网站并命名为“例 6-2”。

(2) 在该网站中添加一个名为 Default 的 Web 窗体。

(3) 双击创建的网站根目录下的 Default.aspx 文件，打开设计视图。从【工具箱】拖动一个 DropDownList 控件到设计视图中，如图 6-4 所示。

(4) 切换到源视图，编写绑定表达式，代码如下。


```
请选择 <asp:DropDownList ID="DropDownList1" runat="server" DataSource =<%#ItemList %>
></asp:DropDownList>
```

代码说明：添加了一个 DropDownList 控件，名称为 DropDownList1。使用绑定表达式 <%#ItemList %>将 ArrayList 集合类对象 ItemList 作为 DropDownList1 的数据源。

(5) 双击网站根目录下的 Default.aspx.cs 文件，在打开的 Default.aspx.cs 文件中添加如下代码。

```
1.   protected ArrayList ItemList = new ArrayList();
2.    protected void Page_Load(object sender, EventArgs e){
3.        if (!IsPostBack){
4.                ItemList.Add("星期一：Monday");
5.                ItemList.Add("星期二：Tuesday");
6.                ItemList.Add("星期三：Wednesday");
7.                ItemList.Add("星期四：Thursday");
8.                ItemList.Add("星期五：Friday");
9.                ItemList.Add("星期六：Saturday");
10.               ItemList.Add("星期日：Sunday");
11.               this.DropDownList1.DataBind();
12.       }
13.  }
```

代码说明：第 1 行定义了一个 AarryList 集合类对象 ItemList。第 2 行处理页面 Page 的加载事件 Load。第 3 行判断当前加载的页面是否为回传页面。第 4 行到第 10 行添加 7 个成员到 ItemList 中。第 11 行调用 DropDownList1 的 DataBind 方法将数据绑定到下拉列表控件。

(6) 运行程序，效果如图 6-5 所示。

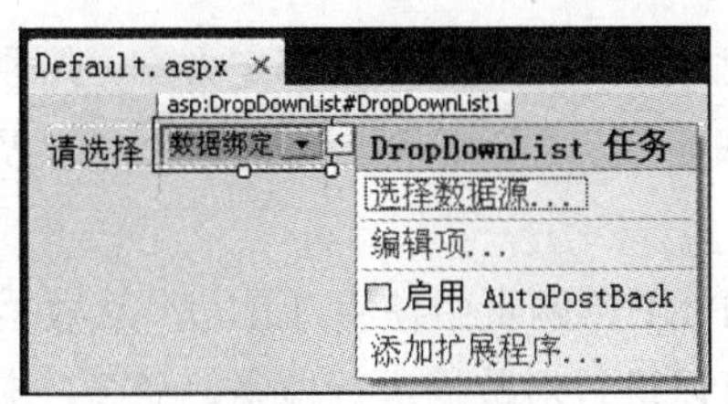

图 6-4　设计视图

图 6-5　运行效果

提示

一旦指定了数据绑定，就需要激活它，可以通过调用 DataBind 方法来激活数据绑定。DataBind 方法是 ASP.NET 控件类提供的一个基本功能，它能够自动地绑定一个控件和该控件包含的任何子控件。使用多值数据绑定时，可以使用列表控件提供的 DataBind 方法。同样，也可以通过调用当前页面对象的 DataBind 方法来绑定整个页面。一旦调用这个方法，所有的数据绑定表达式会被指定的值代替。

6.2　数据源控件

数据源控件用于连接数据源、从数据源中读取数据以及把数据写入数据源。数据源控件不呈现任何用户界面，而是充当特定数据源(如数据库、业务对象或 XML 文件)与 ASP.NET 网页上的其他控件之间的桥梁。数据源控件实现了各种数据检索和修改功能，其中包括查询、排序、分页、筛选、更新、删除以及插入。

.NET Framework 包含支持不同数据绑定方式的数据源控件，这些控件可以使用不同的数据源。此外，数据源控件模型是可扩展的，因此用户还可以创建自己的数据源控件，实现与不同数据源的交互，或为现有的数据源提供附加功能。

.NET Framework 的内置数据源控件有以下几种。

- ObjectDataSource：具有数据检索和更新功能的中间层对象，允许使用业务对象或其他类，并可创建依赖中间层对象管理数据的 Web 应用程序。
- SqlDataSource：用来访问存储在关系数据库中的数据源，这些数据源包括 Microsoft SQL Server、OLE DB 和 ODBC。当该控件与 SQL Server 一起使用时支持高级缓存功能。当数据源被作为 DataSet 对象返回时，此控件还支持排序、筛选和分页功能。
- AccessDataSource：主要用来访问 Microsoft Access 数据库。当数据源被作为 DataSet 对象返回时，此控件支持排序、筛选和分页功能。
- XmlDataSource：主要用来访问 XML 文件，特别适用于分层的 ASP.NET 服务器控件，如 TreeView 或 Menu 控件。该控件支持使用 XPath 表达式来实现筛选功能，并允许对数据应用 XSLT 转换，此外，还允许通过保存更改后的整个 XML 文档来更新数据。
- SiteMapDataSource：该控件需结合 ASP.NET 站点导航使用。

- EntityDataSource：该控件支持基于实体数据模型(EDM)的数据绑定方案。此数据规范将数据表示为实体和关系集。它支持自动生成更新、插入、删除和选择命令以及排序、筛选和分页。
- LinqDataSource：通过该控件，可以在 ASP.NET 网页中使用 LINQ，从数据表或内存数据集合中检索数据。使用声明性标记，可以进行对数据进行检索、筛选、排序和分组操作。从 SQL Server 数据库表中检索数据时，也可以配置 LinqDataSource 控件来处理更新、插入和删除操作。

以上的数据源控件中，SqlDataSource 控件是最常用的，本节将详细介绍该控件及其用法。

6.2.1 SqlDataSource 控件

通过 SqlDataSource 控件，Web 控件可以访问位于某个关系数据库中的数据，这些数据库包括 Microsoft SQL Server 和 Oracle 数据库，以及访问 OLE DB 和 ODBC 数据源。可以将 SqlDataSource 控件和用于显示数据的其他控件(如 GridView、FormView 和 DetailsView 控件)结合使用，使用很少的代码或不使用代码就可以在 ASP.NET 网页中显示和操作数据。

SqlDataSource 控件使用 ADO.NET 类与 ADO.NET 支持的任何数据库进行交互。SqlDataSource 控件使用 ADO.NET 类提供的提供程序访问数据库。常用的提供程序如下。

- System.Data.SqlClient 提供程序：用来访问 Microsoft SQL Server 数据库。
- System.Data.OleDb 提供程序：用来以 OleDb 方式访问数据库。
- System.Data.Odbc 提供程序：用来以 Odbc 方式访问数据库。
- System.Data.OracleClient 提供程序：用来访问 Oracle 数据库。

在 ASP.NET 页面文件中，SqlDataSource 控件的定义标记与其他控件一样，代码如下：

```
<asp:SqlDataSource ID="SqlDataSource1" runat="server" ... />
```

通过使用 SqlDataSource 控件，可以在 ASP.NET 页面中访问和操作数据，而无须直接使用 ADO.NET 类，只需提供用于连接到数据库的连接字符串，并定义使用数据的 SQL 语句或存储过程即可。在运行程序时，SqlDataSource 控件会自动打开数据库连接，执行 SQL 语句或存储过程，返回指定数据，然后关闭连接。

6.2.2 SqlDataSource 控件的属性

1. SqlDataSource 控件的属性分类

根据 SqlDataSource 控件可以实现的功能，可以把其属性分为以下几类。

- 用于执行数据库操作命令的属性

SelectCommand、UpdateCommand、DeleteCommand 和 InsertCommand 4 个属性对应数据

库操作的 4 个命令：选择、更新、删除和插入，只需要把对应的 SQL 语句赋予这 4 个属性，SqlDataSource 控件即可完成对数据库的操作。

可以把带参数的 SQL 语句赋予这 4 个属性，例如：

```
UpdateCommand="UPDATE [UserInfo] SET [UserName] = @姓名, [age] = @年龄, [Address] = @地址, [Phone]
= @电话，[Email] = @电子邮件  WHERE [UserName] = @姓名"
```

代码说明：以上代码就是把带参数的 SQL 语句赋予 UpdateCommand 属性。其中，@姓名、@年龄、@地址、@电话和@电子邮件都是 SQL 语句的参数。

SQL 语句的参数值可以从其他控件或查询字符串中获得，也可以通过编程方式指定。参数的设置则是由 InsertParameters、SelectParameters、UpdateParameters 和 DeleteParameters 属性进行设置的。

⦿ 用于返回 DataSet 或 DataReader 对象的属性

SqlDataSource 控件可以返回两种形式的数据：DataSet 对象与 DataReader 对象，可通过设置该控件的 DataSourceMode 属性实现。

⦿ 用于设置缓存的属性

默认情况下页面不启用缓存，若需要启用，将 EnableCaching 属性设置为 true 即可。

2. SqlDataSource 控件必须的属性

若要使用 SqlDataSource 控件从数据库中检索数据，至少需要设置以下 3 个属性。

⦿ ProviderName：指定 ADO.NET 提供程序的名称，该提供程序表示正在使用的数据库。

⦿ ConnectionString：设置用于连接数据库的字符串。

⦿ SelectCommand：设置用于返回数据的 SQL 查询或存储过程。

6.2.3　SqlDataSource 控件的应用

【例 6-3】使用 SqlDataSource 控件从 Hotel 数据库中检索 UserInfo 数据表的数据，并显示在页面的 ListBox 控件中。

(1) 启动 Visual Studio 2010，选择【文件】|【新建网站】命令，在打开的【新建网站】对话框中创建网站并命名为“例 6-3”。

(2) 在该网站中添加一个名为 Default 的 Web 窗体。

(3) 双击网站根目录下的 Default.aspx 文件，打开设计视图。从【工具箱】拖动 ListBox 控件到设计视图中，如图 6-6 所示。

(4) 在【ListBox 任务】中选择【选择数据源】选项，打开如图 6-7 所示的【数据源配置向导】对话框，在【选择数据源】下拉列表中选择【新建数据源】选项。

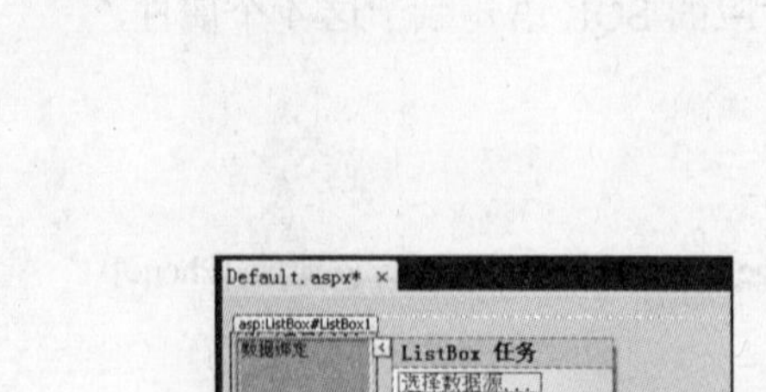

图 6-6　设计视图

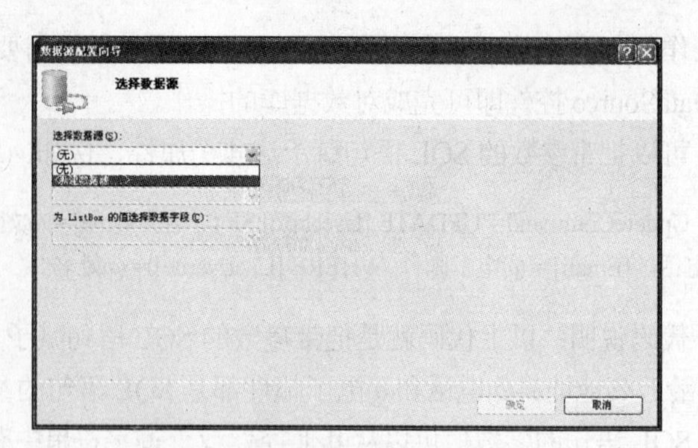

图 6-7　【数据源配置向导】对话框

(5) 在打开的如图 6-8 所示的【选择数据源类型】界面中选择【数据库】选项，接着【为数据源指定【D】文本框输入 "SqlDataSourcel"，然后单击【确定】按钮。

(6) 在打开的如图 6-9 所示的【选择您的数据连接】界面中单击【新建连接】按钮。

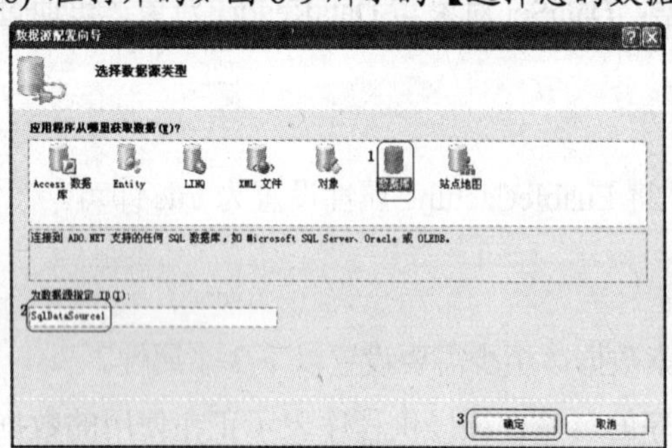

图 6-8　【选择数据源类型】界面

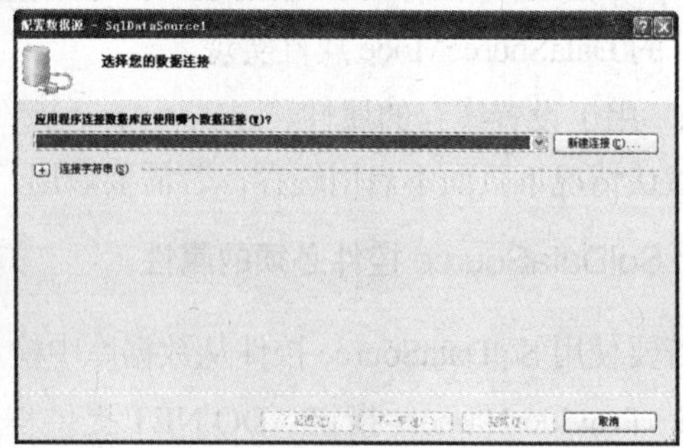

图 6-9　【选择您的数据连接】界面

(7) 打开如图 6-10 所示的【添加连接】对话框，单击【更改】按钮。

(8) 打开如图 6-11 所示的【更改数据源】对话框，选择 Microsoft SQL Server 后，单击【确定】按钮。

图 6-10　【添加连接】对话框

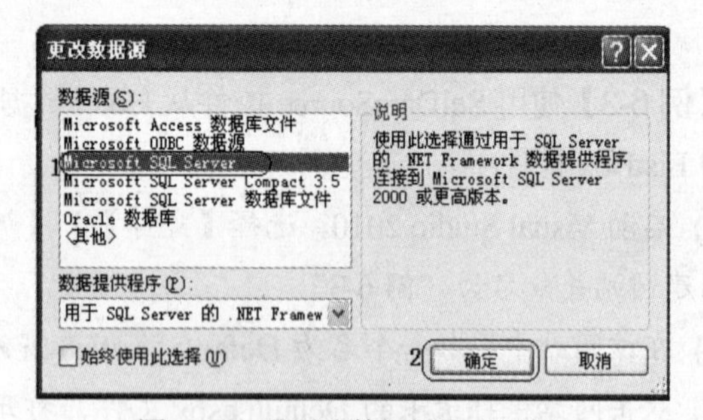

图 6-11　【更改数据源】对话框

(9) 打开如图 6-12 所示的【添加连接】对话框，输入【服务器名】，选择 Hotel 数据库，然后单击【确定】按钮。

(10) 返回图 6-9 的【选择您的数据连接】界面，单击【下一步】按钮，打开如图 6-13 所示的【将连接字符串保存到应用程序配置文件中】界面。

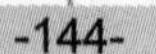

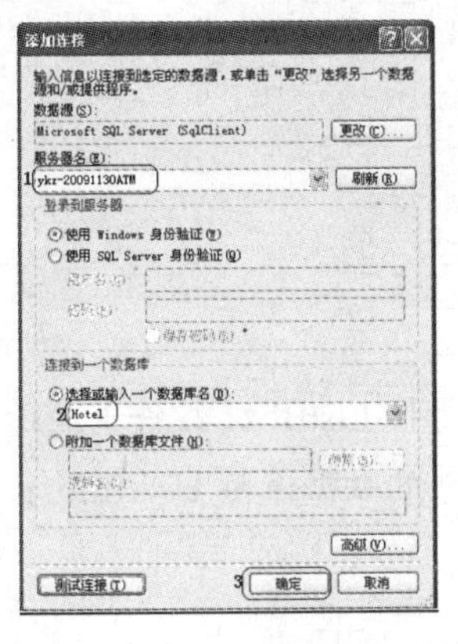

图 6-12　设置【添加连接】对话框

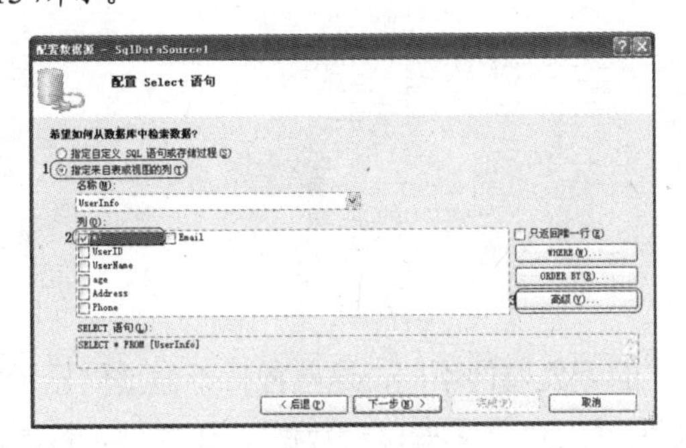

图 6-13　【将连接字符串保存到应用程序配置文件中】界面

(11) 选中【是，将此连接另存为】复选框，单击【下一步】按钮，打开如图 6-14 所示的【配置 Select 语句】界面。

(12) 选中【指定来自表或视图的列】单选按钮，在【名称】下拉列表框中选择 UserInfo 数据表。在【列】列表框中选中*号复选框，单击【高级】按钮，打开【高级 SQL 生成选项】，如图 6-15 所示。

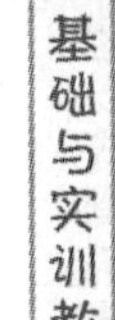

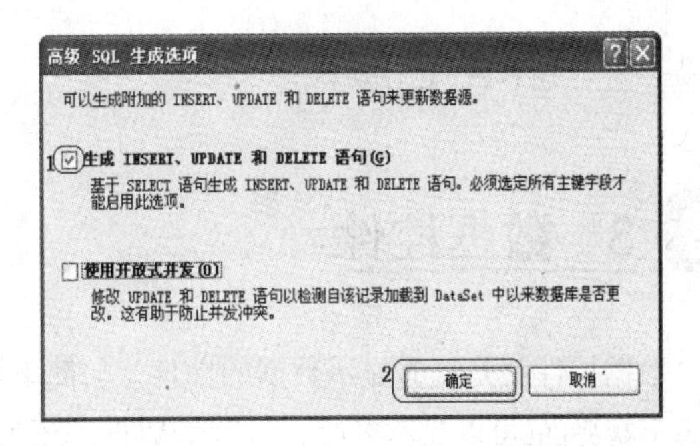

图 6-14　【配置 Select 语句】界面

图 6-15　【高级 SQL 生成选项】对话框

(13) 选择【生成 INSERT、UPDATE 和 DELETE 语句】复选框，单击【确定】按钮，返回图 6-14 的界面，单击【下一步】按钮，打开如图 6-16 所示的【测试查询】对话框。

(14) 单击【测试查询】按钮，查询到的结果会显示在该界面中。最后单击【完成】按钮，结束数据源的配置。完成配置后，在设计视图中自动生成一个名为 SqlDataSource1 的数据源配置控件，它支持添加、删除和修改操作，如图 6-17 所示。

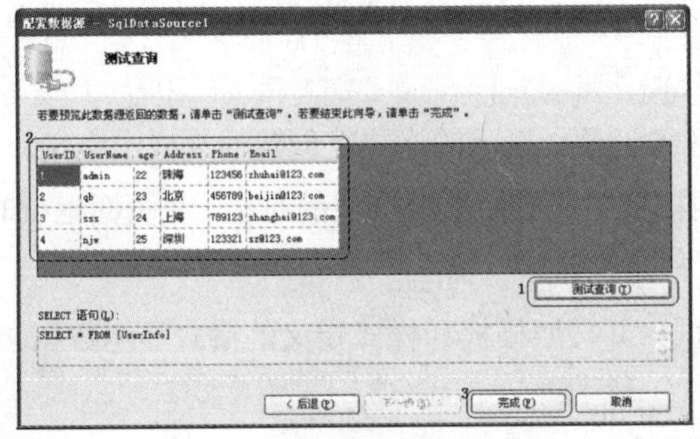

图 6-16　【测试查询】界面

图 6-17　设计视图

(15) 双击网站根目录下的Default.aspx.cs文件，在打开的Default.aspx.cs文件中添加如下代码。

```
1. protected void Page_Load(object sender, EventArgs e){
2.          ListBox1.DataTextField = "UserName";
3.          ListBox1.DataValueField = "UserID";
4.     }
```

代码说明：第1行处理页面对象Page的加载事件Load。第2行将ListBox1控件中显示的文章与UserInfo表中的UserName字段绑定。第3行将ListBox1控件的数据值与UserInfo表中的UserID字段绑定。

(16) 运行程序后的效果如图6-18所示。

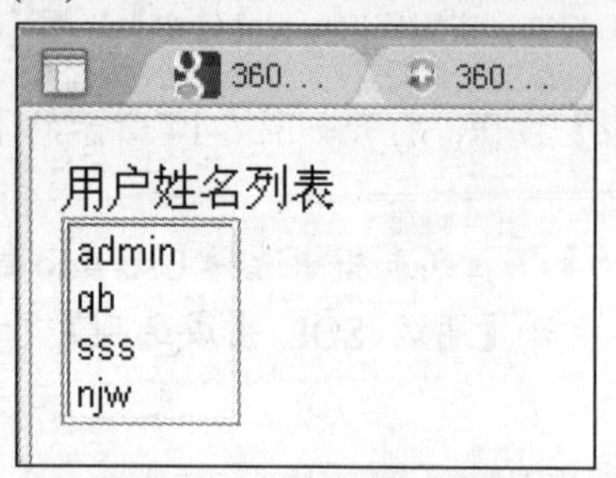

图6-18　运行效果

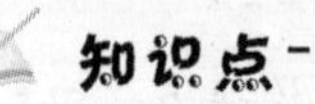

如果数据源控件与支持存储过程的数据库相连，则可以在SQL语句中指定存储过程的名称。

6.3　数据控件

数据控件就是能够显示数据的控件，与简单格式的列表控件不同，这些控件不但提供显示数据的丰富界面(可以显示多行、多列的数据，还可以根据用户定义来显示数据)，还提供了修改、删除和插入数据的接口。

ASP.NET 4.0中提供的常用复杂数据控件如下。

- GridView：这是一个全方位的网格控件，能够显示一整张表的数据，它是ASP.NET中最重要的数据控件。
- DetailsView：用来一次显示一条记录。
- FormView：也是用来一次显示一条记录，与DetailsView不同的是，FormView控件是基于模板的，可以使布局更具灵活性。
- DataList：用来自定义显示数据库中的各条记录，显示的格式在创建的模板中定义。
- Repeater：生成一系列单个项，可以使用模板定义页面上单个项的布局，在页面运行时，该控件为数据源中的每个项重复相应的布局。
- ListView：用于绑定从数据源返回的数据，并按照模板和样式定义的格式显示数据。

6.3.1　GridView 控件

使用 GridView 控件，可以显示、编辑和删除来自不同数据源的数据，该控件具有以下几个功能：

- 绑定和显示数据。
- 对绑定的数据进行选择、排序、分页、编辑和删除等操作。
- 自定义列和样式。
- 自定义用户界面元素。

可以在事件处理程序中添加代码，以实现与 GridView 控件的交互。

GridView 控件的常用属性，如表 6-1 所示。

表 6-1　GridView 控件的常用属性

属　　性	说　　明
AllowPaging	获取或设置是否启用分页
AllowSorting	获取或设置是否启用排序
AutoGenerateColumns	获取或设置一个值，该值表示是否为数据源中的每一字段自动创建 BoundColumn 对象，并在 GridView 控件中显示这些对象
Columns	获取表示 GridView 控件的各列的对象的集合
PageIndex	获取或设置当前显示页的索引
DataSource	获取或设置源，该源包含用于填充控件中的项的值列表
ForeColor	获取或设置 Web 服务器控件的前景色(通常是文本颜色)
GridLines	获取或设置一个值，该值表示是否显示数据列表控件的单元格之间的边框
HeaderStyle	获取 GridView 控件中标题部分的样式属性
HorizontalAlign	获取或设置数据列表控件在其容器内的水平对齐方式
PageCount	获取显示 GridView 控件中各项所需的总页数
PageSize	获取或设置要在 GridView 控件的单页上显示的项数
SelectedIndex	获取或设置 GridView 控件中选定项的索引
ShowFooter	获取或设置一个值，该值表示页脚是否在 GridView 控件中显示
ShowHeader	获取或设置一个值，该值表示是否在 GridView 控件中显示页眉

GridView 控件还提供了很多常用方法，使得程序对该控件的操作具有很大的灵活性。

GridView 控件的常用方法，如表 6-2 所示。

表 6-2 GridView 控件的常用方法

方 法	说 明
DataBind	将数据源绑定到 GridView 控件
DeleteRow	从数据源中删除位于指定索引位置的记录
IsBindableType	确定指定的数据类型是否能绑定到 GridView 控件中的列
Sort	根据指定的排序表达式和方向对 GridView 控件进行排序
UpdateRow	使用行的字段值更新位于指定行索引位置的记录

GridView 控件提供的方法主要是通过属性和在事件处理程序中添加代码来完成的。GridView 控件的常用事件，如表 6-3 所示。

表 6-3 GridView 控件的常用事件

事 件	说 明
PageIndexChanged	在单击某一页导航按钮时，并在 GridView 控件处理分页操作之后发生
PageIndexChanging	在单击某一页导航按钮时，并在 GridView 控件处理分页操作之前发生
RowCancelingEdit	单击编辑模式中某一行的【取消】按钮以后，在该行退出编辑模式之前发生
RowCommand	当单击 GridView 控件中的按钮时发生
RowCreated	在 GridView 控件中创建行时发生
RowDataBound	在 GridView 控件中将数据行绑定到数据时发生
RowDeleted	在单击某一行的【删除】按钮时，并在 GridView 控件删除该行之后发生
RowDeleting	在单击某一行的【删除】按钮时，并在 GridView 控件删除该行之前发生
RowEditing	发生在单击某一行的【编辑】按钮以后，GridView 控件将进入编辑模式之前
RowUpdated	发生在单击某一行的【更新】按钮，并且在 GridView 控件对该行进行更新之后
RowUpdating	发生在单击某一行的【更新】按钮以后，以及 GridView 控件对该行进行更新之前
SelectedIndexChanged	发生在单击某一行的【选择】按钮，以及 GridView 控件对相应的选择操作进行处理之后
SelectedIndexChanging	发生在单击某一行的【选择】按钮以后，并在 GridView 控件对相应的选择操作进行处理之前
Sorted	在单击用于列排序的超链接时，并在 GridView 控件对相应的排序操作进行处理之后发生
Sorting	在单击用于列排序的超链接时，并在 GridView 控件对相应的排序操作进行处理之前发生

提示

对于一个已声明的列集合，GridView 控件的 AutoGenerateColumns 属性通常被设置为 False，需要注意：自动生成的列不是添加到 Columns 集合。因此，使用列自动生成时，Columns 集合通常是空的。

【例 6-4】本例中介绍如何利用 ADO.NET 从 Hotel 数据库的 UserInfo 表中读取数据并将其绑定到 GridView 控件，读取后的数据放在 DataSet 中，然后利用多值绑定方式把数据放在 GridView 中。

(1) 启动 Visual Studio 2010，选择【文件】|【新建网站】命令，在打开的【新建网站】对话框中创建网站并命名为“例 6-4”。

(2) 在该网站中添加一个名为 Default 的 Web 窗体。

(3) 双击网站根目录下的 Default.aspx 文件，打开设计视图。从【工具箱】拖动 GridView 控件到设计视图中，如图 6-19 所示。

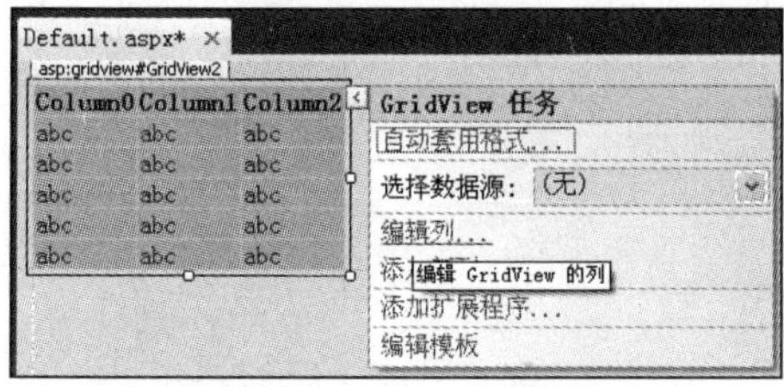

图 6-19　设计视图

知识点

如果使用的是 ObjectDataSource 控件或不使用数据源控件，则必须为 GridView 控件编写 PageIndexChanged 事件处理程序，以实现分页功能。

(4) 选择【GridView 任务】中的【编辑列】选项，打开如图 6-20 所示的【字段】对话框。选择【可用字段】列表框中的 BoundField，单击【添加】按钮。在【选定的字段】列表框中单击刚才选择的 BoundField 之后，在右边的【BoundField 属性】列表框中可以设置相关的属性。这里设置 BoundField 属性为 UserID、HeaderText 属性为【编号】。按上面的步骤依次设置 Hotel 数据库中 UserInfo 表的其他字段，最后单击【确定】按钮结束 GridView 控件中列字段的设置。

(5) 打开如图 6-21 所示的 GridView 控件的【属性】窗格，设置 AllowPaging 属性为 True、AllowSorting 属性为 True、AutoGenerateColumns 属性为 False。

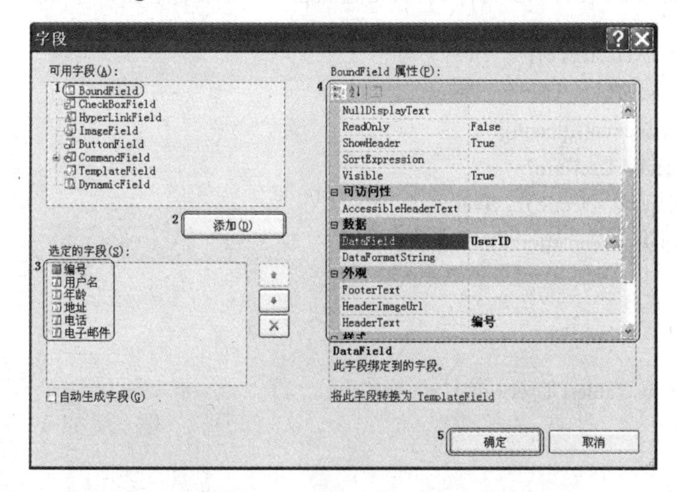

图 6-20　【字段】对话框

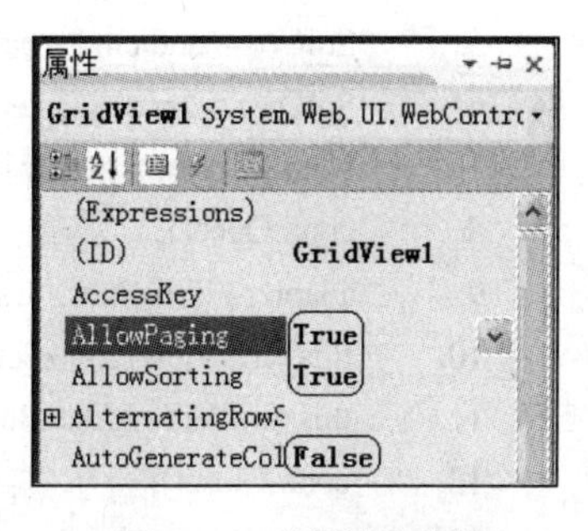

图 6-21　【属性】窗格

计算机基础与实训教材系列

(6) 除了可以在【属性】窗格设置 GridView 控件的属性之外，还可以在源视图中使用代码方式设置其属性。切换到源视图，设置 PageSize 属性为 2，代码如下：

```
<asp:GridView ID="GridView1" runat="server" AllowPaging="True" AllowSorting="True"
AutoGenerateColumns="False" PageSize="2">
```

(7) 切换到设计视图，选择【GridView 任务】下的【自动套用格式】选项，打开如图 6-22 所示的【自动套用格式】对话框，在这里可以根据需要选择自己喜欢的 GridView 控件呈现的外观样式。本例选择【选择架构】列表框中的【雪松】选项，右边的【预览】框显示选中的格式。最后单击【确定】按钮。

(8) 设置完属性后，设计视图中的 GridView 控件的外观如图 6-23 所示。

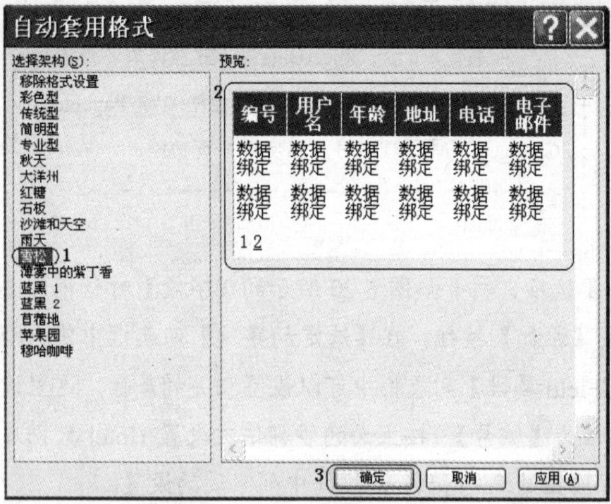

图 6-22 【自动套用格式】对话框

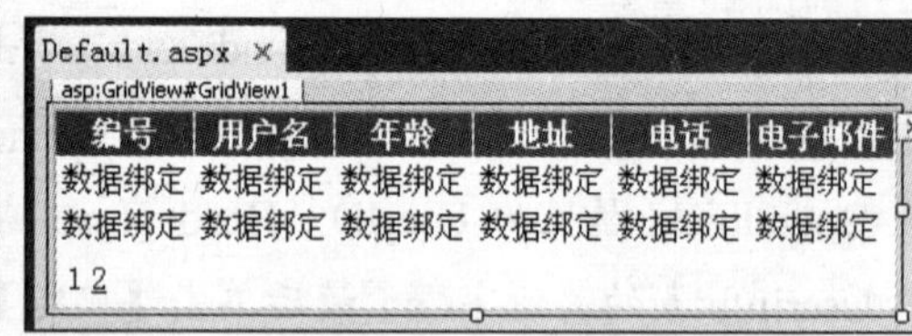

图 6-23 设计视图

(9) 双击网站根目录下的 Default.aspx.cs 文件，在打开的 Default.aspx.cs 文件中添加如下代码。

```
1. protected void Page_Load(object sender, EventArgs e){
2.       String sqlconn = "Server=.; DataBase=Hotel; User=sa;Password=585858 ";
3.       SqlConnection conn = new SqlConnection(sqlconn);
4.       string selectSQL = "SELECT * FROM UserInfo";
5.       SqlCommand cmd = new SqlCommand(selectSQL, conn);
6.       SqlDataAdapter adapter = new SqlDataAdapter(cmd);
7.       DataSet dsPubs = new DataSet();
8.       conn.Open();
9.       adapter.Fill(dsPubs, "UserInfo");
10.      this.GridView1.DataSource = dsPubs.Tables["UserInfo"].DefaultView;
11.      this.GridView1.DataBind();
12.      conn.Close();
13. }
```

代码说明：第 2 行定义数据库连接字符串。第 4 行创建 SQL 查询语句。第 9 行调用适配器对象 adapter 的 Fill 方法填充数据集。第 10 行将数据集中的数据表视图作为 GridView1 控件的数据源。第 11 行调用 GridView1 控件的 DataBind 方法绑定数据到控件显示。

(10) 运行程序，效果如图 6-24 所示。

QQ邮箱 - Re:ASP.NET动...　http://localhost:1

编号	用户名	年龄	地址	电话	电子邮件
1	admin	22	珠海	123456	zhuhai@123.com
2	qb	23	北京	456789	beijin@123.com
1 2					

QQ邮箱 - Re:ASP.NET动...　http://localhost:13.

编号	用户名	年龄	地址	电话	电子邮件
3	sss	24	上海	789123	shanghai@123.com
4	njw	25	深圳	123321	sz@123.com
1 2					

图 6-24　运行效果

6.3.2 ListView 控件

ListView 控件、DataList 控件和 Repeater 控件具有相似的功能，适用于任何具有重复结构的数据，但 ListView 控件还允许用户编辑、插入和删除数据以及对数据进行排序和分页。因此，本节将详细介绍 ListView 控件的知识和用法，而 DataList 控件和 Repeater 控件的知识和用法可以参考本节内容，本书将不对 DataList 控件和 Repeater 控件进行详细介绍。

同 GridView 一样，ListView 控件可以显示使用数据源控件或 ADO.NET 获得的数据，但 ListView 控件会按照指定的模板和样式定义的格式显示数据。利用 ListView 控件，可以逐项显示数据，也可以按组显示数据，而且还可以对显示的数据进行分页和排序，甚至可以通过 ListView 控件进行数据操作。

ListView 控件具有以下特点。

- 支持绑定到数据源控件，如 SqlDataSource 和 ObjectDataSource。
- 可通过用户指定的模板和样式自定义外观。
- 内置排序和选择功能。
- 内置更新、插入和删除功能。
- 支持通过使用 DataPager 控件进行分页的功能。
- 支持以编程方式访问 ListView 对象模型，从而可以动态设置属性、处理事件。
- 支持多个键字段。

与 GridView 控件相比，ListView 控件基于模板的模式为程序员提供了需要的可自定义和可扩展性，利用这些特性，程序员可以完全控制由数据绑定控件产生的 HTML 标记的外观。ListView 控件使用内置的模板可以指定精确的标记，同时还可以用最少的代码执行数据操作。如表 6-4 所示列举了 ListView 控件支持的模板。

表 6-4　ListView 控件支持的模板

模　板	说　明
LayoutTemplate	设置定义控件的主要布局的根模板，它包含一个占位符对象，例如，表行(tr)、div 或 span 元素，此元素将由 ItemTemplate 模板或 GroupTemplate 模板中定义的内容替换
ItemTemplate	为各个项要显示的数据绑定内容
ItemSeparatorTemplate	设置要在各个项之间呈现的内容
GroupTemplate	设置组布局的内容，它包含一个占位符对象，例如，表单元格(td)、div 或 span，该对象将由其他模板(如 ItemTemplate 和 EmptyItemTemplate 模板)中定义的内容替换
GroupSeparatorTemplate	设置要在项组之间呈现的内容
EmptyItemTemplate	设置在 GroupTemplate 模板为空项时呈现的内容。例如，如果将 GroupItemCount 属性设置为 5，而从数据源返回的总项数为 8，则 ListView 控件显示的最后一行数据将包含 ItemTemplate 模板指定的 3 个项以及 EmptyItemTemplate 模板指定的 2 个项
EmptyDataTemplate	设置在数据源未返回数据时要呈现的内容
SelectedItemTemplate	设置为区分被选数据项与显示的其他项，而为该所选项呈现的内容
AlternatingItemTemplate	设置为便于区分连续项，而为交替项呈现的内容
EditItemTemplate	设置要在编辑项时呈现的内容。对于正在编辑的数据项，将呈现 EditItemTemplate 模板以替代 ItemTemplate 模板
InsertItemTemplate	设置要在插入项时呈现的内容。将在 ListView 控件显示的项的开始或末尾处呈现 InsertItemTemplate 模板，以替代 ItemTemplate 模板。通过使用 ListView 控件的 InsertItemPosition 属性，可以指定 InsertItemTemplate 模板的呈现位置

通过创建 LayoutTemplate 模板，可以定义 ListView 控件的主要布局(根布局)。LayoutTemplate 必须包含一个充当数据占位符的控件。例如，该布局模板可以包含 ASP.NET Table、Panel 或 Label 控件(它还可以包含 runat 属性被设置为 server 的 table、div 或 span 元素)。这些控件将包含 ItemTemplate 模板所定义的每个项的输出，可以在 GroupTemplate 模板定义的内容中对这些输出进行分组。

在 ItemTemplate 模板中，需要定义各个项的内容。此模板包含的控件通常已绑定到数据列或其他单个数据元素。

使用 GroupTemplate 模板，可以对 ListView 控件中的项进行分组。对项分组通常是为了创建平铺的表布局。在该布局中，各个项将在行中重复 GroupItemCount 属性指定的次数。为创建平铺的表布局，布局模板可以包含 ASP.NET Table 控件以及 runat 属性为 server 的 HTML Table 元素。随后，组模板可以包含 ASP.NET TableRow 控件(或 HTML tr 元素)，而项模板可以包含 ASP.NET TableCell 控件(或 HTML td 元素)中的各个控件。

使用 EditItemTemplate 模板，可以提供已绑定数据的用户界面，从而使用户可以修改现有的数据项。另外，通过 InsertItemTemplate 模板还可以定义已绑定数据的用户界面，以使用户能够添加新的数据项。

ListView 控件的常用属性如表 6-5 所示。

表 6-5　ListView 控件的常用属性

属　性	说　明
DataKeyNames	获取或设置一个数组，该数组包含了显示在 ListView 控件中项的主键字段的名称
DataKeys	获取一个 DataKey 对象集合，这些对象表示 ListView 控件中每一项的数据键值
EditIndex	获取或设置所编辑的项的索引
EditItem	获取 ListView 控件中处于编辑状态的项
EnableModelValidation	获取或设置一个值，该值表示验证程序控件是否会处理在插入或更新操作过程中出现的异常
GroupItemCount	获取或设置 ListView 控件中每组显示的项数
GroupPlaceholderID	获取或设置 ListView 控件中的组占位符的 ID
InsertItem	获取 ListView 控件的插入项
ItemPlaceholderID	获取或设置 ListView 控件中的项占位符的 ID
Items	获取一个 ListViewDataItem 对象集合，这些对象是 ListView 控件中的当前数据页的数据项
MaximumRows	获取要在 ListView 控件的单个页上显示的最大项数
SelectedDataKey	获取 ListView 控件中的选定项的数据键值
SelectedIndex	获取或设置 ListView 控件中的选定项的索引
SelectedValue	获取 ListView 控件中的选定项的数据键值
SortDirection	获取要排序的字段的排序方向
SortExpression	获取与要排序的字段关联的排序表达式

ListView 控件提供了很多属性，使程序对它的操作具有了很大的灵活性。但是，读者没有必要完全记住这些属性，需要的时候查询即可。

ListView 控件的常用方法如表 6-6 所示。

表 6-6　ListView 控件的常用方法

方　法	说　明
AddControlToContainer	将指定控件添加到指定容器
CreateChildControls	已重载。创建用于呈现 ListView 控件的控件层次结构
CreateDataItem	在 ListView 控件中创建一个数据项
CreateEmptyDataItem	在 ListView 控件中创建 EmptyDataTemplate 模板
CreateEmptyItem	在 ListView 控件中创建一个空项
CreateInsertItem	在 ListView 控件中创建一个插入项

(续表)

方　法	说　明
CreateItem	创建一个具有指定类型的 ListViewItem 对象
CreateItemsInGroups	以组的形式创建 ListView 控件层次结构
CreateLayoutTemplate	在 ListView 控件中创建根容器
DeleteItem	从数据源中删除位于指定索引位置的记录
InsertNewItem	将当前记录插入到数据源中
InstantiateItemTemplate	通过使用其中一个 ListView 控件模板的子控件，填充指定的 Control 对象
RemoveItems	删除 ListView 控件的项或组容器中的所有子控件
SetPageProperties	设置 ListView 控件中的数据页的属性
Sort	根据指定的排序表达式和方向对 ListView 控件进行排序
UpdateItem	更新数据源中指定索引处的记录

ListView 控件提供的常用事件如表 6-7 所示。

表 6-7　ListView 控件的常用事件

事　件	说　明
ItemCommand	当单击 ListView 控件中的按钮时发生
ItemCreated	在 ListView 控件中创建项时发生
ItemDataBound	在将数据项绑定到 ListView 控件时发生
ItemDeleted	在请求删除操作且 ListView 控件删除项之后发生
ItemDeleting	在请求删除操作之后、ListView 控件删除项之前发生
ItemEditing	在请求编辑操作之后、ListView 项进入编辑状态之前发生
ItemInserted	在请求插入操作且 ListView 控件在数据源中插入项之后发生
ItemInserting	在请求插入操作之后、ListView 控件执行插入之前发生
ItemUpdated	在请求更新操作且 ListView 控件更新项之后发生
ItemUpdating	在请求更新操作之后、ListView 控件更新项之前发生
LayoutCreated	在 ListView 控件中创建 LayoutTemplate 模板后发生
PagePropertiesChanged	在页属性更改且 ListView 控件设置新值之后发生
PagePropertiesChanging	在页属性更改之后、ListView 控件设置新值之前发生
SelectedIndexChanged	在单击项的【选择】按钮且 ListView 控件处理选择操作之后发生
SelectedIndexChanging	在单击项的【选择】按钮之后、ListView 控件处理选择操作之前发生
Sorted	在请求排序操作且 ListView 控件处理排序操作之后发生
Sorting	在请求排序操作之后、ListView 控件处理排序操作之前发生

提示

ListView 控件用于显示数据源的值。它类似于 GridView 控件，区别在于它是使用用户定义的模板而不是行字段来显示数据。允许用户创建自己的模板，使用户可以更灵活地控制数据的显示方式。

【例 6-5】使用 ListView 控件的模板，以单行形式显示 Hotel 数据库中 UserInfo 数据表的信息。

(1) 启动 Visual Studio 2010，选择【文件】|【新建网站】命令，在打开的【新建网站】对话框中创建网站并命名为“例 6-5”。

(2) 在该网站中添加一个名为 Default 的 Web 窗体。

(3) 双击网站根目录下的 Default.aspx 文件，打开设计视图。从【工具箱】拖动一个 ListView 控件和一个 SqlDataSource 控件到设计视图中，如图 6-25 所示。

图 6-25　设计视图

知识点

通常需要向模板中添加一些按钮，以允许用户执行指定的操作。通过设置按钮的 CommandName 属性，可以定义按钮来执行指定的操作。

(4) 选择【ListView 任务】中的【配置 ListView】选项，打开如图 6-26 所示的【配置 ListView】对话框。在【选择布局】列表框中选择【单行】选项，在【选择样式】列表框中选择【专业型】选项，右边的【预览】框中会显示所选择的 ListView 样式。最后单击【确定】按钮。

(5) 切换到源视图，编写代码设置 SqlDataSource 控件的属性。

```
<asp:SqlDataSource ID="SqlDataSource1" runat="server"   ConnectionString="<%$
ConnectionStrings:HotelConnectionString %>" SelectCommand="SELECT * FROM
[UserInfo]"></asp:SqlDataSource>
```

代码说明：设置了 SqlDataSource1 控件的数据库连接字符串和查询命令。

(6) 完成所有属性设置后的设计视图如图 6-27 所示。

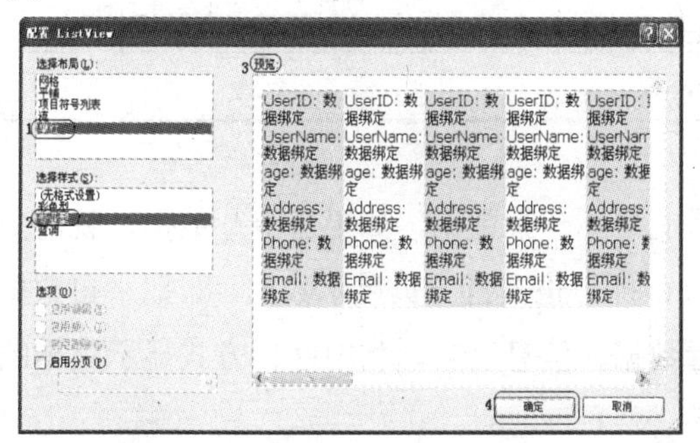

图 6-26　【配置 ListView】对话框

图 6-27　设计视图

(7) 运行程序，效果如图 6-28 所示。

图 6-28　运行效果

6.3.3 DetailsView 控件

DetailsView 控件主要用于显示、编辑、插入或删除一条数据记录。通常，它将与 GridView 控件一起配合使用在主/详细方案中，即 GridView 控件用来显示主要的数据目录，而 DetailsView 控件显示每条数据的详细信息。

DetailsView 控件的常用属性如表 6-8 所示。

表 6-8 DetailsView 控件的常用属性

属　性	说　明
AllowPaging	获取或设置一个值，该值指示是否启用分页功能
CurrentMode	获取 DetailsView 控件的当前数据输入模式
DataItem	获取绑定到 DetailsView 控件的数据项
DataItemCount	获取基础数据源中的项数
DataItemIndex	从基础数据源中获取 DetailsView 控件正在显示的项的索引
DataSource	获取或设置对象，数据绑定控件从该对象中检索其数据项列表
PageCount	获取在 DetailsView 控件中显示数据源记录所需的页数
PageIndex	获取或设置当前显示页的索引
PagerSettings	获取对 PagerSettings 对象的引用，使用该对象可以设置 DetailsView 控件中的页导航按钮的属性
Rows	获取表示 DetailsView 控件中数据行的 DetailsViewRow 对象的集合
SelectedValue	获取 DetailsView 控件中选中行的数据键值

默认情况下，使用 DetailsView 控件一次只能显示一行数据，如果有多行数据，就需要使用 GridView 控件一次或分页显示。不过，DetailsView 控件也支持分页显示数据，即把来自数据源的数据以分页方式一次一行地显示出来。有时一行数据的信息过多，利用这种方式显示数据的效果可能会更好。

若要启用 DetailsView 控件的分页功能，可把 AllowPaging 属性设置为 true，而其页面大小则是固定的，始终都是一行。

当启用 DetailsView 控件的分页功能后，可以通过 PagerSettings 属性设置控件的分页界面。

DetailsView 控件本身自带了编辑数据的功能，只要把 AutoGenerateDeleteButton、AutoGenerateInsertButton 和 AutoGenerateEditButton 属性设置为 true 就可以启用 DetailsView 控件的编辑数据的功能，当然，实际的数据操作过程还是在数据源控件中进行。

DetailsView 控件的常用方法如表 6-9 所示。

表 6-9　DetailsView 控件的常用方法

方　法	说　明
ChangeMode	将 DetailsView 控件切换为指定模式
DeleteItem	从数据源中删除当前记录
InsertItem	将当前记录插入到数据源中
IsBindableType	确定指定的数据类型是否可以绑定到 DetailsView 控件中的字段
UpdateItem	更新数据源中的当前记录

DetailsView 控件提供的常用事件如表 6-10 所示。

表 6-10　DetailsView 控件的常用事件

事　件	说　明
ItemCommand	当单击 DetailsView 控件中的按钮时发生
ItemCreated	在 DetailsView 控件中创建记录时发生
ItemDeleted	当单击 DetailsView 控件中的【删除】按钮时，在删除操作之后发生
ItemDeleting	当单击 DetailsView 控件中的【删除】按钮时，在删除操作之前发生
ItemInserted	当单击 DetailsView 控件中的【插入】按钮时，在插入操作之后发生
ItemInserting	当单击 DetailsView 控件中的【插入】按钮时，在插入操作之前发生
ItemUpdated	当单击 DetailsView 控件中的【更新】按钮时，在更新操作之后发生
ItemUpdating	当单击 DetailsView 控件中的【更新】按钮时，在更新操作之前发生
ModeChanged	当 DetailsView 控件在编辑、插入和只读状态之间切换，使 CurrentMode 属性变化时发生
ModeChanging	当 DetailsView 控件在编辑、插入和只读状态之间切换，并在 CurrentMode 属性变化之前发生
PageIndexChanged	当 PageIndex 属性的值在分页操作后更改时发生
PageIndexChanging	当 PageIndex 属性的值在分页操作前更改时发生

提示

DetailsView 控件通常用在主/详细信息方案中，主控件(如 GridView 控件)中所选的记录决定了 DetailsView 控件显示的记录。

6.4　新增的 Char 控件

Chart 控件是 Visual Studio 2010 中新增的一个图表型控件。该控件在 Visual Studio 2008 时代就已经出现，但是需要通过下载然后将它注册配置到 Visual Studio 2008 中的工具箱中才能使用。

而现在 Chart 控件现在已经内置于 Visual Studio 2010 中，所有的配置现在都由 ASP.NET 4.0 预先注册好了，这意味着不用注册或连接任何配置文件项，就可以使用这个控件。在 Visual Studio 2010 开发环境中，用户会发现在如图 6-29 所示的【工具箱】的【数据】项下，现在已经存在了一个新的内置 Chart 控件，可以像使用其他控件一样将它直接拖到设计视图中就可以使用。

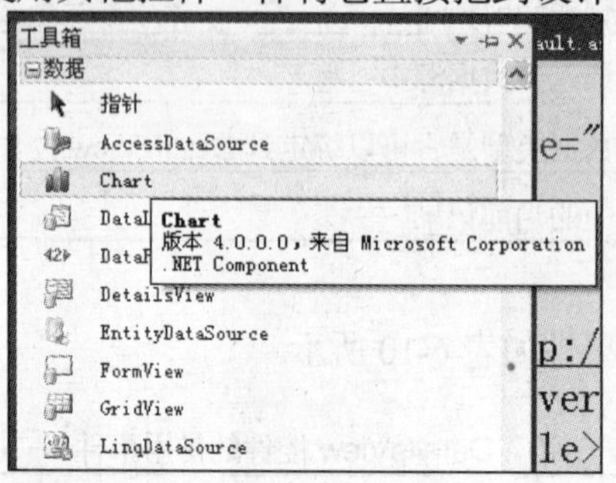

图 6-29　工具箱

Chart 控件功能非常强大，可实现柱状直方图、曲线走势图及饼状比例图等，甚至可以是混合图表，可以是二维或三维图表，可以带或不带坐标系，也可以自由配置各条目的颜色、字体等。声明一个 Chart 控件的代码如下所示。

```
1.  <asp:Chart ID="Chart1" runat="server">
2.      <Series>
3.          <asp:Series Name="Series1"> </asp:Series>
4.      </Series>
5.      <ChartAreas>
6.          <asp:ChartArea Name="ChartArea1"></asp:ChartArea>
7.      </ChartAreas>
8.  </asp:Chart>
```

代码说明：第 1 行添加了一个服务器图表控件 Chart1 控件。第 2 到第 4 行使用<Series>和</Series>标签定义 Chart 控件的数据显示列的区域，其中第 3 行定义了一个名为 Series1 数据显示列。第 5 行到第 7 行使用<ChartAreas>和</ChartAreas>标签定义绘图区域的范围。其中，第 6 行定义了一个名为 ChartArea1 的绘图区域。根据声明可以了解 Chart 控件由 Series（数据列）和 ChartArea(绘图区域)两部分组成。这两部分都是可以有一个或者多个组成，比如当一个“图表”中要画多条曲线的时候用户就可能会用到多个 Series，并且把多个 Series 的 ChartArea 属性设置为指定的绘图区域。当用户想在一个图表中分区域多形式的显示一种或多种数据的时候，用户就需要多个 ChartArea 了。

对于简单的图表，用户只用默认的样式就可以了，不用对 ChartArea 进行太多的修改，只要在<asp:Series>中添加数据点就可以。数据点被包含在<Points>和</Points>标签中，使用<asp:DataPoint/>来定义。数据点有以下几个重要的属性：

- AxisLabel：获取或设置为数据列或空点的 X 轴标签文本。这个属性只能在自定义标签还没对相关的 Axis 对象指定时才能使用。

◉ XValue：设置或获取一个图表上数据点的 X 坐标值。

◉ YValues：设置或获取一个图表中数据点的 Y 轴坐标值。

【例 6-6】本例将在程序中使用 Chart 控件，在页面中显示 2011 年智能手机销量排行的直方图。

(1) 启动 Visual Studio 2010，选择【文件】|【新建网站】命令，在打开的【新建网站】对话框中创建网站并命名为“例 6-6”。

(2) 在该网站中添加一个名为 Default 的 Web 窗体。

(3) 双击网站根目录下的 Default.aspx 文件，打开设计视图。从【工具箱】拖动一个 Chart 控件到设计视图中，如图 6-30 所示。

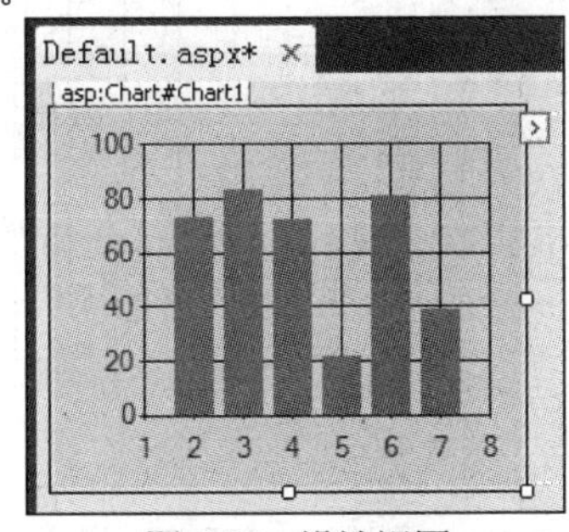

图 6-30　设计视图

(4) 切换到源视图，编辑如下代码:

```
1.  <asp:Chart ID="Chart1" runat="server" Height="489px"    Width="486px">
2.      <Series>
3.          <asp:Series Name="Series1" YValuesPerPoint="4">
4.              <Points>
5.                <asp:DataPoint AxisLabel="苹果 iPhone 4S（16GB）"    YValues="100" />
6.                <asp:DataPoint AxisLabel="三星 I9100 GALAXY SII（16GB）" YValues="90" />
7.                <asp:DataPoint AxisLabel="三星 S5830（Galaxy Ace）" YValues="80" />
8               .<asp:DataPoint AxisLabel="HTC G11（Incredible S）" YValues="70" />
9.                <asp:DataPoint AxisLabel="摩托罗拉 ME525 Defy" YValues="60" />
10.               <asp:DataPoint AxisLabel="索尼爱立信 LT18i（Xperia arc S）" YValues="50" />
11.               <asp:DataPoint AxisLabel="魅族 M9（8GB）" YValues="40" />
12.               <asp:DataPoint AxisLabel="摩托罗拉 ME525+（Defy+）" YValues="30" />
13.               <asp:DataPoint AxisLabel="小米 M1（MIUI）" YValues="20" />
14.             </Points>
15.         </asp:Series>
16.     </Series>
17.     <ChartAreas>
18.         <asp:ChartArea Name="ChartArea1"></asp:ChartArea>
19.     </ChartAreas>
20. </asp:Chart>
```

代码说明：第 1 行定义了一个服务器图表控件 Chart1 控件。第 2 行到第 12 使用<Series>和</Series>标签定义数据列范围。其中第 3 行定义数据列的名称和数据点 Y 轴具有的最大数目；第 4 行到 12 行使用<Points>和</Points >标签包含需要显示的数据点。第 5 行到第 13 行，定义了 7 个数据点并设置 X 轴上的显示文字和 Y 轴上的数据点的值。第 17 到第 19 行使用<ChartAreas>和</ChartAreas>标签定义副图区域。第 18 行定义一个绘图区域的名称 ChartArea1。

(5) 运行程序，效果如图 6-31 所示。

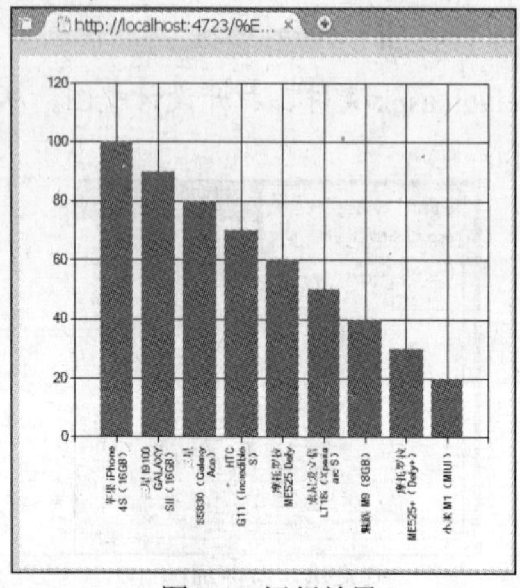

图 6-31 运行效果

6.5 上机练习

本次上机练习通过对 Hotel 数据库中的 UserInfo 数据表来展示 ASP.NET 4.0 的数据绑定技术，通过 SqlDataSource 控件、GridView 控件和 DetailsView 控件的结合使用，实现主从表查询，并通过 DetailsView 控件实现新建、编辑和删除数据的操作。实例运行，效果如图 6-32 所示。

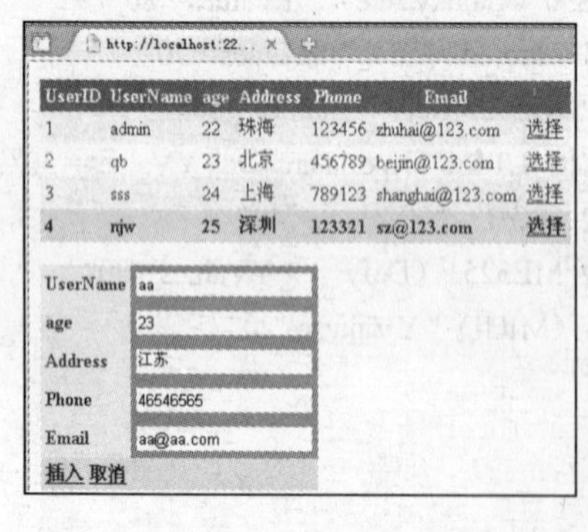

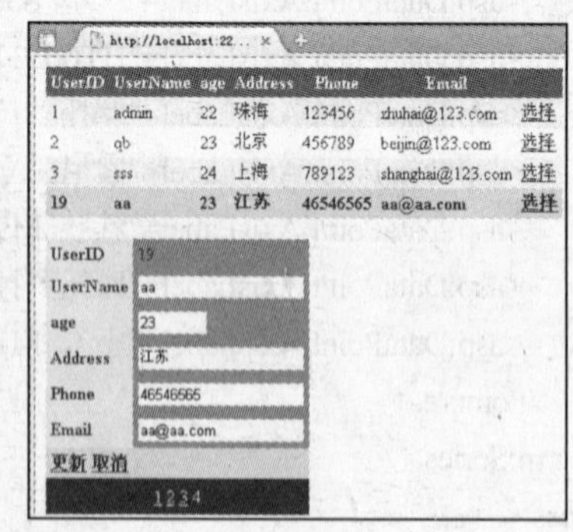

图 6-32 运行效果

(1) 启动 Visual Studio 2010，选择【文件】|【新建网站】命令，在打开的【新建网站】对话框中创建网站并命名为“上机练习”。

(2) 在该网站中添加一个名为 Default 的 Web 窗体。

(3) 双击网站根目录下的 Default.aspx 文件，打开设计视图。从【工具箱】分别拖动一个 DetailsView 控件、一个 SqlDataSource 控件和一个 GridView 控件到设计视图中，如图 6-33 所示。

(4) 设置 SqlDataSource 控件的属性，具体步骤请参考本章【例 6-3】。

(5) 选中 DetailsView1 控件，在【DetailsView 任务】中的【选择数据源】下拉列表中选择 SqlDataSource1 选项。

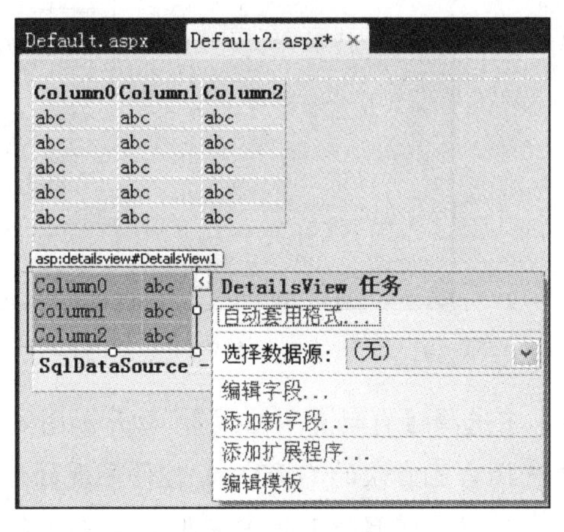

图 6-33　设计视图

(6) 这时 DetailsView1 控件的外观会根据 SqlDataSource1 控件中的属性设置发生相应的变化，如图 6-34 所示，接着选中【DetailsView 任务】中的【启用编辑】、【启用分页】、【启用插入】和【启用删除】4 个复选框，并选择【自动套用格式】选项。

(7) 打开如图 6-35 所示的【自动套用格式】对话框，在【选择架构】列表框中选择【专业型】选项，单击【确定】按钮。

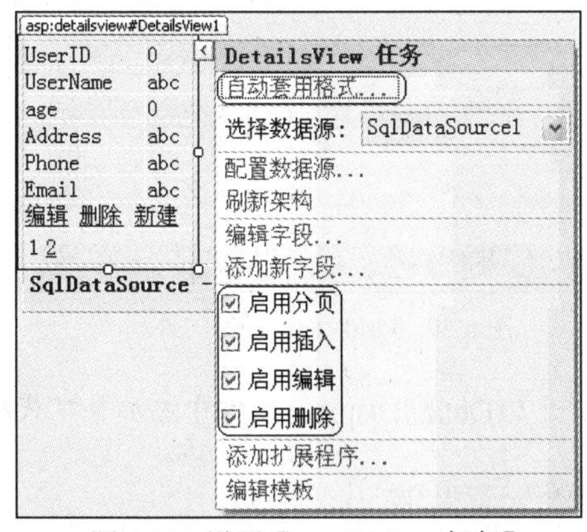

图 6-34　设置【DetailsView 任务】

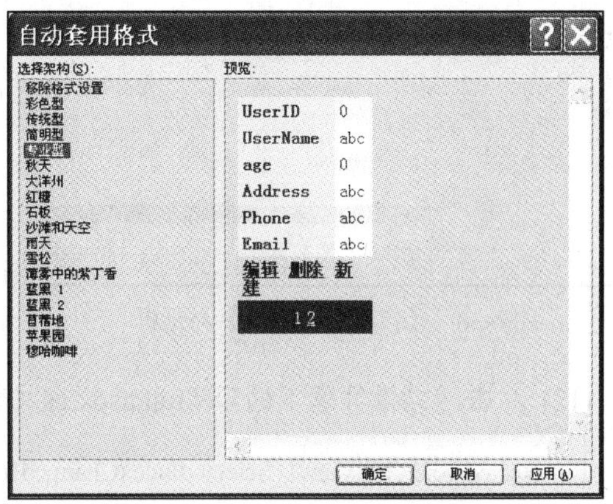

图 6-35　【自动套用格式】对话框

(8) 此时设计视图中 DetailsView1 控件的外观如图 6-36 所示。

(9) 在【GridView 任务】中的【选择数据源】下拉列表中选择 SqlDataSource1 选项，然后选择【编辑列】选项，打开如图 6-37 所示的【字段】对话框。在【可用字段】列表框中选择 CommandField 选项，单击【添加】按钮。在【选定字段】列表框中单击刚才选择的 CommandField 选项，然后在右边的【CommandField 属性】列表框中设置相关的属性，这里设置 ShowSelectButton 属性为

True。最后单击【确定】按钮结束设置。

图 6-36　DetailView1 控件的外观

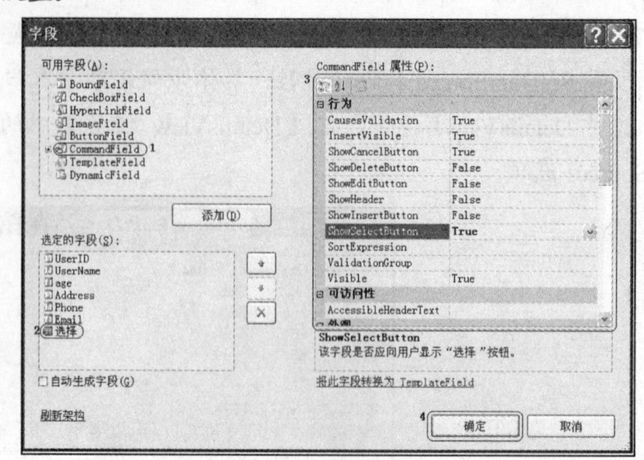

图 6-37　【字段】对话框

(10) 在【GridView 任务】下选择【自动套用格式】，打开如图 6-38 所示的【自动套用格式】对话框。在这里可以根据需要选择自己喜欢的 GridView 控件呈现的外观样式。本例在【选择架构】列表框中选择【专业型】选项，右边的【预览】框中将显示选中的格式。最后单击【确定】按钮。

(11) 设置完属性后，设计视图中的 GridView1 控件的外观如图 6-39 所示。

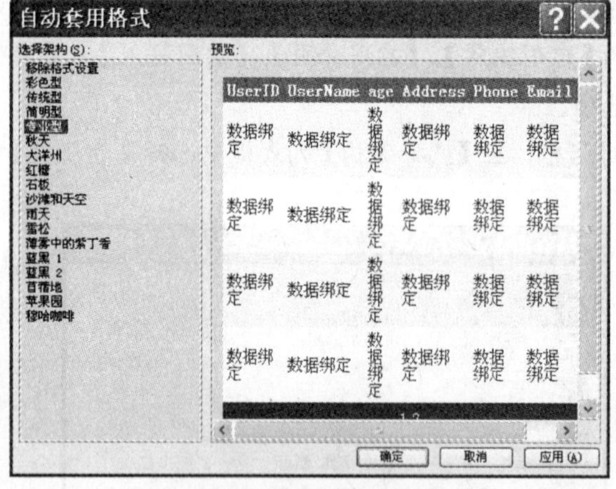

图 6-38　【自动套用格式】对话框

知识点

自动套用格式中为用户提供了 10 多种 GridView 控件的外观格式，不需要编写代码。如果要设计自己的格式可以设置格式属性实现。

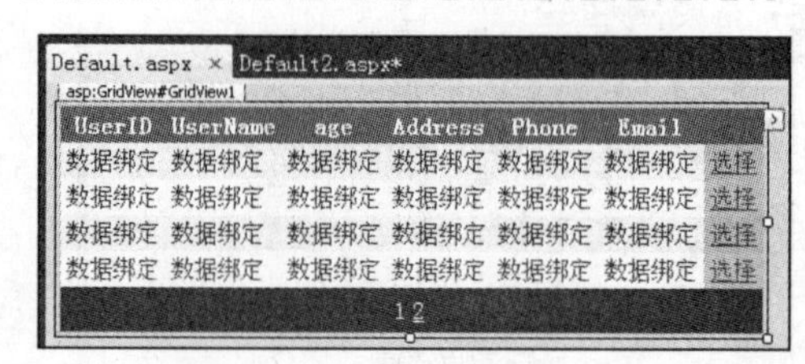

图 6-39　GridView1 控件的外观

(12) 双击网站根目录下的 Default.aspx.cs 文件，在打开的 Default.aspx.cs 文件中添加如下代码。

```
1. protected void GridView1_SelectedIndexChanged1(object sender, EventArgs e){
2.         this.DetailsView1.PageIndex = this.GridView1.SelectedRow.DataItemIndex;
3.     }
4.  protected void GridView1_PageIndexChanging(object sender, GridViewPageEventArgs e){
5.           this.GridView1.PageIndex = e.NewPageIndex;
6.     }
```

代码说明：第 1 行处理 GridView1 控件的 SelectedIndexChanged1 事件。第 2 行将控件中被选行的数据项的索引作为 DetailsView1 控件的页索引。第 4 行处理 GridView1 控件的 PageIndex Changing 事件。第 5 行将当前事件源的索引作为 GridView1 控件的页索引。

(13) 至此，整个实例制作完成，选择【文件】|【全部保存】命令保存文件即可。

6.6 习题

1. DropDownList 控件是多记录控件，可以用作集合对象的数据源。请将 DropDownList 控件绑定至 ArrayList 集合类对象，运行程序，效果如图 6-40 所示。

2. 本题至第 5 题基于 Hotel 数据库的 UserInfo 数据表。通过 GridView 控件和 SqlDataSource 数据源控件实现 UserInfo 数据表的列表显示，并完成对用户信息的排序和分页。运行程序，效果如图 6-41 所示。

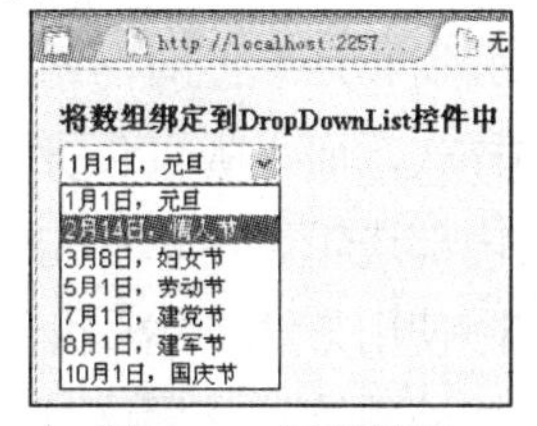

图 6-40　运行效果

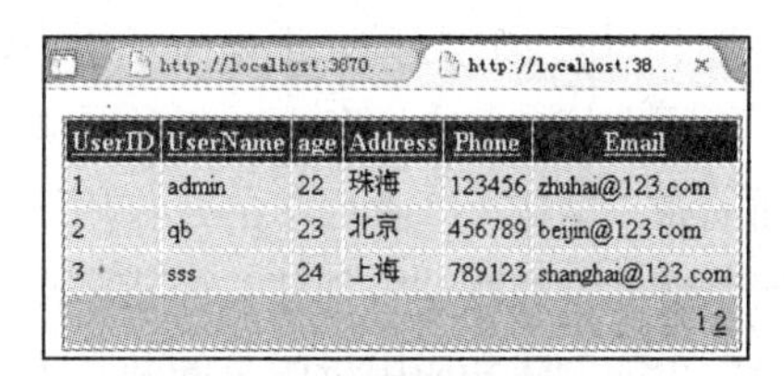

图 6-41　用户信息显示列表

3. 使用 GridView 控件的编辑功能，配合 SqlDataSource 数据源控件，实现对所选数据记录的编辑操作。运行程序，效果如图 6-42 所示。

图 6-42　编辑用户信息

4. 使用 GridView 控件的添加功能，配合 SqlDataSource 数据源控件，实现新建数据记录的操作。程序执行的效果如图 6-43 所示。

5. 使用 GridView 控件的删除功能，配合 SqlDataSource 数据源控件，实现删除数据记录的操作。运行程序，效果如图 6-44 所示。

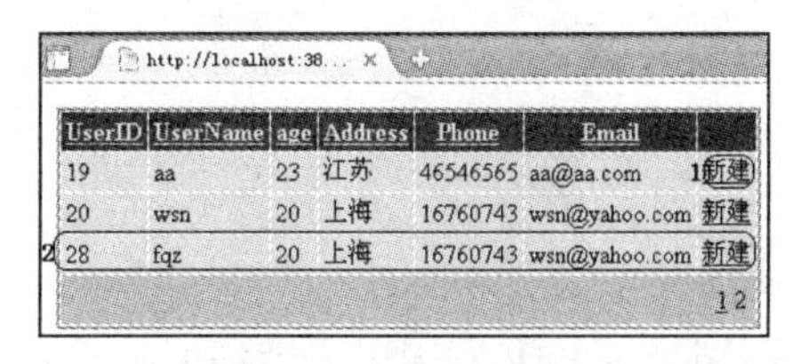

图 6-43　新建用户信息

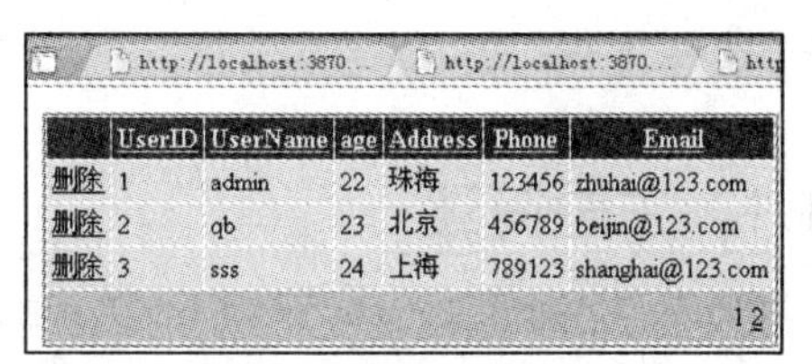

图 6-44　删除用户信息

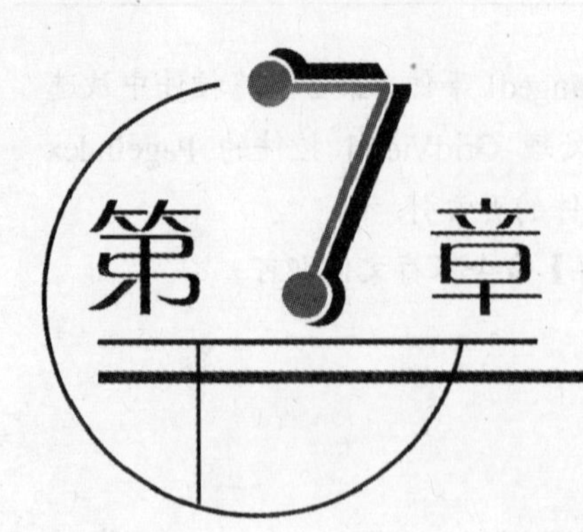

第7章 主题和母版页

学习目标

使用主题和母版页的目的，都是为了快速地对网站进行设计开发和后期能对网站进行有效地维护管理，不同之处在于主题负责的对象是页面或服务器控件的样式，而母版页负责的对象是整个网站页面的布局结构，二者更多的是作用于网站的外观而不是内部逻辑。本章首先介绍主题的概念，接着讲解如何在网站中创建一个或多个主题以及主题的实际使用方法，然后介绍母版页技术，包括母版页的创建和应用母版页的两种方法。如果开发人员能够熟练地掌握这两个技术，将极大地提高工作效率。

本章重点

- 主题中 SkinID 的应用
- 母版页的创建和使用

7.1 主题

在 ASP.NET 4.0 中，可以很轻松地对页面的设置实现更多的选择，因为 ASP.NET 4.0 内置了主题皮肤机制。它在处理主题的问题时提供了清晰的目录结构，使得资源文件的层级关系非常清晰，在易于查找和管理的同时，提供了良好的扩展性。因此，使用主题可以加快设计和维护网站的速度。

7.1.1 主题简述

ASP.NET 4.0 提供了一个新的功能——主题，用来集中地制作每个页面、每个服务器控件或对象的外观样式，从而能在网站中很容易地实现个性化皮肤的定制。主题以文本的方式集中设置

样式，有效地解决了应用程序界面风格统一和多样化的矛盾。

主题是相关的页面和控件的外观属性设置的集合，由一组元素组成，包括外观文件、级联样式表(CSS)、图像和其他资源。

主题至少包含外观文件(.skin 文件)。主题是在网站或 Web 服务器上的特殊目录中定义的，一般把这个特殊目录称为专用目录，这个专用目录的名字为 App_Themes。App_Themes 目录下可以包含多个主题目录，主题目录的命名由程序员自己决定，而外观文件等资源则是放在主题目录下。主题的目录结构如图 7-1 所示，专用的目录 App_themes 下包含 3 个主题目录，每个主题目录下包含一个外观文件。

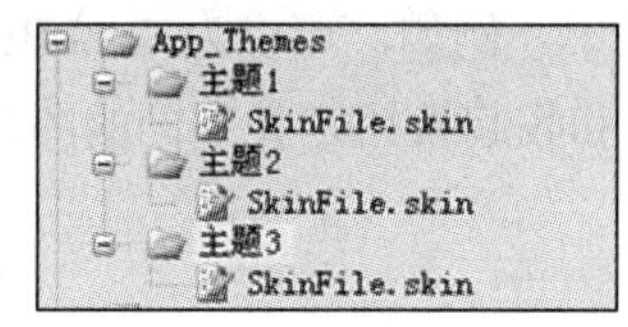

图 7-1　主题目录结构

1. 组成主题的元素

组成主题的元素有以下 3 种。

- 外观文件：外观文件又称皮肤文件，是文件扩展名为.skin。在皮肤文件里可以定义控件的外观属性。皮肤文件一般都具有下面的代码形式：

```
<asp:Button runat="server" BackColor="Red"></asp: Button >
```

上述代码和定义一个 Button 控件的代码几乎一样，除了不包含 ID、Text 等属性外。但这样简单的一行代码就定义了 Button 控件的一个皮肤，之后可以在网页中引用该皮肤去设置 Button 控件的外观。

- 级联样式表：级联样式表(Cascading Style Sheet)简称样式表，就是常用的 CSS 文件，即具有文件扩展名.css 的文件，用来存放定义控件外观属性的代码。在网站开发中，采用级联样式表可以有效地对页面的布局、字体、颜色、背景和其他效果实现更加精确的控制，而且只要对相应的代码做一些简单的修改，就可以改变同一页面不同部分的外观属性，或者不同网页的外观和格式。正是级联样式表具有这样的优越特性，所以在主题技术中综合了级联样式表的技术。级联样式表一般具有下面的代码形式：

```
1. .TextBox
2. {
3.   border-right: darkgray 1px ridge;
4.   border-top: darkgray 1px ridge;
5.   border-left: darkgray 1px ridge;
6.   border-bottom: darkgray 1px ridge;
7. }
8. .Button
9. {
```

```
10. font-size: x-small;
11. color: navy;
12. }
```

代码说明：第1行定义TextBox控件的样式。第3行到第6行分别设置TextBox控件上下左右边框的颜色和粗细。第8行定义Button控件的样式。第10行设置Button控件上显示文字的大小。第11行设置Button控件的颜色。

- 图像和其他资源：图像就是图形文件，其他资源有声音文件、脚本文件等。有时为了控件的美观，仅定义控件的颜色、大小和轮廓不能满足要求，这时可以把一些图片、声音等添加到控件外观属性定义中。例如，可以为LinkButton控件的单击动作加上特殊的音效，为Menu控件的展开和收起按钮定义不同的图片等。

2. 主题应用范围

根据主题的应用范围，可以将主题分为以下两种。

- 页面主题：应用于单个Web应用程序，它是一个主题文件夹，其中包含控件外观、样式表、图形文件和其他资源。该文件夹是作为网站中的\App_Themes文件夹的子文件夹创建的。每个主题都是\App_Themes文件夹的一个不同的子文件夹。
- 全局主题：可应用于服务器上的所有网站，全局主题与页面主题类似，因为它们都包括属性设置、样式表设置和图形。但是，全局主题存储在对Web服务器具有全局性质的名为Themes的文件夹中。服务器上的任何网站及其页面都可以引用全局主题。

3. 使用主题的注意事项

- 主题只在ASP.NET控件中有效。
- 母板页(Master Page)上不能设置主题，但是可以在内容页面上设置主题。
- 主题上设置的ASP.NET控件的样式会覆盖页面上设置的样式。
- 如果在页面上设置EnableTheming="false"，则主题设置无效。
- 要在页面中动态设置主题，必须在页面生命周期Page_Preinit事件之前。

提示

外观文件中对控件的定义也包含runat="server"属性设置，但是外观文件中的控件定义不包含ID属性。外观文件中不得设置该控件不支持的外观属性。

7.1.2 主题的创建

【例7-1】本例将学习如何使用Visual Studio 2010在网站中创建一个主题。

(1) 启动Visual Studio 2010，选择【文件】|【新建网站】命令，在打开如图7-2所示的【新建网站】对话框中先选择【ASP.NET 空网站】模板，然后再选择【文件系统】，在文件路径中创建网站并命名为“例7-1”，最后单击【确定】按钮。

(2) 右击网站名，在弹出的如图 7-3 所示的快捷菜单中选择【添加 ASP.NET 文件夹】|【主题】命令。

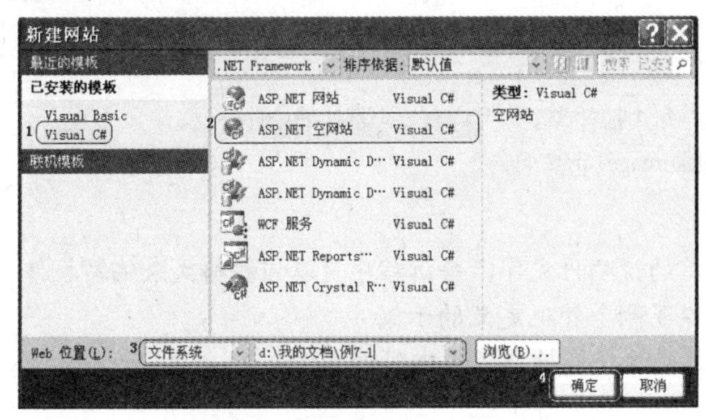

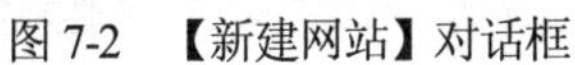

图 7-2　【新建网站】对话框

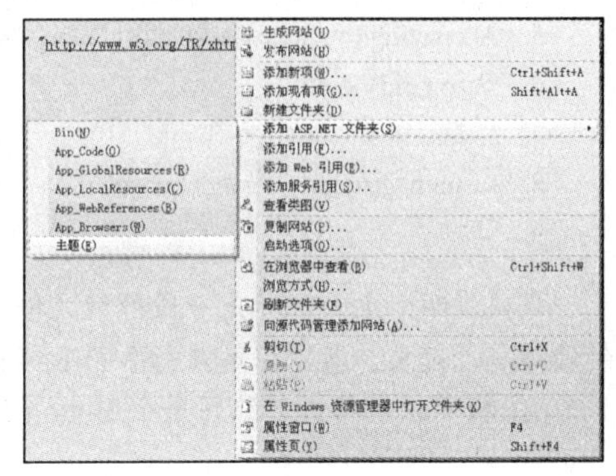

图 7-3　选择命令

(3) 此时就会在该网站项目下添加一个名为 App_Themes 的文件夹，并在该文件夹中自动添加一个默认名为【主题 1】的子文件夹，如图 7-4 所示。

(4) 右击【主题 1】文件夹，在弹出的如图 7-5 所示的快捷菜单中选择【添加新项】命令。

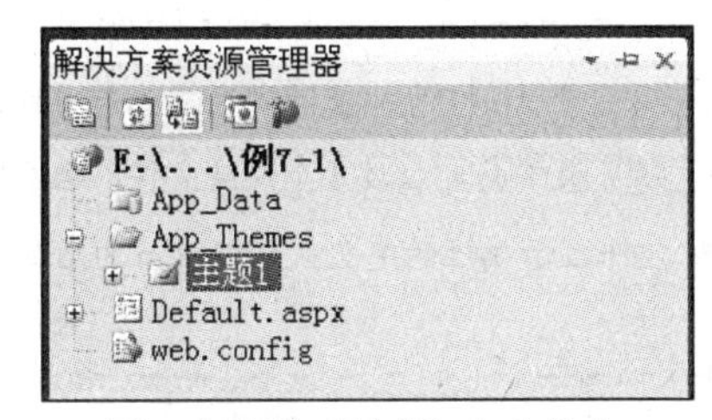

图 7-4　添加【主题 1】文件夹

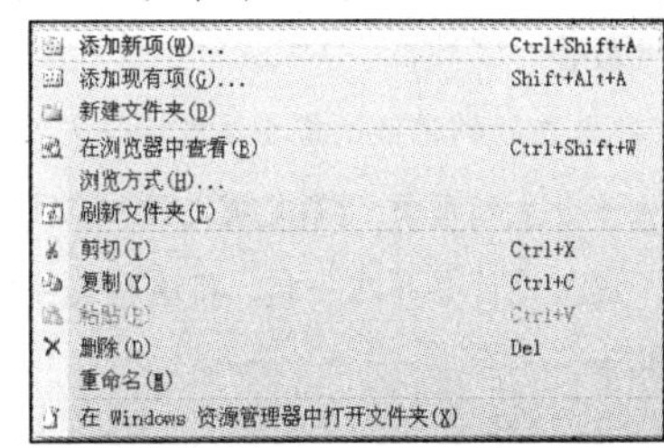

图 7-5　选择【添加新项】命令

(5) 此时打开如图 7-6 所示的【添加新项】对话框，该对话框中提供了【主题 1 文件夹】可以添加的文件的模板。

(6) 选择【外观文件】模板，在【名称】文本框中输入该文件的名称“SkinFile.skin”，单击【添加】按钮，SkinFile.skin 文件就会被添加到【主题 1】目录下，如图 7-7 所示。

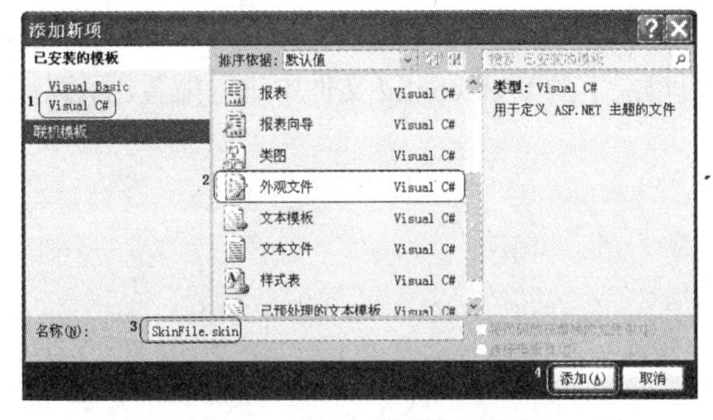

图 7-6　【添加新项】对话框

图 7-7　生成皮肤文件

(7) 双击打开新建的 SkinFile.skin 文件，可以看到如下代码：

```
1. <%--
2. 默认的外观模板。以下外观仅作为示例提供。
```

计算机基础与实训教材系列

```
3.  1. 命名的控件外观。SkinId 的定义应唯一，因为在同一主题中不允许一个控件类型有重复的 SkinId。
4.  <asp:GridView runat="server" SkinId="gridviewSkin" BackColor="White" >
5. <AlternatingRowStyle BackColor="Blue" />
6.  </asp:GridView>
7.  2. 默认外观。未定义 SkinId。在同一主题中每个控件类型只允许有一个默认的控件外观。
8.  <asp:Image runat="server" ImageUrl="~/images/image1.jpg" />
9.  --%>
```

代码说明：上面代码是一段外观文件编写的说明性文字，告诉程序员以何种格式来编写控件的外观属性定义。其中，第4行和第8行提供了两个外观定义的示例。

(8) 按照说明格式，编写一个 Button 控件的外观属性定义，代码如下：

```
<asp: Button runat="server" BackColor="Blue"></asp: Button >
```

代码说明：以上代码定义了一个 Button 控件的外观，定义其背景色为蓝色。

通过以上步骤，可以应用于整个网站项目的主题就建立完成了。

提示

在建立主题的时候，需要注意以下几项：(1)主题目录放在专用目录 App_Themes 的下面；(2)专用目录下可以放多个主题目录；(3)皮肤文件放在主题目录下；(4)每个主题目录下面可以放多个皮肤文件，但系统会把多个皮肤文件合并在一起，将这些文件视为一个文件；(5)对控件显示属性的定义放在以.skin 为后缀的皮肤文件中。

7.1.3 主题的应用

在网页中使用任何一个主题，都会在网页定义中加上“Theme=[主题目录]”，代码如下：

```
<%@ Page Theme="主题 1" … %>
```

为了将主题应用于整个项目，可以在项目根目录下的 Web.config 文件中进行配置，示例代码如下：

```
1. <configuration>
2.      <system.web>
3.          <Pages Themes="主题 1"></Pages>
4.      </system.web>
5. </configuration>
```

代码说明；第3行代码通过把属性 Themes 设置为“主题 1”来将该主题应用于整个项目。

只有遵守上述配置规则，在皮肤文件中定义的显示属性才能够起作用。

在 ASP.NET 中属性主题设置的作用策略是：如果设置了页的主题属性，则主题和页中的控

件设置将被合并，以构成控件的最终属性设置。如果同时在控件和主题中定义同样的属性，则主题中的控件属性设置将重写控件上的任何页设置。这种属性使用策略的好处是，通过主题可以为页面上的控件定义统一的外观，并且，如果修改了主题的定义，页面上控件的属性也会随着变化。

【例 7-2】本例把在外观文件中定义的 TextBox、Label 和 Button 3 个控件的属性主题应用于网页设计中。

(1) 启动 Visual Studio 2010，选择【文件】|【新建网站】命令，在打开的【新建网站】对话框创建网站并命名为“例 7-2”。

(2) 在网站中添加一个名为 Default 的 Web 窗体。

(3) 双击网站根目录下的 Default.aspx 文件，设计视图。从【工具箱】分别拖动一个 Label 控件、一个 TextBox 控件和一个 Button 控件到设计视图中，并分别设置这些控件的属性，如图 7-8 所示。

(4) 在该网站项目下添加一个名为 App_Themes 的文件夹，并在该文件夹中添加一个名为 mytheme 的文件夹，然后在该文件夹中添加外观文件，命名为“TextBox.skin”，如图 7-9 所示。

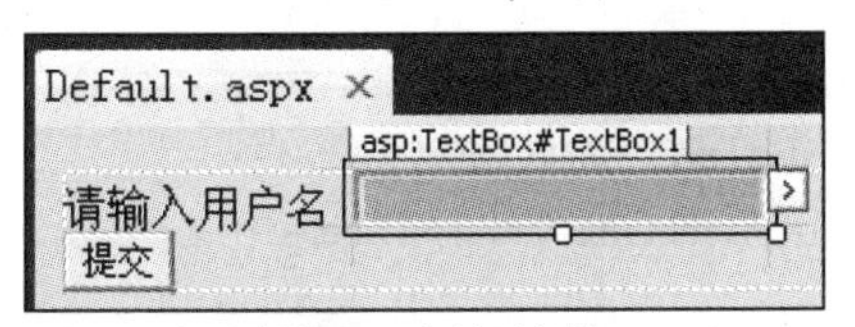

图 7-8　添加控件

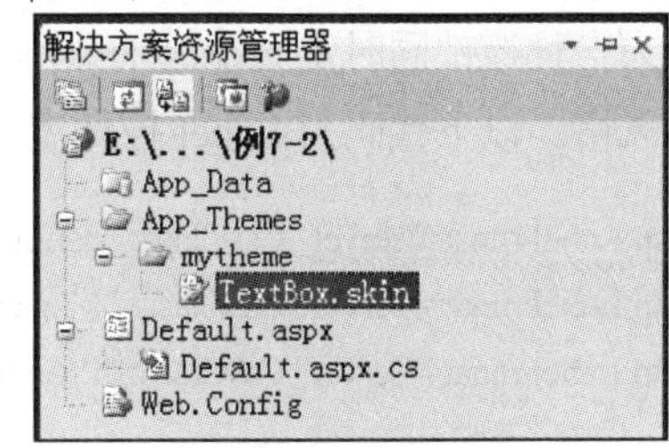

图 7-9　新建皮肤文件

(5) 双击新建的 TextBox.skin 文件，在其中添加如下代码：

```
1. <asp:Label runat="server" Font-Bold ="true" ForeColor="Red"></asp:Label>
2. <asp:TextBox runat="server" BackColor="#C0FFFF" BorderColor="#8080FF"
BorderStyle="Solid"></asp:TextBox>
3. <asp:Button runat="server" BackColor="#FFE0C0" BorderColor="#FF8000" BorderStyle="Dotted"
></asp:Button >
```

代码说明：第 1 行定义了 Label 控件的外观，这里设置了该控件上显示的字体为粗体，字体的颜色为红色。第 2 行定义了 TextBox 控件的外观，这里设置了该控件的边框颜色和样式以及背景色。第 3 行定义了 Button 控件的外观，这里设置了该控件的边框颜色和样式以及背景色。

(6) 切换到源视图，添加如下代码：

```
<%@ Page Language="C#" AutoEventWireup="true" Theme="mytheme" CodeFile="Default.aspx.cs"
Inherits="_Default" %>
```

代码说明：以上代码在 Page 指令中设置 Theme 属性为 mytheme，即把主题 mytheme 应用于该页面。

(7) 运行程序，效果如图 7-10 所示。

图 7-10　运行效果

> **知识点**
>
> 当在一个页面中引用某个主题后，在定义控件的 SkinID 属性时就会自动弹出可供选择的 SkinID，非常方便实用。

7.1.4　SkinID 的应用

SkinID 是 ASP.NET 为 Web 控件提供的一个联系到皮肤的属性，用来标识控件使用哪种皮肤。有时需要为一种控件同时定义不同的显示风格，这时可以在皮肤文件中定义 SkinID 属性来区别不同的显示风格。以下代码为 Label 控件定义了 3 种不同的皮肤：

```
1. <asp:Label runat="server" CssClass="commonText"></asp:Label>
2. <asp:Label runat="server" CssClass="MsgText" SkinID="MsgText"></asp:Label>
3. <asp:Label runat="server" CssClass="PromptText" SkinID="PromptText"></asp:Label>
```

代码说明：第 1 行代码是默认定义，不包含 SkinID 属性，该定义作用于所有不声明 SkinID 属性的 Label 控件；第 2 行和第 3 行代码声明了 SkinID 属性，当使用其中一种样式定义时，就需要在相应的 Label 控件中声明相应的 SkinID 属性。

【例 7-3】使用 SkinID 来选择不同的外观定义，从而实现 3 个 TextBox 控件的不同显示。

(1) 启动 Visual Studio 2010，选择【文件】|【新建网站】命令，在打开的【新建网站】对话框中创建网站并命名为“例 7-3”。

(2) 在网站中添加一个名为 Default 的 Web 窗体。

(3) 双击网站根目录下的 Default.aspx 文件，打开设计视图。从【工具箱】分别拖动 3 个 Button 控件到设计视图中，并设置这 3 个控件的属性，如图 7-11 所示。

(4) 在该网站项目下添加一个名为 App_Themes 的文件夹，并在该文件夹中添加一个文件夹，默认名为 mytheme。在 mytheme 文件夹中添加外观文件，命名为“TextBox.skin”，如图 7-12 所示。

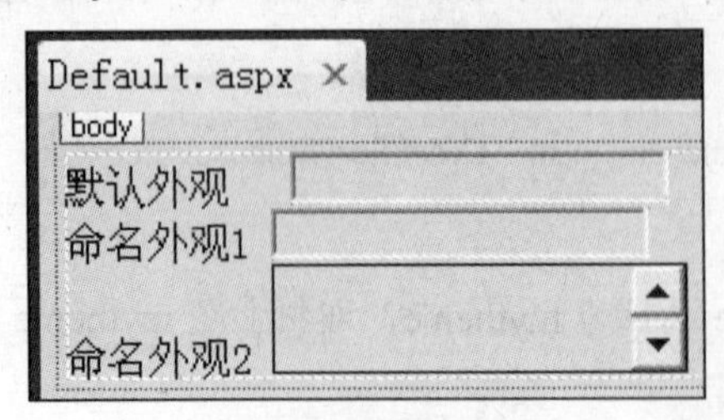

图 7-11　添加控件

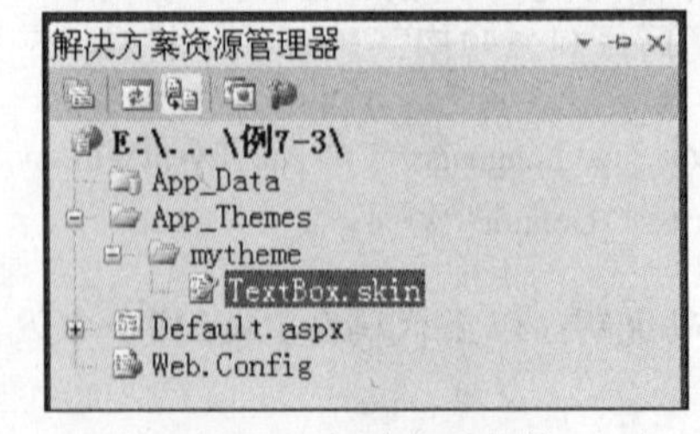

图 7-12　创建皮肤文件

(5) 用鼠标双击新建的 TextBox.skin 文件，在其中添加如下代码：

```
1.  <asp:TextBox    runat="server" BackColor="#E0E0E0" BorderColor="#80FF80" BorderStyle="Ridge" >
    </asp:TextBox>
2.  <asp:TextBox    runat="server" BackColor="#C0FFFF" BorderColor="#8080FF" BorderStyle="Solid"
    SkinID="bule"></asp:TextBox>
3.  <asp:TextBox    runat="server" BackColor="#FFE0C0" BorderColor="#FF8000" BorderStyle="Dotted"
    SkinID="yellow"></asp:TextBox>
```

代码说明：第 1 行代码是默认定义，不包含 SkinID 属性，该定义作用于所有不声明 SkinID 属性的 Button 控件；第 2 行和第 3 行代码声明了 SkinID 属性，当使用其中一种样式定义时就需要在相应的 Button 控件里声明相应的 SkinID 属性。

(6) 切换到【源视图】，加入如下代码：

```
<%@ Page Language="C#" AutoEventWireup="true" Theme="mytheme" CodeFile="Default.aspx.cs"
 Inherits="_Default" %>
```

代码说明：以上代码中在 Page 指令中设置了属性 Theme 为 mytheme，表明把主题 mytheme 应用于该页面。

(7) 运行程序，效果如图 7-13 所示。

图 7-13　运行结果

知识点

SkinID 属性只能应用于服务器控件的外观设置。它可以和 CSS 文件一起使用，但优先级别要高。

7.1.5　禁用主题

主题将重写页和控件外观的本地设置，而当控件或页已经有预定义的外观，且又不希望被主题重写时，就可以禁用主题，忽略主题的作用。

通过设置@Page 指令的 EnableTheming 属性为 false 来实现禁用页的主题，例如：

```
<%@ Page EnableTheming="false" %>
```

通过将控件的 EnableTheming 属性设置为 false 来实现禁用控件的主题，例如：

```
<asp:Calendar id="Calendar1" runat="server" EnableTheming="false" />
```

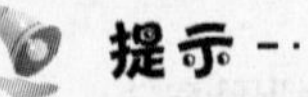

提示

必须在页面上静态控件的 Page_PreInit 事件触发之前设置 Page 属性的主题。如果使用动态控件，就应该在把控件添加到 Controls 集合之前设置 Theme 属性。

7.2 母版页

母版页是 ASP.NET 提供的一种重要技术，使用母版页可以为应用程序中的页面创建一致的布局。可以通过单个母版页为应用程序中的所有页(或一组页)定义所需的外观和标准行为，然后创建包含要显示的内容的各个内容页。当用户请求内容页时，这些内容页与母版页合并，以将母版页的布局与内容页的内容组合在一起输出。

7.2.1 母版页简述

母版页为具有扩展名.master 的 ASP.NET 文件，它具有可以包括静态文本、HTML 元素和服务器控件的预定义布局。母版页由@Master 指令为标志，该指令替换了用于普通.aspx 页的@Page 指令。该指令类如下面代码所示：

```
<%@ Master Language="C#" %>
```

除在所有页上显示的静态文本和控件外，母版页还包括一个或多个 ContentPlaceHolder 控件。ContentPlaceHolder 控件称为占位符控件，这些占位符控件用于定义可替换内容出现的区域。

可替换内容是在内容页中定义的。所谓内容页就是绑定到特定母版页的 ASP.NET 页(.aspx 文件以及可选的代码隐藏文件)。通过创建各个内容页来定义母版页的占位符控件的内容，从而实现页面的内容设计。

在内容页的@Page 指令中，通过使用 MasterPageFile 属性来指定要使用的母版页，从而将内容页和母版页绑定。例如，一个内容页可能包含@Page 指令，该指令将该内容页绑定到 Master.master 页，在内容页中，通过添加 Content 控件并将这些控件映射到母版页上的 ContentPlaceHolder 控件来创建内容，代码如下：

```
1. <%@Page Language="C#" MasterPageFile="~/Master.master"
2. Title="内容页 1" %>
3. <asp:Content ID="Content1" ContentPlaceHolderID="Main" Runat="Server">
4. 主要内容
5. </asp:Content>
```

代码说明：第 1 行代码在 Page 指令中设置 MasterPageFile 属性为 Master.master，表示该页面的母版页为 Master.master，第 3 行到 5 行定义内容页。

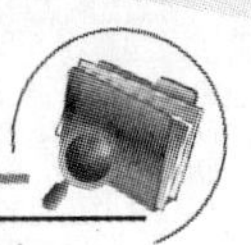

母版页具有以下优点。

- 使用母版页可以集中处理页的通用功能，以便可以只在一个位置上进行更新。
- 使用母版页可以方便地创建一组控件和代码，并将结果应用于一组页。例如，可以在母版页上使用控件来创建一个应用于所有页的菜单。
- 通过允许控制占位符控件的呈现方式，母版页使开发人员可以在细节上控制最终页的布局。
- 母版页提供一个对象模型，使用该对象模型可以从各个内容页自定义母版页。

在运行时，母版页按照以下步骤进行处理。

- 用户通过输入内容页的 URL 来请求某页。
- 获取该页后，读取@Page 指令。如果该指令引用一个母版页，则也读取该母版页；如果这是第一次请求母版页和内额页，则两个页都要进行编译。
- 将包含更新内容的母版页合并到内容页的控件树中。
- 将各个 Content 控件的内容合并到母版页相应的 ContentPlaceHolder 控件中。
- 浏览器中呈现得到的合并页。

提示

使用 Master 页面的优点是，在创建内容页面时，可以在 IDE 中看到模板，如果在处理页面时可以看到整个页面，就很容易开发出使用模板的内容页面，在处理内容页面时，所有的模板项都变灰且不可编辑。

7.2.2 母版页的创建

母版页中包含的是页面公共部分，即网页模板。因此，在创建母版页之前，必须判断哪些内容是页面公共部分，这就需要从分析页面结构开始。

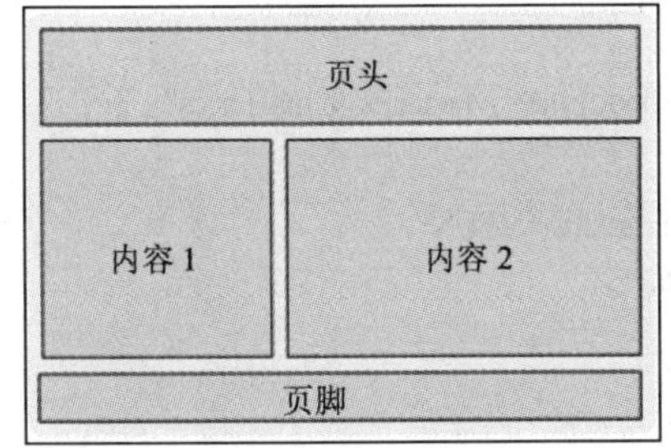

图 7-14　页面结构图

知识点

可以利用 Web.config 文件指定所用的内容页继承母版页，以解决批量更换母版页的问题。

图 7-14 为一个页面结构图，该页面由 4 个部分组成：页头、页脚、内容 1 和内容 2。其中页头和页脚是所在网站中页面的公共部分，网站中许多页面都包含相同的页头和页脚。内容 1 和内容 2 是页面的非公共部分，是页面所独有的。结合母版页和内容页的有关知识可知，如果使用母版页和内容页来创建页面，那么必须创建一个母版页 MasterPage.master 和一个内容页 I。其中母

版页包含页头和页脚等内容，内容页则包含内容 1 和内容 2。

【例 7-4】下面通过一个例子讲述创建母版页的过程。

(1) 启动 Visual Studio 2010，选择【文件】|【新建网站】命令，在打开的【新建网站】对话框中创建网站并命名为“例 7-4”。

(2) 右击网站名，在弹出的如图 7-15 所示的快捷菜单中选择【添加新项】命令。

(3) 在打开的如图 7-16 所示的【添加新项】对话框的【模板】列表中选择【母版页】，并且设置文件名为 MasterPage.master，选中【将代码放在单独的文件中】复选框，单击【确定】按钮。

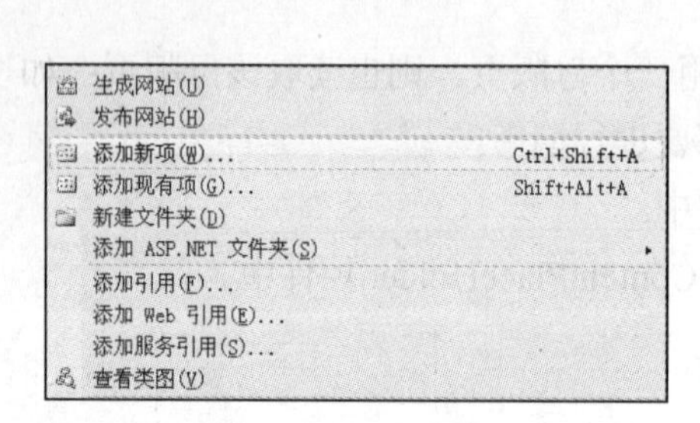

图 7-15　选择【添加新项】命令

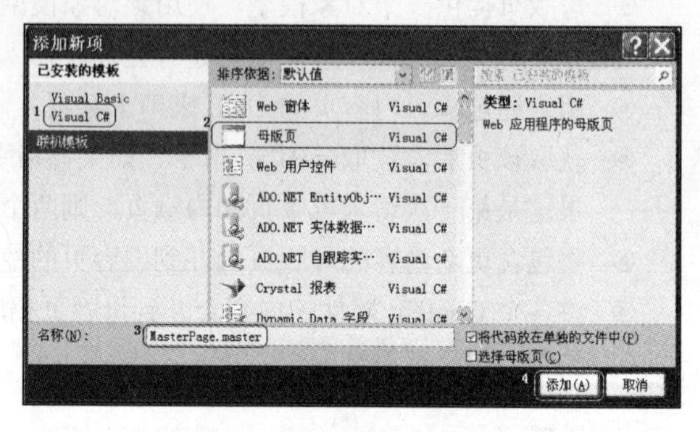

图 7-16　【添加新项】对话框

(4) 此时网站根目录下会生成一个 MasterPage.master 文件和一个 MasterPage.master.cs 文件，如图 7-17 所示。

图 7-17　生成母版页文件

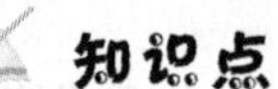

知识点

如果不使用 Web.config 指定的母版页，只需要在 Page 指令中指定需要的母版页文件，那么该页面就不会使用 Web.config 中设置的母版页。

(5) 双击打开 MasterPage.master 文件，编写代码如下。

```
1. <%@ Master Language="C#"    AutoEventWireup="true" CodeFile="MasterPage.master.cs"    I
   nherits="MasterPage" %>
2. <!DOCTYPE html PUBLIC "-//W3C//DTD XHTML 1.0 Transitional//EN"
3. "http://www.w3.org/TR/xhtml1/DTD/xhtml1-transitional.dtd">
4. <html xmlns="http://www.w3.org/1999/xhtml" >
5. <head runat="server">
6. <title>无标题页</title>
7. </head>
8. <body leftmargin="0" topmargin="0" >
9.      <form id="form1" runat="server">
10.          <div align="center">
11.              <table width="763" height="100%" border="0" cellpadding="0" cellspacing="0"
                 bgcolor="#FFFFFF">
```

```
12.             <tr>
13.                 <td width="763" height="86" align="right" valign="top" background="Images/head.jpg">
14.                 </td>
15.             </tr>
16.             <tr>
17.                 <td width="763" height="53" align="right" valign="bottom" ></td>
18.            </tr>
19.             <tr>
20.                  <td width="763" height="22" align="right" valign="top"></td>
21.             </tr>
22.              <tr>
23.                  <td width="763" valign="top">
24.            <table width="100%" border="0" cellspacing="0" cellpadding="0">
25.                <tr>
26.                    <td width="244" valign="top">
27.                      <asp:ContentPlaceHolder ID="ContentPlaceHolder1"
                         runat="server"></asp:ContentPlaceHolder>
28.                    </td>
29.                      <td valign="top" align="left">
30.                        <asp:ContentPlaceHolder ID="ContentPlaceHolder2"
                           runat="server"></asp:ContentPlaceHolder>
31.                      </td>
32.                 </tr>
33.              </table>
34.          </td>
35.        </tr>
36.                  <tr>
37.                      <td width="763" height="1"></td>
38.                 </tr>
39.                  <tr>
40.                      <td width="763" height="35" align="center" class="baseline">&copy;Copyright
                        Xiaorong Office</td>
41.                 </tr>
42.        </table>
43.     </div>
44.  </form>
45. </body>
46. </html>
```

代码说明：以上是母版页 MasterPage.master 的源代码，MasterPage.master 中主要包含的是页头和页脚的代码，与普通的.aspx 源代码非常相似，包括<html>、<body>、<form>等 Web 元素，但是，与普通页面还是存在差异，主要有：第 1 行代码不同，母版页使用的是 Master，而普通.aspx 文件使用的是 Page，除此之外，两者在代码头方面是相同的；母版页中声明了

ContentPlaceHolder 控件，而在普通.aspx 文件中是不允许使用该控件的。在 MasterPage.master 的源代码中，第 27 和第 30 行共声明了两个 ContentPlaceHolder 控件，用于在页面模板中为内容 1 和内容 2 占位。ContentPlaceHolder 控件本身并不包含具体内容设置，仅是一个控件声明。

(6) 切换到设计视图，母版页的界面效果如图 7-18 所示。

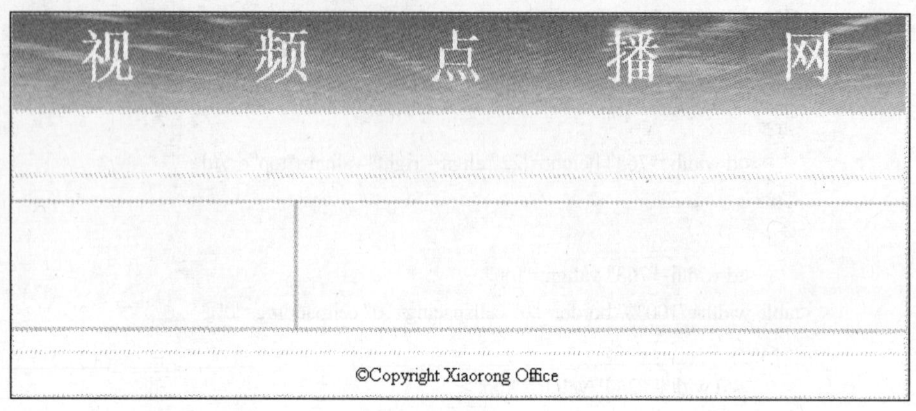

图 7-18　母版页的界面效果

使用 Visual Studio 2010 可以对母版页进行编辑，并且它完全支持“所见即所得”功能。无论是在代码模式下，还是设计模式下，使用 Visual Studio 来编辑母版页与编辑普通.aspx 文件是相同的。图 7-18 中的两个矩形框为 ContentPlaceHolder 控件，开发人员可以直接在其中添加内容，这些内容的代码将包含在 ContentPlaceHolder 控件的声明代码中。

提示

在应用程序中创建内容页面的 Page 指令时，使用 Title 属性可以指定页面的标题，这样可以避免使用母版页中的标题。

7.2.3　母版页的应用

母版页的使用方法有两种：第一种是在母版页中置入新网页，第二种是在母版页置入已存在的网页。

1. 在母版页中置入新网页

在母版页中放入新网页的方法也有两种，第一种是直接在母版页中生成新网页，第二种是在建立新网页时选择母版页。

在母版页中生成新网页的步骤如下。

(1) 双击打开母版页，右击 ContentPlaceHolder 控件，在弹出的如图 7-19 所示的快捷菜单中选择【添加内容页】命令，以确定内含的新网页。

(2) 在打开如图 7-20 所示的网页中右击，从弹出的快捷菜单中选择【编辑主表】命令，即可编辑该网页。

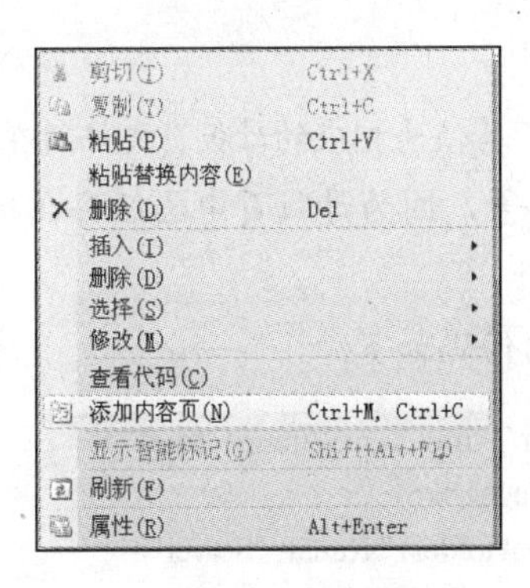

图 7-19　选择【添加内容页】命令

图 7-20　选择【编辑主表】命令

在建立新网页时选择母版页的步骤如下。

(1) 右击网站名称，在弹出的如图 7-21 所示的快捷菜单中选择【添加新项】命令。

(2) 在打开如图 7-22 所示的【添加新项】对话框的【模板】列表中选择【Web 窗体】模板，使用默认的文件名，并在【语言】选项中选择 Visual C#命令，然后选中【选择母版页】复选框，最后单击【添加】按钮。

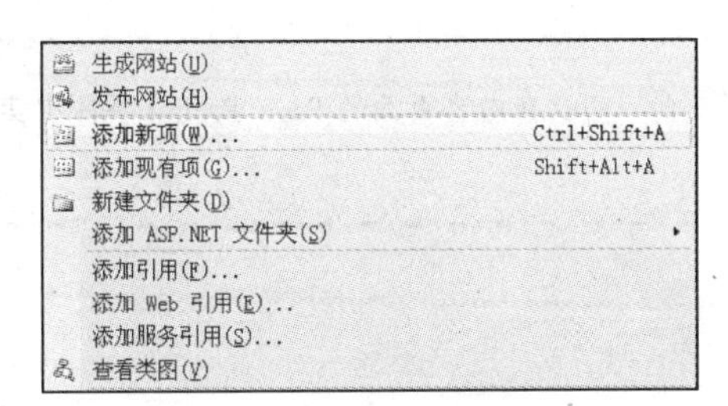

图 7-21　选择【添加新项】命令

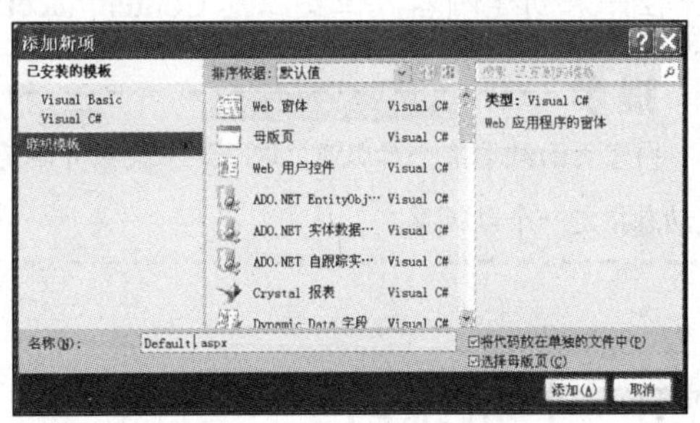

图 7-22　【添加新项】对话框

(3) 打开如图 7-23 所示的【选择母版页】对话框，在【文件夹内容】列表框中选择 MasterPage .master 母版页文件，单击【确定】按钮，即可将新网页放入母版页中。

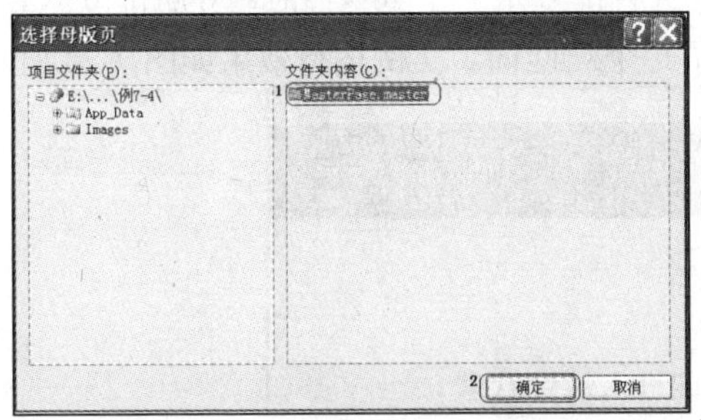

图 7-23　【选择母版页】对话框

知识点

母版页由内容页面继承时，会提供一个 Master 属性。使用这个属性可以获取母版页中包含的控件值或定制的属性。

2. 在母版页放入已存在的网页

通常通过手工加入或修改一些代码来将已存在的网页嵌入到母版页中，步骤如下。

(1) 打开已存在网页的源视图，在第一行代码中增加与母版页相关联的属性，代码如下：

```
<%@ Page Language="C#" AutoEventWireup="true" CodeFile="Default.aspx.cs" Inherits="_Default"
```

```
MasterPageFile="~/MasterPage.master"%>
```

代码说明：MasterPageFile 属性是与母版页相关联的属性，其值为相应的母版页文件所在的路径。

(2) 删除标记，如：<html>、<head>、<body>、<form>等，因为母版页中已经存在相同的标记，删除它们可避免重复。

(3) 添加<Content>控件，并添加相应的属性，修改后的代码如下：

```
1. <%@ Page Language="C#" MasterPageFile="~/MasterPage.master" AutoEventWireup="true"
   CodeFile="Default3.aspx.cs" Inherits="Default3" Title="Untitled Page" %>
2. <asp:Content ID="Content1" ContentPlaceHolderID="ContentPlaceHolder1" Runat="Server">
3. …
4. </asp:Content>
5. <asp:Content ID="Content2" ContentPlaceHolderID="ContentPlaceHolder2" Runat="Server">
6. …
7. </asp:Content>
```

代码说明：第 2 和第 4 行通过添加 Content 控件并将这些控件映射到母版页上的 Content Place Holder 控件来创建内容，但要注意 ContenPlaceHolderID 的值应与母版页定义的相同。

提示

内容页面继承某个母版页，这一继承关系并不是一成不变的，可以在内容页面的 Page_PreInit 事件中变成动态指定一个母版页。

7.3 上机练习

本次上机练习实现一个在线视频网站的后台管理的页面布局框架，该框架包括界面页头和页脚以及导航。页面头部放置了一个 LOGO 图片。页脚部分是一个版权信息。导航部分放置了一个 TreeView 控件来显示操作菜单。内容部分显示了一个欢迎词。实例运行效果如图 7-24 所示。

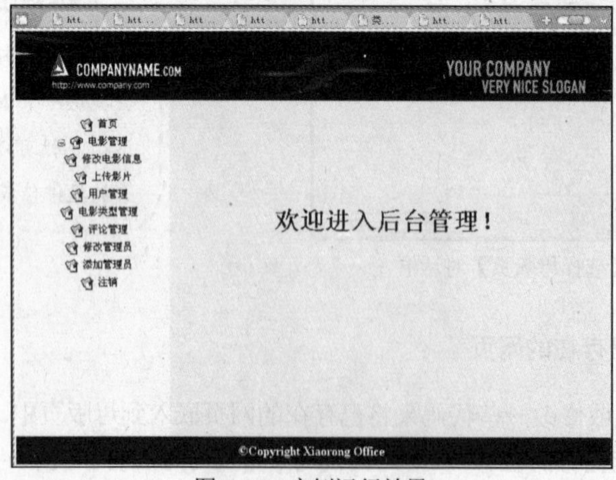

图 7-24　实例运行效果

(1) 启动 Visual Studio 2010，选择【文件】|【新建网站】命令，在打开的【新建网站】对话框中创建网站并命名为“上机练习”。

(2) 右击网站名，在弹出的如图 7-25 所示的快捷菜单中选择【添加新项】命令。

(3) 在打开的如图 7-26 所示的【添加新项】对话框的【模板】列表框中选择【母版页】选项，并设置文件名为 MasterPage.master，选中【将代码放在单独的文件中】复选框，单击【添加】按钮。

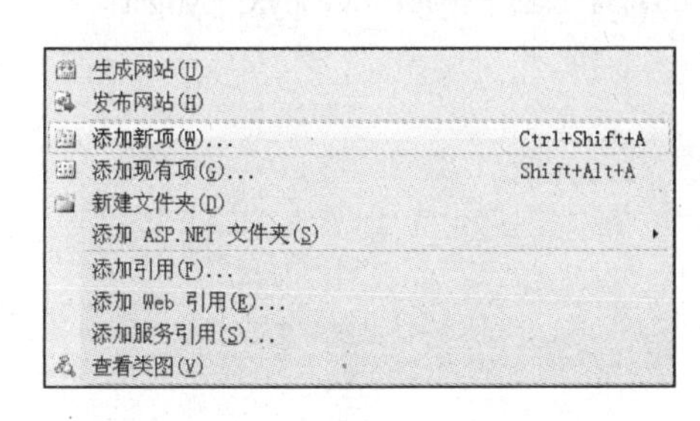

图 7-25　选择【添加新项】命令

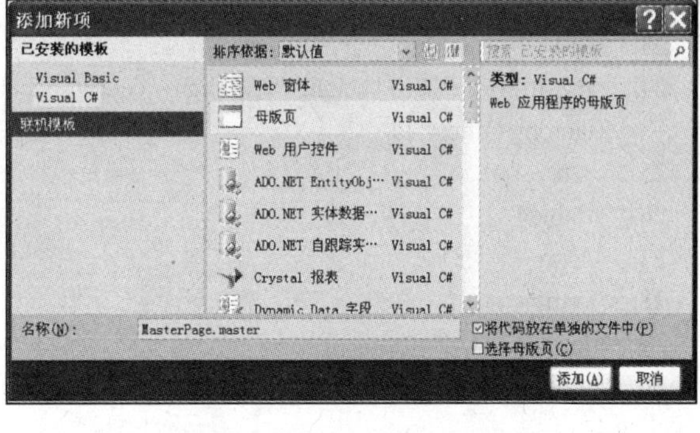

图 7-26　【添加新项】对话框

(4) 此时网站根目录下生成一个 MasterPage.master 文件和一个 MasterPage.master.cs 文件，如图 7-27 所示。

图 7-27　生成母版页文件

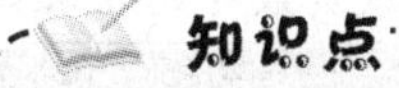

从内容页面上访问母版页中的某个控件时，可以使用母版页提供的 FindControl 方法来获得该控件的属性。

(5) 双击打开 MasterPage.master 文件，编写代码如下。

```
1. <%@ Master Language="C#" AutoEventWireup="true" CodeFile="MasterPage.master.cs" Inherits="MasterPage"
   %>
2. <!DOCTYPE html PUBLIC "-//W3C//DTD XHTML 1.0 Transitional//EN"
   "http://www.w3.org/TR/xhtml1/DTD/xhtml1-transitional.dtd">
3. <html xmlns="http://www.w3.org/1999/xhtml">
4. <head runat="server"><title></title></head>
5. <form runat="server">
6.   <body leftmargin="0" topmargin="0" >
7.     <div align="center">
8.   <table width="763" height="50" border="0" cellpadding="0" cellspacing="0" bgcolor="#FFFFFF">
9.     <tr>
10.        <td width="763" height="86" align="right" valign="top" background="Images/index_07.jpg"></td>
11.      </tr>
12.    <tr>
13.      <td width="763" valign="top">
14.      <table width="100%" border="0" cellspacing="0" cellpadding="0">
```

```
15.   <tr>
16.          <td width="25%" valign="top" bgcolor="#ffffcc">
17.   <asp:ContentPlaceHolder ID="ContentPlaceHolder1" runat="server"></asp:ContentPlaceHolder></td>
18.       <td width="70%" valign="top" bgcolor="#ccffff">
19.   <asp:ContentPlaceHolder ID="ContentPlaceHolder2" runat="server"></asp:ContentPlaceHolder></td>
20.          </tr>
21.          </table>
22.      </td>
23.   </tr>
24.   <tr><td width="763" height="35" align="center" bgcolor="#00345a" class="style1">&copy;Copyright
    Xiaorong Office</td>
25.     </tr>
26.   </table>
27.   </div>
28. </form>
29. </body>
30. </html>
```

代码说明：第 1 行声明该页面是一个母版页。第 10 行将一个图片文件设置为页头的背景。第 17 行和第 19 行分别声明了一个 ContentPlaceHolder 控件，用于在页面模板中为内容 1 和内容 2 占位。第 24 行设置页脚显示的文字。

(6) 切换到设计视图，母版页最终的效果如图 7-28 所示。

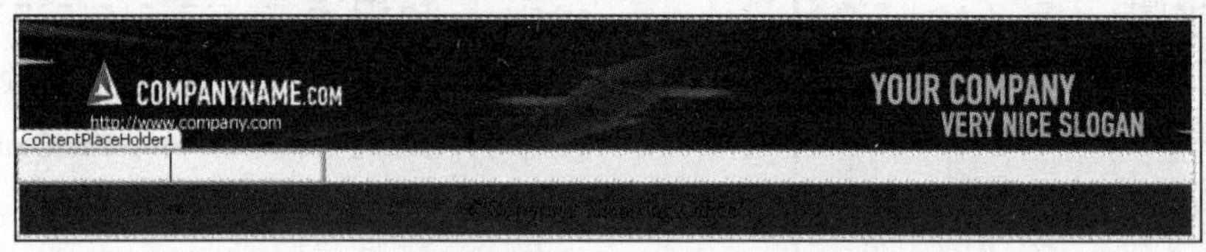

图 7-28　母版页最终的效果

(7) 右击网站名称，在弹出的快捷菜单中选择【添加新项】命令，打开如图 7-29 所示的【添加新项】对话框，在【模板】列表框中选择【Web 窗体】模板，设置文件名为 Default3.aspx，选中【选择母版页】复选框，最后单击【添加】按钮。

(8) 打开如图 7-30 所示的【选择母版页】对话框，在【文件夹内容】列表框中选择 MasterPage.master 母版页文件，单击【确定】按钮，即可将新网页放入母版页中。

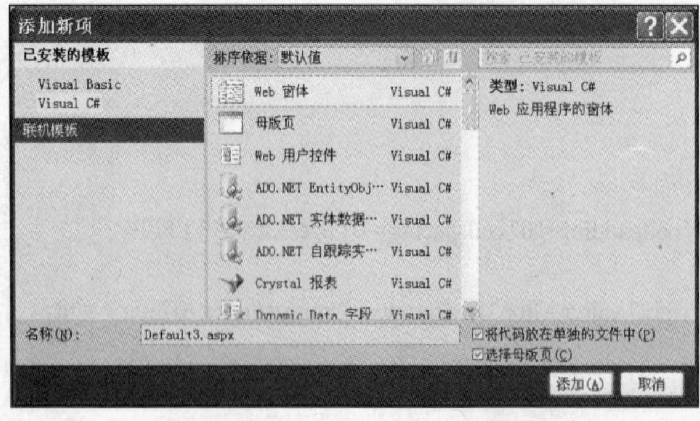

图 7-29　【添加新项】对话框

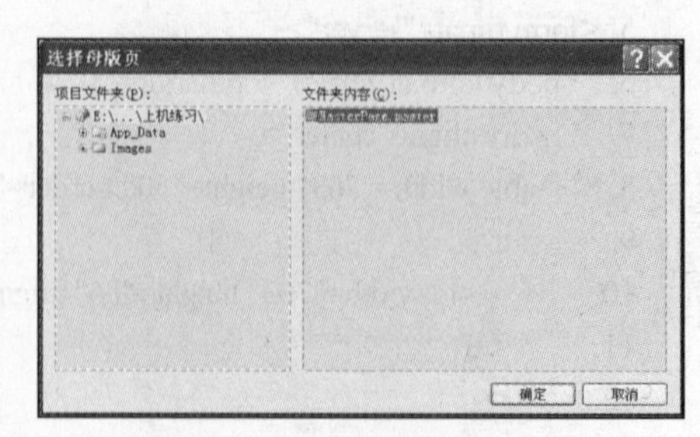

图 7-30　【选择母版页】对话框

(9) 双击打开【Default3.aspx】文件，编写代码如下。

```
1. <%@ Page Title="" Language="C#" MasterPageFile="~/MasterPage.master" AutoEventWireup="true"
   CodeFile="Default2.aspx.cs" Inherits="Default2" %>
2. <asp:Content ID="Content2" ContentPlaceHolderID="ContentPlaceHolder1" Runat="Server">
3.  <asp:TreeView ID="TreeView1" runat="server" CollapseImageUrl="~/Images/1.gif"
ExpandImageUrl="~/Images/2.gif" Font-Size="Medium" ForeColor="Maroon"  Height="400px"
ImageSet="News" NodeIndent="10" style="margin-top :0px; padding-top :20px"
Width="198px"><ParentNodeStyle Font-Bold="False" /> <HoverNodeStyle Font-Underline="True"
/><SelectedNodeStyle Font-Underline="True" HorizontalPadding="0px"  VerticalPadding="0px" />
4. <Nodes>
5. <asp:TreeNode NavigateUrl="~/BackDesk/Manage.aspx" Text="首页" Value="首页"></asp:TreeNode>
6. <asp:TreeNode Text="电影管理" Value="电影管理">
7. <asp:TreeNode NavigateUrl="~/BackDesk/ManageMovies.aspx" Text="修改电影信息" Value="查询电影
   "></asp:TreeNode>
8. <asp:TreeNode NavigateUrl="~/BackDesk/UploadMovies.aspx" Text="上传影片" Value="电影添加
   "></asp:TreeNode>
9. </asp:TreeNode>
10. <asp:TreeNode NavigateUrl="~/BackDesk/ManageUser.aspx" Text="用户管理" Value="用户管理
    "></asp:TreeNode>
11. <asp:TreeNode NavigateUrl="~/BackDesk/ManageType.aspx" Text="电影类型管理" Value="电影类型管理
    "></asp:TreeNode>
12. <asp:TreeNode NavigateUrl="~/BackDesk/ManageComments.aspx" Text="评论管理" Value="评论管理
    "></asp:TreeNode>
13. <asp:TreeNode NavigateUrl="~/BackDesk/ManageAdmin.aspx" Text="修改管理员" Value="查询管理员
    "></asp:TreeNode>
14. <asp:TreeNode NavigateUrl="~/BackDesk/Addmanager.aspx" Text="添加管理员"  Value="添加管理员
    "></asp:TreeNode>
15. <asp:TreeNode NavigateUrl="~/Loginout.aspx" Text="注销" Value="注销"></asp:TreeNode>
16.  </Nodes>
17. <NodeStyle Font-Names="Arial" Font-Size="10pt" ForeColor="Black"
18. HorizontalPadding="5px" NodeSpacing="0px" VerticalPadding="0px" />
19. </asp:TreeView>
20. </asp:Content>
21. <asp:Content ID="Content3" ContentPlaceHolderID="ContentPlaceHolder2" Runat="Server">
22. <asp:Label ID="Label1" runat="server" Font-Size="XX-Large"  style="color :#00345a; font-weight: 700;"
    Text="欢迎进入后台管理！"></asp:Label>
23. </asp:Content>
```

代码说明：第 1 行声明该页面所选择的母版页文件。第 2 行通过添加 Content 控件并将这些控件映射到母版页上的 ContentPlaceHolder1 控件来创建内容。第 3 行添加了一个 TreeView 并设置其各项属性。第 4 行到第 16 行设置 TreeView 控件中各个层级的链接路径和显示的文字。第 21 行通过添加 Content 控件并将这些控件映射到母版页上的 ContentPlaceHolder2 控件来创建内容。第 22 行添加一个 Label 控件，用于显示欢迎词。

(10) 至此，整个实例编写已完成，选择【文件】|【全部保存】命令保存文件即可。

7.4 习题

1. 使用母版本页创建一个网站的页面布局，效果如图 7-31 所示。

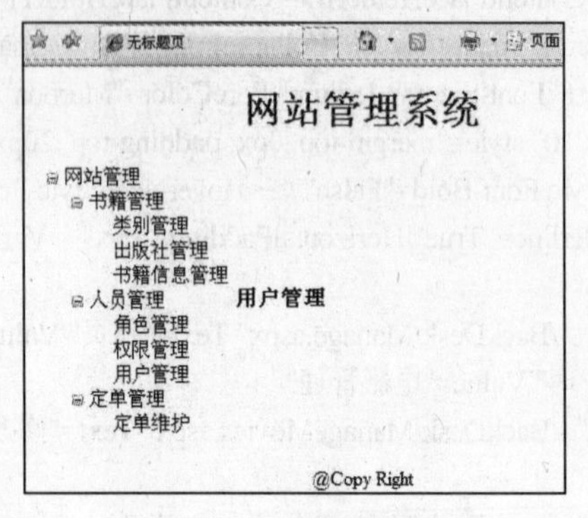

图 7-31　网站的页面布局

2. 创建 3 个主题，分别定义 TextBox 控件的背景颜色，当用户在下拉列表中选择不同的颜色选项时，显示相应的颜色主题，效果如图 7-32 所示。

3. 利用主题定义一个树的显示样式，运行效果如图 7-33 所示。

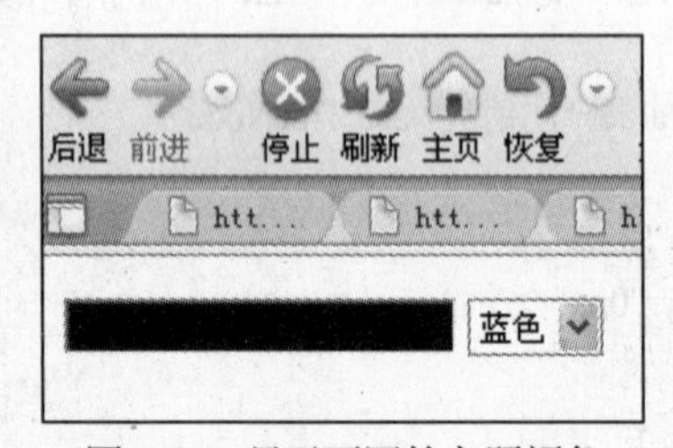

图 7-32　显示不同的主题颜色

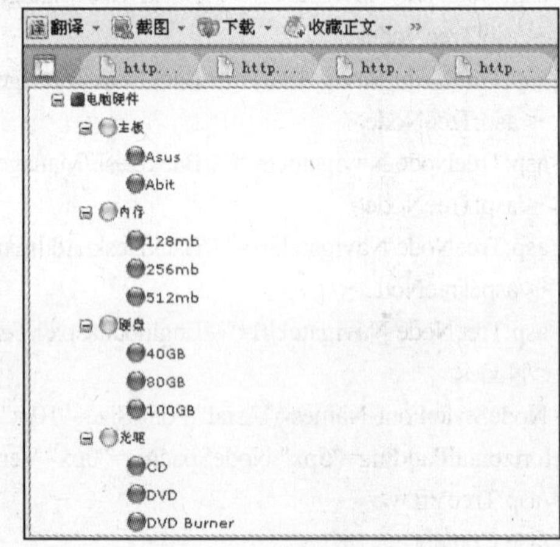

图 7-33　运行效果

4. 使用 3 个 Label 控件分别显示一首唐诗的标题、作者和诗的内容。要求分别使用默认外观和 SkinID 来实现。运行效果如图 7-34 所示。

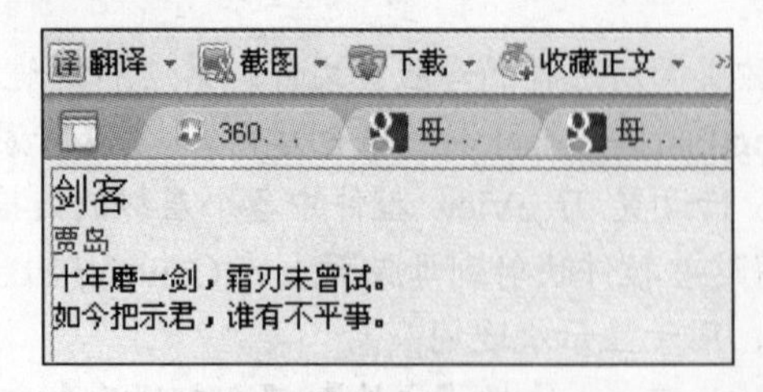

图 7-34　运行效果

5. 利用母版页、样式和主题创建一个新闻发布系统的页面布局，要求母版页和内容页面设计布局的效果如图 7-35 所示。

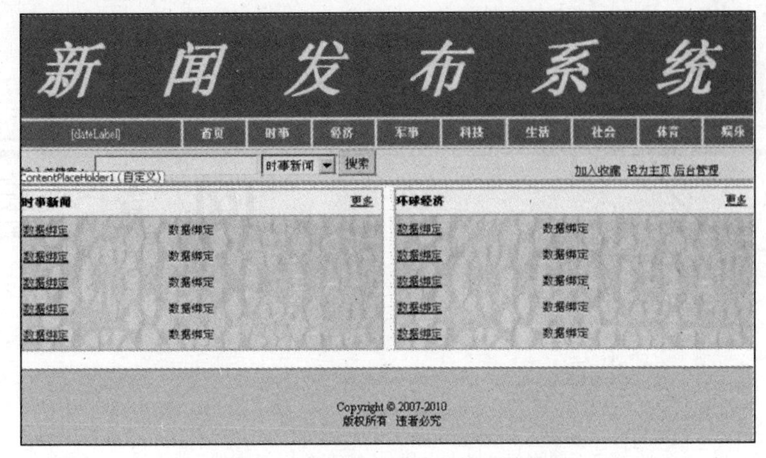

图 7-35　新闻发布系统母版页的效果

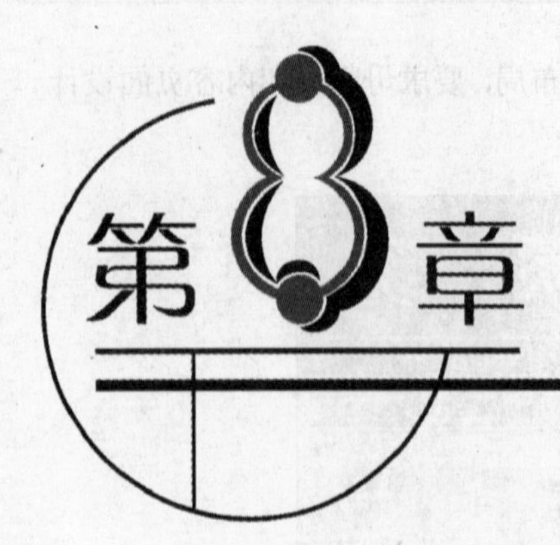

第8章 网站导航

学习目标

ASP.NET 4.0 引入了一个网站导航系统，使终端用户使用应用程序的管理变得非常简单。这一系统使用户可以在 XML 文件中定义整个网站，以便能使用数据提供程序处理该 XML 文件，并将其绑定到一系列基于导航的新的服务器控件上。本章主要分两部分来介绍这些知识，首先介绍了有关站点地图的相关知识和应用，最后介绍了导航控件的知识和应用。在介绍这些知识的过程中提供了一些示例，读者可以通过这些例子来学习 ASP.NET 的网站导航技术。

本章重点

- 网站地图的编写
- TreeView 控件的使用
- Menu 控件的应用
- SiteMapPath 控件的使用

8.1 网站地图

一个网站往往包含很多页面，而优秀的导航系统可以让用户能够很顺畅地在页面间进行穿梭。建立导航的方法通常是在页面上放置超链接，但真正实现起来需要进行很多麻烦的工作，难度会加大。然而，ASP.NET 4.0 所具有的一系列导航特性能够显著地简化这些工作。

ASP.NET 4.0 的导航是柔性的、可配置的并且“可插拔”的，它主要包含以下 3 部分。

- 一种定义网站导航结构的方式，使用 XML 结构形式的网站地图文件来存储导航结构信息。
- 一种方便读取网站地图文件信息的方式，以 SiteMapDataSource 控件和 XmlSiteMapProvider 控件来实现这个功能。

◎ 一种把网站地图信息显示在用户浏览器上的方式，并且允许用户使用这个导航系统。通常可以使用绑定到 SiteMapDataSource 控件的导航控件来实现这个功能。

可以单独地扩展或自定义以上各个部分。例如，如果想要更改导航控件的外观，只需要把不同的控件绑定到 SiteMapDataSource 控件即可；如果想要从不同的类型或不同的位置读取网站地图信息，只需要更改网站地图提供器即可。如图 8-1 所示显示了 ASP.NET 导航各个部分的结构。

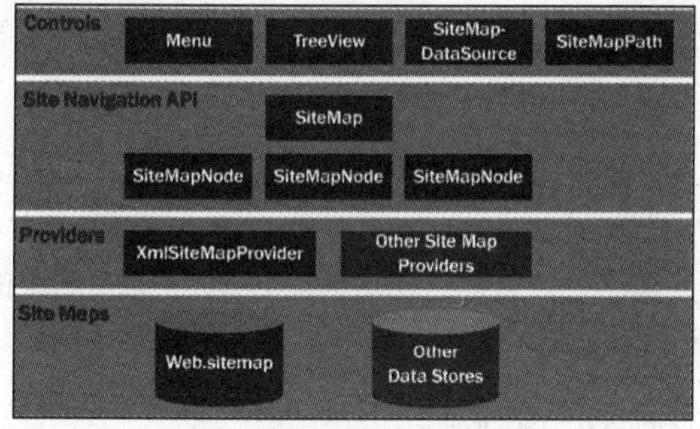

图 8-1　导航组成部分结构图

知识点

使用站点地图最简单的方法是使用 ASP.NET 4.0 中的 SiteMapPath 服务器控件，该控件是专门为处理.sitemap 文件而设计的。

ASP.NET 4.0 提供了名为 XmlSiteMapProvider 的网站地图提供器，使用该提供器可以从 XML 文件中获取网站地图信息。如果要从其他位置或从一个自定义的格式获取网站地图信息，则需要创建定制的网站地图提供器，或者寻找一个第三方解决方案。

XmlSiteMapProvider 会从根目录中寻找名为 Web.sitemap 的文件来读取信息，它解析了 Web.sitemap 文件中的网站地图数据后创建一个网站地图对象，而这个网站地图对象能够被 SiteMapDataSource 所使用，而 SiteMapDataSource 可以被放置在页面的导航控件使用，最后由导航控件把网站的导航信息显示在页面上。

提示

ASP.NET 的导航分层体系结构在底层的站点层次结构和 Web 站点上的控件之间制造了更为松散的耦合，提供了更大的灵活性，而且随着站点的不断发展，更容易实现体系结构和设计的驱动。

8.1.1　网站地图的定义

网站地图的定义非常简单，可以直接使用文本编辑器进行编辑，还可以使用 Visual Studio 2010 创建。右击已经存在的网站项目名，在弹出的快捷菜单中选择【添加】|【新建项】命令，在打开的【添加新项】对话框中选择【站点地图】即可。使用 Visual Studio 2010 创建的站点地图文件可以自动生成网站地图的基本结构，代码如下：

```
<?xml version="1.0" encoding="utf-8" ?>
<siteMap xmlns="http://schemas.microsoft.com/AspNet/SiteMap-File-1.0" >
    <siteMapNode url="" title="" description="">
```

```
        <siteMapNode url="" title="" description="" />
        <siteMapNode url="" title="" description="" />
    </siteMapNode>
</siteMap>
```

代码说明：这段代码是自动生成的网站地图的基本结构信息组成代码。

在添加了站点地图文件后，就可以按照自动生成的网站地图的基本结构添加适合本网站的数据信息。

下面介绍创建站点地图必须遵循的原则。

◎ 网站地图以<siteMap>元素开始

每一个 Web.sitemap 文件都是以<siteMap>元素开始，以与之相对的</siteMap>元素结束的。其他信息则放在<siteMap>元素和</siteMap>元素之间，代码如下：

```
<siteMap xmlns="http://schemas.microsoft.com/AspNet/SiteMap-File-1.0" >
    ...
</siteMap>
```

代码说明：xmlns 属性是必须的，开发人员使用文本编辑器编辑站点地图文件时，必须把上面代码中的 xmlns 属性值完全复制过去，它告诉 ASP.NET，这个 XML 文件使用了网站地图标准。

◎ 每一页由<siteMapNode>元素来描述

每一个站点地图文件定义了一个网站的页面组织结构，可以使用<siteMapNode>元素向这个组织结构插入一个页面，这个页面将包含一些基本信息：页面名称(将显示在导航控件中)、描述以及 URL(页面的链接地址)。代码如下：

```
<siteMapNode url="~/default.aspx" title="主页" description="网站的主页面" />
```

◎ <siteMapNode>元素可以嵌套

一个<siteMapNode>元素表示一个页面，通过嵌套<siteMapNode>元素可以形成树型的页面组织结构。代码如下：

```
<siteMapNode url="~/Default.aspx" title="主页"   description="主页面">
<siteMapNode url="~/WebForm1.aspx" title="页面 1"   description="页面 1" />
<siteMapNode url="~/WebForm2.asp" title="页面 2"   description="页面 2" />
</siteMapNode>
```

代码说明：这段代码包含 3 个节点，其中主页为顶层页面，其他两个页面为下一级页面。

◎ 每一个站点地图都是以单一的<siteMapNode>元素开始的

每一个站点地图都要包含一个根节点，而其他的所有节点都包含在根节点中。

◎ 不允许重复的 URL

在站点地图文件中，可以没有 URL，但不允许重复的 URL 出现，这是因为 SiteMapProvider

以集合形式来存储节点，而每项是以 URL 为索引的。这样就会遇到一个问题，如果想要在不同的层次引用相同的页面，就不能实现了。但是只要稍微修改一下 URL，即可使用站点地图文件来实现网站的导航，代码如下：

```
<siteMapNode url="~/WebForm1.aspx?num=0" title="页面 1" description="页面 1" />
<siteMapNode url="~/WebForm1.aspx?num=1" title="页面 1" description="页面 1" />
```

代码说明：上面的代码是合法的，虽然引用同样的页面，但 URL 并不完全相同。如果我们想要在不同的层次引用相同的页面的话，就可以考虑对 URL 做一些小小的改动，如传递一个不同的参数等，就能解决不允许使用重复 URL 的问题。

8.1.2 在页面中使用网站地图

当创建一个 Web.sitemap 文件后，就可以在一个页面中使用它了。在一个页面上使用站点文件的操作步骤如下。

(1) 必须确定 Web.sitemap 文件中所列的页面都已经存在于网站项目中，这些页面可以是空的，但必须存在，否则在测试中就会出现问题。

(2) 在页面上添加一个 SiteMapDataSource 控件，可以把它从【工具箱】拖到页面中，该控件的定义代码如下：

```
<asp:SiteMapDataSource ID="SiteMapDataSource1" runat="server" />
```

在页面的设计视图中，SiteMapDataSource 控件呈现为一个灰色的方框，但它不呈现在浏览器中。

(3) 添加一个绑定到 SiteMapDataSource 控件的导航控件。为了能够把导航控件与 SiteMap DataSource 控件联系起来，需要设置导航控件的 DataSourceID 属性为 SiteMapDataSource 控件的 ID。例如：

```
<asp:TreeView ID="TreeView1" runat="server" DataSourceID="SiteMapDataSource1">
```

这段代码显示了一个 TreeView 控件的定义代码，其中 DataSourceID 属性为 SiteMapData Source1。

【例 8-1】在网站中创建一个在线视频网站后台管理导航的网站地图文件，并使用 TreeViwe 控件和 SiteMapDataSource 控件进行显示。

(1) 启动 Visual Studio 2010，选择【文件】|【新建网站】命令，在打开的如图 8-2 所示的【新建网站】对话框中先选择【ASP.NET 空网站】模板，接着选择【文件系统】，然后在文件路径中创建网站并命名为“例 8-1”，最后单击【确定】按钮。

(2) 右击网站名，在弹出的如图 8-3 所示的快捷菜单中选择【添加新项】命令。

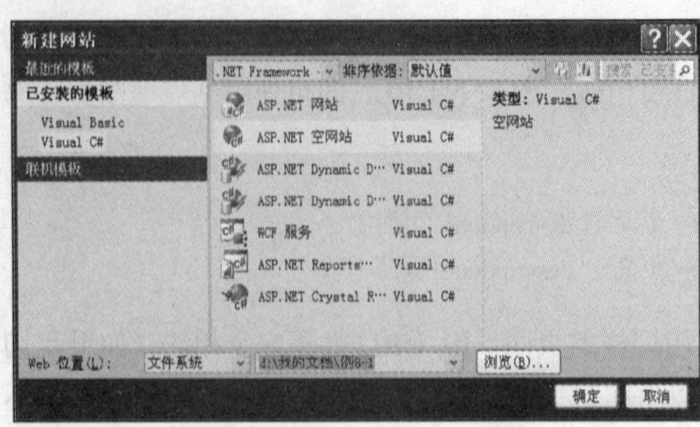

图 8-2 【新建网站】对话框

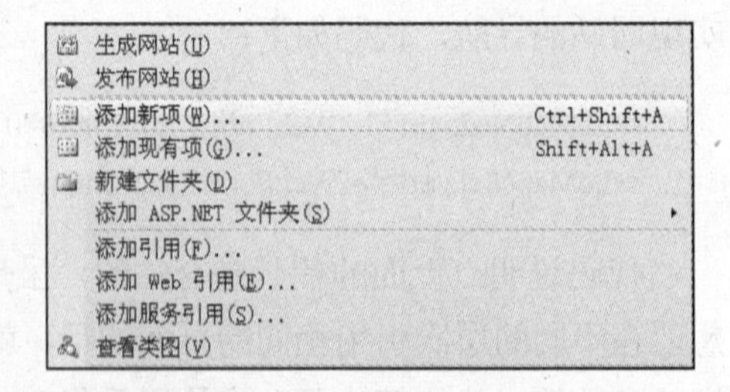

图 8-3 选择【添加新项】命令

(3) 打开如图 8-4 所示的【添加新项】对话框，在【模板】列表中选择【站点地图】选项，并且设置文件名为 Web.sitemap，单击【确定】按钮。

(4) 此时网站根目录下会创建一个 Web.sitemap 文件，如图 8-5 所示。

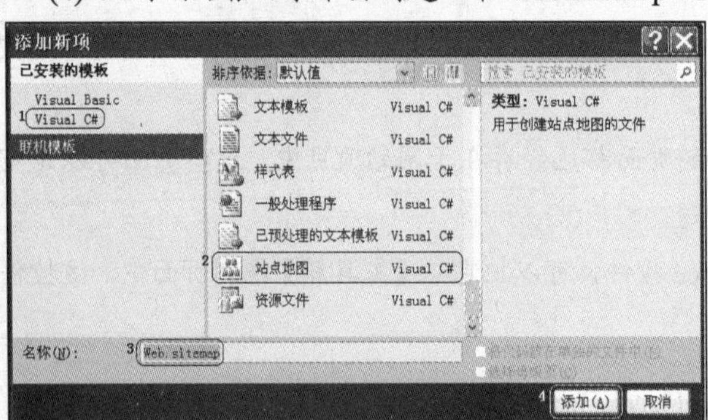

图 8-4 【添加新项】对话框

图 8-5 创建文件

(5) 双击打开 Web.sitemap 文件，编写代码如下。

```
1. <?xml version="1.0" encoding="utf-8" ?>
2. <siteMap xmlns="http://schemas.microsoft.com/AspNet/SiteMap-File-1.0" >
3. <siteMapNode url="~/Manage/Manage.aspx" title="首页"   description="">
4. <siteMapNode url="~/Manage/ManageUser.aspx"   title="操作员管理"   description="" >
5. <siteMapNode url="~/Manage/addmanager.aspx" title="添加操作员"   description="" ></siteMapNode>
6. </siteMapNode>
7. <siteMapNode url="~/Manage/ManageVedios.aspx" title="影片管理"   description="">
8. <siteMapNode url="~/Manage/upload.aspx" title="添加影片"   description="" ></siteMapNode>
9. </siteMapNode>
10. <siteMapNode url="~/Manage/ManageMsg.aspx" title="评论管理"   description=""></siteMapNode>
11. <siteMapNode url="~/Manage/Manageu.aspx" title="用户管理"   description=""></siteMapNode>
12. <siteMapNode url="~/Manage/ManageClass.aspx" title="类别管理"   description=""></siteMapNode>
13. <siteMapNode url="~/loginout.aspx" title="注销"   description=""></siteMapNode>
14. </siteMapNode>
15. </siteMap>
```

代码说明：这段代码定义了一个具有3个层次的站点地图，其中，第3行【首页】是顶层；第4行【操作员管理】和第7行【影片管理】为第二层；其余的页面都是属于第三层，是具体项目分类的页面。

(6) 在网站中添加一个名为Default的Web窗体。

(7) 双击网站的根目录下的Default.aspx文件，打开设计视图。从【工具箱】分别拖动一个TreeView控件和SiteMapDataSource控件到设计视图中，如图8-6所示。

(8) 在【TreeView任务】的【选择数据源】下拉列表中选择SiteMapDataSource1选项。

图8-6 设计视图

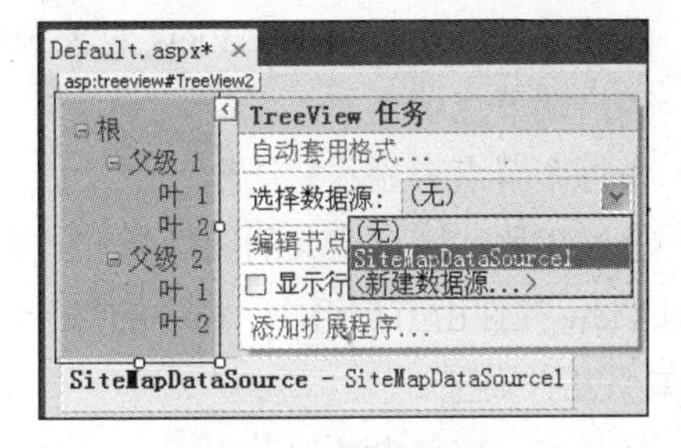

图8-7 选择数据源

(9) 此时，Web.sitemap文件的结构将被绑定到TreeView控件，如图8-8所示。

(10) 运行程序，效果如图8-9所示。

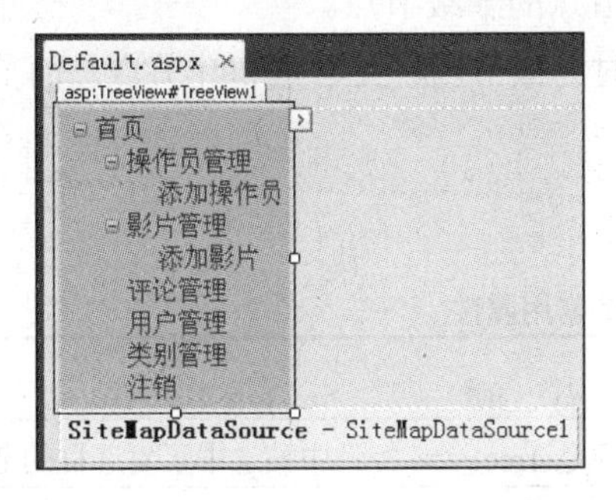

图8-8 实现绑定

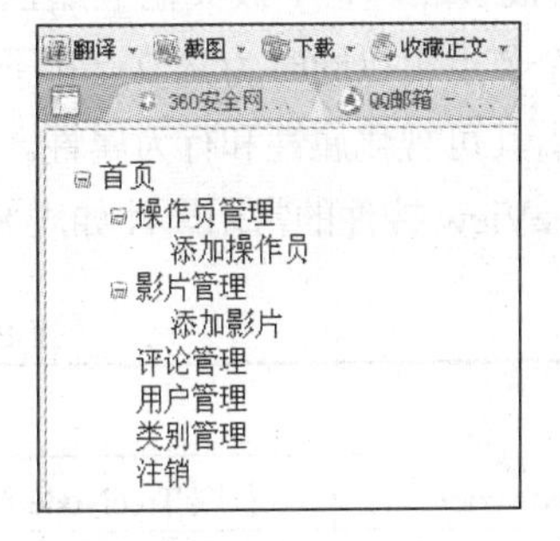

图8-9 运行效果

提示

SiteMap文件中的siteMapNode节点对应SiteMapNode类，该类包括用于描述网站中单个页(包括某一页)的若干属性，如Url、Title和Description属性，这些属性与siteMapNode节点的3个属性相对应。使用SiteMapNode类可以动态地对SiteMap文件进行编程。

8.2 导航控件

前面介绍了站点文件的相关知识，下面介绍3种导航控件：TreeView控件、Menu控件和SiteMapPath控件，这3种控件将在页面上以不同的形式展示网站的导航。

8.2.1 TreeView 控件

TreeView 控件以树型结构来对网站进行导航，它支持以下功能。

- ◉ 数据绑定。它允许控件的节点绑定到 XML、表格或关系数据。
- ◉ 站点导航。通过与 SiteMapDataSource 控件集成来实现。
- ◉ 节点文本既可以显示为纯文本，也可以显示为超链接。
- ◉ 借助编程方式访问 TreeView 对象模型，以动态地创建树、填充节点、设置属性等。
- ◉ 客户端节点填充。
- ◉ 在每个节点旁显示复选框。
- ◉ 通过主题、用户定义的图像和样式可实现自定义外观。

TreeView 控件由节点组成，树中的每一项都称为一个节点，它由一个 TreeNode 对象来表示。节点有如下几种类型。

- ◉ 父节点，它包含其他节点。
- ◉ 子节点，它被其他节点包含。
- ◉ 叶节点，它不包含子节点。
- ◉ 根节点，它不被其他节点包含，是所有其他节点的上级节点。

一个节点可以同时为父节点和子节点，但不能同时为根节点、父节点和叶节点。而节点的类型决定着其可视化属性和行为属性。

TreeView 控件的常用属性如表 8-1 所示。

表 8-1　TreeView 控件的常用属性

属　性	说　明
CheckedNodes	获取 TreeNode 对象的集合，这些对象是 TreeView 控件中被选中了复选框的节点
ExpandDepth	获取或设置第一次显示 TreeView 控件时所展开的层次数
ImageSet	获取或设置用于 TreeView 控件的图像组
LeafNodeStyle	获取对 TreeNodeStyle 对象的引用，该对象可用于设置叶节点的外观
LevelStyles	获取 Style 对象的集合，这些对象表示树中各级上的节点样式
LineImagesFolder	获取或设置文件夹的路径，该文件夹包含用于连接子节点和父节点的线条图像
MaxDataBindDepth	获取或设置要绑定到 TreeView 控件的最大树级数
NodeIndent	获取或设置 TreeView 控件的子节点的缩进量(以像素为单位)
Nodes	获取 TreeNode 对象的集合，它表示 TreeView 控件中的根节点
NodeWrap	获取或设置一个值，它表示当空间不足时节点中的文本是否换行
ParentNodeStyle	获取对 TreeNodeStyle 对象的引用，该对象用于设置 TreeView 控件中父节点的外观
PathSeparator	获取或设置用于分隔由 ValuePath 属性指定的节点值的字符
RootNodeStyle	获取对 TreeNodeStyle 对象的引用，该对象用于设置 TreeView 控件中根节点的外观
SelectedNode	获取表示 TreeView 控件中选定节点的 TreeNode 对象

(续表)

属　性	说　明
SelectedNodeStyle	获取 TreeNodeStyle 对象，该对象控制 TreeView 控件中选定节点的外观
SeletedValue	获取选定节点的值
ShowCheckBoxes	获取或设置一个值，它表示哪些节点类型将在 TreeView 控件中显示复选框
ShowLines	获取或设置一个值，它表示是否显示连接子节点和父节点的线条
SkipLinkText	获取或设置一个值，它用于为屏幕阅读器呈现替换文字以跳过该控件的内容
Target	获取或设置要在其中显示与节点相关联的网页内容的目标窗口或框架

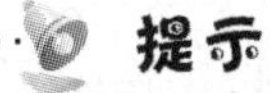

提示

需要注意，不能把 TreeView 控件的 ExpandAll 方法放在 Page_Load 事件中，如果非要这么做，应使用 TreeView 控件的 OnDataBound 属性，也可以展开树中特定的节点，而不是展开整个列表。

【例 8-2】使用 TreeView 控件，以可视化的方式为一个论坛网站创建导航。

(1) 启动 Visual Studio 2010，选择【文件】|【新建网站】命令，在打开的如图 8-10 所示的【新建网站】对话框中先选择【ASP.NET 空网站】模板，接着选择【文件系统】，然后在文件路径中创建网站并命名为“例 8-2”，最后单击【确定】按钮。

(2) 在网站中添加一个名为 Default 的 Web 窗体。

(3) 双击创建的网站根目录下的 Default.aspx 文件，打开设计视图。从【工具箱】拖动一个 TreeView 控件到设计视图中，如图 8-11 所示。

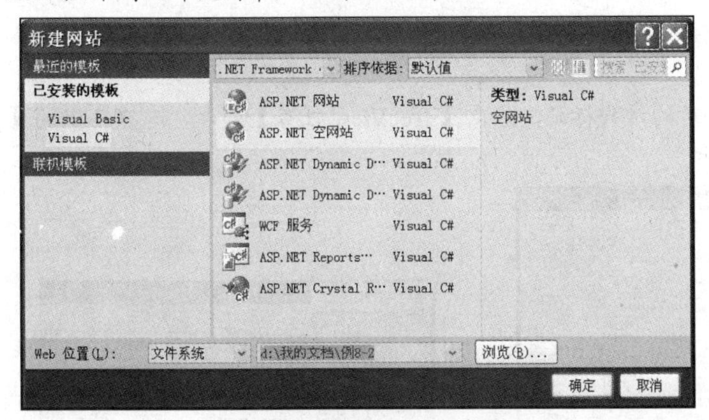

图 8-10 【新建网站】对话框

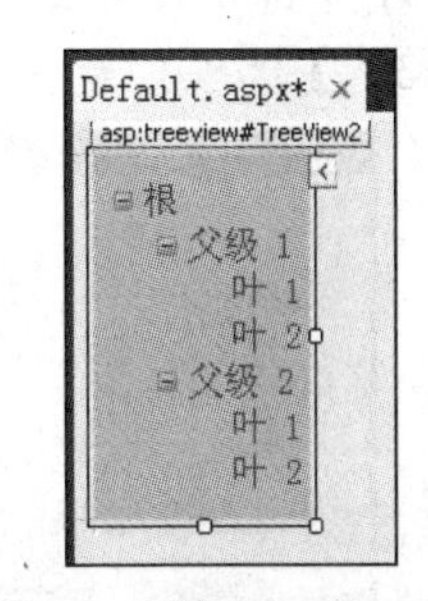

图 8-11 添加 TreeView 控件

(4) 单击 TreeView 控件右上角的箭头标记，弹出【TreeView 任务】列表，选择其中的【编辑节点】选项。

(5) 打开如图 8-13 所示的【TreeView 节点编辑器】对话框，在【节点】列表框中添加根节点，并在【属性】窗口中设置其 Text 属性为【主页】。

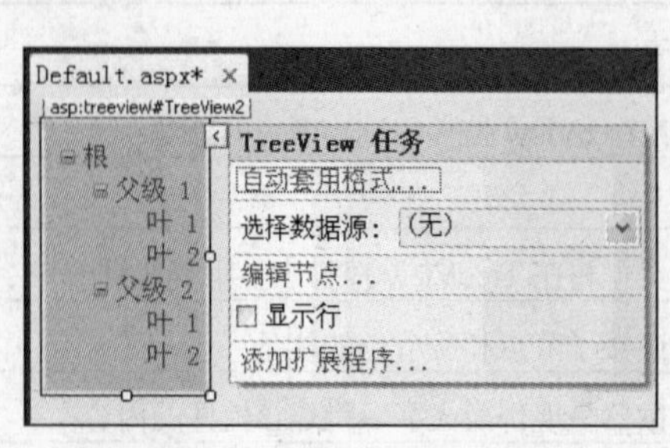

图 8-12 【TreeView 任务】

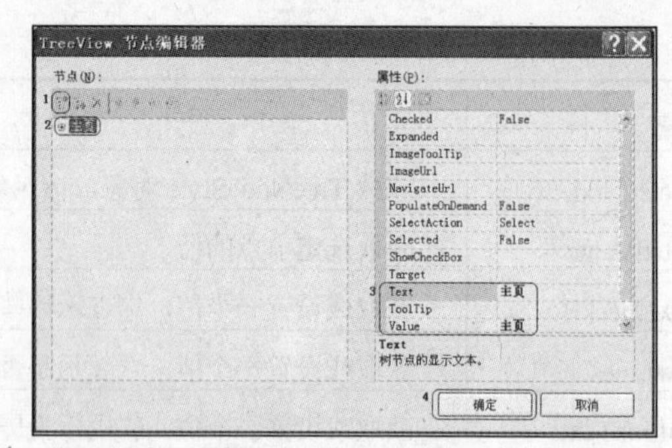

图 8-13 【TreeView 节点编辑器】对话框

(6) 接着在【节点】列表框中添加子节点，并在【属性】列表框中设置 Text 属性为“教育中心交流区”，如图 8-14 所示。

(7) 继续在【节点】列表框中添加下一级节点，并在【属性】列表框中设置 Text 属性为【上海中心】，如图 8-15 所示。

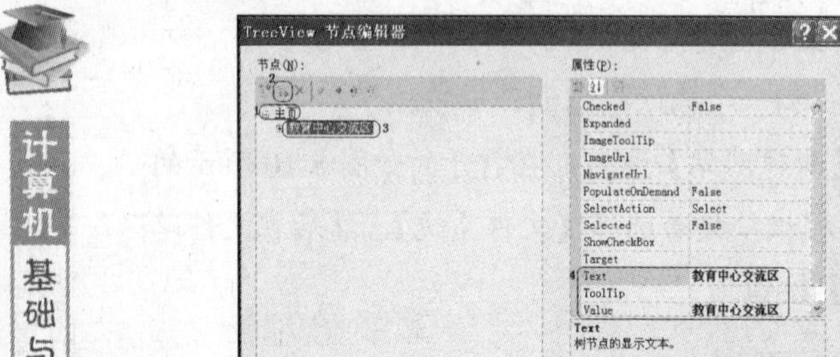

图 8-14 添加子节点

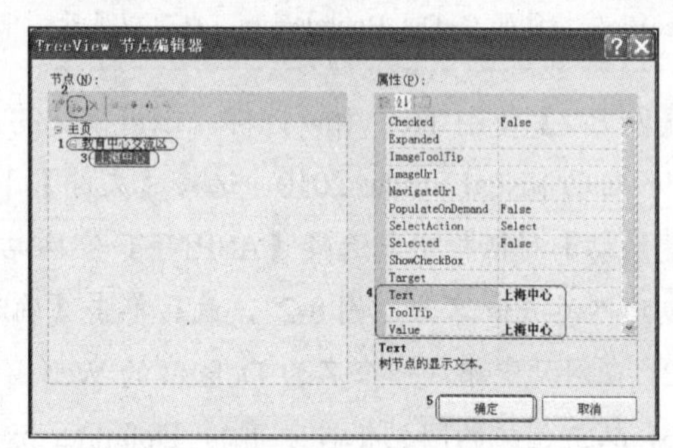

图 8-15 添加底层节点

(8) 使用以上添加节点的方法，完成 TreeView 控件的所有节点的设置，如图 8-16 所示。单击【确定】按钮完成设置。

(9) 单击 TerrView 控件右上角的箭头标记，弹出【TreeView 任务】列表，选择其中的【自动套用格式】选项，如图 8-17 所示。

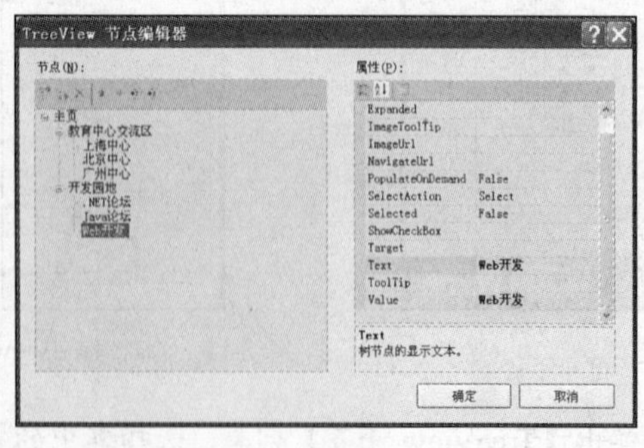

图 8-16 完成节点设置

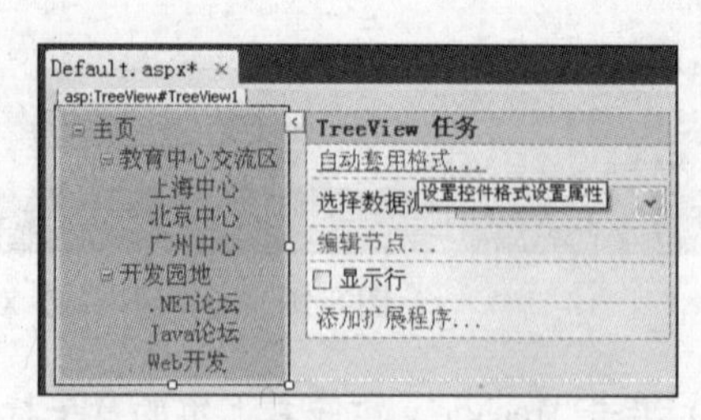

图 8-17 选择【自动套用格式】选项

(10) 打开【自动套用格式】对话框，如图 8-18 所示，在【选择架构】列表框中选择【简明型 2】，单击【确定】按钮。

(11) 切换到设计视图，此时 TreeView 控件如图 8-19 所示。

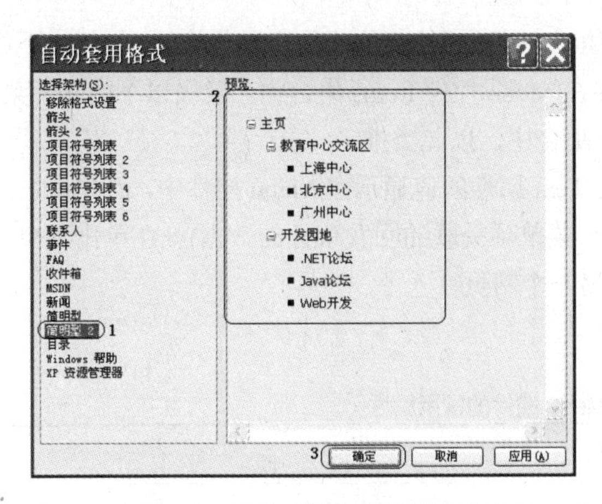

图 8-18 【自动套用格式】对话框

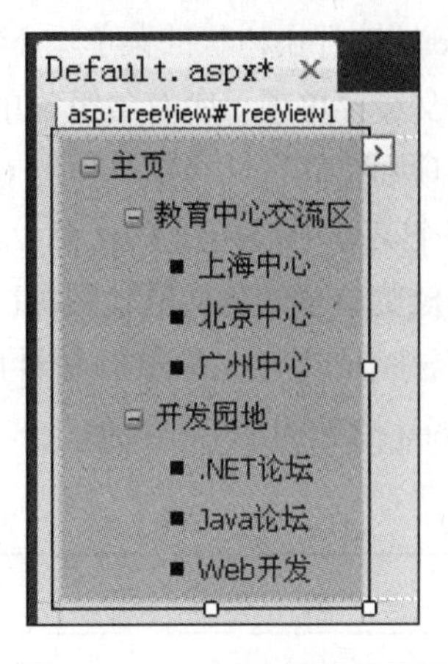

图 8-19 TreeView 控件的效果

(12) 运行程序，效果如图 8-20 所示。

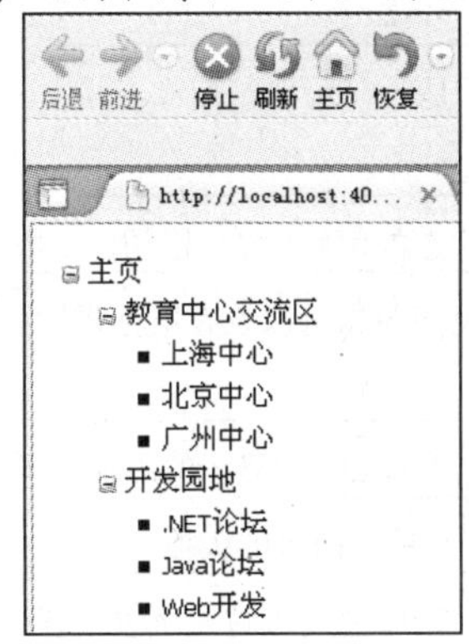

图 8-20 运行效果

知识点

TreeNode 对象存储 Text 和 Value 属性。Text 属性是 TreeView 控件用于显示各终端用户的内容。Value 属性是一个附件的数据项，可用于关联 TreeNode 对象。

8.2.2 Menu 控件

Menu 控件以菜单的结构形式来对网站进行导航，可以采用水平方向或垂直方向的布局形式，它支持以下一些功能。

- Menu 控件通过与 SiteMapDataSource 控件配合使用来提供对站点导航的支持。
- Menu 控件可以显示为可选择的文本或者超链接的节点文本。
- 通过编程方式的访问 Menu 对象模型，可以使开发人员动态地创建菜单，填充菜单项以及设置菜单的属性。
- Menu 控件支持静态或动态的显示模式。

用户单击菜单时，Menu 控件可以导航到所链接的页面或直接回发到服务器。如果设置了菜单的 NavigateUrl 属性，则 Menu 控件将导航到所链接的页面；否则，该控件将页面回发到服务器进行处理。默认情况下，链接的页面与 Menu 控件显示在同一窗口或框架中。如果要在另一个窗口或框架中显示链接的页面内容，则需要使用 Menu 控件的 Target 属性。

Menu 控件由树状的菜单项(MenuItem)组成。最顶层的菜单项称为根菜单项，根级以下的菜单项称为父级菜单项。所有父级菜单项都存储在 Menu 控件 Items 集合中。父级以下的是子菜单项，子菜单项则存储在父级菜单项的 ChildItems 集合中，以此类推。

每个菜单项都具有 Text 和 Value 属性。Text 属性的值显示在 Menu 控件中，而 Value 属性则用于存储菜单项的任何其他数据(如传递给与菜单项关联的回发事件的数据)。在单击菜单时，菜单项可导航到其 NavigateUrl 属性所指定的另一个网页。

Menu 控件的常用属性如表 8-2 所示。

表 8-2　Menu 控件的常用属性

属　性	说　明
DisappearAfter	获取或设置鼠标指针离开菜单项后显示动态菜单的持续时间
DynamicBottomSeparatorImageUrl	获取或设置图像的 URL，该图像显示在各动态菜单项底部，将动态菜单项与其他菜单项隔开
DynamicEnableDefaultPopOutImage	获取或设置一个值，该值指示是否显示内置图像，其中内置图像表示动态菜单项具有子菜单
DynamicHorizontalOffset	获取或设置动态菜单相对于其父菜单项的水平移动像素数
DynamicHoverStyle	获取对 Style 对象的引用，使用该对象可以设置鼠标指针置于动态菜单项上时的菜单项外观
DynamicItemFormatString	获取或设置与所有动态显示的菜单项一起显示的附加文本
DynamicItemTemplate	获取或设置包含动态菜单自定义呈现内容的模板
DynamicMenuItemStyle	获取对 MenuItemStyle 对象的引用，使用该对象可以设置动态菜单中的菜单项的外观
DynamicPopOutImageTextFormatString	获取或设置用于指示动态菜单项包含子菜单的图像的替换文字
DynamicPopOutImageUrl	获取或设置自定义图像的 URL，如果动态菜单项包含子菜单，该图像则显示在动态菜单项中
DynamicSelectedStyle	获取对 MenuItemStyle 对象的引用，使用该对象可以设置用户所选动态菜单项的外观
DynamicTopSeparatorImageUrl	获取或设置图像的 URL，该图像显示在各动态菜单项顶部，将动态菜单项与其他菜单项隔开
DynamicVerticalOffset	获取或设置动态菜单相对于其父菜单项的垂直移动像素数
Items	获取 MenuItemCollection 对象，该对象包含 Menu 控件中的所有菜单项
ItemWrap	获取或设置一个值，该值指示菜单项的文本是否允许换行
LevelMenuItemStyles	获取 MenuItemStyleCollection 对象，该对象包含的样式设置是根据菜单项在 Menu 控件中的级别应用于该菜单项的
LevelSelectedStyles	获取 MenuItemStyleCollection 对象，该对象包含的样式设置是根据所选菜单项在 Menu 控件中的级别应用于该菜单项的

(续表)

属　性	说　明
LevelSubMenuStyles	获取 MenuItemStyleCollection 对象，该对象包含的样式设置是根据静态菜单的子菜单项在 Menu 控件中的级别应用于该子菜单项的
MaximumDynamicDisplayLevels	获取或设置动态菜单的菜单呈现级别数
Orientation	获取或设置 Menu 控件的呈现方向
PathSeparator	获取或设置用于分隔 Menu 控件的菜单项路径的字符
ScrollDownImageUrl	获取或设置动态菜单中显示的图像的 URL，以指示用户可以向下滚动查看更多菜单项
ScrollDownText	获取或设置 ScrollDownImageUrl 属性中指定的图像的替换文字
ScrollUpImageUrl	获取或设置动态菜单中显示的图像的 URL，以指示用户可以向上滚动查看更多菜单项
ScrollUpText	获取或设置 ScrollUpImageUrl 属性中指定的图像的替换文字
SelectedItem	获取选定的菜单项
SelectedValue	获取选定菜单项的值
SkipLinkText	获取或设置屏幕读取器所读取的隐藏图像的替换文字，以提供跳过链接列表的功能
StaticBottomSeparatorImageUrl	获取或设置图像的 URL，该图像在各静态菜单项底部显示为分隔符
StaticDisplayLevels	获取或设置静态菜单的菜单显示级别数
StaticEnableDefaultPopOutImage	获取或设置一个值，该值指示是否显示内置图像，其中内置图像指示静态菜单项包含子菜单
StaticHoverStyle	获取对 Style 对象的引用，使用该对象可以设置鼠标指针置于静态菜单项上时的菜单项外观
StaticItemFormatString	获取或设置与所有静态显示的菜单项一起显示的附加文本
StaticItemTemplate	获取对 MenuItemStyle 对象的引用，使用该对象可以设置静态菜单中的菜单项的外观
StaticMenuStyle	获取对 MenuItemStyle 对象的引用，使用该对象可以设置静态菜单的外观
StaticPopOutImageTextFormatString	获取或设置用于指示静态菜单项包含子菜单的弹出图像的替换文字
StaticPopOutImageUrl	获取或设置用于指示静态菜单项包含子菜单的图像的 URL
StaticSelectedStyle	获取对 MenuItemStyle 对象的引用，使用该对象可以设置用户在静态菜单中选择的菜单项的外观
StaticSubMenuIndent	获取或设置静态菜单中子菜单的缩进间距(以像素为单位)
StaticTopSeparatorImageUrl	获取或设置图像的 URL，该图像在各静态菜单项顶部显示为分隔符
Target	获取或设置用来显示菜单项的关联网页内容的目标窗口或框架

提示

在默认情况下，动态的菜单项从左到右显示。也就是说，菜单中的项在展开时，会以垂直方式显示，使用Menu控件的Orientation属性可以改变这种显示方式，把第一级菜单显示在第一个静态项的下面(水平)。

【例 8-3】使用菜单控件，以可视化的方式为一个论坛网站创建导航。

(1) 启动 Visual Studio 2010，选择【文件】|【新建网站】命令，打开【新建网站】对话框，先选择【ASP.NET 空网站】模板，接着选择【文件系统】，然后在文件路径中创建网站并命名为："例 8-3"，如图 8-21 所示，最后单击【确定】按钮。

(2) 在网站中添加一个名为 Default 的 Web 窗体。

(3) 双击网站根目录下的 Default.aspx 文件，打开其设计视图。从【工具箱】拖动一个 Menu 控件到设计视图中，如图 8-22 所示。

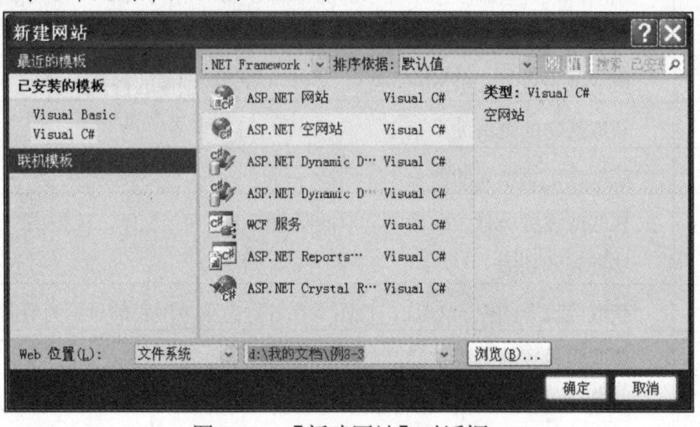

图 8-21 【新建网站】对话框

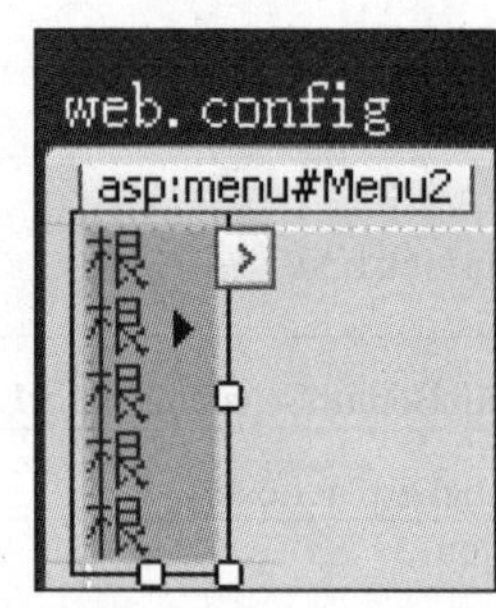

图 8-22 添加 Menu 控件

(4) 单击 Menu 控件右上角的箭头标记，打开【Menu 任务】列表，选择其中的【编辑菜单项】选项，如图 8-23 所示。

(5) 打开【菜单项编辑器】对话框，在【项】列表框中添加根节点，并在【属性】列表框中设置 Text 属性为【主页】，如图 8-24 所示。

图 8-23 选择【编辑菜单项】选项

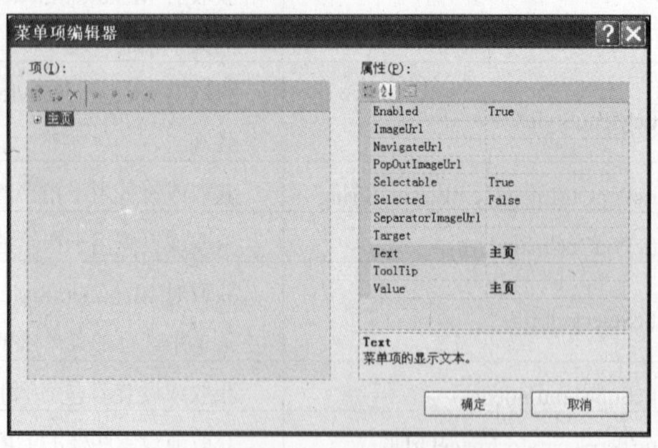

图 8-24 【菜单项编辑器】对话框

(6) 接着在【节点】列表框中添加子节点，并在【属性】列表框中设置 Text 属性为“教育中心交流区”，如图 8-25 所示。

(7) 继续在【节点】列表框中添加下一级节点，并在【属性】列表框中设置 Text 属性为“上海中心”，如图 8-26 所示。

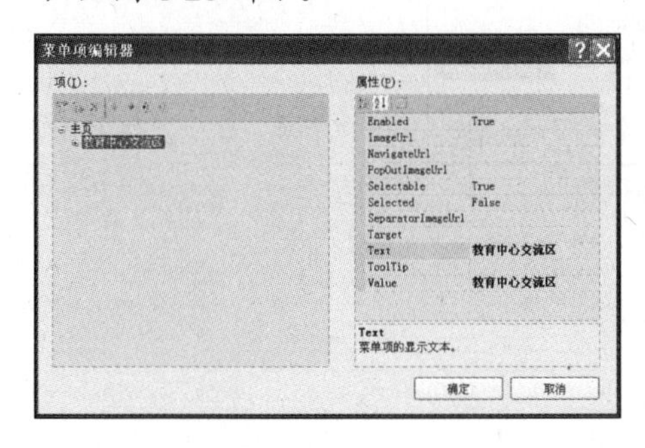

图 8-25　编辑子节点

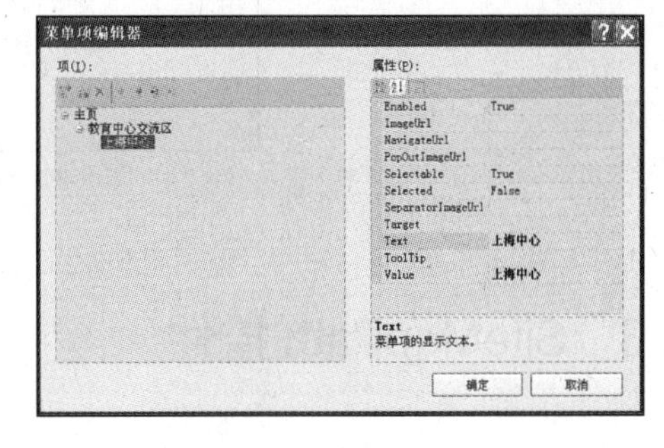

图 8-26　编辑底层节点

(8) 使用以上添加节点的方法添加其余的节点并进行属性设置，如图 8-27 所示，单击【确定】按钮完成设置。

(9) 单击 Menu 控件右上角的箭头标记，打开【Menu 任务】列表，选择【自动套用格式】选项，如图 8-28 所示。

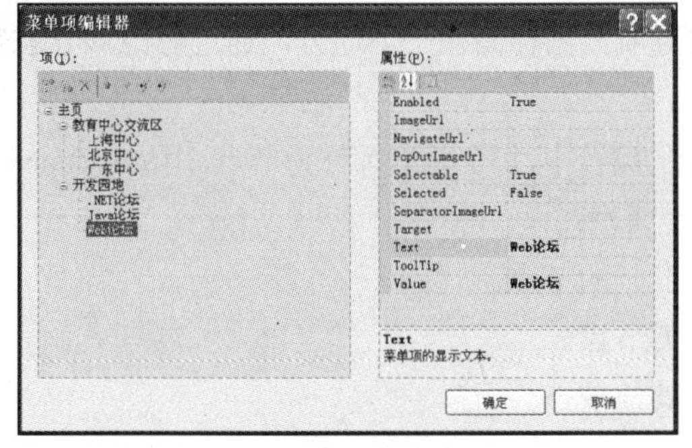

图 8-27　完成节点设置

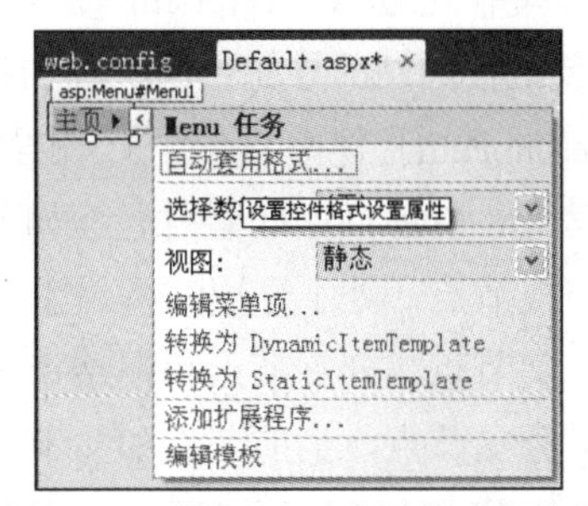

图 8-28　选择【自动套用格式】选项

(10) 打开【自动套用格式】对话框，在【选择架构】列表框中选择【彩色型】选项，如图 8-29 所示，单击【确定】按钮。

(11) 切换到设计视图，此时 Menu1 控件的效果如图 8-30 所示。

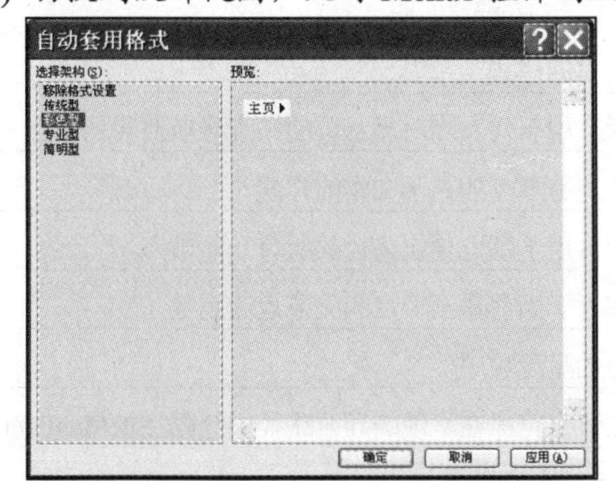

图 8-29　【自动套用格式】对话框

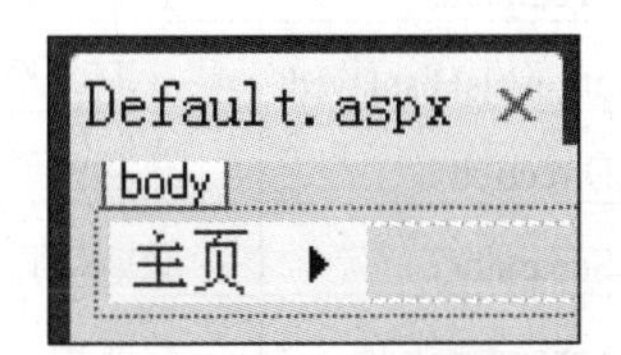

图 8-30　Menu1 控件的效果

(12) 运行程序，效果如图 8-31 所示。

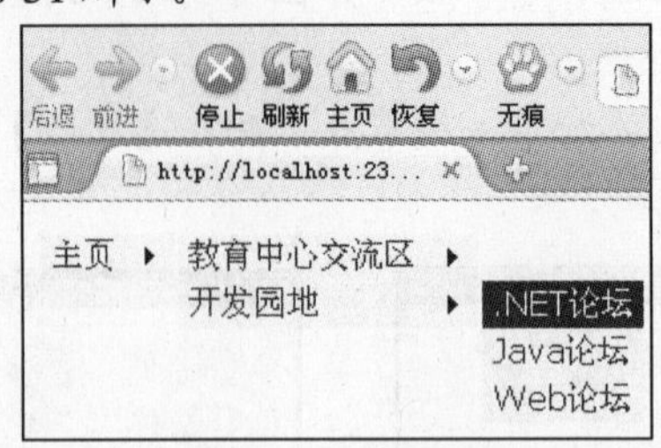

图 8-31　运行效果

8.2.3　SiteMapPath 控件

SiteMapPath 控件显示一个导航路径，此路径为用户浏览的当前页的位置，并显示返回到主页的路径链接。SiteMapPath 控件包含来自站点地图的导航数据，此数据包含有关网站中页的信息，如 URL、标题、说明和导航层次结构中的位置。

SiteMapPath 控件使用起来非常简单，但却解决了很大的问题。在 ASP 和 ASP.NET 的早期版本中，当在向网站添加一个页面，然后在网站内的其他页中添加指向该页的链接时，必须手动添加链接。现在通过 SiteMapPath 控件，只需将导航数据存储在一个地方，通过修改该导航数据，即可方便地在网站的导航栏目中添加和删除项。

SiteMapPath控件由节点组成。在导航所显示的路径中，每个元素都称为节点，用SiteMapNodeItem 对象来表示。SiteMapPath 控件包含如下几种节点类型：

- 根节点，处于分层结构最上端的一个唯一的节点。
- 父节点，分支节点和根结点之间的一类节点。
- 分支节点，当前节点和父节点之间的其他节点。
- 当前节点，表示当前显示页的节点。

SiteMapPath 控件的常用属性如表 8-3 所示。

表 8-3　SiteMapPath 控件的常用属性

属　性	说　明
CurrentNodeStyle	获取用于当前节点显示文本的样式
CurrentNodeTemplate	获取或设置一个控件模板，用于代表当前显示页的站点导航路径的节点
NodeStyle	获取用于站点导航路径中所有节点的显示文本的样式
NodeTemplate	获取或设置一个控件模板，用于站点导航路径的所有功能节点
ParentLevelsDisplayed	获取或设置控件显示的相对于当前显示节点的父节点级别数
PathDirection	获取或设置导航路径节点的呈现顺序
PathSeparator	获取或设置一个字符串，该字符串在呈现的导航路径中分隔 SiteMapPath 节点
PathSeparatorStyle	获取用于 PathSeparator 字符串的样式

(续表)

属 性	说 明
PathSeparatorTemplate	获取或设置一个控件模板，用于站点导航路径的路径分隔符
Provider	获取或设置与 Web 服务器控件关联的 SiteMapProvider
RenderCurrentNodeAsLink	设置是否将表示当前显示页的站点导航节点呈现为超链接
RootNodeStyle	获取根节点显示文本的样式
RootNodeTemplate	获取或设置一个控件模板，用于站点导航路径的根节点
ShowToolTips	获取或设置一个值，该值指示 SiteMapPath 控件是否为超链接导航节点编写附加超链接属性。根据客户端支持，在将鼠标指针悬停在设置了附加属性的超链接上时，将显示相应的工具提示
SiteMapProvider	获取或设置用于呈现站点导航控件的 SiteMapProvider 的名称
SkipLinkText	获取或设置一个值，用于呈现替换文字，以让屏幕阅读器跳过控件内容

提示

SiteMapPath 控件直接与站点文件建立连接，而 TreeView 和 Menu 控件则需要使用 SiteMapDataSource 数据源控件作为与站点文件连接的桥梁。这也是 SiteMapPath 控件与另外两个导航控件的区别。SiteMapPath 控件主要用来做导航，而其他两个控件还有其他应用。例如，利用 TreeView 控件显示树型组织结构，利用 Menu 控件展示命令等。

【例 8-4】使用站点地图 Web.sitemap 和 SiteMapPath 控件实现论坛网站的导航功能。

(1) 启动 Visual Studio 2010，选择【文件】|【新建网站】命令，打开【新建网站】对话框，先选择【ASP.NET 空网站】模板，接着选择【文件系统】，然后在文件路径中创建网站并命名为“例 8-4”，如图 8-32 所示，最后单击【确定】按钮。

(2) 右击网站名称，在弹出的如图 8-33 所示的快捷菜单中选择【添加新项】命令。

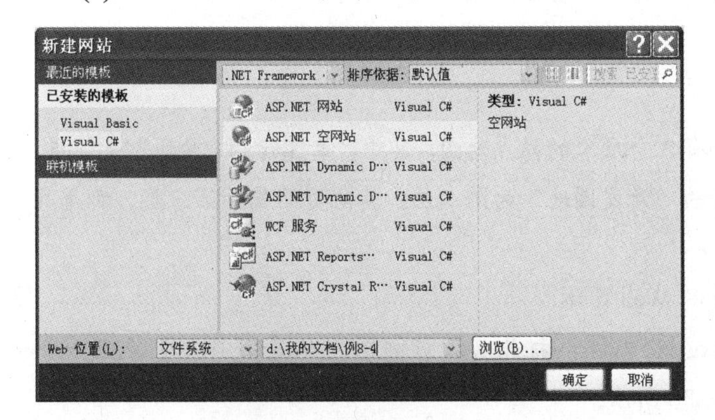

图 8-32 【新建网站】对话框

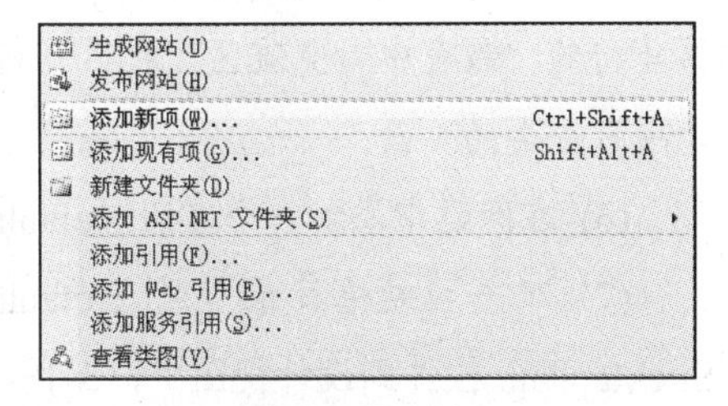

图 8-33 选择【添加新项】命令

(3) 打开【添加新项】对话框，在【模板】列表框中选择【站点地图】选项，并设置文件名为 Web.sitemap，如图 8-34 所示，单击【确定】按钮。

(4) 此时网站根目录下会生成一个 Web.sitemap 文件，如图 8-35 所示。

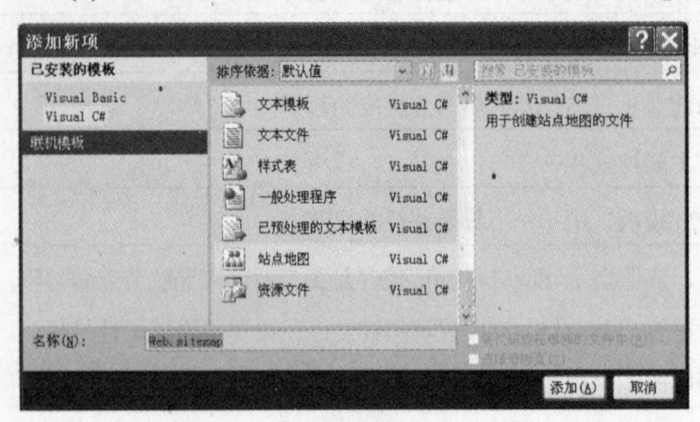

图 8-34 【添加新项】对话框

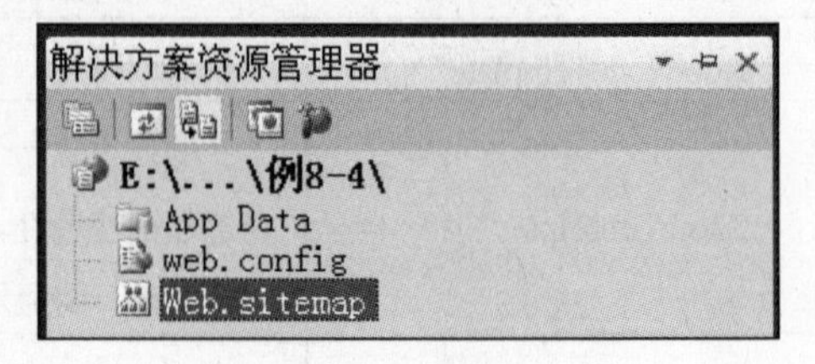

图 8-35 设置文件名

(5) 双击打开 Web.sitemap 文件，编写代码如下。

```
1. <?xml version="1.0" encoding="utf-8" ?>
2. <siteMap xmlns="http://schemas.microsoft.com/AspNet/SiteMap-File-1.0" >
3.       <siteMapNode url="~/Default.aspx" title="主页" description="">
4.           <siteMapNode url="" title="教育中心交流区"   description="" >
5.               <siteMapNode url="" title="上海中心"   description="" />
6.               <siteMapNode url="" title="北京中心"   description="" />
7.               <siteMapNode url="" title="广州中心"   description="" />
8.       </siteMapNode>
9.       <siteMapNode url="" title="开发园地"   description="" >
10.              <siteMapNode url="" title=".NET 论坛"   description="" />
11.              <siteMapNode url="" title="Java 论坛"   description="" />
12.              <siteMapNode url="" title="Web 开发"   description="" />
13.      </siteMapNode>
14.  </siteMapNode>
15. </siteMap>
```

代码说明：这段代码定义了一个具有 3 个层次的站点地图，其中，第 3 行的“主页”是顶层，第 4 行的“教育中心交流区”和第 9 行的“开发园地”为第二层。其他页面属于第三层，都是具体项目分类的页面。

(6) 在网站中添加一个名为 Default 的 Web 窗体。

(7) 双击网站根目录下的 Default.aspx 文件，打开其设计视图。从【工具箱】拖动一个 SiteMapPath 控件到设计视图中，如图 8-36 所示。

(8) 在【SiteMapPath 任务】列表中选择【自动套用格式】选项，打开【自动套用格式】对话

框，在【选择架构】列表框中选择【专业型】选项，如图 8-37 所示，单击【确定】按钮。

图 8-36 选择【自动套用格式】选项

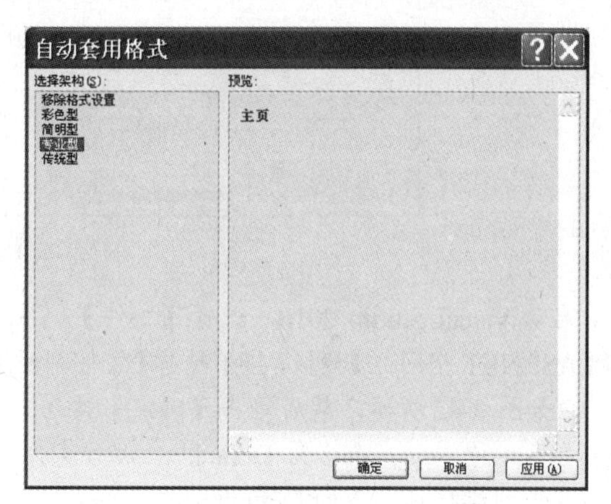

图 8-37 【自动套用格式】对话框

(9) 切换到设计视图，SiteMapPathl 控件的效果如图 8-38 所示。

(10) 按照上述的步骤，分别创建 3 个页面：ShangHai.aspx、GuangZou.aspx 和 BeiJing.aspx，并各添加一个 SiteMapPath 控件到页面中。

(11) 运行 ShangHai.aspx 页面，效果如图 8-39 所示。

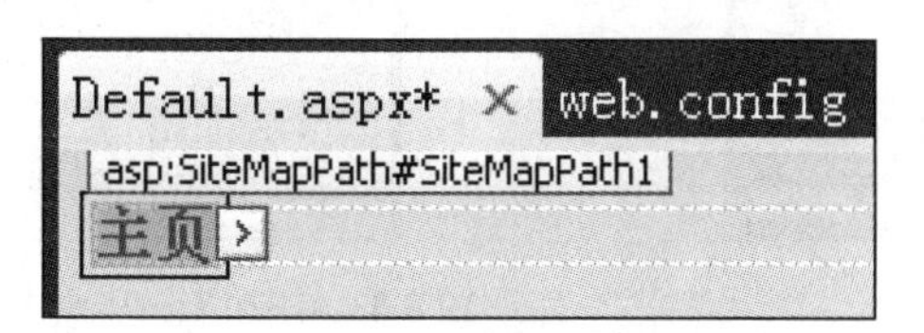

图 8-38 SiteMapPath1 控件的效果

图 8-39 ShangHai.aspx 页面的运行效果

(12) 运行 BeiJing.aspx 页面，效果如图 8-40 所示。

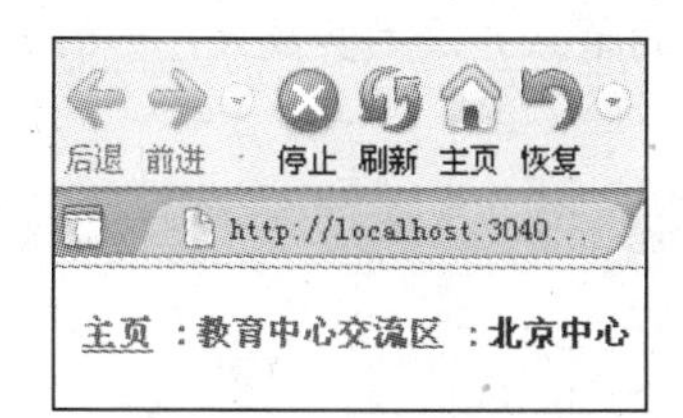

图 8-40 BeiJing.aspx 页面的运行效果

知识点

SiteMapPath 控件很容易使用，甚至不需要用数据源控件将它绑定到 Web.sitemap 文件上，若要获得其中的信息，只需要把它拖放到页面上即可。

8.3 上机练习

本次上机练习使用 TreeView 控件实现导航图片的功能。当单击不同的节点时，就会显示相应的图片。程序的运行效果如图 8-41 所示。

图 8-41 运行效果

(1) 启动 Visual Studio 2010，选择【文件】|【新建网站】命令，打开【新建网站】对话框，先选择【ASP.NET 空网站】模板，接着选择【文件系统】，然后在文件路径中创建网站并命名为“上机练习”，如图 8-42 所示，最后单击【确定】按钮。

(2) 在网站中添加一个名为 Default 的 Web 窗体。

(3) 双击网站根目录下的 Default.aspx 文件，打开其设计视图。从【工具箱】拖动一个 TreeView 控件到设计视图中，如图 8-43 所示。

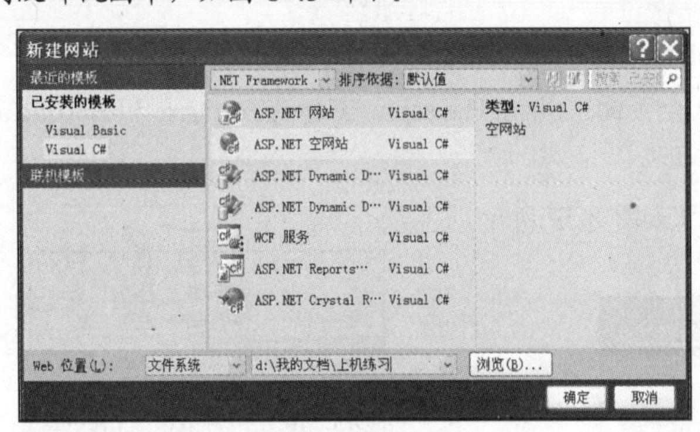

图 8-42 【新建网站】对话框

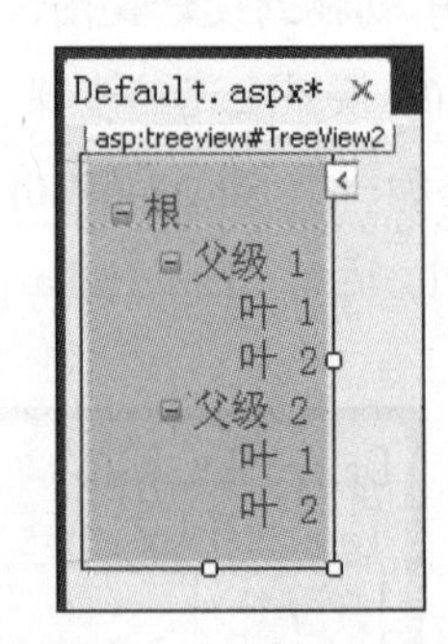

图 8-43 添加 TreeView 控件

(4) 单击 TerrView 控件右上角的箭头标记，打开【TreeView 任务】列表，选择其中的【编辑节点】选项，如图 8-44 所示。

(5) 打开【TreeView 节点编辑器】对话框，添加各个层次的节点并设置其属性，如图 8-45 所示单击【确定】按钮。

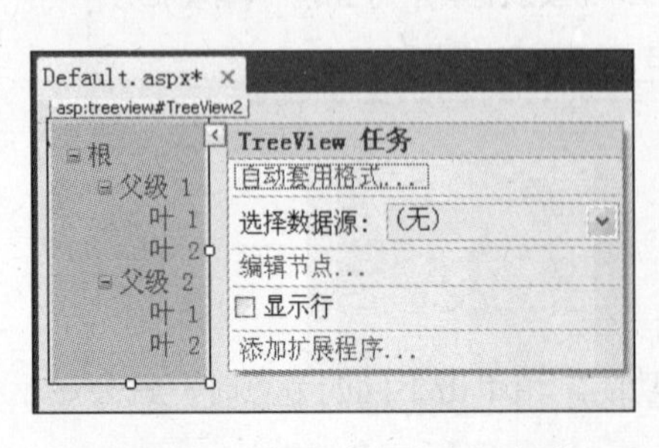

图 8-44 选择【编辑节点】选项

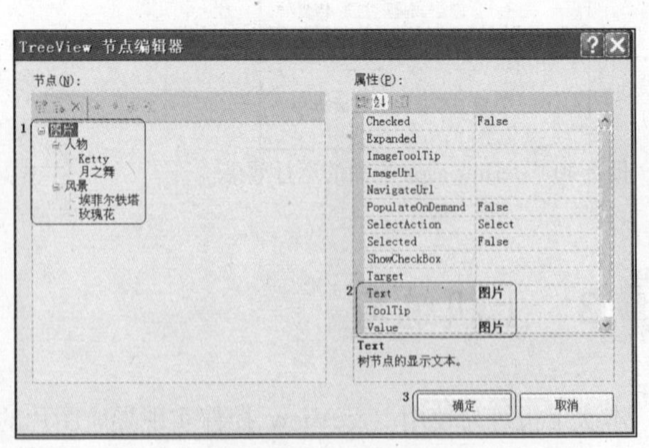

图 8-45 【TreeView 节点编辑器】对话框

(6) 在网站根目录下创建一个 Images 文件夹，然后在该文件夹中添加需要的图片文件，如图 8-46 所示。

(7) 切换到设计视图，拖动一个 Image 控件到设计视图中，如图 8-47 所示。

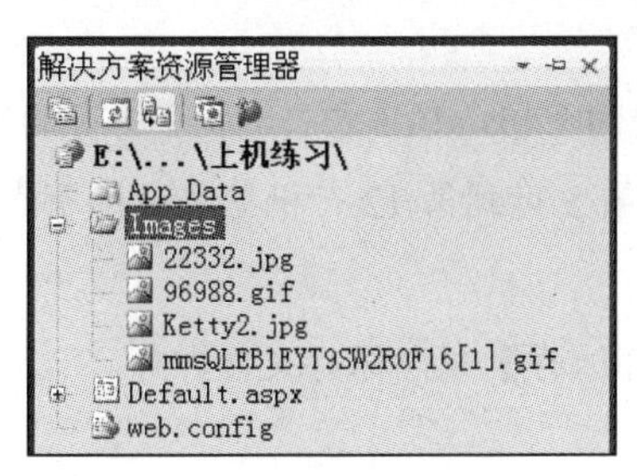

图 8-46 创建 Images 文件夹

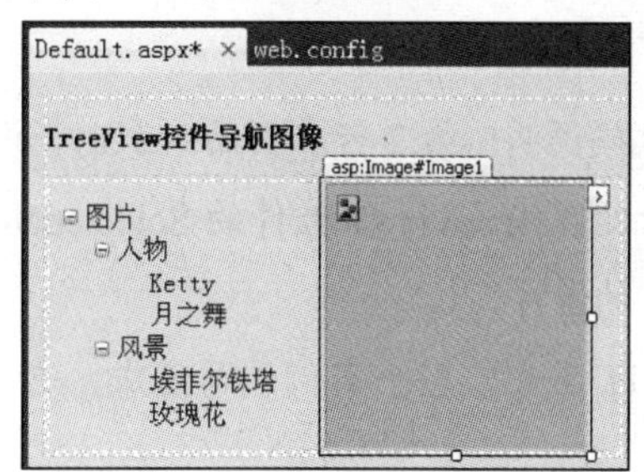

图 8-47 添加 Image 控件

(8) 打开 Image 控件的【属性】窗格，单击 ImageUrl 属性后的…按钮，如图 8-48 所示。

(9) 打开【选择项目项】对话框，单击【项目文件夹】列表框中的 Images 文件夹。最后单击【确定】按钮，如图 8-49 所示。

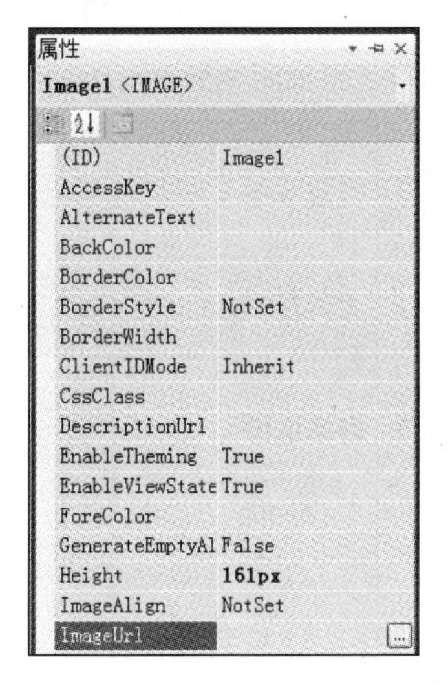

图 8-48 【属性】窗格

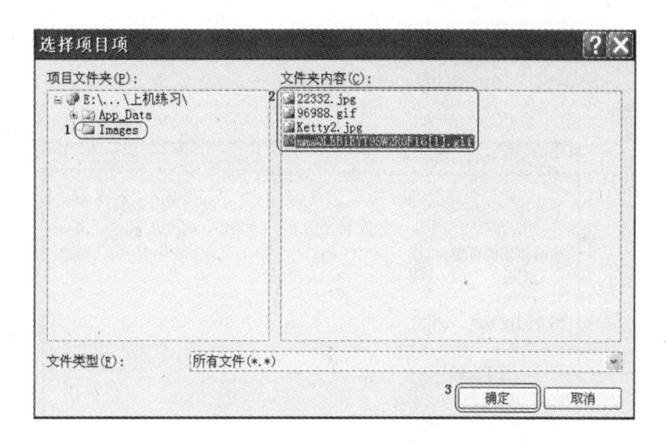

图 8-49 【选择项目项】对话框

(10) 双击网站根目录下的 Default.aspx.cs 文件，编写代码如下。

```
1.  protected void Page_Load(object sender, EventArgs e){
2.          TreeView1.ExpandAll();
3.      }
4.  protected void TreeView1_SelectedNodeChanged(object sender, EventArgs e){
5.          if (TreeView1.SelectedNode.Value == "Ketty")
6.              Image1.ImageUrl = "Images/Ketty2.jpg";
7.          if (TreeView1.SelectedNode.Value == "玫瑰花")
8.              Image1.ImageUrl = "Images/96988.gif";
9.          if (TreeView1.SelectedNode.Value == "埃菲尔铁塔")
10.             Image1.ImageUrl = "Images/22332.jpg";
```

```
11.         if (TreeView1.SelectedNode.Value == "月之舞")
12.             Image1.ImageUrl = "Images/mmsQLEB1EYT9SW2R0F16[1].gif";
13.         TreeView1.ExpandAll();
14. }
```

代码说明：第 2 行在页面加载时，调用 TreeView1 控件的 ExpandAll 方法，展开所有的节点。第 4 行处理 TreeView1 控件的 SelectedNodeChanged 事件。第 5 行到第 12 行根据单击的节点，显示相应的图片。

(11) 至此，整个实例编写完成，选择【文件】|【全部保存】命令保存文件即可。

8.4 习题

1．利用 SiteMapDataSource 控件的不同属性使用导航控件绑定不同站点的文件内容，运行效果如图 8-50 所示。

2．使用 SiteMapNode 对象显示出站点地图节点的信息，运行效果如图 8-51 所示。

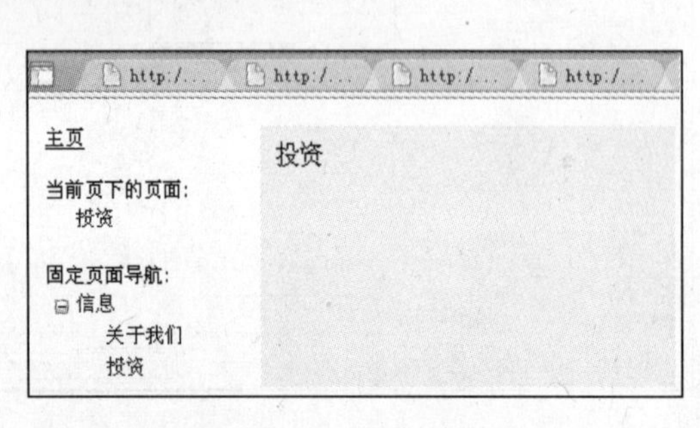

图 8-50　运行效果

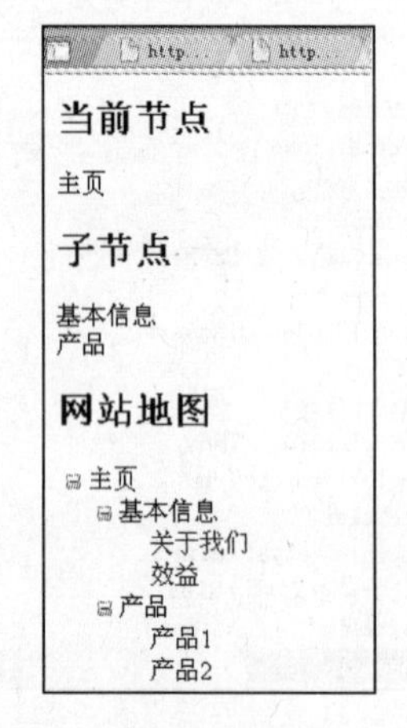

图 8-51　站点地图节点

3．使用 TreeView 控件，实现如图 8-52 所示的页面导航。

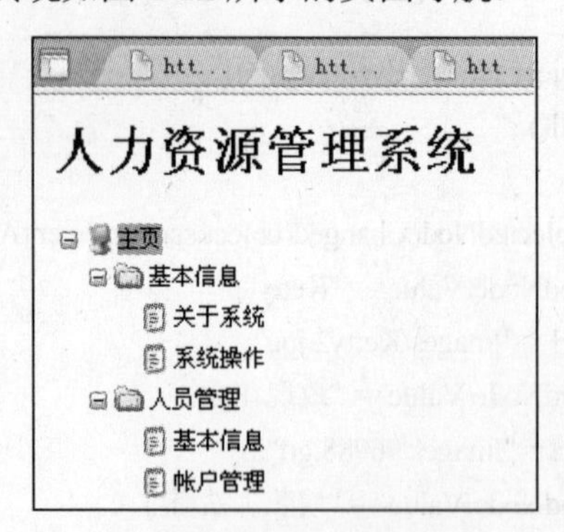

图 8-52　TreeView 控件导航

计算机基础与实训教材系列

4．使用 Menu 控件，实现如图 8-53 所示的页面导航。

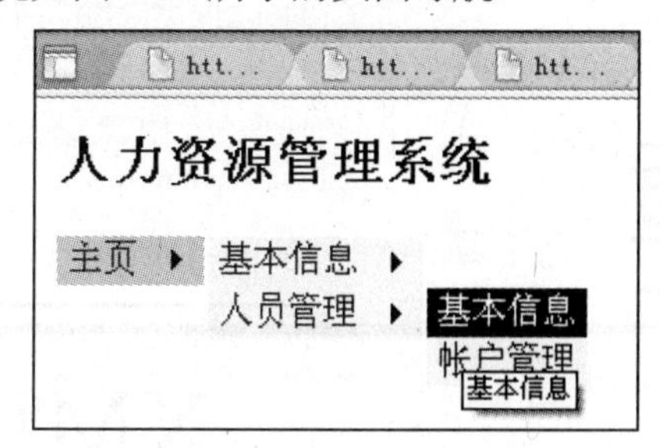

图 8-53 Menu 控件导航

5．使用 SiteMapPath 控件，实现如图 8-54 所示的页面导航。

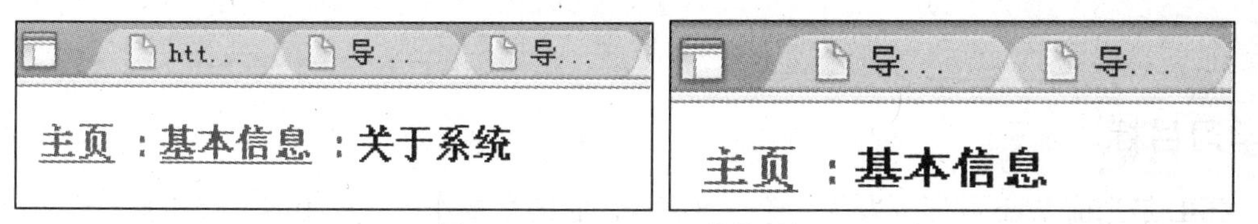

图 8-54 SiteMapPath 控件导航

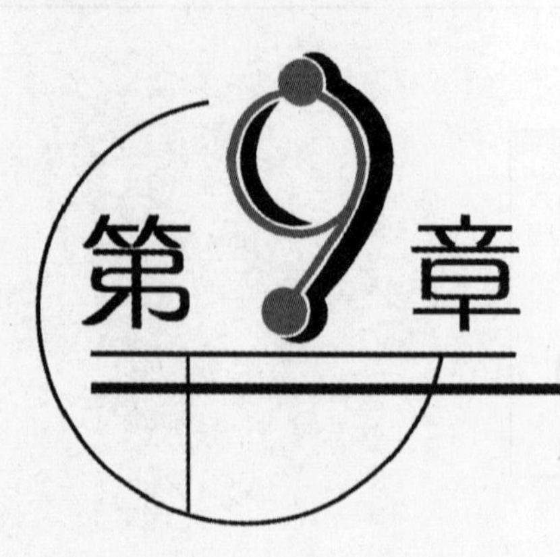

第9章 XML数据操作

学习目标

XML是当前Web程序开发的主流技术之一，它的主要作用是成为客户端和服务器端数据交换的语言，同时还能够在服务器端以数据资源的形式存在。ASP.NET 4.0框架提供了文档对象模型(DOM)组件来方便地对XML数据进行各种操作。本章从XML的概念开始介绍，包括基本语法、文档类型定义DTD和XML的应用XSL。然后重点讲解使用DOM对XML文档进行的基本操作。由于XML在当前互联网程序开发中占有很重要的地位，尤其在实现系统间的数据交换中使用更为普遍，所以读者应认真学习掌握XML数据的操作。

本章重点

- XML的概念和语法
- 使用XSL转换XML
- 对XML文件的操作

9.1 XML简述

XML的英文全称是eXtensible Markup Language，中文翻译为可扩展标记语言。它是网络应用开发的一项新技术。与HTML一样，XML也是一种标记语言，但是XML的数据描述能力比HTML强，XML具有描述所有已知和未知数据的能力。XML扩展性比较好，可以为新的数据类型制定新的数据描述规则，作为对标记集的扩展。

XML开发以后就迅速走红，目前已经成为不同系统之间交换数据的基础。XML的商用前景之所以非常广阔，也是因为它满足了当前商务数据交换的需求。XML具有以下特点：

- XML数据可以跨平台使用并可以被人阅读理解；
- XML数据的内容和结构有明确的定义；
- XML数据之间的关系得以强化；

◎ XML 数据的内容和表现形式分离；

◎ XML 使用的结构是开放的、可扩展的。

因此，在利用 ASP.NET 开发的系统中，非常有必要利用 XML 这项新技术。XML 可以作为数据资源的形式存在于服务器端，还可以作为服务器端与客户端的数据交换语言。而且，在.NET 框架中还提供了一系列应用程序接口来实现 XML 数据的读写，如使用 XmlDocument 类来实现 DOM(Document object Model)等。这些应用程序接口非常便于程序员操作 XML 数据。

9.1.1 XML 的语法

XML 语言对格式有着严格的要求，这些要求主要包括格式良好和有效性两种。格式良好有利于 XML 文档被正确地分析和处理，这一要求是相对于 HTML 语法的混乱而提出的，它大大提高 XML 的处理程序在处理 XML 数据时的效率和正确性。XML 文档满足格式良好的要求后，会对文档进行有效性确认。有效性是通过对 DTD 或 Schema 的分析判断的。

一个 XML 文档由以下几个部分组成。

◎ XML 的声明 XML 的声明具有如下形式：

```
<?xml version="1.0" encoding="GB2312"?>
```

XML 标准规定声明必须放在文档的第一行。声明其实也是处理指令的一种，一般都具有以上的代码形式。如表 9-1 所示列举了声明的常用属性及其赋值。

表 9-1　声明 XML 的常用属性及其赋值

属　性	常 用 值	说　　明
Version	1.0	声明中必须包括此属性，而且必须放在第一位。它指定了文档所采用的 XML 版本号，现在 XML 的最新版本为 1.0 版本
Encoding	GB2312	文档使用的字符集为简体中文
	BIG5	文档使用的字符集为繁体中文
	UTF-8	文档使用的字符集为压缩的 Unicode 编码
	UTF-16	文档使用的字符集为 UCS 编码
Standalone	yes	文档是独立文档，没有 DTD 文档与之配套
	no	文档是非独立文档，可能有 DTD 文档与之配套

◎ 处理指令 PI 处理指令 PI 为处理 XML 的应用程序提供信息。处理指令 PI 的格式为：

```
<? 处理指令名 处理指令信息?>
```

◎ XML 元素元素是组成 XML 文档的核心，格式如下：

```
<标记>内容</标记>
```

每个 XML 文档都要至少包括一个根元素。根标记必须是非空标记，其中包括整个文档的数据内容。数据内容则是位于标记之间的内容。

下面示例代码是一个标准的 XML 文档。

```
1. <?xml version="1.0" encoding="utf-8" ?>
2. <?xml-stylesheet type="text/xsl" href="style.xsl"?>
3. <DocumentElement>
4. <basic>
5. <ID>1</ID>
6. <BOOKNAME>动态网站开发基础</BOOKNAME>
7. <AUTHOR>张亚飞</AUTHOR>
8. <PUBLISH>电子工业出版社</PUBLISH>
9. <Price>30.8</Price>
10. </basic>
11. <basic>
12. <ID>2</ID>
13. <BOOKNAME>集成开发宝典</BOOKNAME>
14. <AUTHOR>陈天河</AUTHOR>
15. <PUBLISH>清华大学出版社</PUBLISH>
16. <Price>49.0</Price>
17. </basic>
18. <basic>
19. <ID>3</ID>
20. <BOOKNAME>ASP.NET 3.5 编程基础</BOOKNAME>
21. <AUTHOR>梁爱虎</AUTHOR>
22. <PUBLISH>人民邮电出版社</PUBLISH>
23. <Price>67.5</Price>
24. </basic>
25. </DocumentElement>
```

代码说明：第 1 行为 XML 声明，表明该 XML 文档的版本是 1.0，字符编码为 utf-8。第 2 行为处理指令，表明该文档使用 xsl 进行转换，处理的文档是 style.xsl。第 3 行到第 25 行为 XML 元素。

【例 9-1】在 Visual Studio 2010 中创建一个 XML 文件。

(1) 启动 Visual Studio 2010，选择【文件】|【新建网站】命令，打开【新建网站】对话框，先选择【ASP.NET 空网站】模板，接着选择【文件系统】，然后在文件路径中创建网站并命名为“例 9-1”，如图 9-1 所示，最后单击【确定】按钮。

(2) 右击网站项目名称，在弹出的快捷菜单中选择【添加新项】命令，如图 9-2 所示。

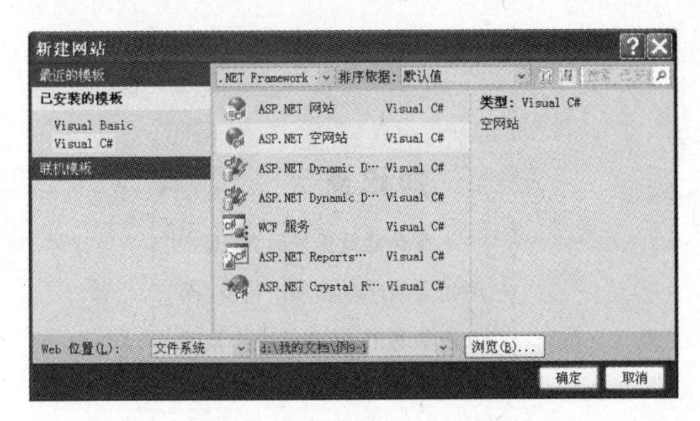

图 9-1　【新建网站】对话框

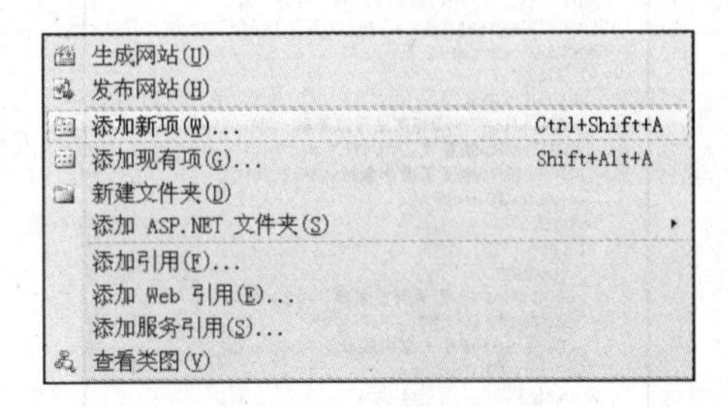

图 9-2　选择【添加新项】命令

(3) 打开【添加新项】对话框，选择【XML 文件】模板，文件默认名为 XMLFile.xml，如图 9-3 所示，当然也可以根据需要自行修改，最后单击【添加】按钮。

(4) 此时在网站根目录自动生成一个如图 9-4 所示的 XMLFile.xml 文件。

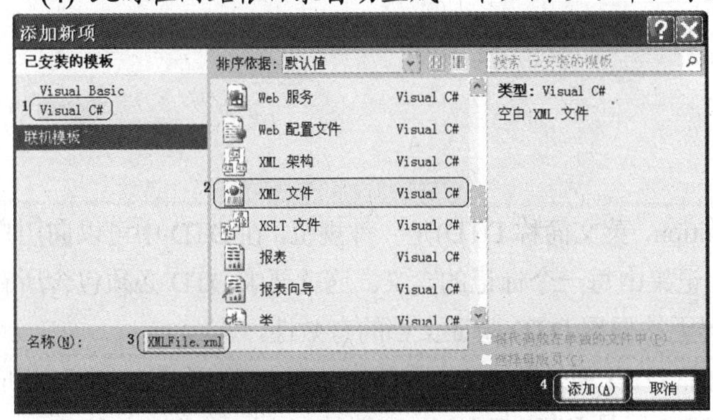

图 9-3　【添加新项】对话框

图 9-4　生成 XML 文件

(5) 双击 XMLFile.xml 文件，编写代码如图 9-5 所示。

(6) 在【解决方案资源管理器】窗格中右击 XMLFile.xml 文件，在弹出的快捷菜单中选择【在浏览器中查看】命令，如图 9-6 所示。

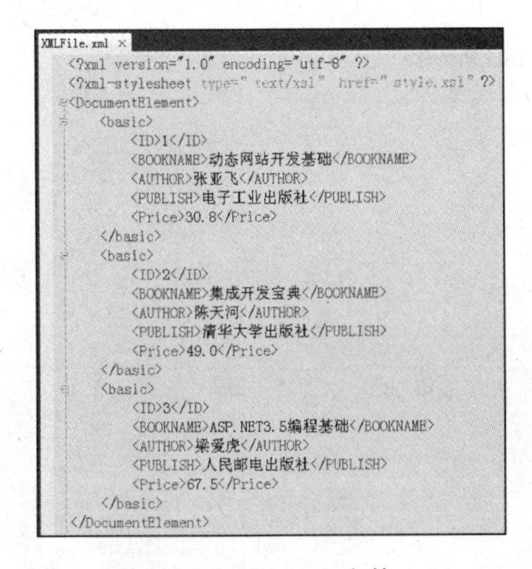
```
<?xml version="1.0" encoding="utf-8" ?>
<?xml-stylesheet type="text/xsl" href="style.xsl" ?>
<DocumentElement>
    <basic>
        <ID>1</ID>
        <BOOKNAME>动态网站开发基础</BOOKNAME>
        <AUTHOR>张亚飞</AUTHOR>
        <PUBLISH>电子工业出版社</PUBLISH>
        <Price>30.8</Price>
    </basic>
    <basic>
        <ID>2</ID>
        <BOOKNAME>集成开发宝典</BOOKNAME>
        <AUTHOR>陈天河</AUTHOR>
        <PUBLISH>清华大学出版社</PUBLISH>
        <Price>49.0</Price>
    </basic>
    <basic>
        <ID>3</ID>
        <BOOKNAME>ASP.NET3.5编程基础</BOOKNAME>
        <AUTHOR>梁爱虎</AUTHOR>
        <PUBLISH>人民邮电出版社</PUBLISH>
        <Price>67.5</Price>
    </basic>
</DocumentElement>
```

图 9-5　XMLFile.xml 文件

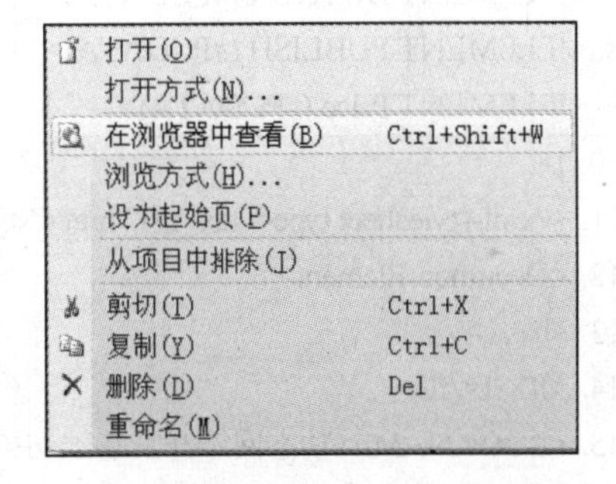

图 9-6　选择【在浏览中查看】命令

(7) 运行效果，如图 9-7 所示。

图 9-7　运行效果

知识点

在存储数据方面 XML 占用的空间比数据库小得多，而且简单易用，适用于中小型项目的开发。

9.1.2　文档类型定义

文档类型定义(Document Type Definition，英文简称 DTD)是一种规范，在 DTD 中可以向用户或 XML 的语法分析器解释 XML 文档标记集中每一个标记的含义。这就要求 DTD 必须包含所有将要使用的词汇列表，否则 XML 解析器无法根据 DTD 验证文档的有效性。

DTD 根据其出现的位置可以分为内部 DTD 和外部 DTD 两种。内部 DTD 是指 DTD 和相应的 XML 文档处在同一个文档中；外部 DTD 就是 DTD 与 XML 文档处在不同的文档之中。

下面示例代码是包含内部 DTD 的 XML 文档。

```
1. <?xml version="1.0" encoding="utf-8" ?>
2. <!DOCTYPE DocumentElement [
3. <!ELEMENT DocumentElement ANY>
4. <!ELEMENT basic (ID,BOOKNAME,AUTHOR,PUBLISH,Price)>
5. <!ELEMENT ID (#PCDATA)>
6. <!ELEMENT BOOKNAME (#PCDATA)>
7. <!ELEMENT AUTHOR (#PCDATA)>
8. <!ELEMENT PUBLISH (#PCDATA)>
9. <!ELEMENT Price (#PCDATA)>
10. ]>
11. <?xml-stylesheet type="text/xsl" href="style.xsl"?>
12. <DocumentElement>
13. <basic>
14. <ID>1</ID>
15. <BOOKNAME>动态网站开发基础</BOOKNAME>
16. <AUTHOR>张亚东</AUTHOR>
```

```
17. <PUBLISH>电子工业出版社</PUBLISH>
18. <Price>30.8</Price>
19. </basic>
20. <basic>
21. <ID>2</ID>
22. <BOOKNAME>集成开发宝典</BOOKNAME>
23. <AUTHOR>陈天河</AUTHOR>
24. <PUBLISH>清华大学出版社</PUBLISH>
25. <Price>49.0</Price>
26. </basic>
27. <basic>
28. <ID>3</ID>
29. <BOOKNAME> ASP.NET 3.5 编程基础</BOOKNAME>
30. <AUTHOR>梁爱虎</AUTHOR>
31. <PUBLISH>人民邮电出版社</PUBLISH>
32. <Price>67.5</Price>
33. </basic>
34. </DocumentElement>
```

代码说明：第 2 行到第 10 行为该 XML 文档的 DTD，这里定义了 XML 文档中包含的词汇：DocumentElement、basic、ID、BOOKNAME、AUTHOR、PUBLISH 和 Price。第 12 到第 34 行的 XML 文档的元素正是由这些词汇构成的。

从以上代码可以看出，描述 DTD 文档也需要一套语法结构，关键字是组成语法结构的基础，如表 9-2 所示列举了构建 DTD 时常用的关键字。

表 9-2 DTD 中常用的关键字

关 键 字	说 明
ANY	数据既可是纯文本也可是子元素，多用来修饰根元素
ATTLIST	定义元素的属性
DOCTYPE	描述根元素
ELEMENT	描述所有的子元素
EMPTY	空元素
SYSTEM	表示使用外部 DTD 文档
#FIXED	ATTLIST 定义的属性值是固定的
#IMPLIED	ATTLIST 定义的属性不是必须赋值的
#PCDATA	数据为纯文本
#REQUIRED	ATTLIST 定义的属性是必须赋值的
INCLUDE	表示包括的内容有效，类似于条件编译
IGNORE	与 INCLUDE 相应，表示包括的内容无效

此外 DTD 还提供了一些运算表达式来描述 XML 文档中的元素，常用的 DTD 运算表达式如表 9-3 所示，其中，A、B、C 代表 XML 文档中的元素。

表 9-3　DTD 中定义的表达式

表 达 式	说　明
A+	元素 A 至少出现一次
A*	元素 A 可以出现很多次，也可以不出现
A?	元素 A 出现一次或不出现
(A B C)	元素 A、B、C 的间隔是空格，表示它们是无序排列
(A,B,C)	元素 A、B、C 的间隔是逗号，表示它们是有序排列
A|B	元素 A、B 之间是逻辑或的关系

DTD 能够对 XML 文档的结构进行描述，但 DTD 也有如下缺点。

- DTD 不支持数据类型，而在实际应用中往往会有多种复杂的数据类型，如布尔型、时间日期型等。
- DTD 的标记是固定的，用户不能扩充标记。
- DTD 使用不同于 XML 的独立的语法规则。

 **提示**

目前出现了一种新的 XML 描述方法 ——Schema，该方法受到微软的推崇，并在.NET 框架中有所应用。Schema 的出现完善了 DTD 的不足，它本身就是一种 XML 的应用形式。Schema 对于文档的结构、数据的属性和类型的描述都是全面的。此外，Schema 还是 DTD 的一种扩展和补充，有利于继承以前的数据。尽管 Schema 有很多优点，但它还并不是一种成熟的技术，目前还没有统一的国际标准。

9.1.3 XSL 语言

XSL 的英文全称是 eXtensible Stylesheet Language，翻译成中文就是可扩展样式语言。它是 W3C 制定的另一种表现 XML 文档的样式语言。XSL 是 XML 的应用，符合 XML 的语法规范，可以被 XML 的分析器处理。

XSL 是一种语言，通过对 XML 文档进行转换，然后将转换的结果呈现出来。转换的过程为：根据 XML 文档特性运行 XSLT(XSL Transformation)，将 XML 文档转换成带信息的树型结果，然后按照 FO(Formatted Object)分析树，从而将 XML 文档呈现出来。

XSL 转换 XML 文档的过程分为两个步骤：建树和表现树。建树可以在服务器端执行，也可以在客户端执行。在服务器端执行时，把 XML 文档转换成 HTML 文档，然后发送到客户端。若在客户端执行建树，客户端必须支持 XML 和 XSL。

【例 9-2】本例演示把 XML 文档经过 XSL 转换为浏览器可读的信息。

(1) 启动 Visual Studio 2010，选择【文件】|【新建网站】命令，打开【新建网站】对话框，先选择【ASP.NET 空网站】模板，接着选择【文件系统】，然后在文件路径中创建网站并命名为“例 9-2”，如图 9-8 所示，最后单击【确定】按钮。

(2) 参照【例 9-1】的步骤创建一个 XMLFile.xml 文件。

(3) 在【解决方案资源管理器】窗格中右击网站项目名称，在弹出的快捷菜单中选择【添加新项】命令，如图 9-9 所示。

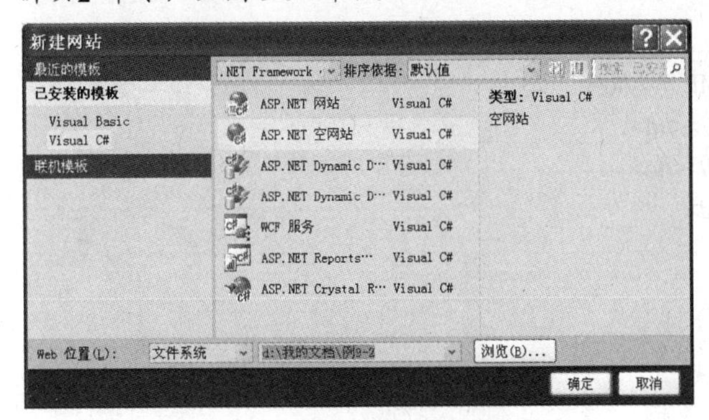

图 9-8　【新建网站】对话框

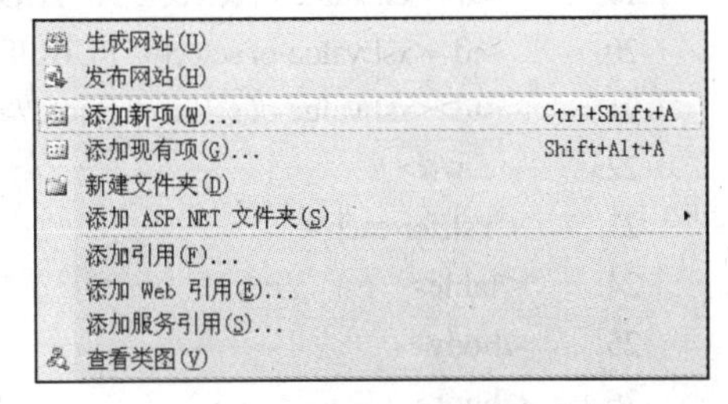

图 9-9　选择【添加新项】命令

(4) 打开【添加新项】对话框，选择【样式表】模板，将默认文件名修改为 StyleSheet.xsl，如图 9-10 所示，最后单击【添加】按钮。

(5) 此时在网站根目录自动生成一个如图 9-11 所示的 StyleSheet.xsl 文件。

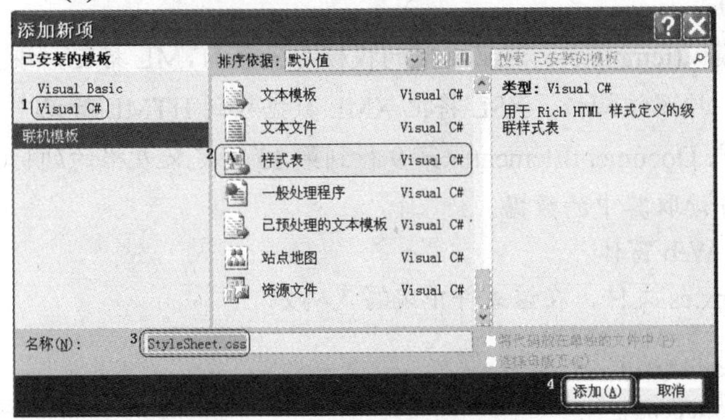

图 9-10　【添加新项】对话框

图 9-11　生成 StyleSheet.xsl 文件

(6) 双击 StyleSheet.xsl 文件，编写代码如下：

```
1. <?xml version="1.0" encoding="gb2312"?>
2. <xsl:stylesheet version="1.0"
3. xmlns:xsl="http://www.w3.org/1999/XSL/Transform">
4. <xsl:template match="DocumentElement">
5.     <html>
6.     <body>
7.     <table>
8.       <tr>
```

```
9.          <th>ID</th>
10.         <th> BOOKNAME </th>
11.         <th> AUTHOR </th>
12.         <th> PUBLISH </th>
13.         <th> Price </th>
14.       </tr>
15.     <xsl:for-each select="basic">
16.       <tr>
17.     <td><xsl:value-of select="ID"/></td>
18.       <td><xsl:value-of select=" BOOKNAME "/></td>
19.       <td><xsl:value-of select=" AUTHOR "/></td>
20.       <td><xsl:value-of select=" PUBLISH "/></td>
21.       <td><xsl:value-of select=" Price "/></td>
22.         </tr>
23.     </xsl:for-each>
24.     </table>
25.     </body>
26.     </html>
27.   </xsl:template>
28. </xsl:stylesheet>
```

代码说明：第 1 行为 XML 声明，表明该 XML 文档的版本是 1.0，字符编码为 gb2312。第 2 行为 XSL 声明，表明该 XSL 的版本是 1.0。

第 4 行到第 27 行定义转换 XML 的模板(template)，这里定义的模板是一个 HTML 标记，该 HTML 标记中包含一个 table 标记的定义，按照该模板，XSL 将把 XML 数据放到 HTML 标记中进行显示。第 4 行绑定 XML 文档的根节点 DocumentElement；第 9 行到第 13 行定义表格的列标题；第 15 行到第 23 行循环 basic 节点，并读取其中的数据。

(7) 在网站中添加一个名为 Default 的 Web 窗体。

(8) 双击打开网站目录下的 Default.aspx.cs 文件，在该文件中编写代码如下：

```
1. protected void Page_Load(object sender, EventArgs e){
2.           XmlDocument xdoc = new XmlDocument();
3.           xdoc.Load(Server.MapPath("XMLFile.xml"));
4.           XslTransform xslt = new XslTransform();
5.           xslt.Load(Server.MapPath("StyleSheet.xsl"));
6.           MemoryStream ms = new MemoryStream();
7.           xslt.Transform(xdoc, null, ms);
8.           ms.Seek(0, SeekOrigin.Begin);
9.           StreamReader sr = new StreamReader(ms);
10.            Response.Write(sr.ReadToEnd());
11.      }
```

代码说明：第 1 行处理页面 Page 的加载事件 Load。第 2 行创建一个 XmlDocument 对象 xdoc。

第 3 行载入存储信息的 XML 文件 XMLFile.xml。第 4 行创建一个 XslTransform 对象 xslt。第 5 行导入 XSL 文件 StyleSheet.xsl。第 6 行定义 MemoryStream 对象 ms，第 7 行利用 Transform 方法把 DOM 对象写入流对象中，第 8 行指定流的初始位置，第 9 行定义读出流对象，第 10 行把读出流对象写到页面中，从而完成 XML 在页面中的显示。

(9) 运行程序，效果如图 9-12 所示。

http://localhost:3639...　http://localhost:3639...

ID	BOOKNAME	AUTHOR	PUBLISH	Price
1	动态网站开发基础	张亚飞	电子工业出版社	30.8
2	集成开发宝典	陈天河	清华大学出版社	49.0
3	ASP.NET3.5编程基础	梁爱虎	人民邮电出版社	67.5

图 9-12　运行效果

知识点

模板是 XSL 中最重要的概念之一，XSL 文件至少由一个模板组成，这些模板就像模块化程序设计一样，最后要整合成一个整体。

通过以上例子可以看出，XSLT 实际上就是通过模板将源文件文档按照模板的格式转换成结果文档。模板定义了一系列的元素来描述源文档中的数据和属性等内容，在经过转换之后，建立树型结构。如表 9-4 所示列举了 XSLT 中常用的模板。

表 9-4　XSLT 中常用的模板

关 键 字	说　明
xsl:apply-import	调用导入的外部模板，可以应用为部分文档的模板
xsl:apply-templates	应用模板，通过 select、mode 两个属性确定需要应用的模板
xsl:attribute	为元素输出定义属性节点
xsl:attribute-set	定义一组属性节点
xsl:call-template	调用由 call-template 指定的模板
xsl:choose	根据条件调用模板
xsl:comment	在输出加入注释
xsl:copy	复制当前节点到输出
xsl:element	在输出中创建新元素
xsl:for-each	循环调用模板匹配每个节点
xsl:if	模板在简单情况下的条件调用
xsl:message	发送文本信息给消息缓冲区或消息对话框
xsl:sort	排序节点
xsl:stylesheet	指定样式单
xsl:template	指定模板
xsl:value-of	为选定节点加入文本值

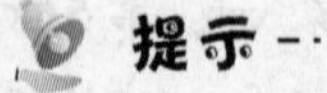

> **提示**
>
> XSLT 主要用来转换 XML 文档，在商业系统中，它可以将 XML 文档转换成可以被各种系统或应用程序解读的数据。这非常有利于各种商业系统之间的数据交换。

9.1.4 XPath

XPath 是 XSLT 的重要组成部分。XPath 的作用在于为 XML 文档的内容定位，并可通过 XPath 来访问指定的 XML 元素。在利用 XSL 转换 XML 文档的过程中，匹配的概念非常重要。在模板声明语句 xsl:template match = ""和模板应用语句 xsl:apply-templates select = ""中，用引号括起来的部分必须能够精确地定位节点。具体的定位方法则在 XPath 中给出。

之所以要在 XSL 中引入 XPath 的概念，目的就是为了在匹配 XML 文档结构树时能够准确地找到某一个节点元素。可以把 XPath 比作文件管理路径：通过文件管理路径，可以按照一定的规则查找到所需要的文件；同样，依据 XPath 所制定的规则，也可以很方便地找到 XML 结构文档树中的任何一个节点，显然这对 XSLT 来说是最基本的功能。

XPath 提供了一系列的节点匹配方法，这些方法如下。

- 路径匹配：路径匹配和文件路径的表示比较相似，通过一系列的符号来指定路径。
- 位置匹配：根据每个元素的子元素都是有序的原则来匹配。
- 亲属关系匹配：XML 是一个树型结构，因此在匹配时可以利用树型结构的“父子”关系。
- 条件匹配：利用一些函数的运算结果的布尔值来匹配符合条件的节点。

以上简要概述了一下有关 XML 的知识，有关 XML 的主要知识也就包括以上这些，有兴趣的读者可以按照以上的知识框架来深入学习。

> **提示**
>
> XPath 是专门用来在 XML 文档中查找信息的语言，相当于数据库系统中的 SQL 语句，目的是为了能够在 XML 结构树中准确地找到某一个节点元素。

9.2 访问和操作 XML

XML 数据的访问和操作是通过 DOM 来实现的，DOM 是一个程序接口，应用程序和脚本可以通过这个接口访问和修改 XML 文档数据。

9.2.1　创建 XML 文档

XML 语言仅仅是一种信息交换的载体，也是一种信息交换的方法，而要使用 XML 文档则必须通过使用一种称为接口的技术。正如使用 ODBC 接口访问数据库一样，DOM 接口应用程序使得对 XML 文档的访问变得简单。

DOM 是一个程序接口，应用程序和脚本可以通过这个接口访问和修改 XML 文档数据。

DOM 接口定义了一系列对象来实现对 XML 文档数据的访问和修改。DOM 接口将 XML 文档转换为树型的文档结构，应用程序通过树型文档对 XML 文档进行层次化的访问，从而实现对 XML 文档的操作，如访问树的节点、创建新节点等。

微软大力支持 XML 技术，在.NET 框架中实现了对 DOM 规范的良好支持，并提供了一些扩展技术，使得程序员对 XML 文档的处理更加简便。而基于.NET 框架的 ASP.NET，可以充分使用.NET 类库来实现对 DOM 的支持。

.NET 类库中支持 DOM 的类主要存在于 System.Xml 和 System.Xml.XmlDocument 命名空间中。这些类分为两个层次：基础类和扩展类。基础类包括了用来编写操纵 XML 文档的应用程序所需要的类；扩展类为用来简化程序员的开发工作的类。

基础类中包含了以下 3 个类。

- XmlNode 类：用来表示文档树中的单个节点，它描述了 XML 文档中各种具体节点类型的共性，它是一个抽象类，在扩展类层次中有它的具体实现。
- XmlNodeList 类：用来表示一个节点的有序集合，它提供了对迭代操作和索引器的支持。
- XmlNamedNodeMap 类：用来表示一个节点的集合，该集合中的元素可以使用节点名或索引来访问，支持使用节点名称和迭代器来对属性集合的访问，并且包含了对命名空间的支持。

扩展类主要包括以下几个由 XmlNode 类派生出来的类，如表 9-5 所示。

表 9-5　扩展类中包含的主要的类

类	说　明
XmlAttribute	表示一个属性，此属性的有效值和默认值在 DTD 或架构中进行定义
XmlAttributeCollection	表示属性集合，这些属性的有效值和默认值在 DTD 或架构中定义
XmlComment	表示 XML 文档中的注释内容
XmlDocument	表示 XML 文档
XmlDocumentType	表示 XML 文档的 DOCTYPE 声明节点
XmlElement	表示一个元素
XmlEntity	表示 XML 文档中一个解析过或未解析过的实体
XmlEntityReference	表示一个实体的引用
XmlLinkedNode	获取紧靠该节点(之前或之后)的节点
XmlReader	表示提供对 XML 数据进行快速、非缓存、只进访问的读取器

(续表)

类	说　明
XmlText	表示元素或属性的文本内容
XmlTextReader	表示提供对 XML 数据进行快速、非缓存、只进访问的读取器
XmlTextWriter	表示提供快速、非缓存、只进方法的编写器，该方法生成包含 XML 数据(这些数据符合 W3C 可扩展标记语言(XML)1.0 和 XML 中命名空间的建议)的流或文件
XmlWriter	表示提供快速、非缓存、只进方法的编写器，该方法生成包含 XML 数据(这些数据符合 W3C 可扩展标记语言(XML)1.0 和 XML 中命名空间的建议)的流或文件

创建 XML 文档的方法有以下两种。

◉ 创建不带参数的 XmlDocument，代码如下：

```
XmlDocument doc = new XmlDocument();
```

代码说明：使用了不带参数的构造函数创建一个 XmlDocument 对象 doc。

◉ 创建一个 XmlDocument，并将 XmlNameTable 作为参数传递给它。XmlNameTable 类是原子化字符串对象的表。该表为 XML 分析器提供了一种高效的方法，即对 XML 文档中所有重复的元素和属性名使用相同的字符串对象。创建文档时，将自动创建 XmlNameTable，并在加载此文档时用属性和元素名加载 XmlNameTable。如果已经有一个包含名称表的文档，且这些名称在另一个文档中很有用，则可使用以 XmlNameTable 作为参数的 Load 方法创建一个新文档。使用此方法创建文档后，该文档使用现有的 XmlNameTable，后者包含所有已从其他文档加载到此文档中的属性和元素。它可用于有效地比较元素和属性名。创建带参数的 XmlDocument，代码如下：

```
System.Xml.XmlDocument doc = new XmlDocument(xmlNameTable);
```

代码说明：使用带参数的构造函数创建一个 XmlDocument 对象 doc，其中，System.Xml 是 XmlDocument 的命名空间。

9.2.2 将 XML 读入文档

DOM 可以将不同格式的 XML 读入内存。这些格式可以是字符串、流、URL、文本读取器或 XmlReader 的派生类。

读取 XML 数据的方法有以下两种。

◉ 使用 Load 方法。该方法加载指定的 XML 数据，总共包含以下 4 个重载函数。

XmlDocument.Load (Stream)：从指定的流加载 XML 文档。

XmlDocument.Load (String)：从指定的 URL 加载 XML 文档。

XmlDocument.Load (TextReader)：从指定的 TextReader 加载 XML 文档。

XmlDocument.Load (XmlReader)：从指定的 XmlReader 加载 XML 文档。

⊙ 使用 LoadXML 方法。该方法从字符串中读取 XML。

【例 9-3】使用 LoadXML 方法加载 XML 字符串，然后将 XML 数据保存到一个 XML 文件中。

(1) 启动 Visual Studio 2010，选择【文件】|【新建网站】命令，在打开的【新建网站】对话框中创建网站并命名为“例 9-3”。

(2) 在该网站中添加一个名为 Default 的 Web 窗体。

(3) 在该网站中创建一个 XMLFile.xml 文件，如图 9-13 所示。

(4) 双击打开网站目录下的 Default.aspx.cs 文件，在该文件中编写代码如下：

```
1. protected void Page_Load(object sender, EventArgs e){
2.            XmlDocument doc = new XmlDocument();
3.            doc.LoadXml(" <basic>" +
4.              "<ID>1</ID>" +
5.              "<BOOKNAME>动态网站开发基础</BOOKNAME>" +
6.              "<AUTHOR>张亚飞</AUTHOR>" +
7.              "<PUBLISH>电子工业出版社</PUBLISH>" +
8.              "<Price>30.8</Price>" +
9.              "</basic>");
10.            doc.Save(Server.MapPath("XMLFile.xml"));
11.     }
```

代码说明：第 2 行定义了一个 DOM 对象 doc。第 3 行利用 LoadXml 方法从字符串中把 XML 数据加载到 doc 中。第 10 行利用 Save 方法把 XML 数据保存到 XMLFile.xml 文件中。

(5) 在【解决方案资源管理器】窗格中右击 XMLFile.xml 文件，在弹出的快捷菜单中选择【在浏览器中查看】命令，运行后的效果如图 9-14 所示。

图 9-13　创建 XML 文件

图 9-14　运行效果

9.2.3　选择节点

ASP.NET 的 DOM 提供了基于 XPath 的导航方法，使用这些导航方法可以方便地查询 DOM 对象中的信息。

DOM 提供了以下两种 XPath 导航方法。

- SelectSingleNode 方法：返回符合条件的第一个节点。
- SelectNodes 方法：返回包含匹配节点的 XmlNodeList。

【例 9-4】使用 SelectNodes 方法从 XML 文档中获取 book 节点，并把获得的每个节点的数据输出到页面上。

(1) 启动 Visual Studio 2010，选择【文件】|【新建网站】命令，在打开的【新建网站】对话框中创建网站并命名为“例 9-4”。

(2) 在该网站中创建一个【XMLFile.xml】文件，文件中的内容与【例 9-1】中的 XMLFile.xml 文件相同。

(3) 在网站中添加一个名为 Default 的 Web 窗体。

(4) 双击打开网站目录下的 Default.aspx.cs 文件，在该文件中编写代码如下：

```
1. protected void Page_Load(object sender, EventArgs e){
2.         XmlDocument doc = new XmlDocument();
3.         doc.Load(Server.MapPath("XMLFile.xml"));
4.         XmlNodeList nodeList;
5.         XmlNode root = doc.DocumentElement;
6.         nodeList = root.SelectNodes("//basic");
7.         foreach (XmlNode xmlNode in nodeList) {
8.         XmlNodeList list = xmlNode.ChildNodes;
9.         foreach (XmlNode xmlNode1 in list) {
10.                  Response.Write(xmlNode1.InnerText);
11.                  Response.Write(" ");
12.         }
13.             Response.Write("<br>");
14.         }
15. }
```

代码说明：第 2 行创建 DOM 对象 doc。第 3 行把 XML 文档装入 dom 对象。第 4 行定义节点列表。第 5 行定义根节点，并把 dom 对象的根节点赋给它。第 6 行查找 basic 节点列表。第 7 行循环访问节点列表。第 8 行获得 book 节点下的所有节点。第 9 行遍历子节点。第 10 行输出节点包含的数据。

(5) 运行程序，效果如图 9-15 所示。

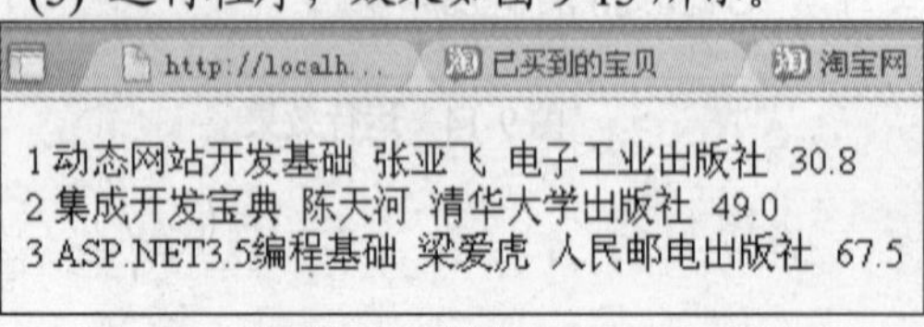

图 9-15　运行效果

知识点

在进行 XML 文件的常用操作中，通常会使用递归的方法来循环遍历每一个子节点，这样比不使用递归的循环效率高。

9.2.4　新节点的创建

为一个 XML 文档创建一个新节点包括以下两个步骤。

(1) 利用如表 9-6 所示的方法创建一个节点。

表 9-6　XmlDocument 的常用的创建节点的方法

方　法	说　明
CreateAttribute	创建具有指定名称的 XmlAttribute
CreateCDataSection	创建包含指定数据的 XmlCDataSection
CreateComment	创建包含指定数据的 XmlComment
CreateDocumentType	创建新的 XmlDocumentType 对象
CreateElement	创建 XmlElement
CreateEntityReference	创建具有指定名称的 XmlEntityReference
CreateNode	创建 XmlNode
CreateTextNode	创建具有指定文本的 XmlText

(2) 创建新节点后，利用如表 9-7 所示的方法把创建的节点插入 XML 结构树中。

表 9-7　向 XML 结构树中插入节点的方法

方　法	说　明
InsertBefore	插入到引用节点之前
InsertAfter	插入到引用节点之后
AppendChild	将节点添加到指定节点的子节点列表的末尾
PrependChild	将节点添加到指定节点的子节点列表的开头
Append	将 XmlAttribute 节点追加到与元素关联的属性集合的末尾

提示

在插入一个新的节点时，必须从最底层的节点开始，一层一层添加到上一个节点(包括节点的文本和值)，直至添加到根节点为止。

【例 9-5】创建一个节点并将其插入 XML 文件中。

(1) 启动 Visual Studio 2010，选择【文件】|【新建网站】命令，在打开的【新建网站】对话框中创建网站并命名为“例 9-5”。

(2) 在该网站中创建一个 XMLFile.xml 文件，文件中的内容与【例 9-1】中的 XMLFile.xml 文件相同。

(3) 在该网站中添加一个名为 Default 的 Web 窗体。

(4) 双击打开网站目录下的 Default.aspx.cs 文件，在该文件中编写代码如下：

```
1. protected void Page_Load(object sender, EventArgs e){
2.         XmlDocument xmlDoc = new XmlDocument();
3.         xmlDoc.Load(Server.MapPath("XMLFile.xml"));
```

```
4.          XmlNode root = xmlDoc.SelectSingleNode("//DocumentElement");
5.          XmlElement xe1 = xmlDoc.CreateElement("basic");
6.          XmlElement xesub1 = xmlDoc.CreateElement("ID");
7.          xesub1.InnerText = "4";
8.          xe1.AppendChild(xesub1);
9.          XmlElement xesub2 = xmlDoc.CreateElement("BOOKNAME");
10.          xesub2.InnerText = "UML 建模语言";
11.          xe1.AppendChild(xesub2);
12.          XmlElement xesub3 = xmlDoc.CreateElement("AUTHOR");
13.          xesub3.InnerText = "张琴";
14.          xe1.AppendChild(xesub3);
15.          XmlElement xesub4 = xmlDoc.CreateElement("PUBLISH");
16.          xesub4.InnerText = "水利出版社";
17.          xe1.AppendChild(xesub4);
18.          XmlElement xesub5 = xmlDoc.CreateElement("Price");
19.          xesub5.InnerText = "28.00";
20.          xe1.AppendChild(xesub5);
21.          root.AppendChild(xe1);
22.          xmlDoc.Save(Server.MapPath("XMLFile.xml"));
23.     }
```

代码说明：第 2 行和第 3 行使用 DOM 对象把 XMLFile.xml 文件加载到内存中。第 4 行调用 SelectSingleNode 方法获取根节点。第 5 行创建一个 basic 节点。第 6 行到第 20 行创建 basic 节点的子节点，并调用 AppendChild 方法把创建的子节点添加到 basic 节点中。第 21 行把 basic 节点添加到根节点。第 22 行把修改后 DOM 对象保存到 XMLFile.xml 文件中。

(5) 右击 XMLFile.xml 文件，在弹出的快捷菜单中选择【在浏览器中查看】命令，运行效果如图 9-16 所示。

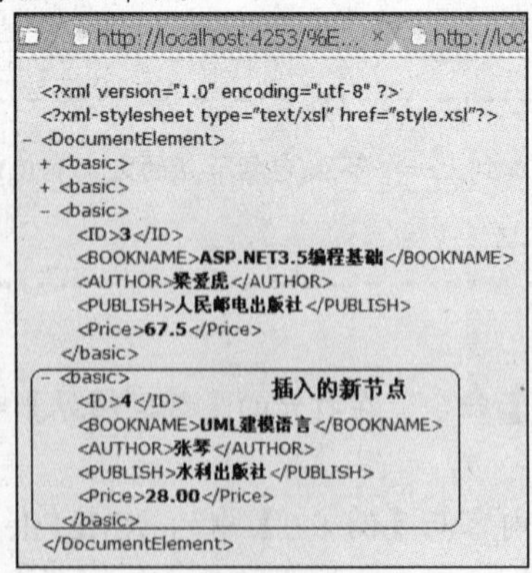

图 9-16　运行结果

知识点

在使用关于 XML 的类文件(如 XmlDocument)时，必须先添加命名空间 using System.Xml。

9.2.5　XML 文档的修改

在.NET 框架下，通过使用 DOM，程序员可以有多种方法来修改 XML 文档的节点、内容和

值。修改 XML 文档的常用方法如下：

- 使用 XmlNode.Value 方法更改节点值。
- 通过用新节点替换旧节点来修改全部节点集。这可以使用 XmlNode.InnerXml 属性完成。
- 使用 XmlNode.ReplaceChild 方法用新节点替换现有节点。
- 使用 XmlCharacterData.AppendData 方法、XmlCharacterData.InsertData 方法或 Xml CharacterData.ReplaceData 方法将附加字符添加到从 XmlCharacter 类继承的节点。
- 从 XmlCharacterData 继承的节点类型使用 DeleteData 方法移除某个范围的字符来修改内容。
- 使用 SetAttribute 方法更新属性值。如果属性不存在，SetAttribute 将创建一个新属性；如果属性存在，则更新属性值。

9.2.6　XML 文档的删除

若 DOM 在内存之中，可以删除 XML 中的节点或删除特定节点类型中的内容和值。

- 删除节点

若要从 DOM 中删除某个节点，可以使用 RemoveChild 方法实现，此方法将删除属于该节点的子树(即如果它不是叶节点)。

若要从 DOM 中删除多个节点，可以使用 RemoveAll 方法删除当前节点的所有子级和属性。

如果使用 XmlNamedNodeMap，则可以使用 RemoveNamedItem 方法删除节点。

- 删除属性集合中的属性

可以使用 XmlAttributeCollection.Remove 方法删除指定的某个属性；也可以使用 XmlAttribute Collection.RemoveAll 方法删除集合中的所有属性，使得元素不再具有任何属性；或者使用 XmlAttributeCollection.RemoveAt 方法删除属性集合中的指定属性(通过使用其索引号)。

- 删除节点属性

使用 XmlElement.RemoveAllAttributes 删除属性集合；使用 XmlElement.RemoveAttribute 方法按名删除集合中的单个属性；使用 XmlElement.RemoveAttributeAt 按索引号删除集合中的单个属性。

- 删除节点内容

可以使用 DeleteData 方法删除字符，此方法从节点中删除某个范围的字符。如果要完全删除内容，则删除包含此内容的节点。如果要保留节点，但节点内容不正确，则修改内容。

9.2.7　XML 文档的保存

可以使用 Save 方法保存 XML 文档。Save 方法有以下 4 个重载方法。

- Save(string filename)：将文档保存到文件 filename 的位置。

- Save(System.IO.Stream outStream)：保存到流 outStream 中。流的概念存在于文件操作中。
- Save(System.IO.TextWriter writer)：保存到 TextWriter 中。TextWriter 也是文件操作中的一个类。
- Save(XmlWriter w)：保存到 XmlWriter 中。

9.3 上机练习

通过 XML 技术和 DOM 对象的使用实现一个简单的留言薄功能，用户可以查看所有的留言，添加新的留言，并且能够对留言进行回复和删除操作。实例运行效果，如图 9-17 所示。

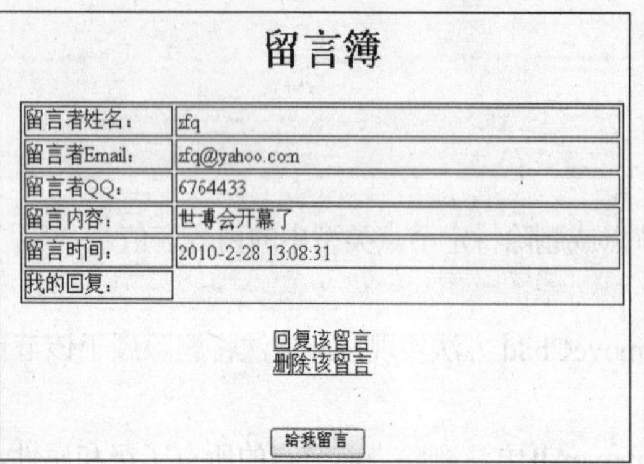

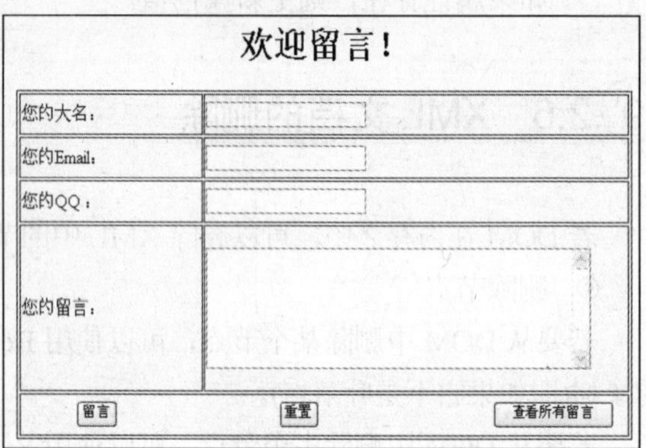

图 9-17 运行效果

(1) 启动 Visual Studio 2010，选择【文件】|【新建网站】命令，在打开的【新建网站】对话框中创建网站并命名为“上机练习”。

(2) 在该网站中创建一个 guestbook.xml 文件，该文件中的内容如下：

```
1. <?xml version="1.0" encoding="gb2312"?>
2. <guestbook>
3.    <liuyan>
4.       <id>4</id>
5.       <name>zfq</name>
6.       <email>zfq@yahoo.com</email>
7.       <qq>6764433</qq>
8.       <comment>世博会开幕了</comment>
9.       <datatime>2010-2-28 13:08:31</datatime>
10.      <back>
11.      </back>
12.   </liuyan>
13. </guestbook>
```

代码说明：liuyan 节点是一个完整的留言数据结构。第 5 行 name 节点定义留言者的姓名。第 6 行 email 节点定义留言者的电子邮件。第 7 行 qq 节点定义留言者的 qq 号码。第 8 行 comment

节点定义留言内容。第 10 行 back 节点定义回复内容。

(3) 分别在网站中创建 4 个 Web 窗体：查看留言页面 ViewGuestBook.aspx、添加留言页面 Addly.aspx、回复留言页面 back.aspx 和删除留言页面 del.aspx，如图 9-18 所示。

(4) 双击网站根目录下的 ViewGuestBook.aspx 文件，打开设计视图。从【工具箱】拖动一个 Repeater 控件到设计视图中，并设置其属性，效果如图 9-19 所示。

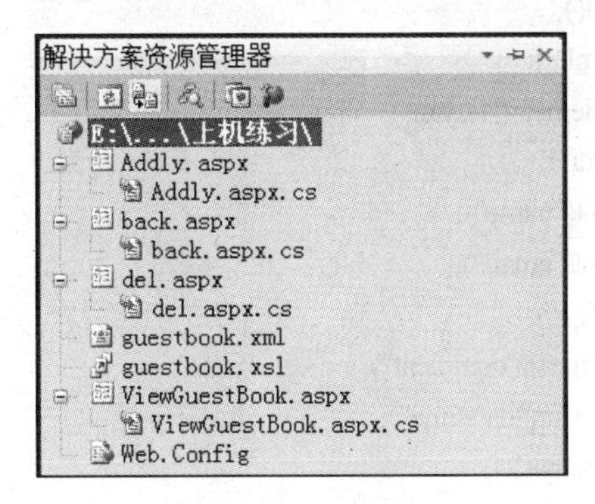

图 9-18　创建页面

图 9-19　设计视图

(5) 双击网站目录下的 ViewGuestBook.aspx.cs 文件，在该文件中编写代码如下：

```
1. protected void Page_Load(object sender, EventArgs e){
2.             DataSet ds = new DataSet();
3.             ds.ReadXml(Server.MapPath("guestbook.xml"));
4.             if (ds.Tables.Count > 0){
5.                 this.Repeater1.DataSource = ds.Tables[0].DefaultView;
6.                 this.Repeater1.DataBind();
7.             }
8.     }
9.     protected void btn_ok_Click(object sender, EventArgs e){
10.         Response.Redirect("Addly.aspx");
11.     }
```

代码说明：第 2 行创建一个数据集，第 3 行将 guestbook.xml 加载到数据集中。第 4 行到第 6 行判断如果数据集中是否有数据存在，若有，则将数据绑定到 Repeater1 控件上进行显示。第 10 行跳转到添加留言页面。

(6) 双击网站根目录下的 Addly.aspx 文件，打开设计视图，添加一个供用户输入留言信息的表格，如图 9-20 所示。

(7) 双击打开网站目录下的 Addly.aspx.cs 文件，在该文件中编写代码如下：

```
1.   public string ReturnCount(){
2.        string i = string.Empty;
3.        XmlDocument xmlDoc = new XmlDocument();
4.        xmlDoc.Load(Server.MapPath("guestbook.xml"));
5.        XmlNode xmlNode = xmlDoc.DocumentElement.LastChild;
6.        if (xmlNode != null){
```

```
7.              i = Convert.ToString(Convert.ToUInt32(xmlNode["id"].InnerText) + 1);
8.      }
9.          return i;
10.     }
11.     protected void Button1_Click(object sender, EventArgs e){
12.             XmlDocument xmlDoc = new XmlDocument();
13.             xmlDoc.Load(Server.MapPath("guestbook.xml"));
14.             XmlElement newElement = xmlDoc.CreateElement("liuyan");
15.             XmlElement elid = xmlDoc.CreateElement("id");
16.             XmlElement elname = xmlDoc.CreateElement("name");
17.             XmlElement elemail = xmlDoc.CreateElement("email");
18.             XmlElement elqq = xmlDoc.CreateElement("qq");
19.             XmlElement elcomment = xmlDoc.CreateElement("comment");
20.             XmlElement eldatatime = xmlDoc.CreateElement("datatime");
21.             XmlElement elback = xmlDoc.CreateElement("back");
22.             elid.InnerText = ReturnCount();
23.             elname.InnerText = this.name0.Text.Trim();
24.             elemail.InnerText = this.email0.Text.Trim();
25.             elqq.InnerText = this.qq0.Text.Trim();
26.             elcomment.InnerText = this.comment0.Text.Trim();
27.             eldatatime.InnerText = DateTime.Now.ToString();
28.             elback.InnerText = " ";
29.             newElement.AppendChild(elid);
30.             newElement.AppendChild(elname);
31.             newElement.AppendChild(elemail);
32.             newElement.AppendChild(elqq);
33.             newElement.AppendChild(elcomment);
34.             newElement.AppendChild(eldatatime);
35.             newElement.AppendChild(elback);
36.             xmlDoc.DocumentElement.AppendChild(newElement);
37.             xmlDoc.Save(Server.MapPath("guestbook.xml"));
38.             Response.Redirect("ViewGuestBook.aspx");
39.     }
```

代码说明：第 1 行定义了一个返回留言编号的方法 ReturnCount。第 5 行获得之后一个字节点对象。第 6 行到第 9 行判断如果该节点是否为空，若不为空就返回 id 节点的值并加 1。

第 11 行处理【留言】按钮的单击事件。第 13 行加载 guestbook.xml 文件。第 14 行创建一个根节点。第 15 行到第 21 行创建 7 个子节点的对应留言的 7 个内容。第 22 行到第 28 行获得 7 个子节点的值。第 29 行到第 36 行将子节点添加到根节点。第 37 行保存修改后的数据到 guestbook.xml 文件。

(8) 双击网站根目录下的 back.aspx 文件，打开设计视图。从【工具箱】分别拖动一个 TextBox 控件、两个 Button 控件到设计视图中并设置属性，如图 9-21 所示。

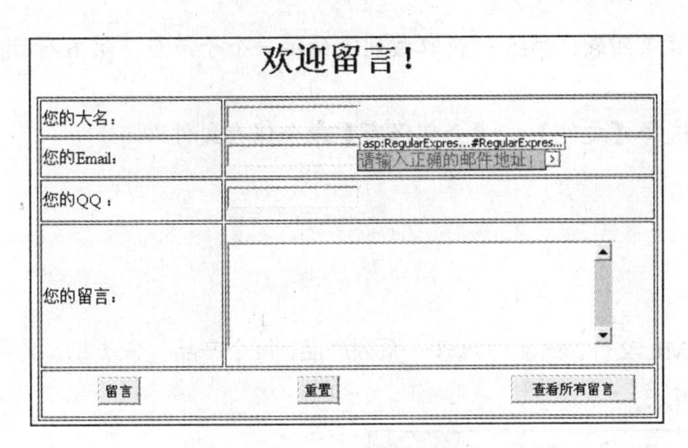

图 9-20　【Addly.aspx】页面

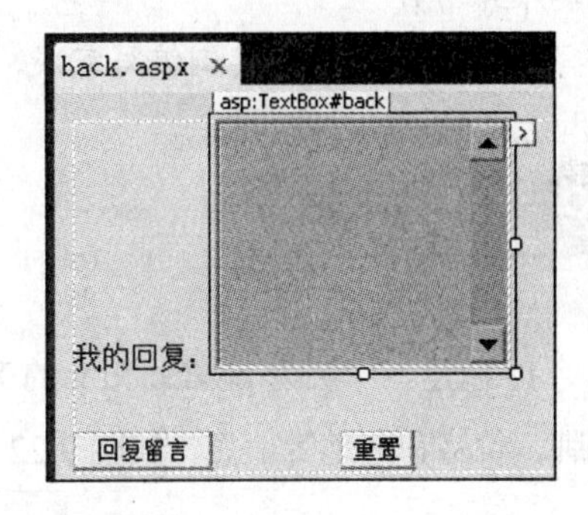

图 9-21　【back.aspx】页面

(9) 双击打开网站目录下的 back.aspx.cs 文件，在该文件中编写代码如下：

```
1.   protected void btnback_Click(object sender, EventArgs e){
2.           if (Request.QueryString["Xid"] != null) {
3.               XmlDocument xmlDoc = new XmlDocument();
4.               xmlDoc.Load(Server.MapPath("guestbook.xml"));
5.               XmlNodeList xmlNodeList = xmlDoc.SelectNodes("guestbook/liuyan[id='" +
                 Request.QueryString["Xid"].ToString() + "']");//查找
6.               XmlNode xmlNode = xmlNodeList.Item(0);
7.               xmlNode["back"].InnerText = this.back.Text;
8.               xmlDoc.Save(Server.MapPath("guestbook.xml"));
9.           }
10.          Response.Redirect("ViewGuestBook.aspx");
11.      }
```

代码说明：第 1 行处理【回复留言】按钮的单击事件 Click。第 2 行判断传递的留言编号是否为空，若不为空，则创建 DOM 对象并加载 guestbook.xml 文件。第 5 行获取留言编号节点列表。第 6 行获取该列表的第一个子节点。第 7 行将输入的回复内容赋给 back 节点。

(10) 双击打开网站目录下的 del.aspx.cs 文件，在该文件中编写代码如下：

```
1.   protected void Page_Load(object sender, EventArgs e){
2.           XmlDocument xmlDoc = new XmlDocument();
3.           xmlDoc.Load(Server.MapPath("guestbook.xml"));
4.           XmlNodeList xmlNodeList = xmlDoc.SelectNodes("guestbook/liuyan[id='" +
             Request.QueryString["Xid"].ToString() + "']");
5.           XmlNode xmlNode = xmlNodeList.Item(0);
6.           xmlNode.ParentNode.RemoveChild(xmlNode);
7.           xmlDoc.Save(Server.MapPath("guestbook.xml"));
8.           Response.Redirect("ViewGuestBook.aspx");
9.       }
```

代码说明：第 4 行获取留言编号节点列表。第 5 行获取该列表的第一个子节点。第 6 行删除第一个子节点。

(11) 至此，整个实例编写完成，选择【文件】|【全部保存】命令保存文件即可。

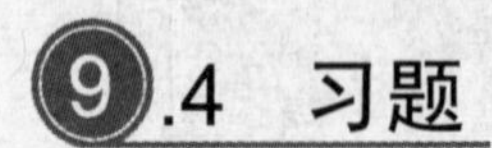

9.4 习题

1. 创建一个名为 product.xml 的 XML 文件，该文件包含一系列产品，每个产品包含类型、名称、品牌、价格和产地等信息，如图 9-22 所示。

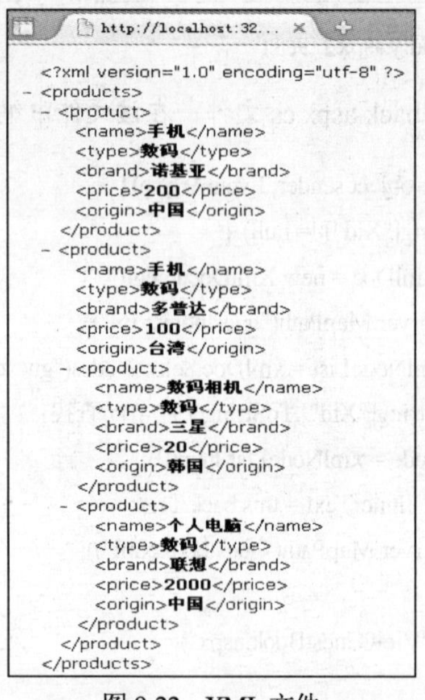

```
<?xml version="1.0" encoding="utf-8" ?>
- <products>
  - <product>
      <name>手机</name>
      <type>数码</type>
      <brand>诺基亚</brand>
      <price>200</price>
      <origin>中国</origin>
    </product>
  - <product>
      <name>手机</name>
      <type>数码</type>
      <brand>多普达</brand>
      <price>100</price>
      <origin>台湾</origin>
    - <product>
        <name>数码相机</name>
        <type>数码</type>
        <brand>三星</brand>
        <price>20</price>
        <origin>韩国</origin>
      </product>
    - <product>
        <name>个人电脑</name>
        <type>数码</type>
        <brand>联想</brand>
        <price>2000</price>
        <origin>中国</origin>
      </product>
    </product>
</products>
```

图 9-22　XML 文件

2. 编写一个名为 style.xsl 的 XSL 文件，利用该文件在应用程序中把第 1 题创建的 product.xml 文件按照如图 9-23 所示的形式显示在页面上。

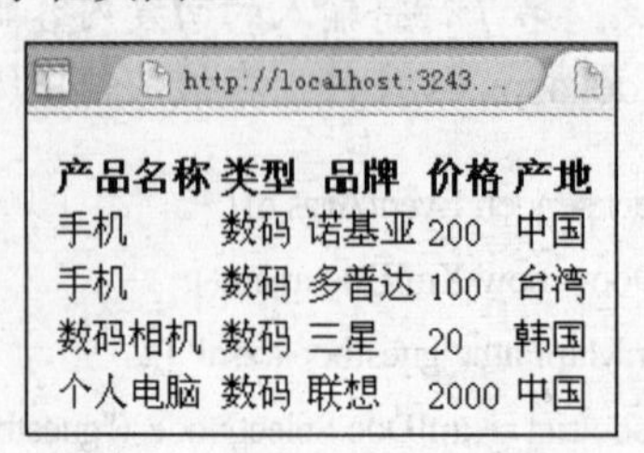

产品名称	类型	品牌	价格	产地
手机	数码	诺基亚	200	中国
手机	数码	多普达	100	台湾
数码相机	数码	三星	20	韩国
个人电脑	数码	联想	2000	中国

图 9-23　转换后的文件效果

3. 使用 ASP.NET 提供的 DOM 对象读取第 1 题中所创建的 product.xml 文件，并将其信息按照如图 9-24 所示的格式显示出来。

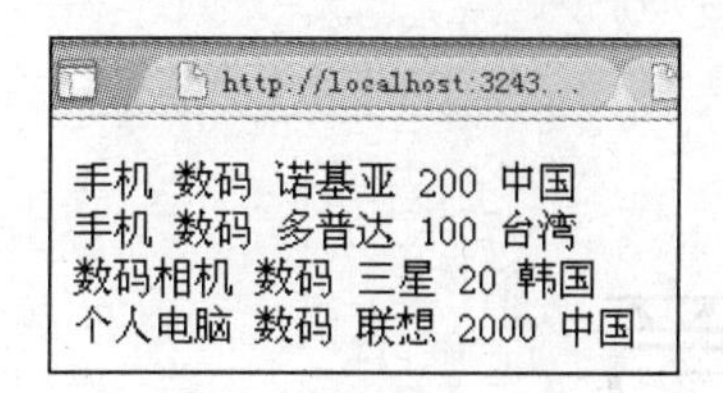

图 9-24　读取 XML 文件

4. 使用 ASP.NET 提供的 DOM 对象向第 1 题所创建的 product.xml 文件中插入一条产品信息：自行车(name)、交通工具(type)、飞鸽(brand)、80(price)、中国(origin)，如图 9-25 所示。

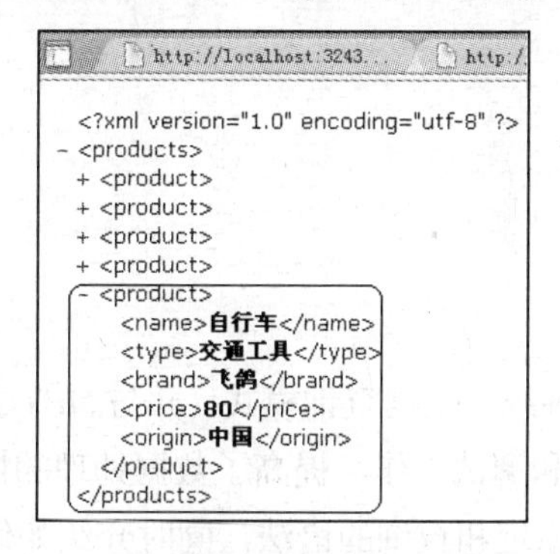

图 9-25　添加节点

5. 使用 ASP.NET 提供的 DOM 对象把第 1 题向 product.xml 文件中插入的产品信息删除。

第10章 ASP.NET LINQ技术

学习目标

LINQ是微软公司提供的一种统一数据查询模式，并与.NET开发语言进行了高度的集成，很大程度上简化了数据查询的编码和调试工作，提高了数据处理的性能。本章主要介绍LINQ的一些基础知识，讲解LINQ的基本原理和查询的语法，同时介绍如何使用LINQ to SQL来完成对数据库的实际操作。希望读者以本章为基础，逐步地掌握LINQ技术。

本章重点

- LINQ的基本原理
- LINQ查询的语法
- 使用LINQ to SQL技术访问数据库

10.1 LINQ简述

LINQ是Language Integrated Query的缩写，中文意思是“语言集成查询”，它引入了标准的、易于学习的查询模式和更新模式，可以对其进行扩展以便支持几乎任何类型的数据存储。它提供给程序员一个统一的编程概念和语法，让程序员不需要关心将要访问的是关系数据库还是XML数据或是远程的对象，它都采用同样的访问方式。Visual Studio 2010包含LINQ提供程序的程序集，这些程序集支持LINQ与.NET Framework、SQL Server数据库、ADO.NET数据集以及XML文档一起使用。

LINQ同时是一系列的技术，包括LINQ、DLINQ以及XLINQ等。其中LINQ到对象是对内存进行操作，LINQ到SQL是对数据库进行操作，LINQ到XML是对XML数据进行操作。如图10-1所示的是LINQ技术的体系结构。

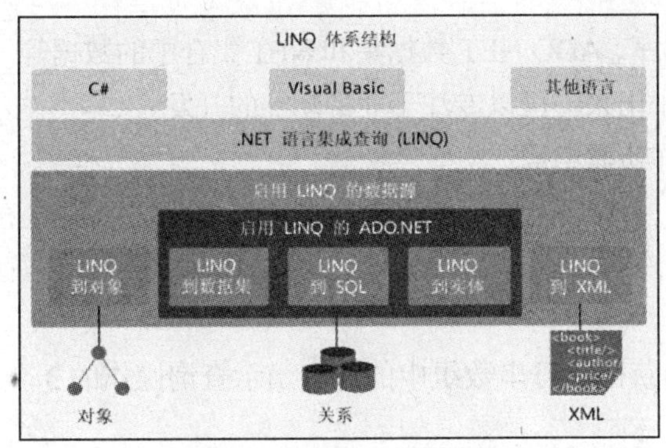

图 10-1　LINQ 技术的体系结构

知识点

在.NET 类库中，与 LINQ 相关的类库都在 System.Linq 命名空间下。该命名空间提供支持使用 LINQ 进行查询的类和接口。

由于 LINQ 的出现，程序员可以使用关键字和运算符实现针对强类型化对象集的查询操作。在编写查询过程时，程序员可以获得编译时的语法检查、元数据、智能感知和静态类型等强类型语言所带来的优势，并且它还可以方便地查询内存中的信息而不仅仅只是外部数据。

在 Visual Studio 2010 中，可以使用 C#语言为各种数据源编写 LINQ 查询，包括 SQL Server 数据库、XML 文档、ADO.NET 数据集以及支持 IEnumerable 接口(包括泛型)的任意对象集合。除了这几种常见的数据源之外，.NET 4.0 还为用户扩展 LINQ 提供支持，用户可以根据需要实现第三方的 LINQ 支持程序，然后通过 LINQ 获取自定义的数据源。

LINQ 查询既可在新项目中使用，也可在现有项目中与非 LINQ 查询一起使用。唯一的要求是项目必须与.NET Framework 版本兼容。

提示

LINQ 是在.NET 3.5 之后新增的，所以在 NET 2.0 和早期版本中是不能直接使用 LINQ 查询的，若要在 NET 2.0 和早期版本中使用 LINQ，首先需要通过 Visual Studio 2010 将程序自动转换为.NET 3.5 以后的版本。

10.2　LINQ 基础知识

LINQ 作为一种数据查询编码方式，本身并不是独立的开发语言，也不能进行应用程序的开发。但是在 ASP.NET 4.0 中，通过将 C#语言与 LINQ 查询代码集成，可以在任何源代码文件中使用。但要注意的是，使用 LINQ 查询功能必须引用 System.Linq 命名空间。

10.2.1　LINQ 查询

查询是一种从数据源检索数据的表达式，通常使用专门的查询语言来表示。随着编程技术的不断发展，人们已经为各种数据源开发了不同的语言，编程人员不得不对每种数据源或数据格式进行有针对性的学习。而 LINQ 的出现则改变了这种情况，它可以使用通用的基本编码模式来查

询和转换不同的数据源，如XML文档、SQL数据库、ADO.NET数据集和.NET集合中的数据等。这样使程序员能够从不断的查询语言学习中摆脱了出来，可以专注于业务功能的开发。

使用LINQ的查询通常由以下3个不同的操作步骤组成：

- ⊙ 获得数据源。
- ⊙ 创建查询。
- ⊙ 执行查询。

【例 10-1】通过使用标准的LINQ查询语句获得字符串数组中的值来演示查询操作的3个步骤。

(1) 启动Visual Studio 2010，选择【文件】|【新建网站】命令，打开【新建网站】对话框，先选择【ASP.NET 空网站】模板，接着选择【文件系统】，然后在文件路径中创建网站并命名为“例10-1”，如图10-2所示，最后单击【确定】按钮。

(2) 在网站中添加一个名为Default的Web 窗体。

(3) 双击网站根目录下的Default.aspx.cs文件，编写代码如下：

```
1. protected void Page_Load(object sender, EventArgs e){
2.         string[] array = { "王海", "张琴", "高梅", "江红", "陈浩", "朱炜" };
3.             var query=from val in array
4.             select val;
5.             foreach (var item in query){
6.                     Response.Write (item);
7.                     Response.Write("<br/>");
8.             }
9.     }
```

代码说明：第1行处理页面对象Page的加载事件Load。第2行定义了string类型的数组array。这个array就是LINQ查询操作中的第一步，即获得数据源。

第3行和第4行定义隐藏变量query，通过关键字from和select创建LINQ查询语句查询array数组中的每个string值，并将该值赋给query变量。这是LINQ查询操作中的第二步，即创建查询。

第5行到第8行通过foreach循环语句将查询的结果输出到页面显示，这是LINQ查询操作中的第三步，即执行查询。

(4) 运行程序，效果如图10-3所示。

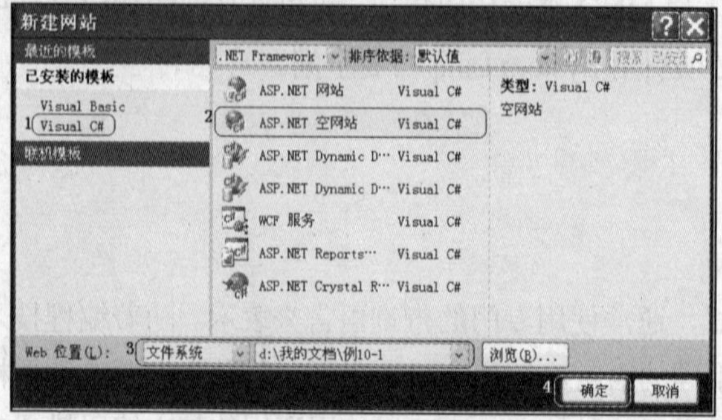

图10-2 【新建网站】对话框

图10-3 运行效果

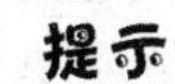

提示

LINQ 最大的优势在于将文本和对象操作完美集成，使得查询数据和操作对象一样安全和轻松。查询是 LINQ 的核心概念之一。

10.2.2　LINQ 和泛型

LINQ 查询是建立在泛型这种数据类型的基础之上的，所以编程人员虽无须深入了解泛型技术就可以开始编写 LINQ 查询，但以下两个泛型的基本概念还是有必要了解的。

(1) 当创建泛型集合类(如 List<(Of <(T>)>))的实例时，将“T”替换为集合中指定的对象类型。例如，字符串集合表示为 List<string>，Customer 对象集合表示为 List<Customer>。因为泛型集合是强类型的，所以比将元素存储为 Object 类型的集合要强大得多。如果试图将 Customer 添加到 List<string>，则会在编译时出现一条错误。泛型集合易于使用的原因是不必在运行时进行强制类型转换。

(2) IEnumerable<(Of <(T>)>)表示的是一个接口，通过该接口可以使用 foreach 语句来遍历泛型集合类。LINQ 查询变量可以类型化为 IEnumerable<(Of <(T>)>)或者它的派生类型，如 IQueryable<(Of <(T>)>)。当看到类型化为 IEnumerable<Customer>的查询变量时，这意味着在执行该查询时，该查询将生成包含零个或多个 Customer 对象的集合。例如，以下代码：

```
1.    IEnumerable<Person> PersonQuery =
2.     from per in Porsons
3.     where per.Name == "张海"
4.     select per;
5.     foreach (Person per in PersonQuery){
6.     Console.WriteLine(per.LastName + ", " + per.FirstName);
7.     }
```

代码说明：第 1 行定义一个查询变量 PersonQuery，该变量的类型为 IEnumerable< Person >，第 2 行到第 4 行定义了具体的 LINQ 查询指令，第 5 行到第 8 行显示查询后的结果。

为了避免使用泛型语法，可以使用匿名类型来声明查询，即使用 var 关键字来声明查询。var 关键字指示编译器通过查看在 from 子句中指定的数据来推断查询变量的类型，例如，以下代码：

```
1.     var PersonQuery =
2.     from per in Persons
3.     where per.Name == "张海"
4.     select per;
5.     foreach (var per in PersonQuery){
6.     Console.WriteLine(per,LastName + ", " + per.FirstName);
7.     }
```

代码说明：除第 1 行外，这段代码和前面的代码相同。这里查询变量的类型和 Person 相同，而 Persons 的类型为 IEnumerable<Person>。因此，这段代码和前面的代码具有相同的效果。

提示

如果没有特别需要，建议使用不指定数据类型的本地变量(包括泛型集合)，让编译器自动根据数据源判断具体的元素类型。

10.2.3 基本的查询操作

对于编写查询的开发人员来说，LINQ 最明显的“语言集成”部分是查询表达式。查询表达式使用 C# 3.0 中引入的声明性查询语法编写。通过使用查询语法，开发人员可以使用最少的代码对数据源执行复杂的筛选、排序和分组操作，也可以查询和转换 SQL 数据库、ADO.NET 数据集、XML 文档和流以及.NET 集合中的数据。

查询表达式是由查询关键字和对应的操作数组成的表达式整体，其中，查询关键字是常用的查询运算符。C#为这些运算符提供相应的关键字，从而能更好地与 LINQ 集成。

查询表达式必须以 from 为关键字的子句开头，并且必须以 select 或 group 关键字的子句结尾。在第一个 from 子句和最后一个 select 或 group 子句之间，查询表达式可以包含一个或多个由下列关键字组成的可选子句：where、orderby、join、select 等关键字。同时还可以使用 into 关键字让 join 或 group 子句的结果能够作为同一查询表达式中附加查询子句的数据源。

◉ from 子句

查询表达式必须以 from 子句开头。它同时指定了数据源和范围变量。在对数据源进行遍历的过程中，范围变量表示数据源中的每个元素，并根据数据源中元素类型对范围变量进行强类型化。

◉ select 子句

使用 select 子句可以查询所有类型的数据源。简单的 select 子句只能查询与数据源中所包含的元素具有相同类型的对象。例如，以下代码：

```
1.  IEnumerable<Person> PersonQuery =
2.  from name in Persons
3.  orderby Person.name
4.  select name;
```

代码说明：第 1 行定义查询变量 PersonQuery，第 2 行定义数据源，该查询的数据源包含 name 对象。第 3 行的 orderby 子句将元素重新排序，第 4 行的 select 子句查询出已经重新排序后的集合。

◉ group 子句

使用 group 子句可获得按照指定的键进行分组的元素。键可以采用任何数据类型。例如，根据 name 属性进行分组查询的代码如下：

```
1.  var queryPersonQueryByName =
2.  from per in students
3.  group per by per.Name;
4.  foreach (var personGroup in queryPersonQueryByName){
5.      Console.WriteLine(persontGroup p.Key);
6.      foreach (Person per in persontGroup){
7.      Console.WriteLine(" {0}", per.Name);
8.    }
9. }
```

代码说明：第 3 行根据 Name 对查询结果进行分组。第 4 行到第 9 行遍历查询结果。在使用 group 子句结束查询时，结果保存在嵌套的集合中，即集合中的每个元素又是另一个集合，该子集合中包含根据 Key 键划分的每个分组对象。在循环访问生成分组的对象时，必须使用嵌套的 foreach 循环。外部循环用于循环访问每个分组对象，内部循环用于循环访问每个组的成员。

如果必须引用分组操作的结果，可以使用 into 关键字来进一步创建查询。下面的查询只返回包含两个以上客户的分组，代码如下：

```
1. var perQuery =
2. from per in persons
3. group per by per.Name into perGroup
4. where perGroup.Count() > 2
5. orderby perGroup.Key
6. select perGroup;
```

代码说明：第 3 行使用 into 关键字表示把 group 分组的结果保存到 perGroup 中，第 4 行设置查询条件为返回学生数量大于两个人的分组。

◉ where 子句

where 子句是通过设定的条件对查询的结果进行过滤，从数据源中排除指定的元素。在下面的示例中，只返回姓名是“张海”的人，代码如下：

```
1. var queryPerson =
2. from per in Persons
3. where per.Name == "张海"
4. select per;
```

代码说明：第 3 行设置查询的条件，以判断姓名是否为“张海”。通过 where 子句，排除姓名不是“张海”的人。

如果要使用多个过滤条件，需要使用逻辑运算符号，如&&、||等。例如，下面的代码只返回年龄为 30 岁且姓名为“张海”的人：

```
where per.Name=="张海" &&per.age == "30"
```

◉ order by 子句

使用 order by 子句可以很方便地对返回的数据进行排序。orderby 子句根据指定的排序类型对

查询返回的元素进行排序。例如，根据 Name 属性对查询返回的结果进行排序，代码如下：

```
1. var queryPerson =
2. from per in Persons
3. where per.Name == "张海"
4. orderby per.Name ascending
5. select per;
```

代码说明：第 4 行使用 order by 关键字进行排序。Person 类型的 Name 属性是一个字符串，所以执行从 A 到 Z 的字母排序。Ascending 关键字表示以默认方式按递增的顺序进行排列。Descending 关键字则表示把查询出的数据进行逆序排列。

◉ 联接

在 LINQ 中，join 子句可以将来自不同数据源中没有直接关系的元素进行关联，但是要求两个不同的数据源中必须有一个值相等的元素。例如，下面对两个数据集 arry1 和 arry2 进行连接查询，代码如下：

```
1. int arry1={6,16,26,32,34,50};
2. int arry2={12,22,32,52,62,72,82};
3. var query=from val1 in arry1
4. join val2 in arry2 on val1%5 equals val2%15
5. select new {VAL1= val1,VAL2= val2};
```

代码说明：第 1 行创建整数数组 arry1 作为数据源。第 2 行创建整数数组 arry2 作为数据源。第 3 行表示联接的第一个集合为 arry1。第 4 行表示联接的第二个集合为 arry2。第 5 行表示当 val1%5 等于 val2%15 时，select 子句将 val1 和 val2 作为查询结果。

◉ 投影

投影操作和 SQL 查询语句中的 SELECT 基本类似，投影操作能够指定数据源并选择相应的数据源，能够将集合中的元素投影到新的集合中去，并能够指定元素的类型和表现形式。例如，代码如下：

```
1. int[] arry={1,2,3,4,5,6,7,8,9,10};
2. var lint =arry.Select(i=>i);
3. foreach(var m in lint){
4. Console.WriteLine(m.ToString());
5. }
```

代码说明：第 1 行创建整型数组 arry 作为数据源，第 2 行使用 Select 进行同行投影操作，以将符合条件的元素投影到新的集合 lint 中去。第 3 行到第 5 行循环遍历集合并输出对象。

提示

其实，创建对象模型就是基于关系数据库来创建这些 LINQ 到 SQL 对象模型中最基本的元素，并进行一一对应的映射。

【例 10-2】使用 LINQ 的基本查询操作从用户集合中查找年龄大于 35 岁的用户。

(1) 启动 Visual Studio 2010，选择【文件】|【新建网站】命令，在打开的【新建网站】对话框中创建网站并命名为“例 10-2”。

(2) 在网站中添加一个名为 Default 的 Web 窗体。

(3) 右击网站项目名称，在弹出的快捷菜单中选择【添加新项】命令，如图 10-4 所示。

(4) 打开【添加新项】对话框，选择【类】模板，修改文件名为 Customer.cs，最后单击【添加】按钮，如图 10-5 所示。

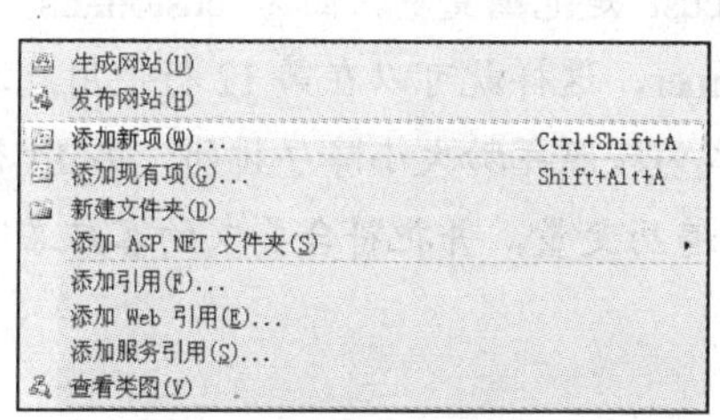
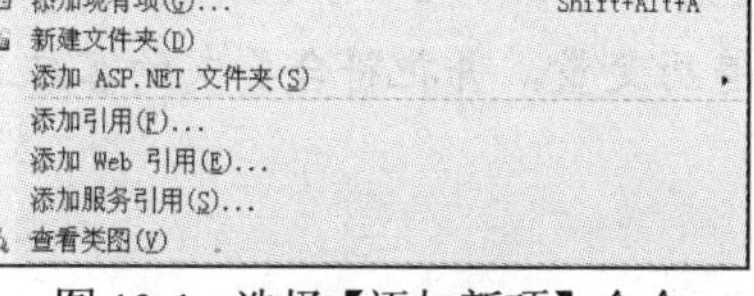

图 10-4 选择【添加新项】命令

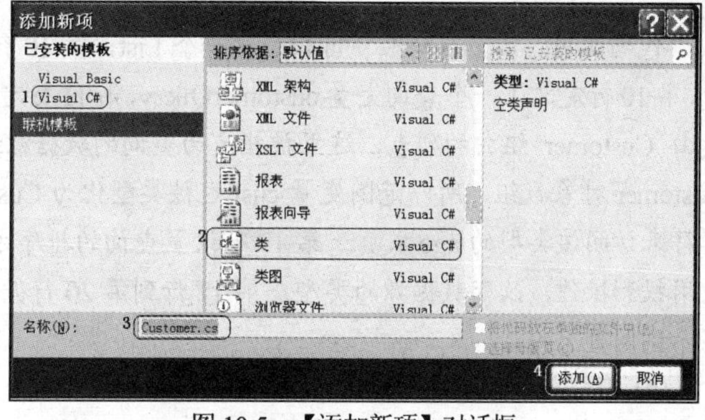

图 10-5 【添加新项】对话框

(5) 此时网站目录的 App.Code 文件夹下添加了一个 Customer.cs 文件，如图 10-6 所示。

(6) 双击 Customer.cs 文件，编写代码如下：

```
1. public class Customer{
2.         public string name{ get; set; }
3.         public int age{ get; set; }
4. }
```

代码说明：第 1 行定义了一个 Customer 的客户类。第 2 行和第 3 行定义了两个私有属性，即客户的姓名和年龄。

(7) 双击网站根目录下的 Default.aspx.cs 文件，编写代码如下：

```
1. protected void Page_Load(object sender, EventArgs e){
2.             List<Customer> customers = new List<Customer>{
3.                 new Customer {name ="王海",age =21},
4.                 new Customer {name ="张琴",age =37},
5.                 new Customer {name ="高梅",age =40},
6.                 new Customer {name ="江红",age =50},
7.                 new Customer {name ="陈浩",age =38},
8.                 new Customer {name ="朱炜",age =30}
9.             };
10.            IEnumerable<string> customerQuery =
11.            from cust in customers
12.            where cust.age>35
13.            orderby cust.age descending
```

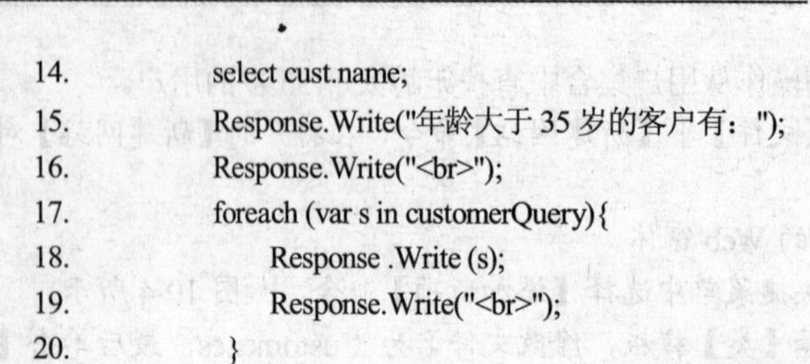

```
14.             select cust.name;
15.             Response.Write("年龄大于 35 岁的客户有：");
16.             Response.Write("<br>");
17.             foreach (var s in customerQuery){
18.                 Response .Write (s);
19.                 Response.Write("<br>");
20.             }
21.     }
```

代码说明：第 2 行到第 9 行初始化一个 List，第 10 行到第 14 行定义了一个查询表达式，其中，第 10 行定义了一个查询变量 customerQuery，第 11 行定义了查询表达式的 from 子句；customers 是由 Customer 组成的列表，这里被指定为查询的数据源；cust 是范围变量，因为 customers 是 Customer 对象数组，所以范围变量 cust 也被类型化为 Customer，这样就可以在第 12 行使用点运算符来访问该类型的 age 成员。第 13 行设置查询的排序方式为按照年龄大小降序排列。第 14 行使用投影操作，改变数据源的类型。第 17 行到第 20 行循环遍历变量，并把符合要求的客户名字显示到网页上。

(8) 运行程序，效果如图 10-7 所示。

图 10-6　生成 Customer.cs 文件

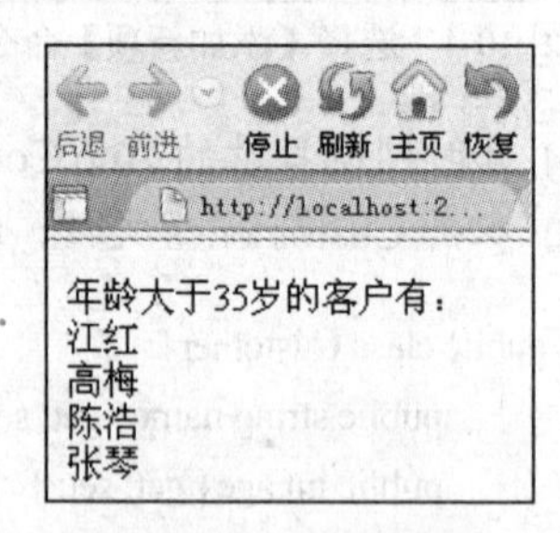

图 10-7　运行效果

10.3　LINQ 和数据库操作

LINQ to SQL 是 LINQ 操作数据库中最重要的技术。本节将着重介绍有关 LINQ to SQL 的知识。

10.3.1　LINQ to SQL

LINQ to SQL 是 ASP.NET 4.0 的一个关键组件，是 ADO.NET 和 LINQ 结合的产物。它将关系数据库模型映射到编程语言所表示的对象模型。开发人员通过使用对象模型来实现对数据库数据进行操作。在操作过程中，LINQ to SQL 会将对象模型中的语言集成查询转换为 SQL，然后将它们发送到数据库进行执行。当数据库返回结果时，LINQ to SQL 会将它们转换成相应的编程语言处理对象。

使用 LINQ to SQL 可以完成的常用功能包括选择、插入、更新和删除。

LINQ to SQL 的使用主要可以分为以下两大步骤：

1. 创建对象模型

若要实现 LINQ to SQL，首先必须根据现有关系数据库的元数据创建对象模型。对象模型就是按照开发人员所用的编程语言来表示的数据库。有了这个表示数据库的对象模型，才能创建查询语句操作数据库。

2. 使用对象模型

在创建了对象模型后，就可以在该模型中请求和操作数据了。使用对象模型的基本步骤如下：

(1) 创建查询，以便从数据库中检索信息。

(2) 重写 Insert、Update 和 Delete 的默认方法。

(3) 设置适当的选项，以便检测和报告可能产生的并发冲突。

(4) 建立继承层次结构。

(5) 提供合适的用户界面。

(6) 调试并测试应用程序。

以上只是使用对象模型的基本步骤，其中很多步骤都是可选的，在实际应用中，有些步骤可能并不会每次都需要使用到。

 提示

where 子句中的条件尽量简短易懂，并且还可以通过函数等方式来提供判断条件。当出现多个逻辑并(&&运算)的条件时，可以考虑使用多个并列的 where 子句代替。

10.3.2　创建对象模型

对象模型是关系数据库在编程语言中表示的数据模型，对象模型的操作也就是对关系数据库的操作。如表 10-1 所示列举了 LINQ 到 SQL 对象模型中的元素与关系数据库中元素的对应关系。

表 10-1　LINQ to SQL 对象模型中最基本的元素

LINQ to SQL 对象模型	关系数据模型
实体类	表
类成员	列
关联	外键关系
方法	存储过程或函数

创建对象模型的方法有以下3种：

◉ 使用对象关系设计器。对象关系设计器提供了从现有数据库创建对象模型的可视化操作，它被集成在Visual Studio 2010中，比较适用于小型或中型的数据库。

◉ 使用SQLMetal代码生成工具。这个工具适合大型数据库的开发，因此对于一般用户来说，这种方法并不常用。

◉ 直接编写创建对象的代码。这种方法在有对象关系设计器的情况下不建议使用。

由于篇幅关系，这里只介绍如何使用最常用的对象关系设计器创建对象模型。

对象关系设计器(O/R 设计器)提供了一个可视化设计界面，用于在应用程序中创建映射到数据库中的对象模型。同时，它还生成一个强类型DataContext，用于在实体类与数据库之间发送和接收数据。强类型DataContext对应于DataContext类，它表示LINQ to SQL框架的主入口点，充当SQL Server数据库与映射到数据库的LINQ to SQL实体类之间的管道。

DataContext 类包含用于连接数据库以及操作数据库数据的连接字符串信息和方法，也可以将新方法添加到DataContext类中。DataContext类提供了如表10-2和表10-3所示的属性和方法。

表10-2 DataContext类的属性

属　性	说　明
ChangeConflicts	返回调用SubmitChanges时导致并发冲突的集合
CommandTimeout	增加查询的超时期限，如果不增加则会在默认超时期限间出现超时
Connection	返回由框架使用的连接
DeferredLoadingEnabled	指定是否延迟加载一对多关系或一对一关系
LoadOptions	获取或设置与此DataContext关联的DataLoadOptions
Log	指定要写入SQL查询或命令的目标
Mapping	返回映射所基于的MetaModel
ObjectTrackingEabled	指示框架跟踪此DataContext的原始值和对象标识
Transaction	为.NET框架设置要用于访问数据库的本地事务

表10-3 DataContext类的方法

方　法	说　明
CreateDatabase	在服务器上创建数据库
CreateMethodCallQuery(TResult)	基础结构，执行与指定的CLR方法相关联的表值数据库函数
DatabaseExists	确定是否可以打开关联数据库
DeleteDataBase	删除关联数据库
ExecuteCommand	直接对数据库执行SQL命令
ExecuteDynamicDelete	在删除重写方法中调用，以向LINQ to SQL重新委托生成和执行删除操作的动态SQL的任务

(续表)

方　法	说　明
ExecuteDynamicInsert	在插入重写方法中调用，以向 LINQ to SQL 重新委托生成和执行插入操作的动态 SQL 的任务
ExecuteDynamicUpdate	在更新重写方法中调用，以向 LINQ to SQL 重新委托生成和执行更新操作的动态 SQL 的任务
ExecuteMethodCall	基础结构，执行数据库存储过程或指定的 CLR 方法关联的标量函数
ExecuteQuery	已重载，直接对数据库执行 SQL 查询
GetChangeSet	提供对由 DataContext 跟踪的已修改对象的访问
GetCommand	提供有关由 LINQ to SQL 生成的 SQL 命令的信息
GetTable	已重载，返回表对象的集合
Refresh	已重载，使用数据库中的数据刷新对象状态
SubmitChanges	已重载，计算要插入、更新或删除的已修改对象的集合，并执行相应命令以实现对数据库的更改
Translate	已重载，将现有 IDataReader 转换为对象

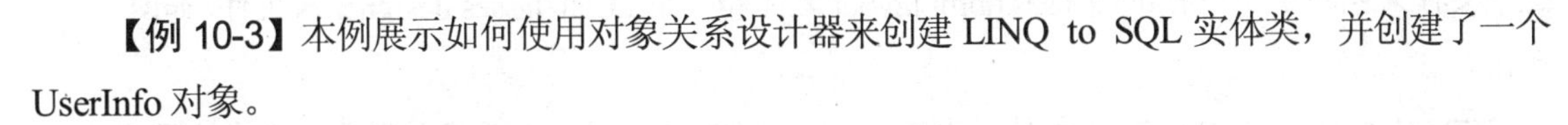

【例 10-3】本例展示如何使用对象关系设计器来创建 LINQ to SQL 实体类，并创建了一个 UserInfo 对象。

(1) 启动 Visual Studio 2010，选择【文件】|【新建网站】命令，在打开的【新建网站】对话框中创建网站并命名为“例 10-3”。

(2) 选择【视图】|【服务器资源管理器】命令，打开如图 10-8 所示的【服务器资源管理器】窗格。右击【数据连接】，在弹出的快捷菜单中选择【添加连接】命令。

(3) 在打开的【添加连接】对话框中单击【浏览】按钮，选择 Hotel 数据库。单击【测试连接】按钮，如果连接成功，会打开连接成功的对话框，然后单击该对话框中的【确定】按钮，最后单击【添加连接】对话框中的【确定】按钮，如图 10-9 所示。

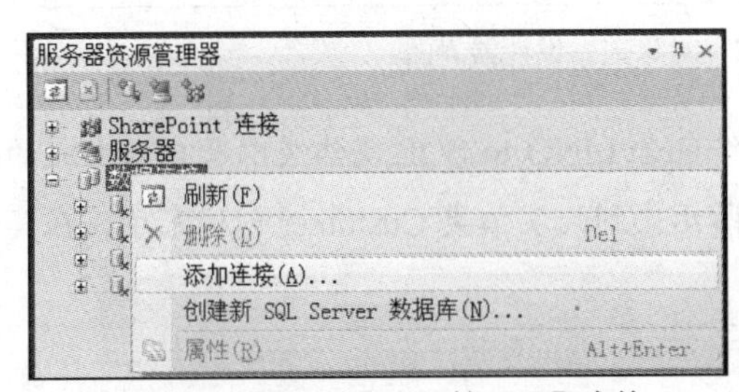

图 10-8　【服务器资源管理器】窗格

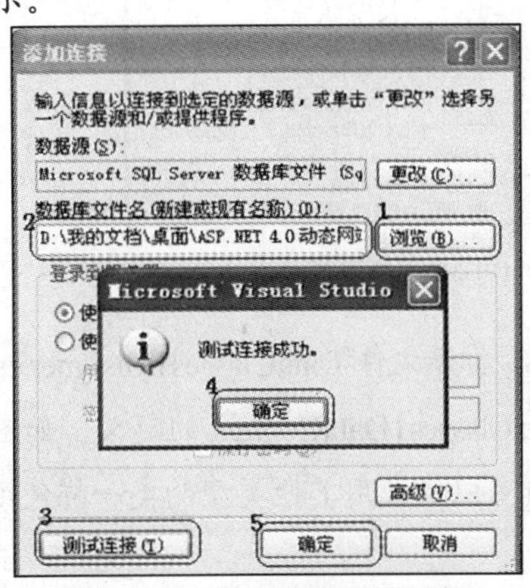

图 10-9　【添加连接】对话框

(4) 这时【服务器资源管理器】窗格中的【数据连接】节点下会出现刚才添加的Hotel.mdf数据库。展开Hotel.mdf|【表】节点，可以看到其中的【UserInfo表】，如图10-10所示。

(5) 右击网站名称，选择【添加新项】命令，打开如图10-11所示的【添加新项】对话框，选择【LINQ to SQL类】模板，文件默认文件名为DataClasses.dbml，当然也可以根据需要修改该文件名，最后单击【添加】按钮。

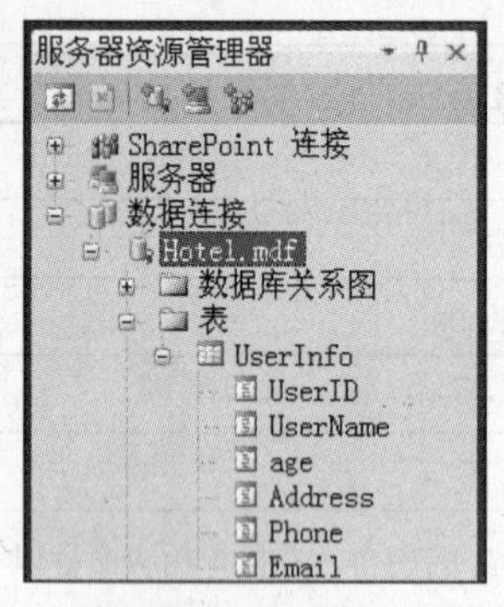

图10-10 生成连接

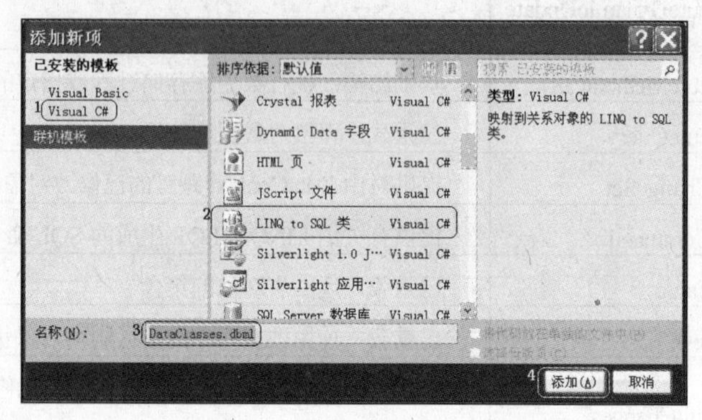

图10-11 【添加新项】对话框

(6) 此时网站根目录下会生成App_Code文件夹，该文件夹中有一个DataClasses.dbml文件，这个文件又包含了一个DataClasses.dbml.layout文件和一个DataClasses.designer.cs文件，如图10-12所示。

(7) 双击DataClasses.dbml文件，出现Linq to SQL类的对象关系设计器界面。在此界面中，可以通过拖曳方式来定义与数据库相对应的实体和关系。将【服务器资源管理器】窗格中Hotel.mdf节点|【表】节点下的UserInfo表拖曳到对象关系设计器的界面上，这时就会生成一个实体类，该类包含了与UserInfo表的字段对应的属性，如图10-13所示。

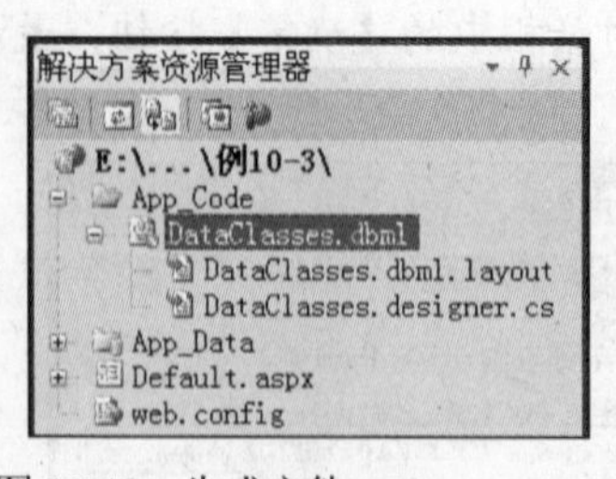

图10-12 生成文件

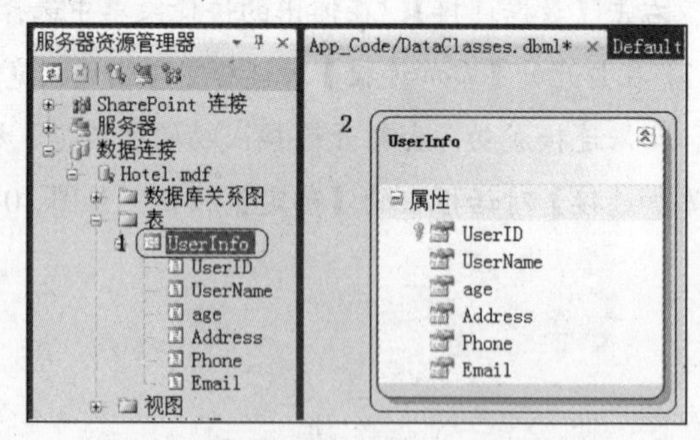

图10-13 对象关系设计器界面

(8) 打开文件DataClasses1.disigner.cs，该文件包含LINQ to SQL实体类以及自动生成的强类型DataClasses1DataContext的定义，如图10-14所示。到此实体类Customer创建完毕，在其他代码中就可以像使用其他类型的类一样使用该类了。

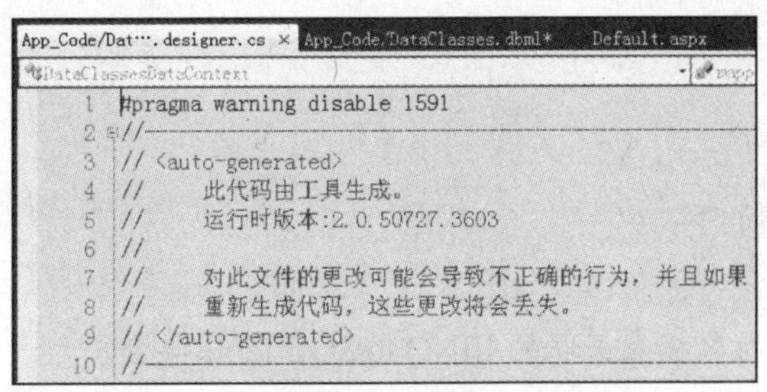

图 10-14　自动生成代码

知识点

*.dbml 文件实际上是一个 XML 文件，通过 DataBase 元素描述关系模型中的数据库的表、字段、连接字符串和对象模型中的类等信息。

提示

在进行数据库映射前，必须把数据库各个表中的关键字和各个表的主键都设计好，这样声明的映射类自动包含表的各种关联属性。如果没有选中表的主键字段，则不允许支持增加、删除和修改操作。

10.3.3　LINQ 查询数据库

创建对象模型后，就可以查询数据库了。LINQ to SQL 会将编写的查询转换成等效的 SQL 语句，然后把它们发送到服务器进行处理。具体来说，应用程序将使用 LINQ to SQL API 来请求查询执行，随后 LINQ to SQL 提供程序会将查询转换成 SQL 文本，并委托 ADO 提供程序执行。ADO 提供程序将查询结果作为 DataReader 返回，而 LINQ to SQL 提供程序将 ADO 结果转换成用户对象的 IQueryable 集合。

LINQ to SQL 中的查询与 LINQ 中的查询使用相同的语法，只不过它们操作的对象有所差异，LINQ to SQL 查询中引用的对象是映射到数据库中的元素，例如，代码如下：

```
1. DataClassesDataContext data = new DataClassesDataContext ();
2. var userQuery = from w in data.UserInfo
3. select w;
4. GridView1.DataSource = userQuery;
5. GridView1.DataBind();
```

代码说明：第 1 行定义声明强类型 DataClasses DataContext 的对象 data。第 2 行和第 3 行定义隐藏变量 userQuery，通过 LINQ 查询从实体类 UserInfo 中获取查询到的数据。第 4 行将查询到的数据作为列表控件 GridView1 的数据源。第 5 行将数据绑定到 GridView1 中显示。

10.3.4　LINQ 更改数据库

程序员可以利用 LINQ to SQL 对数据库进行插入、更新和删除操作。在 LINQ to SQL 中执行插入、更新和删除操作的方法是：向对象模型中添加对象、更改和移除对象模型中的对象，然后 LINQ to SQL 会把所做的操作转化成 SQL，最后把这些 SQL 提交到数据库执行。在默认情况下，LINQ to SQL 会自动生成动态 SQL 来实现插入、读取和更新操作。用户也可以自定义 SQL 来实

现一些特殊的功能。

1. LINQ 插入数据库

使用 LINQ 向数据库插入行的操作步骤如下：

(1) 创建一个要提交到数据库的新对象。

(2) 将这个新对象添加到与数据库中目标数据表关联的 LINQ to SQL Table 集合。

(3) 将更改提交到数据库。

插入数据的 LINQ 操作，示例代码如下：

```
1. DataClassesDataContext data = new DataClassesDataContext ();
2. UserInfo u= new UserInfo ();
3. u. _UserName = "王海";
4. u. _Address =   "上海";
5. u. _Phone = "35456566";
6. u. _Email= "wh@af.com"
7. data.UserInfo.InsertOnSubmit(u);
8. data.SubmitChanges();
```


代码说明：第 1 行定义声明强类型 DataClasses DataContext 的对象 data。第 2 行声明了一个 UserInfo 类的对象 u，这是第一步。第 3 行到第 6 行给 u 对象的 4 个属性赋值，第 7 行调用 Insert OnSubmit 方法向 LINQ to SQL Table(TEntity)集合中插入该条数据，这是第二步。第 8 行调用方法 SubmitChanges 提交更改，这是第三步。

2. LINQ 修改数据库

使用 LINQ 修改数据库数据的操作步骤如下：

(1) 查询数据库中要更新的数据行。

(2) 更改得到的 LINQ to SQL 对象中的成员值。

(3) 将更改后的数据提交到数据库。

修改数据库数据的 LINQ 操作，示例代码如下：

```
1. DataClassesDataContext data = new DataClassesDataContext ();
2. var query =
3. from u in data.UserInfo
4. where u. _UserName = "王海"
5. select u;
6. foreach (UserInfo user in query){
7.   user. _Address = "广东";
8. }
9.   data.SubmitChanges();
```

代码说明：第 1 行定义声明强类型 DataClasses DataContext 的对象 data。第 2 行到第 5 行利用 LINQ to SQL 从数据库查询到名为“王海”的用户数据，这是第一步。然后是第 6 行到第 8 行

更新获得的对象的住址为“广东”，这是第二步。第 9 行把更新的数据提交到数据库，以对数据库进行更新，这是第三步。

3. LINQ 删除数据库

可以通过将对应的 LINQ to SQL 对象从相关的集合中移除来实现删除数据库中的行。不过，LINQ to SQL 不支持且无法识别级联删除操作。如果要在对行有约束的表中删除数据，则必须符合下面的条件之一：

- 在数据库的外键约束中设置 ON DELETE CASCADE 规则。
- 先删除约束表的级联关系。

删除数据库中的数据行的操作步骤如下：

- 查询数据库中要删除的行。
- 调用 DeleteOnSubmit 方法。
- 将更改后的数据提交到数据库。

删除数据库数据的 LINQ 操作，示例代码如下：

```
1. DataClassesDataContext data = new DataClassesDataContext ();
2. var deleteUser =
3. from u in data.UserInfo
4. where u._UserID == 1
5. select u;
6. foreach (var user in deleteUser){
7. data.UserInfo.DeleteOnSubmit(user);
8. }
9. data.SubmitChanges();
```

代码说明：第 1 行定义声明强类型 DataClasses DataContext 的对象 data。第 2 行到第 5 行利用 LINQ to SQL 从数据库查询到用户编号为 1 的记录，第 7 行调用 DeleteOnSubmit 方法删除获得的对象，第 9 行把更改提交到数据库，以对数据进行删除。

提示

LINQ to SQL 类包含了一个代码文件*.cs。开发人员可以在该文件中对每个类添加所需要的实现，然后在 LINQ 查询中使用这些类，从而大大增强查询的功能。

10.4　上机练习

本次上机练习通过一个简单的图书管理系统中的管理图书信息模块，使用 LINQ to SQL 方式实现对图书信息的查询显示、添加图书信息、修改图书信息和删除图书信息等操作。实例运行效果如图 10-15 所示。

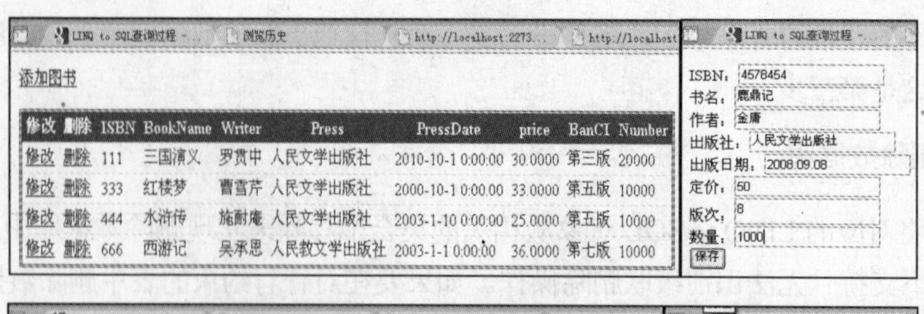

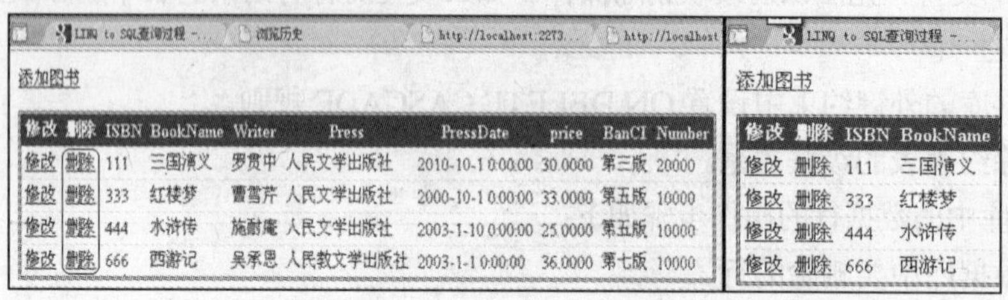

图 10-15　实例运行效果

(1) 在 SQL Server 2008 中创建数据库 book.mdf 和数据表 book。创建后的 book 数据库和 book 数据表如图 10-16 和图 10-17 所示。

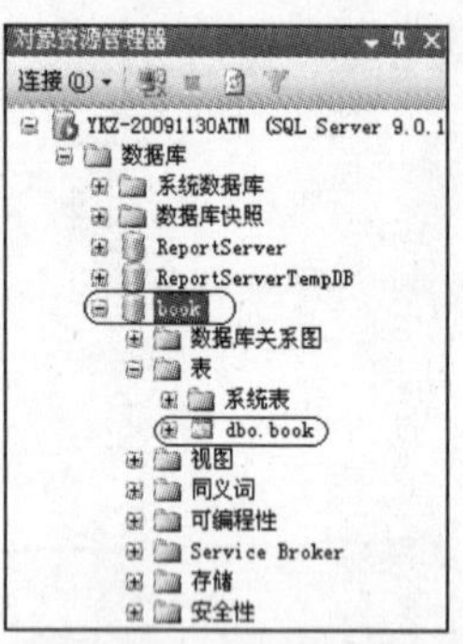

图 10-16　创建的数据库和数据表

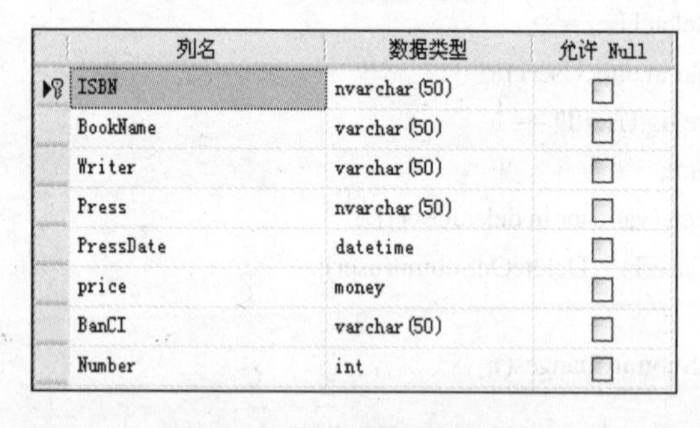

列名	数据类型	允许 Null
ISBN	nvarchar(50)	☐
BookName	varchar(50)	☐
Writer	varchar(50)	☐
Press	nvarchar(50)	☐
PressDate	datetime	☐
price	money	☐
BanCI	varchar(50)	☐
Number	int	☐

图 10-17　book 数据表的结构

(2) 启动 Visual Studio 2010，选择【文件】|【新建网站】命令，在打开的【新建网站】对话框中创建网站并命名为“上机练习”。

(3) 选择【视图】|【服务器资源管理器】命令，打开【服务器资源管理器】窗格，右击【数据连接】，在弹出的快捷菜单中选择【添加连接】命令，如图 10-18 所示。

(4) 打开【添加连接】对话框，单击【浏览】按钮，选择 book.mdf 数据库。单击【测试连接】按钮，如果连接成功，将打开连接成功的对话框，然后单击该对话框中的【确定】按钮。最后单击【添加连接】对话框中的【确定】按钮，如图 10-19 所示。

(5) 这时在【服务器资源管理器】窗格中的【数据连接】节点下会出现刚才添加的 book.mdf 数据库。展开 book.mdf|【表】节点，可以看到其中的 book 数据表，如图 10-20 所示。

(6) 右击网站名称，在弹出的快捷菜单中选择【添加新项】命令，打开【添加新项】对话框。选择【LINQ to SQL 类】模板，文件默认名为 DataClasses.dbml，如图 10-21 所示，可以根据需要自行修改，最后单击【添加】按钮。

图 10-18　【服务器资源管理器】窗格

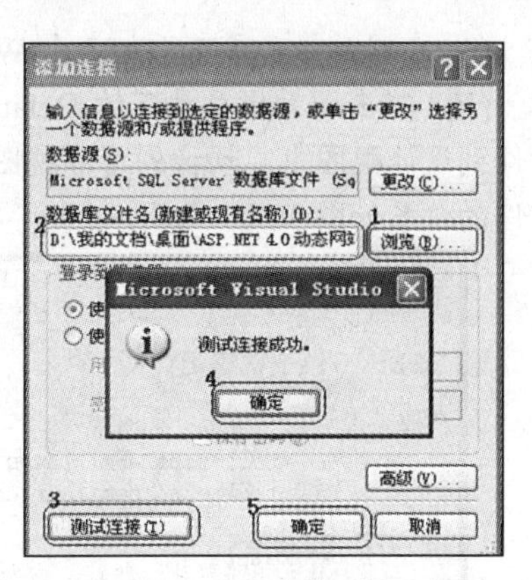

图 10-19　【添加连接】对话框

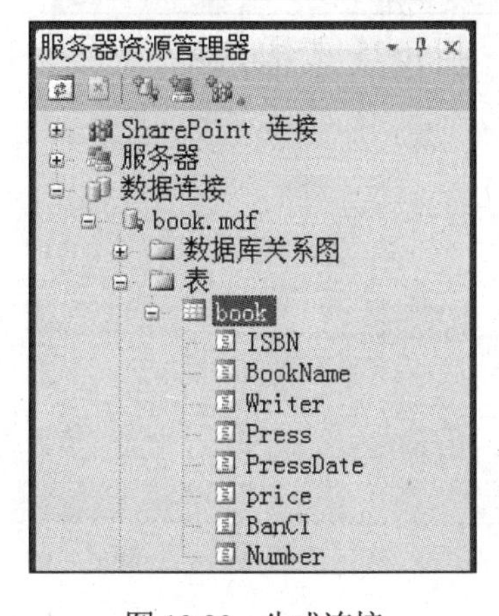

图 10-20　生成连接

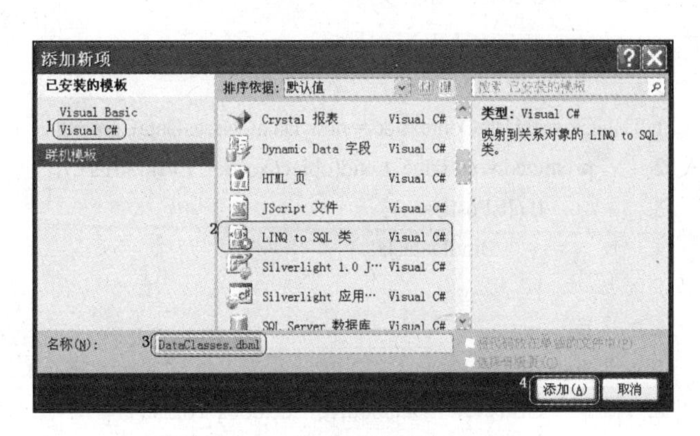

图 10-21　【添加新项】对话框

(7) 此时在网站根目录下会生成 App_Code 文件夹，该文件夹中包含一个 DataClasses.dbml 文件，这个文件又包含了一个 DataClasses.dbml.layout 文件和一个 DataClasses.designer.cs 文件，如图 10-22 所示。

(8) 双击 DataClasses.dbml 文件，出现 Linq to SQL 类的对象关系设计器界面。在此界面中，可以通过拖拽方式来定义与数据库相对应的实体和关系。将【服务器资源管理器】窗格中的 bookl.mdf |【表】节点下的 book 表拖曳到对象关系设计器的界面上，这时就会生成一个实体类，该类包含了与 book 表的字段对应的属性，如图 10-23 所示。

图 10-22　生成 DataClasses.dbml

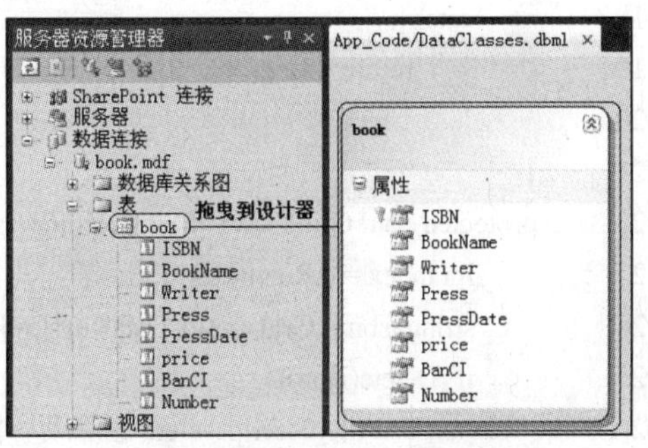

图 10-23　对象关系设计器界面

(9) 在网站根目录下添加3个Web窗体：Default、BookAdd和BookMdf，如图10-24所示。

(10) 双击网站根目录下的Default.aspx文件，打开其设计视图。从【工具箱】拖动一个GridView控件到设计视图中。切换到【源视图】，添加一个HTML超链接标记，设置控件的相关属性后，控件的效果如图10-25所示。

图10-24　添加文件

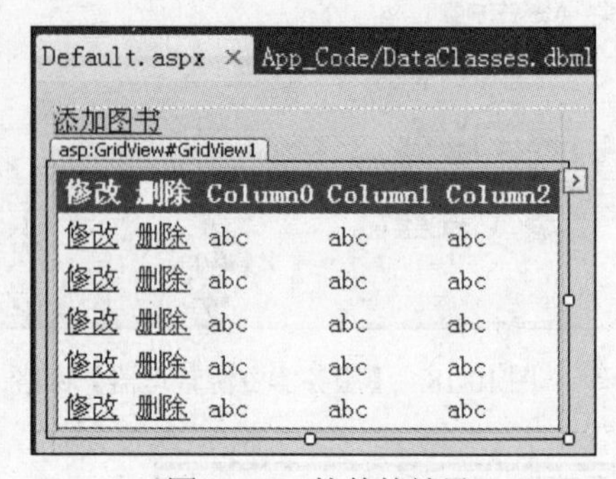

图10-25　控件的效果

(11) 双击打开Default.aspx.cs文件，编写代码如下：

```
1. DataClassesDataContext dc = new DataClassesDataContext();
2.     protected void Page_Load(object sender, EventArgs e){
3.         if (!IsPostBack){
4.             BindData();
5.         }
6.     }
7.     void BindData(){
8.         GridView1.DataSource = dc.book.ToList();
9.         GridView1.DataBind();
10.    }
11.    public bool Delete(string isbn){
12.        try{
13.            var bb = dc.book.Single(o => o.ISBN == isbn);
14.            dc.book.DeleteOnSubmit(bb);
15.            dc.SubmitChanges();
16.            return true;
17.        }
18.        catch{
19.            return false;
20.        }
21.    }
22.    protected void GridView1_RowDeleting(object sender, GridViewDeleteEventArgs e){
23.        int index = e.RowIndex;
24.        string isbn = GridView1.DataKeys[index].Value.ToString();
25.        if (Delete(isbn)){
26.    Response.Write("<script>alert('删除成功');window.location.href='default.aspx';</script>");
27.        }
```

```
28.            else{
29.                Response.Write("<script>alert('删除失败');history.back();</script>");
30.            }
31.        }
```

代码说明：第 1 行声明强类型 DataClasses DataContext 的对象 dc。第 4 行调用 BindData 方法绑定数据到列表控件。第 7 行定义绑定控件数据的方法 BindData。第 8 行将 book 数据表的所有数据作为列表控件的数据源。第 11 行定义删除数据的方法 Delete，以图书编号作为参数。第 13 行通过图书编号查询获得该图书对象 bb。第 14 行调用 DeleteOnSubmit 方法删除该图书对象 bb。第 15 行调用 SubmitChanges 方法将更改提交到数据库。第 22 行处理 GridView1 控件的 RowDeleting 事件。第 23 行和第 24 行获取要删除图书的编号。第 25 行调用 Delete 方法删除图书信息。

(12) 分别双击打开网站根目录下的 BookAdd.aspx 和 BookMdf.aspx 文件，切换到设计视图。从【工具箱】分别拖动 8 个 TextBox 控件和 1 个 Button 控件到设计视图中，并设置相关的属性。最后效果如图 10-26 所示。

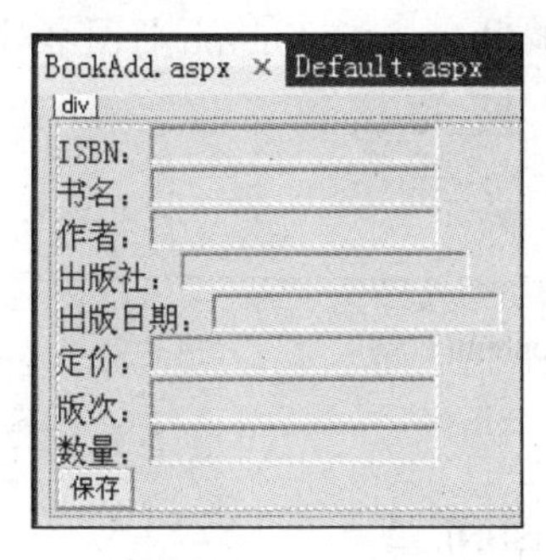

图 10-26　设计视图

> **知识点**
>
> 简单地将 DataContext 理解成数据库的表集合会更加容易理解。它主要是封装了多个数据表的数据读取操作。

(13) 双击打开 BookAdd.aspx.cs 文件，编写代码如下：

```
1. public static bool Add(book b){
2.             DataClassesDataContext dba = new DataClassesDataContext ();
3.             try{
4.             dba.book.InsertOnSubmit(b);
5.             dba.SubmitChanges();
6.                 return true;
7.             }
8.             catch{
9.                 return false;
10.             }
11.        }
12.    protected void Button1_Click(object sender, EventArgs e){
13.        book b = new book();
14.        b.BanCI = txtBanCi.Text;
15.        b.BookName = txtBookName.Text;
16.        b.ISBN = txtISBN.Text;
```

```
17.            b.Number = int.Parse(txtNumber.Text);
18.            b.Press = txtPress.Text;
19.            b.PressDate = Convert.ToDateTime(txtPressDate.Text);
20.            b.price = decimal.Parse(txtPrice.Text);
21.            b.Writer = txtWriter.Text;
22.            if (Add(b)){
23.    Response.Write("<script>alert('添加成功');window.location.href='default.aspx';</script>");
24.            }
25.            else
26.            {
27.                Response.Write("<script>alert('添加失败');history.back();</script>");
28.            }
29.        }
```

代码说明：第1行定义添加图书信息的方法 Add，参数是要添加的图书信息对象。第2行声明强类型 DataClasses DataContext 的对象 dba。第4行调用 InsertOnSubmit 将图书对象添加到数据库。第5行调用 SubmitChanges 方法将更改提交到数据库。

(14) 双击打开 BookMdf.aspx.cs 文件，编写代码如下：

```
1.      string isbn = "";
2.      DataClassesDataContext dba = new DataClassesDataContext();
3.      public bool Modify(book b){
4.          try{
5.              var obj = dba.book.Single(o => o.ISBN == b.ISBN);
6.              obj.BanCI = b.BanCI;
7.              obj.BookName = b.BookName;
8.              obj.Number = b.Number;
9.              obj.Press = b.Press;
10.               obj.PressDate = b.PressDate;
11.               obj.price = b.price;
12.               obj.Writer = b.Writer;
13.               dba.SubmitChanges();
14.               return true;
15.         }
16.         catch{
17.               return false;
18.         }
19.     }
20.     protected void Button1_Click(object sender, EventArgs e){
21.         book b = new book();
22.         b.BanCI = txtBanCi.Text;
23.         b.BookName = txtBookName.Text;
24.         b.ISBN = isbn;
```

```
25.            b.Number = int.Parse(txtNumber.Text);
26.            b.Press = txtPress.Text;
27.            b.PressDate = Convert.ToDateTime(txtPressDate.Text);
28.            b.price = decimal.Parse(txtPrice.Text);
29.            b.Writer = txtWriter.Text;
30.            if (Modify(b)){
31.        Response.Write("<script>alert('修改成功');window.location.href='default.aspx';</script>");
32.            }
33.            else{
34.              Response.Write("<script>alert('修改失败');history.back();</script>");
35.            }
36.        }
```

代码说明：第 2 行声明强类型 DataClasses DataContext 的对象 dba。第 3 行定义修改图书信息的方法 Modify，参数是要修改的图书信息的对象。第 5 行通过图书对象的编号获得该对象。第 6 行到第 12 行获得各属性要修改的值。第 13 行调用 SubmitChanges 方法将更改提交到数据库。第 20 行处理 Button1 按钮的单击事件 Click。第 21 行创建一个图书信息对象 b。第 22 行到第 29 行获得用户输入的值并赋给图书对象 b 的各个属性。第 30 行调用修改图书信息的方法 Modify 执行修改操作。

(15) 至此，整个实例编写完成，选择【文件】|【全部保存】命令保存文件即可。

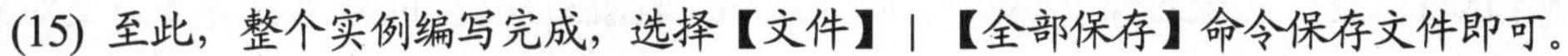

10.5 习题

1. 在 SQL Server 2008 中创建数据库 Taxi_Data.mdf 和留言信息表 TAXI_GUESTBOOK。TAXI_GUESTBOOK 表的结构如图 10-27 所示。要求创建一个强模型 DataClasses DataContext，把留言信息表映射到内存中。

列名	数据类型	允许 Null
I_BOOKID	int	☐
V_USERNAME	varchar(50)	☑
V_GENDER	varchar(4)	☑
V_QQ	varchar(20)	☑
V_EMAIL	varchar(100)	☑
V_CONTENT	varchar(1000)	☑
V_REPLY	varchar(1000)	☑
D_POSTTIME	datetime	☑
I_HASREPLY	varchar(10)	☑
D_REPLYTIME	datetime	☑
V_TELPHONE	varchar(50)	☑
I_DEPARTMENT	int	☑

图 10-27　数据表结构

2. 利用习题 1 创建的强模型 DataClasses DataContext，查询留言信息表 TAXI_GUESTBOOK 中包含的数据，并显示在 GridView 控件中，运行效果如图 10-28 所示。

[添加留言] | [编辑留言]

编号	用户姓名	性别	QQ号	电子邮箱	留言内容	回复	发表时间
1	wjn	男	12345678	wjn@qq.com	留言	回复留言	2010-3-13 7:57:47
26	zfq	女	58930653653	zfq@sina.com	天气真好	一起出去	2010-3-25 10:38:17
30	wsn	男	34567899	wsn@adc.com	你好啊	你好	2010-3-25 12:15:42
31	wsx	女	5668787	fsf@fd.com	一起去玩	好啊	2010-3-25 12:16:27

图 10-28　查询 TAXI_GUESTBOOK 表中的数据

3. 使用 LINQ to SQL 技术，通过创建的强类型 DataClasses DataContext 数据库上下文对象，实现向留言信息表 TAXI_GUESTBOOK 添加数据的功能，运行效果如图 10-29 所示。

[添加留言] | [编辑留言]

编号	用户姓名	性别	QQ号	电子邮箱	留言内容	回复	发表时间
1	wjn	男	12345678	wjn@qq.com	留言	回复留言	2010-3-13 7:57:47
26	zfq	女	58930653653	zfq@sina.com	天气真好	一起出去	2010-3-25 10:38:17
37	grm	女	45665656	grm@gr.com	今天世博会开幕了!		2010-5-22 19:05:22
30	wsn	男	34567899	wsn@adc.com	你好啊	你好	2010-3-25 12:15:42
31	wsx	女	5668787	fsf@fd.com	一起去玩	好啊	2010-3-25 12:16:27

图 10-29　向 TAXI_GUESTBOOK 表添加数据

4. 使用 LINQ to SQL 技术，通过创建的强类型 DataClasses DataContext 数据库上下文对象，实现修改留言信息表 TAXI_GUESTBOOK 的功能，将编号为 37 的留言用户的【性别】改为“男”、【QQ 号】改为“1111111111”、【电子邮箱】改为“nsw@yahoo.com”、【留言内容】改为“明天一起去看电影！”，运行效果如图 10-30 所示。

[添加留言] | [编辑留言]

编号	用户姓名	性别	QQ号	电子邮箱	留言内容	回复	发表时间
1	wjn	男	12345678	wjn@qq.com	留言	回复留言	2010-3-13 7:57:47
26	zfq	女	58930653653	zfq@sina.com	天气真好	一起出去	2010-3-25 10:38:17
37	grm	男	1111111111	nsw@yahoo.com	明天一起去看电影!		2010-5-22 19:05:22
30	wsn	男	34567899	wsn@adc.com	你好啊	你好	2010-3-25 12:15:42
31	wsx	女	5668787	fsf@fd.com	一起去玩	好啊	2010-3-25 12:16:27

图 10-30　修改表中的数据

5. 使用 LINQ to SQL 技术，通过创建强类型 DataClasses DataContext 数据库上下文对象，删除习题 3 中添加的留言信息，运行效果如图 10-31 所示。

留言编号	留言内容	发布时间	操作
1	留言	2010-3-13 7:57:47	删除
2	天气真好	2010-3-25 10:38:17	删除
3	明天一起去看电影!	2010-5-22 19:05:22	删除
4	你好啊	2010-3-25 12:15:42	删除
5	一起去玩	2010-3-25 12:16:27	删除

图 10-31　删除数据

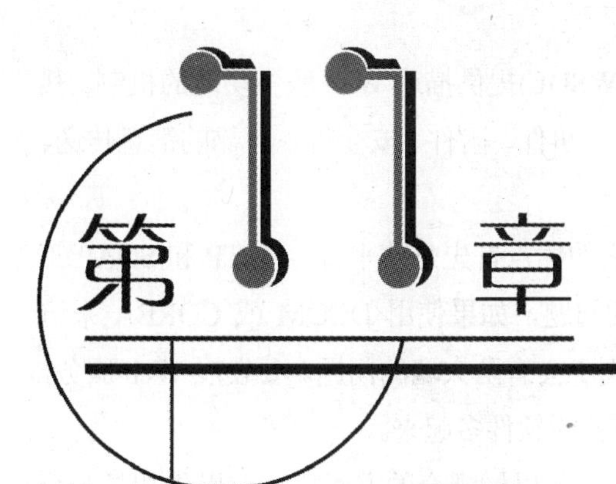

第11章 Web Service 技术

学习目标

ASP.NET Web 服务是 Microsoft .NET 架构的核心，也是.NET Framework 的关键组件。它建立在 HTTP、XML 和 SOAP 等开放标准之上，是构建应用程序的基础模型，能在所有支持网络通信的操作系统上运行。本章将从 Web Service 的基本概念、协议和应用这 3 个方面来介绍这一流行技术以及如何基于.NET 4.0 框架来实现 Web Service。

本章重点

- Web Service 的基本构成
- SOAP 简单对象访问协议
- Web Service 的实际使用

11.1 Web Service 简述

Web 服务是从英文 Web Services 直接翻译过来的。很多编程人员初次接触 Web 服务，会认为这是一个新的系统架构和新的编程环境。其实，虽然 Web 服务是一个新的概念，但它的系统架构和实现技术却是完全继承了已有的技术，绝对不会推倒现有的应用重来。正确地说，Web 服务是对现有应用的一个延伸。

11.1.1 Web Service 的概念

Web 服务其实就是一种无须购买并部署的组件，这种组件是被一次部署到 Internet 中且到处可用的一种新型组件，所有应用只需要能够连入 Internet，就可以使用和集成 Web 服务。Web 服务基于一套描述软件通信语法和语义的核心标准。XML 提供表示数据的通用语法；简单对象访问协议(SOAP)提供数据交换的语义；Web 服务描述语言(WSDL)提供描述 Web 服务功能的机制。其他规范统称为 WS-*体系结构，用于定义 Web 服务发现、事件、附件、安全性、可靠的消息传送、事务和管理方面的功能。

简单地说，Web 服务就是一种远程访问的标准。它的优点首先是跨平台，HTTP 和 SOAP 等已经是互联网上通用的协议；其次是可以解决防火墙的问题，如果使用 DCOM 或 CORBA 来访问 Web 组件，将会被挡在防火墙外面，而使用 SOAP 则不会有防火墙的问题。要发展 Web 服务，需要更多的软件厂商来开发 Web 服务，让基于 Web 服务的软件多起来。

虽然远程访问数据和应用程序逻辑不是一个新概念，但以松耦合的方式执行该操作却是一个全新的概念。以前的尝试(如 DCOM、IIOP 和 Java/RMI)要求在客户端和服务器之间进行紧密集成，并要求使用特定的平台和二进制数据格式。虽然这些协议要求特定组件技术或对象调用约定，但 Web 服务却不需要。在客户端和服务器之间所做的就是接收方可以理解收到消息的含义。因此，用任何语言编写、使用任何组件模型并在任何操作系统上运行的程序，都可以访问 Web 服务。

下面来看一个实际应用的例子，大家都知道 QQ 这款即时通信软件，仔细观察可以发现，在很多论坛上都能够显示出某个会员的 QQ 号码是否在线，这个信息是如何从提供 QQ 通信服务的地方传递给论坛的呢？

下面打开如图 11-1 所示的页面。

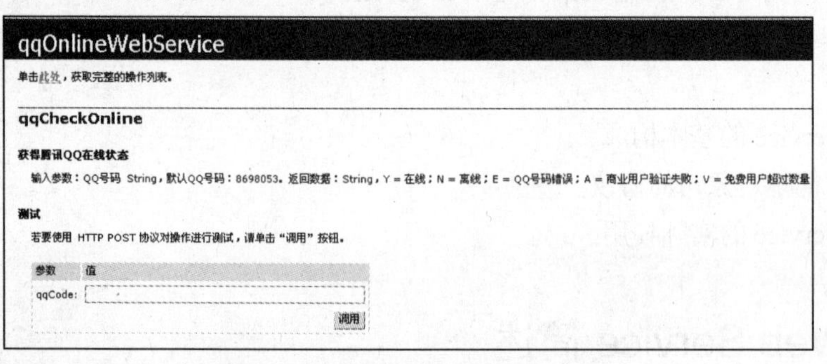

图 11-1　QQ 在线查询的 Web 服务

该页面实现这样一种功能，在文本框中输入一个 QQ 号码，它会返回一个字符，表示该 QQ 用户的当前状态，如图 11-2 所示。

```
<?xml version="1.0" encoding="utf-8" ?>
<string xmlns="http://WebXml.com.cn/">Y</string>
```

图 11-2　返回信息页面

图 11-2 显示 QQ 用户的当前状态为在线，在这里大家看到了互联网上还存在这样一个提供信息的途径，接下来就介绍如何利用这些信息，以所需的形式运用到应用程序中。用这种方式提供的信息不但可以应用于 Web 应用程序，还可以用于 Windows 应用程序。返回的信息采用了 XML 格式，这样做的好处在于可以在不同的系统之间传递数据。

Web 服务像组件一样，也表示一个封装了一定功能的黑盒子，用户可以重用它而不用关心它

是如何实现的。Web 服务提供了定义良好的接口，这些接口描述了它所提供的服务，用户可以通过这些接口来调用 Web 服务提供的功能。开发者可以通过把远程服务、本地服务和用户代码结合在一起来创建应用程序。

Web 服务既可以在内部由单个应用程序使用，也可通过 Internet 供给任何应用程序使用。由于可以通过标准接口访问，因此 Web 服务使异构系统能够作为一个计算网络协同运行。

Web 服务并不追求一般的代码可移植性功能，而是为实现数据和系统的互操作性提供了一种可行的解决方案。Web 服务使用基于 XML 的消息处理作为基本的数据通信方式，以帮助消除使用不同组件模型、操作系统和编程语言的系统之间存在的差异。Web 服务正在开创一个分布式应用程序开发的新时代。作为 Internet 的下一个革命性的进步，Web 服务将成为把所有计算设备链接到一起的基本结构。

提示

每个 Web 服务都需要一个唯一的命名空间，以便客户端应用程序可以将它与 Web 上的其他服务区分开。开发阶段用一个默认的命名空间是 http//tempuri.org/，在正式发布以前应该修改成可由 Web 服务提供。

11.1.2　Web Service 的基本构成

Web 服务在涉及操作系统、对象模型和编程语言的选择时，Web 不能有任何倾向性。同样，要使 Web 服务像其他基于 Web 的技术一样被广泛采用，必须符合下列条件。

- 松耦合的：如果对两个系统的唯一要求是要理解前面提到的自我描述的文本消息，那么这两个系统就被认为是松耦合的。
- 常见的通信：大概不会有人会在现在或不远的将来构建一个无法连接到 Internet 的操作系统，因此需要提供常见的通信信道。同样，能够将几乎所有系统或设备连接到 Internet 的能力将确保这样的系统和设备可以供连接到 Internet 的所有其他系统或设备使用。
- 通用的数据格式：在采用自我描述的文本消息时，Web 服务及其客户端无须知道每个基础系统的构成即可共享消息。Web 服务通过使用 XML 实现此功能。

Web 服务采用的基本结构提供下列内容：定位 Web 服务的发现机制、定义如何使用这些服务的服务描述以及通信时使用的标准联网形式。Web 服务基本结构中的组件，如表 11-1 所示。

表 11-1　Web 服务基本结构中的组件

组　件	角　色
Web 服务目录	Web 服务目录提供一个用于定位其他组织提供的 Web 服务的中心位置。Web 服务目录(如 UDDI 注册表)充当此角色

(续表)

组　件	角　色
Web 服务发现	Web 服务发现是定位(或发现)使用 Web 服务描述语言(WSDL)描述特定 Web 服务的一个或多个相关文档的过程。DISCO 规范定义定位服务描述的算法。如果 Web 服务客户端知道服务描述的位置，则可以跳过发现过程
Web 服务描述	要了解如何与特定的 Web 服务进行交互，需要提供定义该 Web 服务支持的交互功能的服务描述。Web 服务客户端必须知道如何与 Web 服务进行交互才可以使用该服务
Web 服务联网形式	为实现通用的通信，Web 服务使用开放式联网形式进行通信，这些格式是任何能够支持最常见的 Web 标准的系统都可以理解的协议。SOAP 是 Web 服务通信的主要协议

Web 服务的设计是基于兼容性很强的开放式标准。为了确保最大限度的兼容性和可扩展性，Web 服务体系被建设得尽可能通用。这意味着需要对用于向 Web 服务发送和获取信息的格式和编码进行一些假设。而所有这些细节都是以一个灵活的方式来界定，使用诸如 SOAP 和 WSDL 标准来定义。为了使客户端能够连接上 Web 服务，在后台有很多烦琐工作需要进行，以便能够执行和解释 SOAP 和 WSDL 信息。这些烦琐工作会占用一些性能上的开销，但它不会影响一个设计良好的 Web 服务。如表 11-2 所示的是 Web 服务的标准。

表 11-2　Web 服务的标准

标　准	说　明
WSDL	告诉客户端一个 Web 服务里都提供了什么方法，这些方法包含什么参数、将要返回什么值以及如何与这些方法进行交互
SOAP	在信息发送到一个 Web 服务之前，提供对信息进行编码的标准
HTTP	所有的 Web 服务交互发生时所遵循的协议，例如，SOAP 信息通过 HTTP 通道被发送
DISCO	该标准提供包含对 Web 服务的链接或以一种特殊的途径来提供 Web 服务的列表
UDDI	这个标准提供创建业务的信息，例如，公司信息、提供的 Web 服务和用于 DISCO 或 WSDL 的相应的标准

Web 服务体系结构有 3 种角色：服务提供者、服务注册中心和服务请求者。这 3 者之间的交互包括发布、查找和绑定等操作，其工作原理如图 11-3 所示。

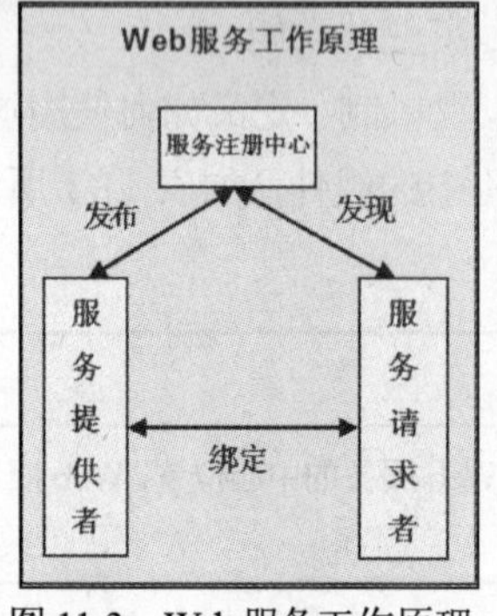

图 11-3　Web 服务工作原理

知识点

Web 服务的产生背景，是分布式计算及应用，它对未来的 Web 开发方式、应用方式都将产生根本性的影响，故 Web Service 也被称为“第三次革命”。

服务提供者是服务的拥有者，它为其他用户或服务提供服务功能。服务提供者首先要向服务注册中心注册自己的服务描述和访问接口(发布操作)。服务注册中心可以把服务提供者和服务请求者绑定在一起，提供服务发布和查询功能。服务请求者是Web服务功能的使用者，它首先向注册中心查找所需要的服务，注册服务中心根据服务请求者的请求把相关的Web服务和服务请求者进行绑定，这样服务请求者就可以从服务器提供者获得需要的服务。

提示

特别要注意的是：Web服务中的命名空间和程序代码中的命名空间不是一回事，千万不可混为一谈。

11.1.3　实现一个基本的 Web 服务

【例 11-1】本例通过创建、测试和引用这 3 个过程来实现一个最简单的 Web 服务。

(1) 启动 Visual Studio 2010，选择【文件】|【新建网站】命令，打开【新建网站】对话框，先选择【ASP.NET 空网站】，接着选择【文件系统】，然后在文件路径中创建网站并命名为“例 11-1”，如图 11-4 所示，最后单击【确定】按钮。

(2) 在【解决方案资源管理器】窗格中右击网站项目名称，在弹出的快捷菜单中选择【添加新项】命令，如图 11-5 所示。

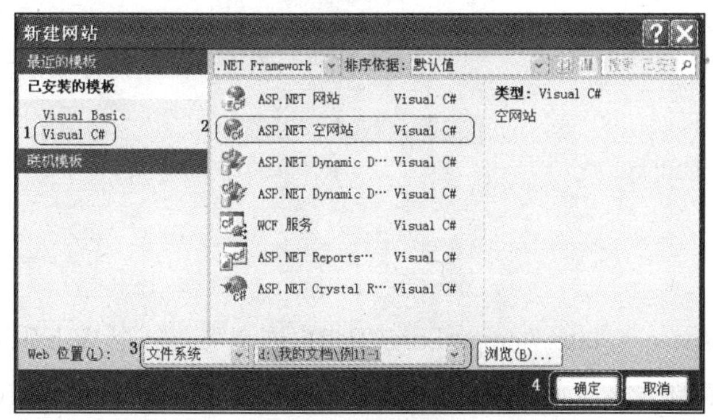

图 11-4　【新建网站】对话框

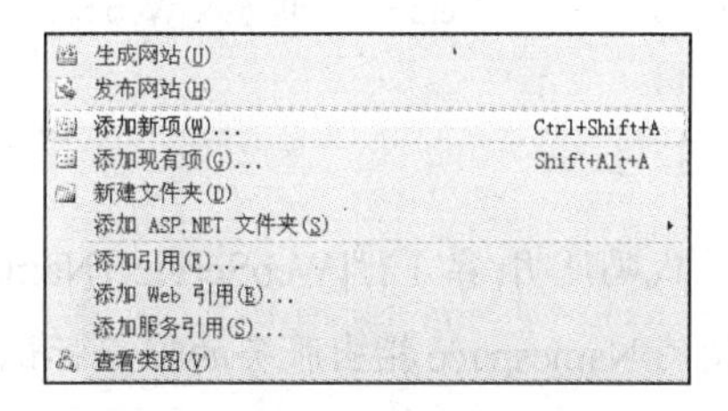

图 11-5　选择【添加新项】命令

(3) 打开【添加新项】对话框，选择【Web 服务】模板，修改文件名为“Service.asmx”，如图 11-6 所示，最后单击【添加】按钮。

(4) 在网站的 App_Code 文件夹下会自动生成一个 Service.cs 文件，同时在网站目录中还会生成一个 Service.asmx 文件，如图 11-7 所示。Service.asmx 文件就是刚才创建的 Web 服务文件，而 Service.cs 文件是该 Web 服务的后台代码文件。

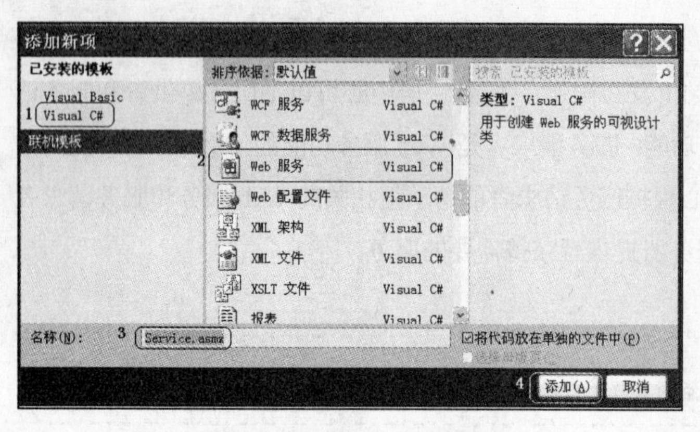

图 11-6 【添加新项】对话框

图 11-7 生成的相关文件

(5) 双击打开 Service.cs 文件，编写代码如下:

```
1.  [WebService(Namespace = "http://tempuri.org/")]
2.  [WebServiceBinding(ConformsTo = WsiProfiles.BasicProfile1_1)]
3.  //若要允许使用 ASP.NET AJAX 从脚本中调用此 Web 服务，请取消对下行的注释
4.  // [System.Web.Script.Services.ScriptService]
5.   public class Service: System.Web.Services.WebService {
6.      public Service ()
7.      {
8.          //如果使用设计的组件，请取消注释以下行
9.          //InitializeComponent();
10.     }
11.     [WebMethod]
12.     public string HelloWorld() {
13.         return "欢迎进入 Web Service 的世界！";
14.     }
15. }
```

代码说明: 第 1 行[WebService(Namespace = "http://tempuri.org/")]指出这个类是一个 Web 服务，并使用 Namespace 指出服务的唯一标识符即命名空间。第 2 行的[WebServiceBinding(ConformsTo = WsiProfiles.BasicProfile1_1)]中 ConformsTo 属性指出了这个 Web 服务遵循的标准。第 5 行定义了定义了一个名为 Service 的类，该类继承于 System.Web.WebService。在 ASP.NET 中，所有的 Web 服务类都继承自 System.Web.WebService 类。第 6 行定义了一个构造函数，一般情况下可以不需要该构造函数。第 12 行定义了一个服务方法 HelloWorld。该方法和一般类的方法没有什么区别，其功能是返回一个欢迎词。但要注意，该方法上面第 11 行添加了一个名为 WebMethod 的属性，该属性用来标志方法可以被远程的客户端访问。

(6) 双击打开 Service.cs 文件，可以看到其中自动生成的代码如下：

```
<%@ WebService Language="C#" CodeBehind="~/App_Code/Service.cs" Class="Service" %>
```

代码说明：@WebService 指令说明这是一个 Web 服务，后台代码采用 C#来编写，CodeBehind 指明后台代码的位置，Class 指明 Web 服务类的名字。

(7) 按 Ctrl+F5 组合键运行程序，效果如图 11-8 所示。页面显示了服务的名称和所有的操作列表即服务的目录。

(8) 单击名为 Hello World 的操作，将打开一个页面，如图 11-9 所示。

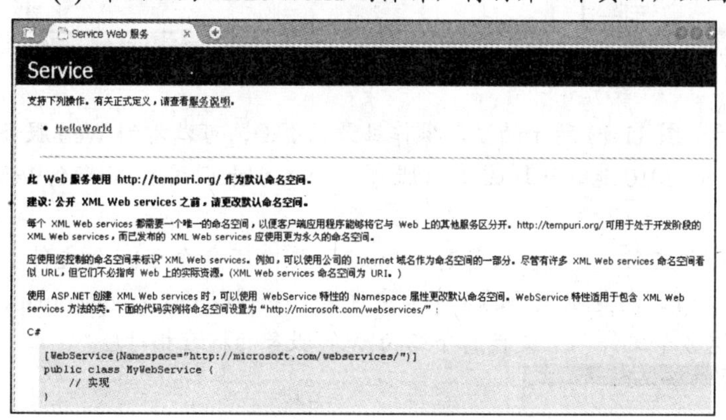

图 11-8　显示服务

图 11-9　服务测试

(9) 单击服务测试中的【调用】按钮，可以看到该操作返回的 xml 信息，如图 11-10 所示。该图中返回了字符串“欢迎进入 Web Service 的世界!”，这是通过 Service.cs 文件中定义的方法 HelloWorld 实现的。至此一个完整的 Web 服务已经创建成功。接下来把该服务添加到应用程序中。

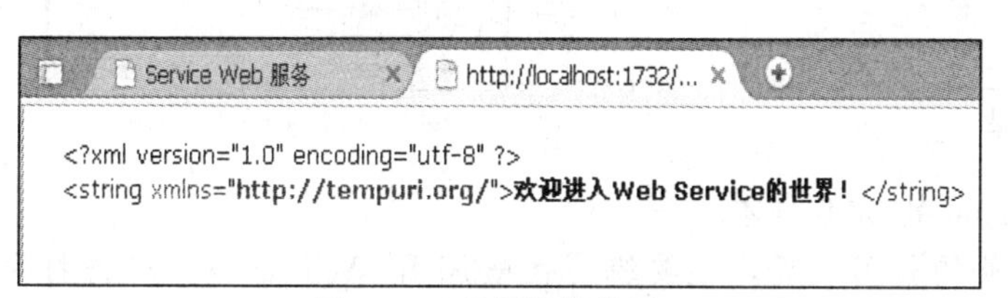

图 11-10　获得操作结果

知识点

Web Service 是建立可互操作的分布式应用程序的新平台，Web 提供的不仅仅是供用户阅读的页面，也是以功能为主的服务。

(10) 右击网站根目录，在弹出的快捷菜单中选择【添加 Web 引用】命令，打开如图 11-11 所示的【添加 Web 引用】对话框。

(11) 在图 11-11 中有 3 个选项：【此解决方案中的 Web 服务】、【本地计算机上的 We 服务】和【浏览本地网络上的 UDDI 服务】。可以根据实际情况进行选择。此处选择【此解决方案中的 Web 服务】，可以看到所有本解决方案中的 Web 服务，如图 11-12 所示。

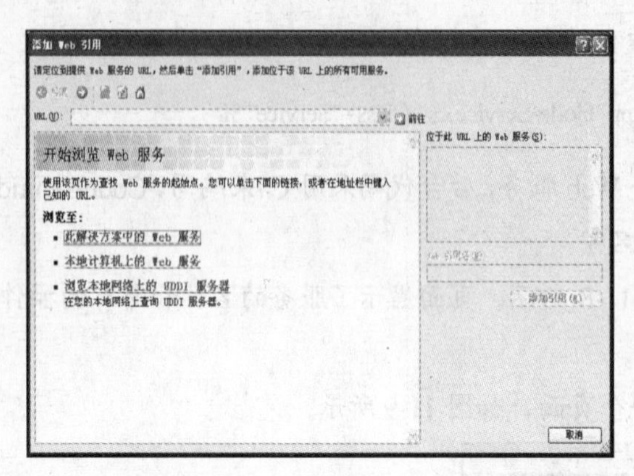
图 11-11　添加 Web 引用

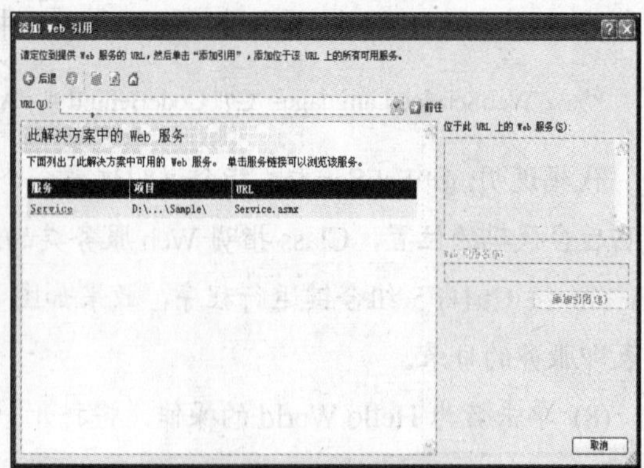
图 11-12　显示所有服务

(12) 选择 Service 服务后，打开如图 11-13 所示的显示操作目录的页面，可以看到 Web 服务所在的 URL 路径，这时 Visual Studio 2010 能够找到该 Web 服务。修改 Web 引用名为“MyWeb Service”，单击【添加引用】按钮。

(13) 此时网站目录中生成了一个文件夹 App_WebReferences，其中还包含了一个文件夹 MyWebService，该文件夹中有 3 个文件，都是以服务的名字为文件名，分别以 disco、discomap、wsdl 为扩展名，如图 11-14 所示的这 3 个文件和上文我们介绍的 Web 服务的标准相对应。

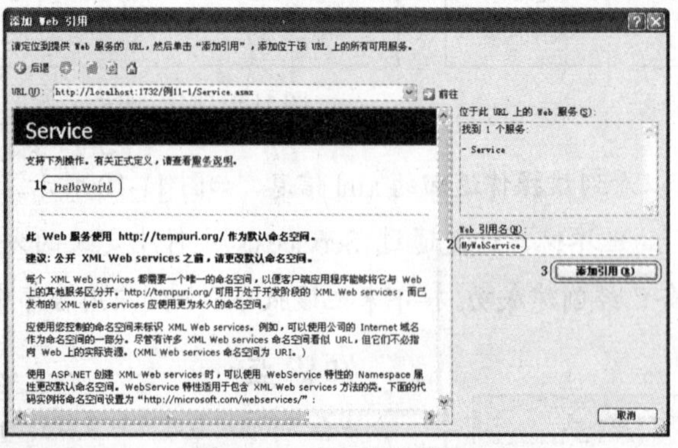
图 11-13　显示操作目录

图 11-14　生成相关文件

(14) 在网站中添加一个名为 Default 的 Web 窗体。

(15) 应用程序在添加 Web 服务的引用之后，还要编写代码调用 Web 服务。双击打开 Default.aspx 文件，切换到设计视图，从【工具箱】拖动一个 Label 控件到设计视图中，如图 11-15 所示。

(16) 双击打开网站目录下的 Default.aspx.cs 文件，在该文件中编写代码如下：

```
1. protected void Page_Load(object sender, EventArgs e){
2.          Service s = new Service();
3.          Label1.Text = s.HelloWorld();
4.     }
```

代码说明：第 2 行先实例化 Web 服务，然后在第 3 行调用 Web 服务中的 HelloWorld 方法，即可使用 Web 服务的功能。

(17) 运行程序，效果如图 11-16 所示。

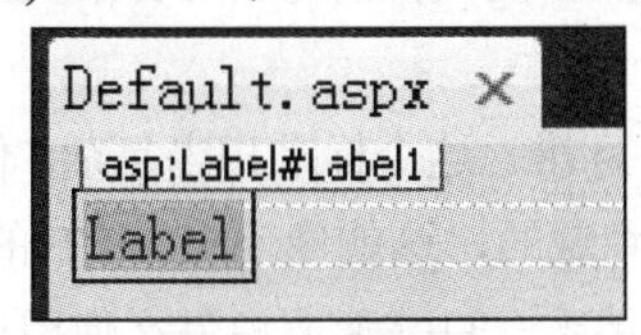

图 11-15 添加控件

图 11-16 运行效果

11.2 Web Service 协议

通过前面的【例 11-1】，可初步了解 Web 服务的作用和使用方法，之所以能够在应用程序中实现 Web 服务是因为 Web 服务协议的存在。Web 服务体系结构主要包括以下 3 个核心服务，分别表示 3 种 Web 服务协议：

- SOAP(简单对象访问协议)：用于数据传输。
- WSDL(Web 服务描述语言)：用于描述服务。
- UDDI(统一描述、发现和集成协议)：用于获取可用的服务。

11.2.1 WSDL(Web 服务描述语言)

在 11.1 节图 11-14 中的 3 个文件都以服务的名字为文件名，分别以 disco、discomap、wsdl 为扩展名。其中，disco 文件能够发现每个 Web 服务的功能(通过文档)，以及如何和它进行交互(通过 WSDL)。该文件是 Visual Studio 2010 在【添加 Web 引用】时自动生成的。来看下面这个文档的内容，它是一个 XML 文档，其中只包含了该 Web 服务到其他资源的链接，代码如下：

```
<?xml version="1.0" encoding="utf-8"?>
<discovery xmlns:xsi="http://www.w3.org/2001/XMLSchema-instance"
xmlns:xsd="http://www.w3.org/2001/XMLSchema" xmlns="http://schemas.xmlsoap.org/disco/">
  <contractRef ref="http://localhost:1856/Sample/Service.asmx?wsdl"
docRef="http://localhost:1856/Sample/Service.asmx" xmlns="http://schemas.xmlsoap.org/disco/scl/" />
  <soap address="http://localhost:1856/Sample/Service.asmx" xmlns:q1="http://tempuri.org/"
binding="q1:ServiceSoap" xmlns="http://schemas.xmlsoap.org/disco/soap/" />
  <soap address="http://localhost:1856/Sample/Service.asmx" xmlns:q2="http://tempuri.org/"
binding="q2:ServiceSoap12" xmlns="http://schemas.xmlsoap.org/disco/soap/" />
</discovery>
```

以上代码中，<discovery>元素中指出了它对其他资源的应用。<contractRef>元素的 ref 属性指向了 Web 服务的 WSDL 文档，是用来描述这个服务的。根据 disco 文件，用户获得了 WSDL 文档。

WSDL 是一个基于 XML 的标准，它指定客户端如何与 Web 服务进行交互，包括一条信息中的参数和返回值如何被编码以及在互联网上传输时应该使用何种协议。目前有 3 种标准支持实际的 Web 服务信息的传送：HTTP GET、HTTP POST 和 SOAP。

读者可以在 http://www.w3.org/TR/wsdl 查看完全的 WSDL 标准。这个标准相当复杂，但是这个标准背后的逻辑，对于进行 ASP.NET 开发的程序员来说是隐藏的，这就像 ASP.NET 的 Web 控件抽象行为被封装一样。程序员不需要知道这个标准的逻辑关系，只需要明白怎么使用这个标准即可，把那些复杂逻辑行为留给系统和框架来解释执行。ASP.NET 可以创建一个基于 WSDL 文档的代理类。这个代理类允许客户端调用 Web 服务，而不用担心网络或格式问题。很多非.NET 平台提供了相似的工具来完成同样的事务，例如，VB 6.0 和 C++程序员也可以使用 SOAP 工具包。

WSDL 是一种规范，它定义了如何用共同的 XML 语法描述 Web 服务。WSDL 描述了以下 4 种关键的数据：

- 描述所有公用函数的接口信息；
- 所有消息请求和消息响应的数据类型信息；
- 所使用的传输协议的绑定信息；
- 用来定位指定服务的地址信息。

总之，WSDL 在服务请求者和服务提供者之间提供了一个协议。WSDL 独立于平台和语言，主要用于描述 SOAP 服务。客户端可以用 WSDL 找到 Web 服务，并调用其任何公用函数。还可以用可识别 WSDL 的工具自动完成这个过程，使应用程序只需少量甚至不需要手工编码就可以容易地连接新服务。WSDL 为描述服务提供了一种共同的语言，并为自动连接服务提供了一个平台，因此，它是 Web 服务结构中的基础。

WSDL 是描述 Web 服务的 XML 语法。这个规范本身分为以下 6 个主要的元素。

- definitions：该元素必须是所有 WSDL 文档的根元素。它定义 Web 服务的名称，声明文档其他部分使用的多个名称空间，并包含这里描述的所有服务元素。
- types：该元素描述在客户端和服务器之间使用的所有数据类型。虽然 WSDL 没有专门被绑定到某个特定的类型系统上，但它以 XML Schema 规范作为其默认的选择。如果服务只用到如字符串型或整型等 XML Schema 内置的简单类型，它就不需要 types 元素。
- message：该元素描述一个单向消息，无论是单一的消息请求还是单一的消息响应，它都会进行描述。该元素定义消息名称，它可以包含零个或多个引用消息的参数或者消息返回值 part 元素。
- portType：该元素结合多个 message 元素，形成一个完整的单向或往返操作。一个 portType 元素可以定义多个操作。
- binding：该元素描述了在 Internet 上实现服务的具体细节。WSDL 包含定义 SOAP 服务的内置扩展，因此，SOAP 特定的信息会传送到这里处理。
- service：该元素定义调用指定服务的地址。一般包含调用 SOAP 服务的 URL。

除了上述主要的元素，WSDL 规范还定义了其他实用元素，如 documentation 元素，这个元素用于提供一个可阅读的文档，可以将它包含在任何其他 WSDL 元素中。WSDL 文件中最重要的

部分是类型定义部分。这一部分使用 XML 模式去描述数据交换的格式，数据交换的格式要通过使用 XML 元素和元素之间的关系来定义。

提示

Web 服务最强大的特性是使用 XML 支持的跨平台的兼容性。只要能连接到 Internet，访问给定的 Web 服务都一样容易。

11.2.2　SOAP(简单对象访问协议)

以前在.NET 中，客户端在与 Web 服务交互时有以下两种协议能够使用。

- HTTP GET：使用该协议与 Web 服务交互时，会把客户端发送的信息编码，然后放在查询字符串里，而客户端获取的 Web 服务的信息则是以一个基本的 XML 文档的形式存在。
- HTTP POST：使用该协议与 Web 服务交互时，会把参数放在请求体里面，而获取的信息则是以一个基本的 XML 文档的形式存在。

但是，随着信息的丰富化，需要传输的数据往往是结构化的，这样就出现了简单对象访问协议(Simple Object Access Protocol，简称 SOAP)，这是一种轻量的、简单的、基于 XML 的协议，它被设计成在 Web 上交换结构化或者是固化的信息。SOAP 可以和现存的许多因特网协议和格式结合使用，包括超文本传输协议(HTTP)、简单邮件传输协议(SMTP)和多用途网际邮件扩充协议(MIME)。HTTP 是 SOAP 消息反复发送的结果，它好比一个邮递员拿着 SOAP 信封去目的地一样。SOAP 消息基本上是从发送端到接收端的单向传输，但它们常常结合起来执行类似于请求/应答的模式。SOAP 使用基于 XML 的数据结构和超文本传输协议(HTTP)的组合定义了一个标准的方法来使用 Internet 上各种不同操作环境中的分布式对象。

SOAP 规范主要定义了以下 3 个部分。

- SOAP 信封规范：SOAP XML 信封(SOAP XML Envelope)对在计算机间传递的数据如何封装定义了具体的规则。这包括应用特定的数据，如要调用的方法名、方法参数或返回值；还包括谁将处理封装内容，失败时如何编码错误消息等信息。
- 数据编码规则：为了交换数据，计算机必须在编码特定数据类型的规则上达成一致。SOAP 必须有一套自己的编码数据类型的约定。大部分约定都基于 W3C XML Schema 规范。
- RPC 协定：SOAP 能用于单向和双向等各种消息接发系统。SOAP 为双向消息接发定义了一个简单的协议来进行远程过程调用和响应，使得客户端应用可以指定远程方法名，获取任意多个参数并接收来自服务器的响应。

关于 SOAP 标准的更多、更详细的信息，读者可以到 http://www.w3.org/TR/SOAP 阅读全部的规范。

> **提示**
>
> 应用程序不能直接处理 SOAP 信息。相反，在应用程序使用数据之前，.NET 会把 SOAP 信息转换成相应的.NET 数据类型。也就是说允许应用程序使用和其他对象一样的交互方式来同 Web 服务交互。

11.2.3 UDDI(统一描述、发现和集成协议)

UDD(Universal Description Discovery and Integration)是 Web 服务家族中最新的和发展最快的标准之一。它最初被设计出来的目的是能够让程序员非常容易地定位任何服务器上的 Web 服务。

使用发现文件，客户端仍然需要知道特定的 URL 位置。发现文件通过把不同的 Web 服务放到一个文件中，让发现 Web 服务变得容易一些，但是它并没有提供任何明显的方式来检测一个公司提供的 Web 服务。UDDI 的目的是提供一个库，在这个库中，商业公司可以为其所拥有的 Web 服务做广告。例如，一个公司可能提供用于业务文件交换的服务，这些业务文件交换服务具有对购买定单的提交和跟踪可以获得的信息等功能。但为了能让客户端获取这些 Web 服务，这些 Web 服务必须被注册在 UDDI 库中。

对于 Web 服务，UDDI 就相当于 Google。但 UDDI 却也有很大的不同，大部分搜索引擎试图涵盖整个互联网，而为所有的 Web 服务建立一个 UDDI 注册却不需要达到那样的程度，因为不同的工业有着不同的需要，并且一个非组织的收集并不能让所有人满意。相反，它更像是公司的组织和联盟将自己这个领域的 UDDI 的注册绑定在一起。

有趣的是，UDDI 注册定义了一个完全编程接口，这个接口说明了 SOAP 信息能够被用来获取一个商务的信息或者为一个商务注册 Web 服务。换句话说，UDDI 注册本身就是一个 Web 服务。虽然这个标准还没有被推广使用，但是读者在 http://uddi.microsoft.com 可以找到详细的说明。

11.3 Web Service 的应用

目前 Web 服务使用得非常广泛，用户可以使用网络上已经存在的 Web 服务，也可以从数据库服务器中提取数据供 Web 服务的需要者使用。还可以将 Web 服务应用于企业内部的局域网，内部员工可以任意调用公司提供的服务资源，简化自己的工作。

11.3.1 使用提供的 Web 服务

互联网上有很多网站都提供各个城市的天气预报。其实，这个天气预报并非这个网站自身实

现的，只是使用了网上其他提供天气预报的 Web 服务而已。下面尝试使用 Web 服务来实时获取天气预报。

【例 11-2】借助于提供天气预报的 Web Service，通过选择省份和相应的城市来获取该地区的天气预报信息。

(1) 启动 Visual Studio 2010，选择【文件】|【新建网站】命令，在打开的【新建网站】对话框中创建网站并命名为“例 11-2”。

(2) 右击该网站的根目录，在弹出的快捷菜单中选择【添加 Web 引用】命令，打开如图 11-17 所示的【添加 Web 引用】对话框，在 URL 地址栏中输入提供 Web 服务的地址：http:/www.ayandy.com/Service.asmx，单击【前往】按钮。

(3) 打开如图 11-18 所示的【服务操作列表】界面，其中列出了 3 个操作：getSupportCity、getSupportProvince 和 getWeatherbyCityName，分别表示可以获得支持天气预报的城市、省份和根据城市名称获得天气情况。

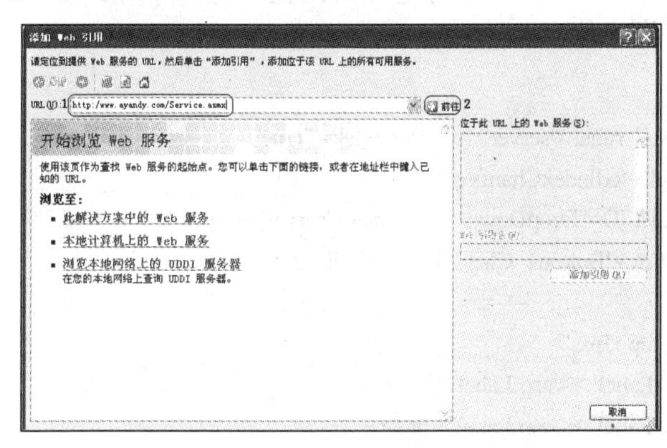

图 11-17 【添加 Web 引用】对话框

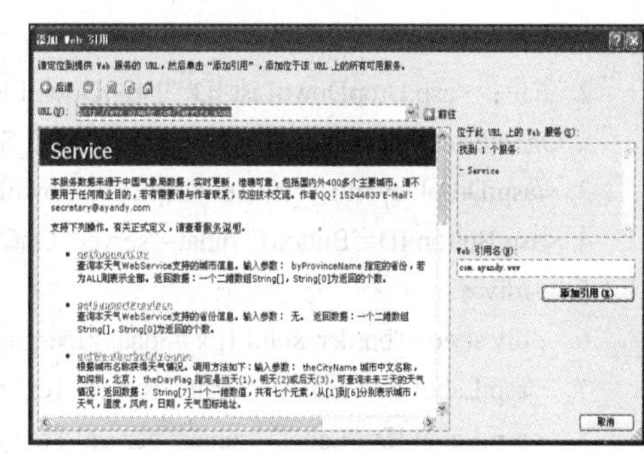

图 11-18 服务操作列表

(4) 可以对其中的一个操作进行测试，以便确认该服务是否能正常使用，单击 getWeatherbyCityName，打开如图 11-19 所示的界面，根据说明在 theCityName 文本框中输入“北京”、在 theDayFlag 文本框中输入“2”，单击【调用】按钮。

(5) 浏览器中会出现如图 11-20 所示的 XML 格式的结果。

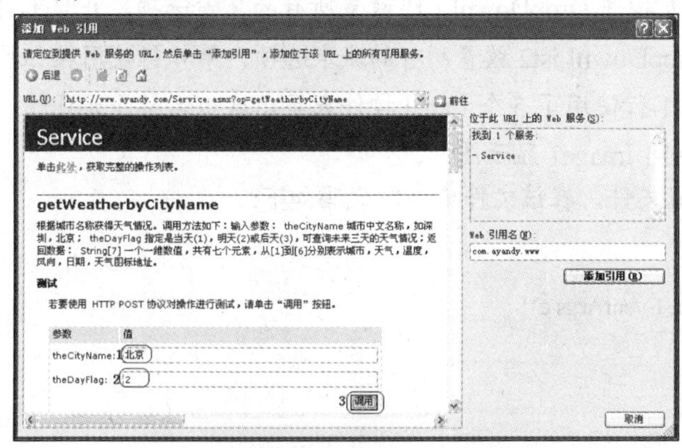

图 11-19 测试页面

图 11-20 测试结果

(6) 经过测试，说明此 Web 服务能够正常使用，最后在图 11-20 的【Web 引用名】文本框中输入“App_WebReferences”，单击【添加引用】按钮，完成 Web 服务的创建。

(7) 在网站中添加一个名为 Default 的 Web 窗体。

(8) 双击网站根目录下的 Default.aspx 文件，打开设计视图。从【工具箱】分别拖动 2 个 DropDownList 控件、1 个 Button 控件、5 个 Label 控件和 1 个 Image 控件到设计视图中，并设置相关属性，如图 11-21 所示。

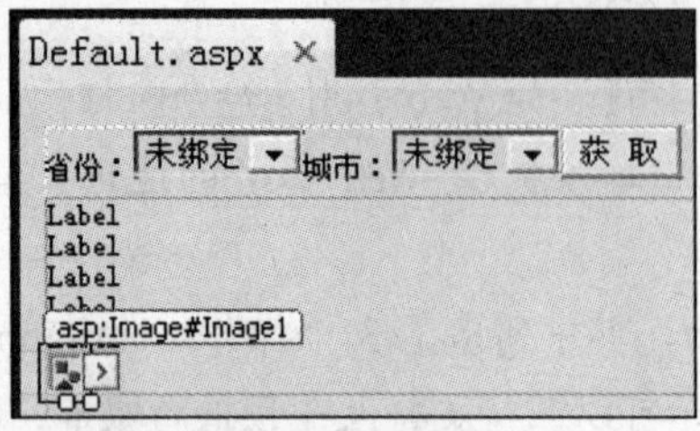

图 11-21　设计视图

知识点

通过网络获得的 Web Service 返回的信息采用的是 XML 格式，这样的好处在于可以在不同的系统之间传递数据。

(9) 切换到源视图中，可看到各控件的代码如下：

```
1. <div>
2. 省份：<asp:DropDownList ID="DropDownList1" runat="server" AutoPostBack="True"
   OnSelectedIndexChanged="DropDownList1_SelectedIndexChanged">
3. </asp:DropDownList>城市：<asp:DropDownList ID="DropDownList2" runat="server"></asp:DropDownList>
4. <asp:Button ID="Button1" runat="server" OnClick="Button1_Click" Text="获 取" />
5.  </div>
6.  <div style ="border :solid 1px #8daaf4;margin-top :5px;">
7.  <asp:Label ID="Label1" runat="server" Text="Label"></asp:Label><br />
8.  <asp:Label ID="Label2" runat="server" Text="Label"></asp:Label><br />
9.  <asp:Label ID="Label3" runat="server" Text="Label"></asp:Label><br />
10.  <asp:Label ID="Label4" runat="server" Text="Label"></asp:Label><br />
11.  <asp:Label ID="Label5" runat="server" Text="Label"></asp:Label><br />
12.  <asp:Image ID="Image1" runat="server" />
13.  </div>
```

代码说明：第 2 行使用了一个下拉列表控件 DropDownList1 放置所有的省份选项，并启用自动回传功能。第 3 行使用下拉列表控件 DropDownList2 放置所有的城市选项。第 4 行使用按钮控件 Button1 来执行获取操作。第 7 行到第 11 行使用了 5 个 Label 控件来显示城市名称、天气情况以及温度等信息。第 12 行使用一个图片空间 Image1 显示图片。

(10) 双击网站目录下的 Default.aspx.cs 文件，在该文件中编写代码如下：

```
1.      obj.Service myobj = new obj.Service();
2.      protected void Page_Load(object sender, EventArgs e){
3.          if (!Page.IsPostBack){
4.              BindPro();
5.              BindCity();
6.              BindWeather();
```

```
7.          }
8.      }
9.      protected void BindPro(){
10.             string [] pro=myobj.getSupportProvince();
11.             for (int i = 1; i <= Int32 .Parse (pro[0]); i++){
12.                 DropDownList1.Items.Add(new ListItem (pro[i].ToString (),pro[i].ToString()));
13.             }
14.     }
15.     protected void BindCity(){
16.             DropDownList2.Items.Clear();
17.             string[] city = myobj.getSupportCity (DropDownList1 .SelectedValue );
18.             for (int i = 1; i <= Int32.Parse(city[0]); i++){
19.                 DropDownList2.Items.Add(new ListItem(city[i].ToString(), city[i].ToString()));
20.             }
21.     }
22.     protected void BindWeather(){
23.             string[] mystr = myobj.getWeatherbyCityName(DropDownList2 .SelectedValue ,
            theDayFlagEnum.Today);
24.             Label1.Text = mystr[1].ToString();
25.             Label2.Text = mystr[2].ToString();
26.             Label3.Text = mystr[3].ToString();
27.             Label4.Text = mystr[4].ToString();
28.             Label5.Text = mystr[5].ToString();
29.             Image1.ImageUrl = mystr[6].ToString();
30.     }
31.     protected void DropDownList1_SelectedIndexChanged(object sender, EventArgs e){
32.             BindCity();
33.     }
34.     protected void Button1_Click(object sender, EventArgs e){
35.             BindWeather();
36. }
```

代码说明：第 1 行实例化一个 Web 服务对象。第 2 行处理 Default 页面对象 Page 的加载事件 Load。第 3 行判断当前加载的页面是否回传页面，若是，则在第 4 行调用 BindPro 方法绑定省份信息，在第 5 行调用 BindCity 方法绑定相应城市信息。第 6 行调用 BindWeather 方法绑定查找到的相应的天气预报。

第 9 行定义一个 BindPro 方法绑定所要查询的省份信息。第 10 行定义字符串数组 pro 获得提供的省份信息。第 11 行到第 13 行使用 for 循环将查询到的省份依次绑定到列表控件 DropDownList1 的列表项中。

第 15 行定义一个 BindCity 方法绑定所要查询的相应省份的城市信息。第 16 行将下拉列表控件 DropDownList2 中的内容清除。第 17 行定义字符串数组 city，用于存放获得的指定省份的相应城市的信息。第 18 行到第 20 行使用 for 循环将查询到相应省份的城市依次绑定到列表控件 DropDownList2 的列表项中。

第 22 行定义一个 BindWeather 方法绑定所查询的省份及城市相应的天气预报信息。第 23 行定义字符串数组 mystr 获取指定省份的城市天气预报信息。第 24 行到第 29 行分别将天气预报中的详细信息显示在 4 个 Label 和 1 个图片控件上。

第 31 行处理下拉列表控件 DropDownList1 的 SelectedIndexChanged 事件。第 32 行调用 Bind City 方法绑定相应的城市信息。第 34 行处理【获取】按钮 Button1d 的单击事件 Click。第 35 行调用 BindWeather()方法绑定查找到的相应的天气预报。

(11) 运行程序，效果如图 11-22 所示。

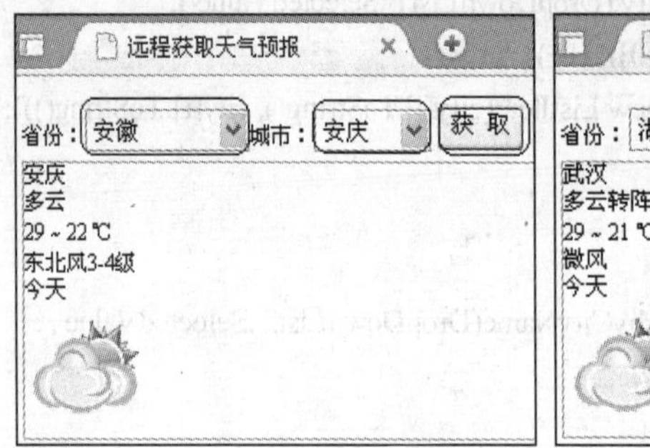

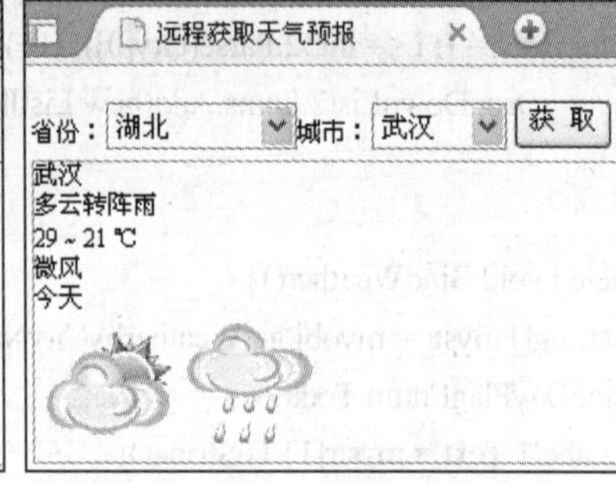

图 11-22　运行效果

> **提示**
>
> 通过互联网获得的 Web Service，不但可以应用于 Web 应用程序，还可以应用于 Windows 桌面应用程序。

11.3.2　Web 服务实现数据库操作

随着网络技术的发展，Web 服务不仅只停留在简单的数据操作上，越来越复杂的数据处理也开始使用 Web 服务进行处理。

【例 11-3】本例实现获得用户在页面中的输入，然后通过调用 Web 服务中的方法完成对数据库添加数据的操作。

(1) 在 SQL Server 2008 中创建数据库 db_16 和数据表 Users。数据表 Users 的数据结构如图 11-23 所示。

(2) 启动 Visual Studio 2010，选择【文件】|【新建网站】命令，在打开的【新建网站】对话框，先选择【ASP.NET 网站】模板，最后单击【确定】按钮。

(3) 在网站中添加一个名为 Default 的 Web 窗体。

(4) 右击网站项目名称，在弹出的快捷菜单中选择【添加新项】命令，打开如图 11-24 所示的【添加新项】对话框，选择【Web 服务】模板，修改文件名为“SqlService.asmx”，最后单击【添加】按钮。

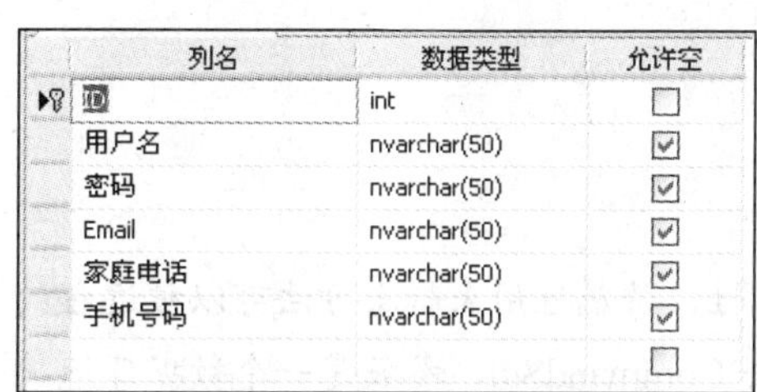

列名	数据类型	允许空
ID	int	☐
用户名	nvarchar(50)	☑
密码	nvarchar(50)	☑
Email	nvarchar(50)	☑
家庭电话	nvarchar(50)	☑
手机号码	nvarchar(50)	☑
		☐

图 11-23　数据表 Users 的结构

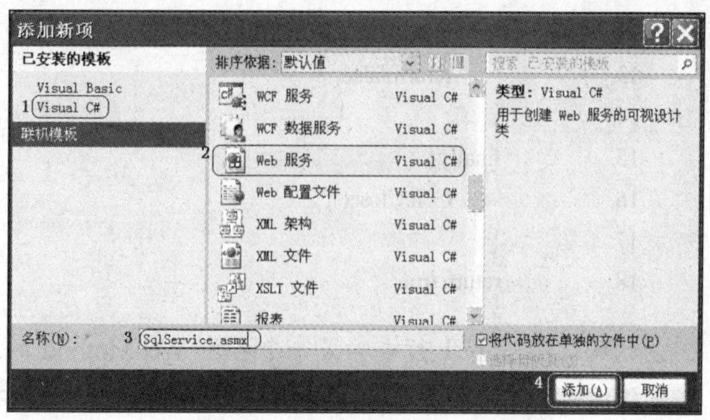

图 11-24　【添加新项】对话框

(5) 在网站的 App_Code 文件夹下会自动生成一个 SqlService.cs 文件，同时在网站目录中也会生成一个 SqlService.asmx 文件，如图 11-25 所示。

(6) 双击网站根目录下 Default.aspx 文件，打开设计视图。从【工具箱】分别拖动 6 个 TextBox 控件，2 个 Button 控件、5 个验证控件和 1 个 GridView 控件到设计视图中，并设置相关的属性，如图 11-26 所示。

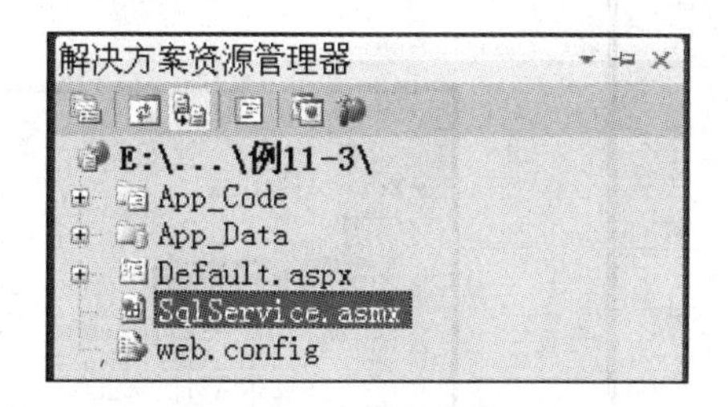

图 11-25　生成的相关文件

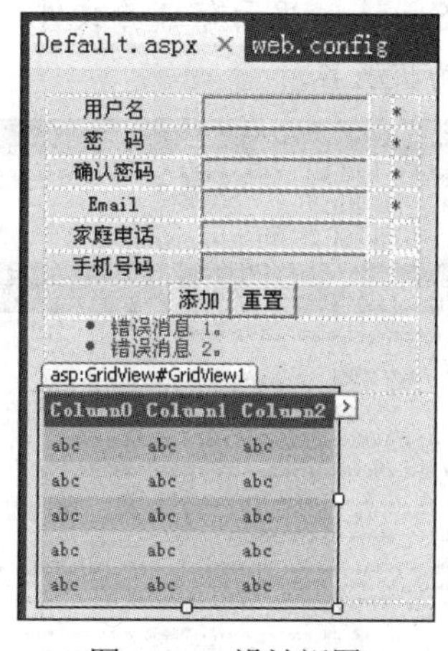

图 11-26　设计视图

(7) 双击打开 SqlService.cs 文件，编写代码如下：

```
1.  [WebMethod]
2.   public bool CommandSql(string SQLConnectionString, string Cmdtxt){
3.       SqlConnection Con = new SqlConnection(SQLConnectionString);
4.       try{
5.               Con.Open();
6.               SqlCommand Com = new SqlCommand(Cmdtxt, Con);
7.               Com.ExecuteNonQuery();
8.               return true;
9.           }
10.      catch (Exception ms){
11.              System.Web.UI.Page tt = new System.Web.UI.Page();
```

```
12.                 tt.Response.Write(ms.Message);
13.                 return false;
14.             }
15.             finally{
16.                 Con.Close();
17.             }
18.             return true;
```

代码说明：第 1 行添加了一个名为 WebMethod 的属性，该属性用来标志方法可以被远程的客户端访问。第 2 行定义了添加用户信息到数据库的方法 CommandSql，参数是一个数据库连接字符串和 SQL 添加语句。第 3 行创建数据库连接对象 Con。第 5 行打开数据库连接。第 6 行创建数据库命令对象 Com。第 7 行执行 SQL 语句。第 16 行关闭数据库连接。

(8) 右击网站根目录，在弹出的快捷菜单中选择【添加 Web 引用】命令，打开如图 11-27 所示的【添加 Web 引用】对话框，选择【此解决方案中的 Web 服务】选项，单击 SqlService。修改 Web 引用名为“Service”，单击【添加引用】按钮。

(9) 网站目录中生成了一个如图 11-28 所示的文件夹 App_WebReferences，其中包含了一个文件夹 Service，里面有 3 个文件，这些文件都以服务的名字为文件名，分别以 disco、discomap、wsdl 为扩展名。

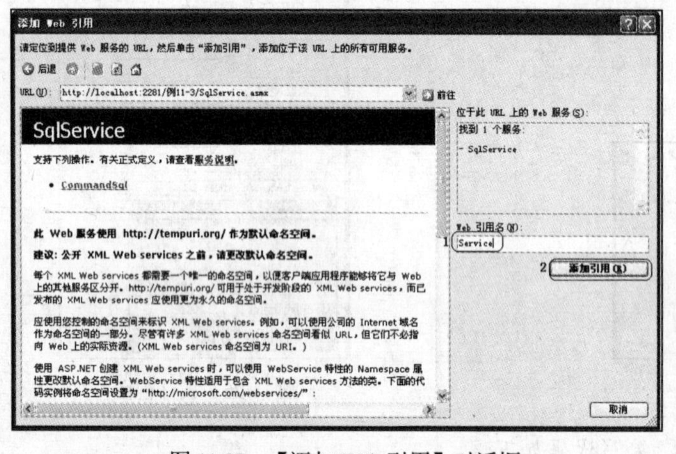

图 11-27 【添加 Web 引用】对话框

图 11-28 生成的相关文件

(10) 双击网站目录下的 Default.aspx.cs 文件，在该文件中编写代码如下：

```
1. string ConnectionString = "Server=(local);DataBase=db_16;Uid=sa;Pwd=585858";
2.     protected void Page_Load(object sender, EventArgs e){
3.         if (!IsPostBack){
4.             string cmdtxt = "SELECT * FROM Users";
5.             SqlConnection Con = new SqlConnection(ConnectionString);
6.             Con.Open();
7.             SqlDataAdapter da = new SqlDataAdapter(cmdtxt, Con);
8.             DataSet ds = new DataSet();
9.             da.Fill(ds);
```

```
10.                 this.GridView1.DataSource = ds;
11.                 this.GridView1.DataBind();
12.             }
13.         }
14.         protected void Button1_Click(object sender, EventArgs e){
15.         string cmdtxt = "INSERT INTO Users(用户名,密码,Email,家庭电话,手机号码) VALUES('" +
        this.txtUid.Text + "'";
16.         cmdtxt += ",'" + this.txtPwd.Text + "','" + this.txtEmail.Text + "','" + this.txtPhoneJ.Text + "','" +
        this.txtPhoneM.Text + "')";
17.             SqlService service= new SqlService();
18.             bool i = service.CommandSql(ConnectionString, cmdtxt);
19.             if (i == true){
20.         Response.Write("<script>alert('添加成功！');location='Default.aspx'</script>");
21.             }
22.             else{
23.         Response.Write("<script>alert('添加失败！');location='Default.aspx'</script>");
24.             }
25.     }
```

代码说明：第 1 行创建数据库连接字符串。第 2 行处理页面对象 Page 的加载事件 Load。第 3 行判断当前加载的页面是否回传页面。第 4 行到第 9 行执行对 Users 数据表的所有用户信息的查询，并填充到数据集中。第 10 行将该数据集作为 GridView1 控件的数据源。第 11 行绑定数据到列表控件显示。

第 14 行处理 Button1 按钮的单击事件 Click。第 15 行和第 16 行创建 SQL 插入语句。第 17 行实例化 Web 服务对象 service。第 18 行调用 Web 服务中的方法 CommandSql 执行添加操作。

(11) 运行程序，效果如图 11-29 所示。

图 11-29　运行效果

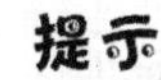

提示

若要在网络上引用 Web Service，必须为该项目配置虚拟目录，并通过在 URL 中输入 Web 服务的网络路径将服务添加到项目中。

11.4 上机练习

本次上机练习通过在客户端生成字母和数字混合验证字符串，然后调用 Web 服务中的方法，将字符串绘制成图片，再传送到客户端的登录界面，并根据用户的输入正确与否给出相应的提示。实例运行效果，如图 11-31 所示。

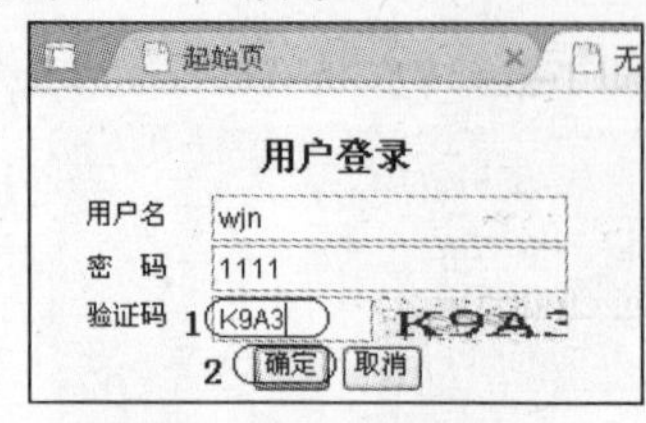

图 11-30　运行效果

(1) 启动 Visual Studio 2010，选择【文件】|【新建网站】命令，在打开的【新建网站】对话框中创建网站并命名为“上机练习”。

(2) 在网站中添加一个名为 Default 的 Web 窗体。

(3) 右击网站项目名称，在弹出的快捷菜单中选择【添加新项】命令，打开如图 11-32 所示的【添加新项】对话框，选择【Web 服务】模板，修改文件名为“WebService.asmx”，最后单击【添加】按钮。

(4) 在网站的 App_Code 文件夹下会自动生成一个【WebService.cs】文件，同时在网站目录中也会生成一个 WebService.asmx 文件，如图 11-32 所示。

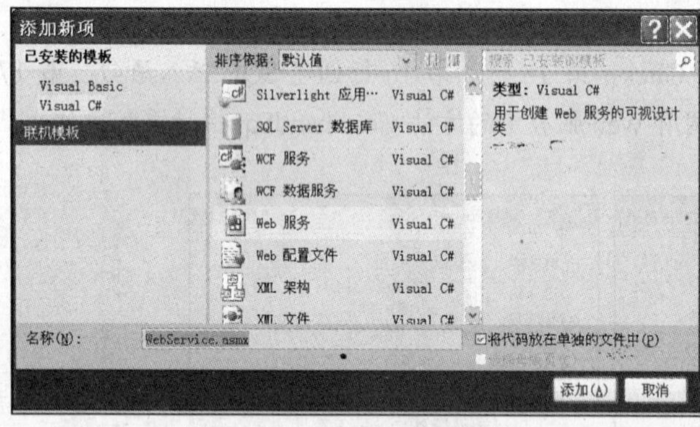

图 11-31　【添加新项】对话框

图 11-32　生成相关文件

(5) 双击网站根目录下的 WebService.cs 文件，打开设计视图。从【工具箱】分别拖动 3 个 TextBox 控件，2 个 Button 控件和 1 个 Image 控件到设计视图中，并设置相关的属性如图 11-33 所示。

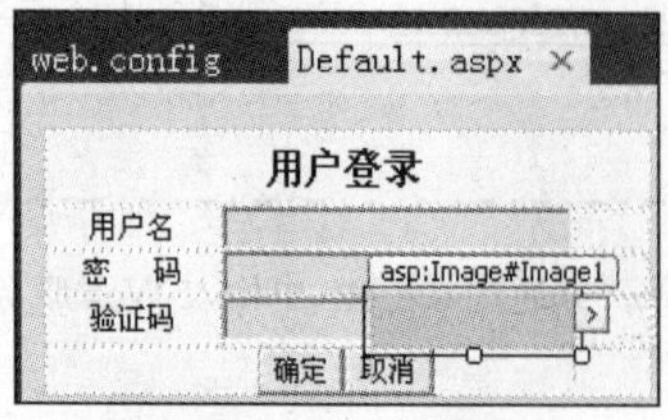

图 11-33　设计视图

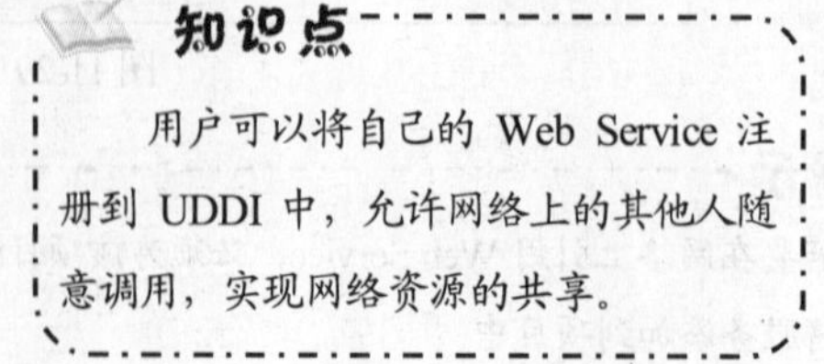

知识点

用户可以将自己的 Web Service 注册到 UDDI 中，允许网络上的其他人随意调用，实现网络资源的共享。

(6) 双击打开 WebService.cs 文件，编写代码如下：

```
1. [WebMethod]
2. public byte[] CheckCodeService(int nLen, ref string strKey){
3.         int nBmpWidth = 13 * nLen + 5;
4.         int nBmpHeight = 25;
5.         System.Drawing.Bitmap bmp = new System.Drawing.Bitmap(nBmpWidth, nBmpHeight);
6.          int nRed, nGreen, nBlue;
7.         System.Random rd = new Random((int)System.DateTime.Now.Ticks);
8.         nRed = rd.Next(255) % 128 + 128;
9.         nGreen = rd.Next(255) % 128 + 128;
10.          nBlue = rd.Next(255) % 128 + 128;
11.          System.Drawing.Graphics graph = System.Drawing.Graphics.FromImage(bmp);
12.          graph.FillRectangle(new System.Drawing.SolidBrush(System.Drawing.Color.AliceBlue), 0, 0,
         nBmpWidth, nBmpHeight);
13.          int nLines = 3;
14.          System.Drawing.Pen pen = new System.Drawing.Pen(System.Drawing.Color.FromArgb(nRed - 17,
         nGreen - 17, nBlue - 17), 2);
15.          for (int a = 0; a < nLines; a++){
16.               int x1 = rd.Next(nBmpWidth);
17.               int y1 = rd.Next(nBmpHeight);
18.               int x2 = rd.Next(nBmpWidth);
19.               int y2 = rd.Next(nBmpHeight);
20.               graph.DrawLine(pen, x1, y1, x2, y2);
21.          }
22.          for (int i = 0; i < 100; i++){
23.               int x = rd.Next(bmp.Width);
24.               int y = rd.Next(bmp.Height);
25. bmp.SetPixel(x, y, System.Drawing.Color.FromArgb(rd.Next()));
26.          }
27.          System.Drawing.Font font = new System.Drawing.Font("Courier New", 14 + rd.Next() % 4,
         System.Drawing.FontStyle.Bold);
28.          System.Drawing.Drawing2D.LinearGradientBrush brush = new
         System.Drawing.Drawing2D.LinearGradientBrush(
29.         new System.Drawing.Rectangle(0, 0, bmp.Width, bmp.Height), System.Drawing.Color.Blue,
        System.Drawing.Color.DarkRed, 1.2f, true);
30.          graph.DrawString(strKey, font, brush, 2, 2);
31.          System.IO.MemoryStream stream = new System.IO.MemoryStream();
32.          bmp.Save(stream, System.Drawing.Imaging.ImageFormat.Jpeg);
33.          bmp.Dispose();
34.          graph.Dispose();
35.          byte[] byteReturn = stream.ToArray();
36.          stream.Close();
```

```
37.            return byteReturn;
38.    }
```

代码说明：第 1 行添加了一个名为 WebMethod 的属性，该属性用来标志方法可以被远程的客户端访问。第 2 行定义绘制验证码的方法 CheckCodeService。第 3 和第 4 行输出图片的长度和宽度。第 5 行创建图像。第 6 行到第 10 行随机生成三元背景色。第 11 行从图像获取一个绘图面。第 12 行填充背景。第 13 到第 20 行绘制干扰线条 3 条，采用比背景略深一些的颜色。第 22 到第 25 行画图片的前景噪音点 100 个。第 27 到第 30 行定义绘制文字的字体。第 32 到第 36 行输出字节流。

(7) 右击【网站项目名称】，从弹出的快捷菜单中选择【添加新项】命令，打开【添加新项】对话框，选择【Web 窗体】模板，修改文件名为“CheckCode.aspx”，最后单击【添加】按钮。网站根目录中会生成 CheckCode.aspx 和 CheckCode.aspx.cs 文件。

(8) 右击网站根目录，在弹出的快捷菜单中选择【添加 Web 引用】命令，打开如图 11-34 所示的【添加 Web 引用】对话框，选择【此解决方案中的 Web 服务】，单击 WebService。修改 Web 引用名为“localhost”，单击【添加引用】按钮。

(9) 网站目录中中生成了一个如图 11-35 所示的文件夹 App_WebReferences，其中包含了一个文件夹 localhost，里面有 3 个文件，这些文件都以服务的名字为文件名，分别以 disco、discomap、wsdl 为扩展名。

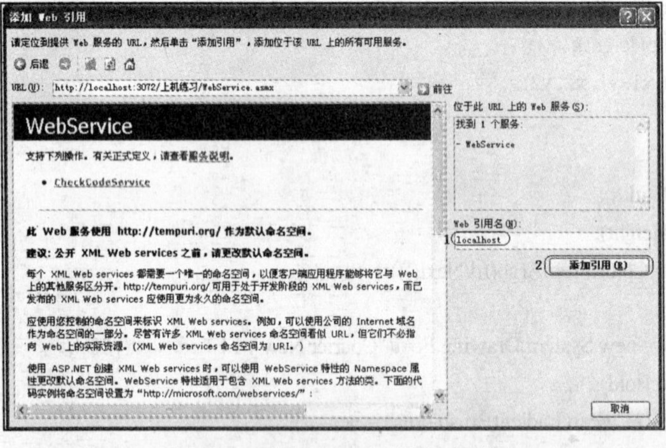

图 11-34　【添加 Web 引用】对话框

图 11-35　生成的相关文件

(10) 双击 CheckCode.aspx.cs 文件，在该文件中编写代码如下：

```
1. protected void Page_Load(object sender, EventArgs e){
2.         localhost.WebService image = new localhost.WebService();
3.         int length = 4;
4.         string strKey = CheckCode(length);
5.         byte[] data = image.CheckCodeService(length, ref strKey);
6.         Response.OutputStream.Write(data, 0, data.Length);
7.     }
```

```
8.      public string CheckCode(int length){
9.          string strResult = "";
10.         string strCode = "0123456789ABCDEFGHIJKLMNOPQRSTUVWXYZ";
11.         Random rd = new Random();
12.         for (int i = 0; i < length; i++){
13.             char c = strCode[rd.Next(strCode.Length)];
14.                 strResult += c.ToString();
15.         }
16.         Session["CheckCode"] = strResult;
17.         return strResult;
18.     }
```

代码说明：第 1 行处理页面对象 Page 的加载事件 Load。第 2 行实例化 Web 服务的对象 image。第 4 行调用 CheckCode 方法获得数字和字母生成的随机字符串。第 5 行调用 image 对象的 CheckCodeService 方法绘制验证码。第 6 行以二进制的形式写入输出流。第 8 行定义了生成字母和数字混合随机生成的字符串方法 CheckCode。第 12 到第 15 行生成 4 位随机获取的字符。第 16 行将生成的字符保存到 Session 对象中。

(11) 双击打开网站目录下的 Default.aspx.cs 文件，在该文件中编写代码如下：

```
1. protected void Button1_Click(object sender, EventArgs e){
2.     if (Session["CheckCode"].ToString() == this.txtCode.Text.Trim()){
3.             Response.Write("<script>alert('验证码正确！')</script>");
4.         }
5.         else{
6.             Response.Write("<script>alert('验证码错误！')</script>");
7.         }
8.     }
```

代码说明：第 1 行处理 Button1 按钮的单击事件 Click。第 2 行判断用户输入的验证码和 Session 中保存的验证是否一致，若一致，第 3 行给出验证码正确的提示框，否则在第 6 行给出验证码错误的提示框。

(12) 至此，整个实例编写完成，选择【文件】|【全部保存】命令保存文件即可。

11.5　习题

1．使用 Web 服务实现一个简单的网上计算器，该计算器能进行加法、减法、乘法和除法的基本四则运算操作。运行效果，如图 11-36 所示。

2．参考【例 11-3】，在 SQL Server 2008 中创建数据库 db_16 和数据表 Users。从 Web 服务中调用数据库中的存储过程，完成 Users 表中指定用户信息的删除操作。运行效果如图 11-37 所示。

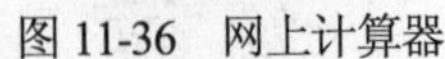

图 11-36　网上计算器

操作	ID	用户名	密码	Email	家庭电话	手机号码
删除	13	wjn	1	wjn@yahoo.com	12345678	13813567867
删除	14	zfq	1	zfq@sina.com	87654321	13895432345
删除	16	wsn	1	wsn@sina.com	45673213	13654789654
删除	21	dsg	111	wjn@s.com	56565	566565
删除	22	jnw	111	wns@ssc.com	33433443	13917654321
删除	24	grn	111	grim@grn.com	45656565	13918453243

图 11-37　删除用户信息

3. 通过引用 Web 服务，将本地机器中的图片转换成二进制形式，然后传送到服务器端，在服务器端使用文件流技术将其写进文件并保存到服务器上，在上传过程中主要用到了 Bitmap 类对象的 Save 方法。运行效果，如图 11-38 所示。

4. 通过引用 Web 服务，将服务端 Files 文件夹下的图片文件使用 Response 对象的 AddHeader 方法，将一个 HTTP 头添加到输出流，并通过 WriteFile 方法将文件流写入到客户端指定的路径下。运行效果，如图 11-39 所示。

图 11-38　上传图片

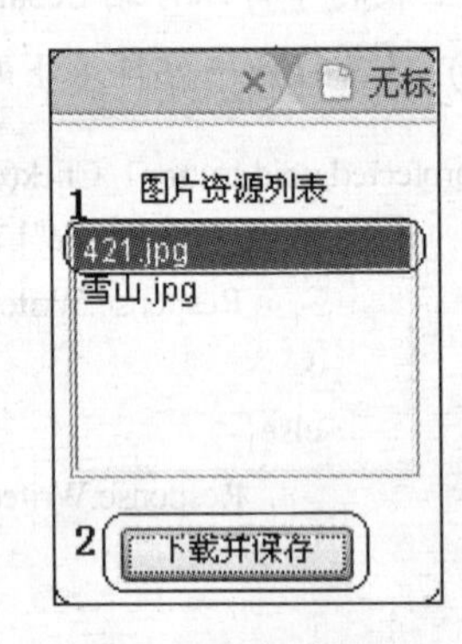

图 11-39　下载图片

5. 利用一个现有的可发送短信的 Web 服务，实现发送手机短信的功能。这个 Web 服务是新浪网提供的可供用户直接调用的发送短消息的 Web 服务，其地址是：http://smsinter. sina. com. cn/ws/smswebservice0101.wsdl。这个服务中提供了一个 sendXml 方法。运行效果，如图 11-40 所示。

图 11-40　发送短信

第12章 ASP.NET AJAX技术

学习目标

由ASP.NET 2.0扩展而来的ASP.NET AJAX能够快速创建包含具有响应能力和丰富用户界面的网页。ASP.NET AJAX 功能包括客户端脚本库，这些库将跨浏览器和动态技术结合在一起，并基于 ASP.NET 服务器的开发平台集成。通过使用 AJAX 功能，可以改进用户体验，并提高 Web 应用程序的效率。本章首先简要地介绍 ASP.NET AJAX 的体系结构和特点，接着讲解 ASP.NET AJAX 的 4 个核心控件的属性和方法，最后介绍 AJAX Control Toolkit 工具集，通过其中一个有代表性控件的使用示例对该工具集做了概要介绍。只要熟悉了这几部分的内容，读者就能够掌握使用 ASP.NET AJAX 的技巧。

本章重点

- ASP.NET AJAX 中 ScriptManager 控件的使用
- ASP.NET AJAX 的服务器端和客户端
- ASP.NET AJAX 中 UpdatePanel 控件的使用

12.1 ASP.NET AJAX 简述

为了简化 AJAX 程序的开发，微软推出了 ASP.NET AJAX 框架。它整合了客户端脚本库和 ASP.NET 4.0 服务器的开发框架。ASP.NET AJAX 使用相同的开发平台来开发客户端 Web 页面和服务器页面。

ASP.NET AJAX 能够快速地创建具有良好用户体验的页面，这些页面由安全的、熟悉的用户接口元素组成。ASP.NET AJAX 提供客户端脚本(client-script)库，包含跨浏览器的 ECMAScript(如 JavaScript)技术和动态的 HTML(DHTML)技术，而且 ASP.NET AJAX 把这些技术同 ASP.NET 开

发平台结合起来。使用 ASP.NET AJAX，可以改善 Web 程序的用户体验和提高应用程序的执行效率。

ASP.NET AJAX 能够创建丰富的 Web 应用程序，与那些完全基于服务器端的 Web 应用程序相比，具有以下优点：

- 提高浏览器中 Web 页面的执行效率。
- 熟悉的 UI 元素，如进程指标控件、Tooltips 控件和弹出式窗口。
- 部分页面刷新—— 只刷新已被更新的页面。
- 实现客户端与 ASP.NET 应用服务的集成以进行表单认证和用户配置。
- 通过调用 Web 服务整合不同数据源的数据。
- 简化了服务器控件的定制，以便包括客户端的功能。
- 支持最流行的和通用的浏览器，包括微软 IE、Firefox 和 Safari。
- 具有可视化的开发界面，使用 Visual Studio 2010 可以轻松自如地开发 AJAX 程序。

12.1.1 ASP.NET AJAX 结构体系

ASP.NET AJAX 由客户端脚本库和服务器组件组成，它们一起提供了一个健壮的开发框架。除了 ASP.NET AJAX，用户还能使用 ASP.NET AJAX Control Toolkit 以及在 ASP.NET AJAX 发布版中的社区支持。

1. 客户端

ASP.NET AJAX 是可扩展的、完全面向对象的 JavaScript 客户端脚本框架，允许开发者很容易地构建拥有丰富的 UI 功能并且可以连接 Web Service 的应用程序。使用 ASP.NET AJAX，开发者可以使用 DHTML、JavaScript 和 XMLHTTP 来编写 Web 应用程序，而无须掌握这些技术的细节。

ASP.NET AJAX 客户端脚本框架可以在几乎所有的浏览器上运行，而不需要 Web 服务器，也不需要安装，只要在页面中引用正确的脚本文件即可。

ASP.NET AJAX 客户端脚本框架包括以下 4 层内容。

- 一个浏览器兼容层。这个层为 ASP.NET AJAX 脚本提供了兼容常用浏览器的功能，这些浏览器包括微软的 IE、Mozilla 的 Firefox、苹果的 Safari 等。
- ASP.NET AJAX 核心服务。这个核心服务扩展了 JavaScript，例如，把类、命名空间、事件句柄、继承、数据类型以及对象序列化扩展到了 JavaScript 中。
- 一个 ASP.NET AJAX 的基础类库。这个类库包括了组件，例如，字符串创建器和扩展错误处理。
- 一个网络层。该层用来处理基于 Web 的服务、应用程序的通信以及管理异步远程方法的调用。

2. 服务器端

微软为 ASP.NET 应用程序专门设计了一组 AJAX 风格的服务器控件，并且加强了现有的 ASP.NET 页面框架和控件，以便支持 ASP.NET AJAX 客户端脚本框架。

ASP.NET AJAX 服务器端包括以下内容。

◉ 脚本支持，包括对异步客户端回调的支持

ASP.NET 中有一项称作异步客户端回调的新特性，使得构建没有中断的页面变得很容易。异步客户端回调包装了 XMLHTTP，使其能够在很多浏览器上工作。ASP.NET 本身包括了很多使用回调的控件，包括具有客户端分页和排序功能的 GridView 和 DataView 控件，以及 TreeView 控件的虚拟列表支持。

ASP.NET AJAX 客户端脚本框架不仅完全支持 ASP.NET 的回调，而且进一步增强了浏览器和服务器之间的集成性。

◉ Web Service 集成

服务端框架使用了一套扩展的机制使程序中的 Web Service 可以被客户端的 Java Script 直接访问。用户只要在 Web Service 上标记 ScriptService 的属性，即可使该 Web Service 能够被客户端的 JavaScript 直接访问。

◉ 应用程序服务

服务端框架提供了一些内置的应用服务，如授权服务 Authentication 和个性化支持服务 Prifile。

◉ 服务器端控件

服务端也提供了一些实现基本 AJAX 应用的服务器端控件，这些控件能方便地整合进现有的系统。最常用的 ASP.NET AJAX 服务器控件，如表 12-1 所示。

表 12-1 最常用的 ASP.NET AJAX 服务器控件

控 件	描 述
ScriptManager	管理客户端组件的脚本资源、局部页面的绘制、本地化和全局文件，并且可以定制用户脚本。为了使用 UpdatePanel、Updateprogress 和 Timer 控件，ScriptManager 控件是必须的
UpdatePanel	通过异步调用来刷新部分页面而不是刷新整个页面
Updateprogress	提供 UpdatePanel 控件中部分页面更新的状态信息
Timer	定义执行回调的时间区间。可以使用 Timer 控件来发送整个页面，也可以把它和 UpdatePane 控件一起使用在一个时间区间以执行局部页面刷新

12.1.2 创建 ASP.NET AJAX 程序

在 ASP.NET 4.0 中，ASP.NET AJAX 框架技术已经完全集成其中，因此，在使用 Visual Studio 2010 开发 ASP.NET AJAX 程序时，就不需要再单独安装 ASP.NET AJAX 框架，而是可以直接创建 ASP.NET AJAX 程序。

【例 12-1】本例介绍如何在 Visual Studio 2010 中创建 ASP.NET AJAX 程序。

(1) 启动 Visual Studio 2010，选择【文件】|【新建网站】命令，打开【新建网站】对话框，先选择【ASP.NET 空网站】模板，接着选择【文件系统】，然后在文件路径中创建网站并命名为“例 12-1”，如图 12-1 所示，最后单击【确定】按钮。

(2) 在该网站中添加一个名为 Default 的 Web 窗体。

(3) 双击网站根目录下的 Default.aspx 文件，打开设计视图。展开【工具箱】窗格，如图 12-2 所示，可以看到 ASP.NET AJAX 服务器控件，它们位于 AJAX Extentions 选项卡中。

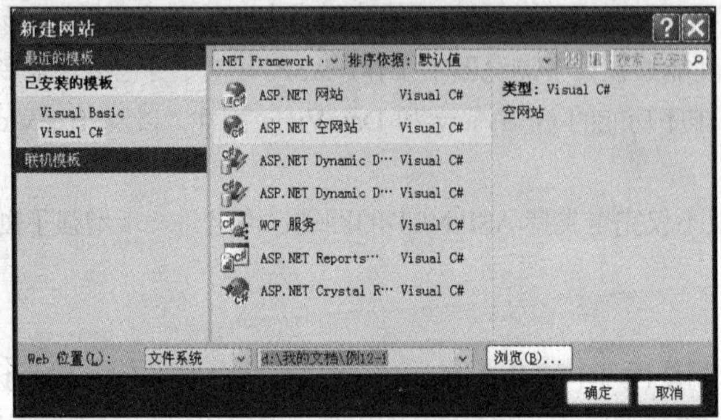

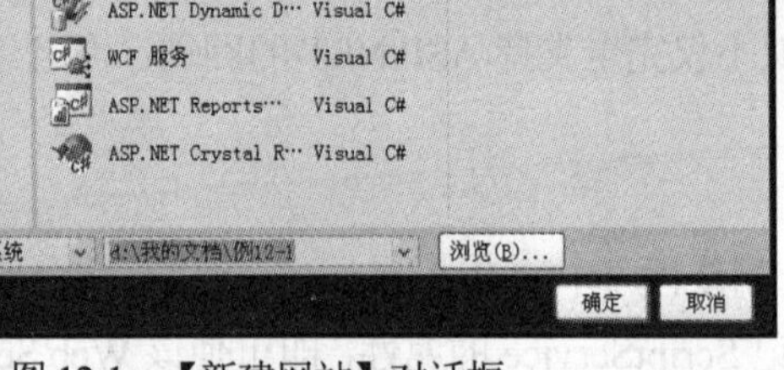

图 12-1 【新建网站】对话框

图 12-2 【工具箱】窗格

(4) 可以像拖拽其他控件一样，把 ASP.NET AJAX 服务器控件拖曳到页面内。在这里向页面拖放一个 ScriptManager 控件、一个 UpdatePanel 控件和一个 Label 控件，如图 12-3 所示。

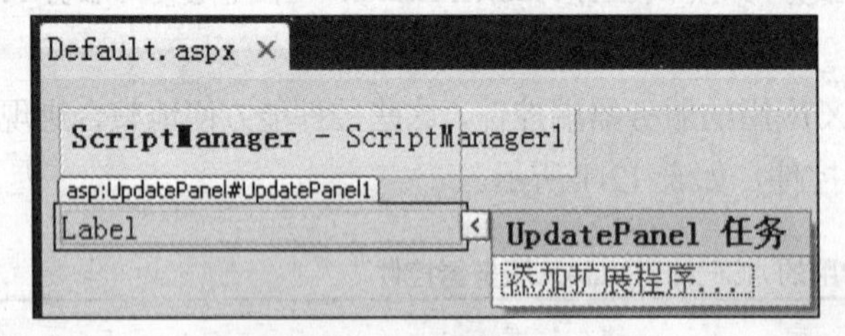

图 12-3 设计视图

知识点

使用 ASP.NET AJAX 可以把用到的应用处理移到客户端，而保留服务器的处理能力在后台。这样就可以创建丰富的客户端响应页面和服务器联系。

(5) 切换到源视图，可看到自动生成的代码如下：

```
1. <div>
2.         <asp:ScriptManager ID="ScriptManager1" runat="server">
3.         </asp:ScriptManager>
4.         <asp:UpdatePanel ID="UpdatePanel1" runat="server">
5.         <ContentTemplate>
6.         <asp:Label ID="Label1" runat="server" Text="Label"></asp:Label>
7.         </ContentTemplate>
8.         </asp:UpdatePanel>
9.  </div>
```

代码说明：第 2 行和第 3 行为 ScriptManager1 控件的代码。第 4 行到第 8 行为 UpdatePanel1 控件的代码。第 6 行为 Label1 控件的代码。

(6) 然后在 Default.aspx.cs 文件中编辑后台的逻辑代码实现所需的功能即可。

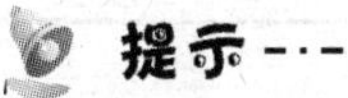

> 使用 Visual Studio 2010 可以轻松创建 AJAX 程序，只需要把所需的 AJAX 控件拖曳到页面中即可，而其他工作和创建普通的 ASP.NET 应用程序完全一样。

12.2　ASP.NET AJAX 核心控件

ASP.NET AJAX 提供了一些服务端控件，通过这些控件，用户即使不懂任何客户端 AJAX Library，也能在 ASP.NET 4.0 中创建简单的 AJAX 应用。这些核心的控件有 ScriptManager、UpdatePanel、UpdateProgress 和 Timer 控件。

12.2.1　ScriptManager 控件

脚本控制器 ScriptManager 是 AJAX 程序运行的基础。它用来处理页面上所有的组件以及页面局部的更新，生成相关客户端代理脚本，以便能够在 JavaScript 中访问 Web 服务。

1. ScriptManager 的结构

在支持 ASP.NET AJAX 的 ASP.NET 页面中，且只能有一个 ScriptManager 控件来管理 ASP.NET AJAX 相关的控件和脚本。可以在 ScriptManager 控件中指定需要的脚本库，也可以通过注册 JavaScript 脚本来调用 Web 服务等。

一个 ScriptManager 的典型定义代码如下：

```
<asp:ScriptManager ID="ScriptManager1" runat="server">
    <Scripts>
<asp:ScriptReference Path="~/scripts/my.js"></asp:ScriptReference>
    </Scripts>
    <Services></Services>
<ProfileService></ProfileService >
<AuthenticationService></AuthenticationService >
</asp:ScriptManager>
```

上述代码中，Scripts、Services、ProfileService 和 AuthenticationService 等子标签都是可选的，这些子标签的含义如表 12-2 所示。

表 12-2　ScriptManager 子标签的含义

标　签	描　述
Scripts	对脚本的调用，其中可以嵌套多个 ScriptReference 模板，以实现对多个脚本文件的调用

(续表)

标　签	描　述
Services	对 Web 服务的调用，可以嵌套多个 ScriptReference 模板，以实现对多个脚本文件的调用
ProfileService	表示提供个性化服务的路径
AuthenticationService	用来表示提供验证服务的路径

另外，ScriptManager 的常用属性如表 12-3 所示。

表 12-3　ScriptManager 的常用属性

属　性	描　述
AllowCustomError	和 Web.config 中的自定义错误配置区<customError>相联系，该属性决定是否使用自定义的错误处理，默认值为 True
AsyncPostBackErrorMessage	获取或设置错误信息。当在一个异步回送过程中出现未处理的服务器异常时这个错误信息会被发送到客户端
AsyncPostBackTimeout	异步回送超时限制，默认值为 90，单位为秒
EnablePartialRendering	布尔值，可读写，当值为 True 时表示可使用 UpdatePanel 控件进行部分页面刷新，当值为 False 时表示不可以
ScriptMode	指定 ScriptManager 发送到客户端的脚本的模式。有 4 种模式：Auto、Inheit、Debug 和 Release，默认值为 Auto
ScriptPath	设置所有的脚本块的根目录，作为全局属性，包括自定义脚本块或引用第三方的脚本块
OnAsyncPostBackError	异步回传发生异常时的事件，用于指定一个服务端的处理函数，在这里可以捕获异常信息并作相应处理
OnResolveScriptReference	指定 ResolveScriptReference 事件的服务器端处理函数，在该函数中可以修改某一条脚本的相关信息，如路径、版本等

ScriptManager 控件可以管理控件创建的资源，这些资源包括脚本、样式、隐藏区域和数组。ScriptManager 控件的服务集合包括了 ServerReference 对象。ServerReference 对象能够绑定每个注册到 ScriptManager 控件中 Web 服务。ASP.NET AJAX 框架为每一个服务集合的 ServerReference 生成了一个代理对象，这些代理对象和它们提供的方法可以使用户在客户端调用 Web 服务变得简单。另外，还能够以编程方式把 ServerReference 对象注册到服务集合，从而把 Web 服务注册到 ScriptManager 控件中，这样客户端即可调用注册的 Web 服务。

所有需要支持 ASP.NET AJAX 的页面中，且只有一个 ScriptManager 控件，它必须放在其他元素的前面，最好接着 from 元素放置。

2. 调用 Web 服务

ScriptManager 的另一个主要作用是在客户端注册一些服务器端的代码，常见的是将 Web 服务注册到客户端，这样就可以在 JavaScript 脚本中调用 Web 服务。在 JavaScript 中调用 Web 服务的基本步骤如下。

(1) 创建 Web 服务。

(2) 在客户端注册 Web 服务。

(3) 在 JavaScript 中引用服务的方法。

【例 12-2】本例使用 ScriptManager 控件来调用程序中的 Web 服务。

(1) 启动 Visual Studio 2010，选择【文件】|【新建网站】命令，在打开的【新建网站】对话框中创建网站并命名为“例 12-2”。

(2) 在【解决方案资源管理器】窗格中右击网站项目名称【例 12-2】，在弹出的快捷菜单中选择【添加新项】命令，打开如图 12-4 所示的【添加新项】对话框，选择【Web 服务】模板，修改文件名为“PoemService.asmx”，最后单击【添加】按钮。

(3) 此时在网站目录下生成两个文件：PoemService.asmx 和 PoemService.cs，如图 12-5 所示。

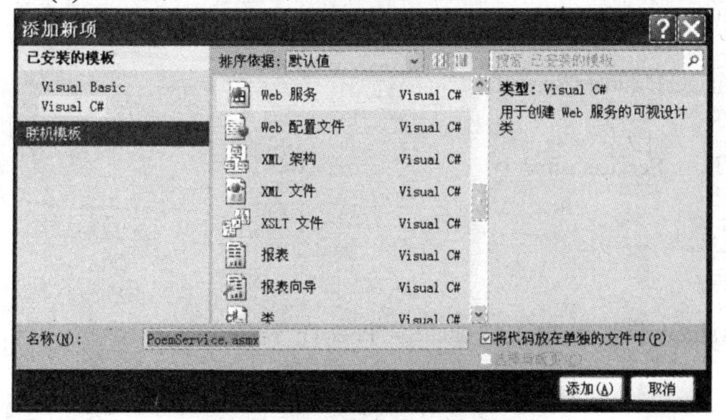

图 12-4　【添加新项】对话框

图 12-5　生成文件

(4) 双击打开 PoemService.cs 文件，编写代码如下：

```
1. [System.Web.Script.Services.ScriptService]
2. public class PoemService : System.Web.Services.WebService {
3.       [WebMethod]
4.       public string Welcome() {
5.           return "Hello World";
6.       }
7. }
```

代码说明：若要使 ScriptManager 控件识别这个 Web 服务，就需要 WebService 加上第 1 行的[System.Web.Script.Services.ScriptService]标记。第 2 行定义了 PoemService 类，该类继承于 System.Web.Services.WebService。第 3 行标识 Web 服务方法的属性 WebMethod。第 4 行定义 Web 服务中的 Welcome 方法。第 5 行返回一个字符串。

(5) 在网站中添加一个名为 Default 的 Web 窗体。

(6) 双击 Default.asxp 文件，打开设计视图，从【工具箱】拖动一个 ScriptManager 控件和一个 Input(Button)控件到设计视图中，并设置相关的属性，如图 12-6 所示。

(7) 切换到源视图，编写代码如下:

```
1. <head runat="server">
2.     <title>无标题页</title>
3.     <script language ="javascript" type ="text/javascript">
4.     function Poem(){
5.     PoemService.Welcome (GetResult) ;
6.     }
7.     function GetResult(result){
8.     alert(result);
9.     }
10.      </script>
11. </head>
12. <body>
13.      <form id="form1" runat="server">
14.      <asp:ScriptManager ID="ScriptManager1" runat="server">
15.       <Services >
16.           <asp:ServiceReference Path="PoemService.asmx" />
17.       </Services>
18.      </asp:ScriptManager>
19.      <div>
20.     <input id="Button1" type="button" value="获取 Web 服务" onclick="Poem();" />
21.      </form>
22. </body>
```

代码说明: 第 4 行定义客户端调用 Web 服务的 Poem 方法。第 5 行调用 Web 服务类 PoemService 的 Welcome 方法，参数为 GetrResult 方法，返回值与 JavaScript 处理函数绑定。第 7 行定义 GetResult 处理函数。第 8 行在页面弹出包含字符信息的警告提示框。第 14 行使用了脚本控制器 Script Manager1，用于管理页面的 AJAX 控件。第 16 行使用 Services 子标签的 ScriptReference 注册 Web 服务 PoemService。第 20 行在页面内添加一个客户端按钮，并设置其 on click 属性为 Poem()。

(8) 运行程序，效果如图 12-7 所示。

图 12-6　设计视图

图 12-7　运行效果

提示

在交互性要求比较高的动态页面中，Web 控件具有以下优势：Web 控件的可编程性比较好，并且提供了丰富的属性。

12.2.2 UpdatePanel 控件

局部更新是 ASP.NET AJAX 中最基本、最重要的技术。UpdatePanel 控件可以用来创建实现局部更新的 Web 应用程序，其强大之处在于不用编写任何客户端脚本就可以自动实现局部更新。

1. UpdatePanel 的构成

UpdatePanel 控件是一个服务器控件，它能够帮助用户开发具有复杂客户端行为的 Web 页面，能够使页面对终端用户更具吸引力。以往更新一个页面的指定部分，通常需要掌握较强的 ECMAScript(JavaScript)技术。然而，使用 UpdatePanel 控件不仅可以让页面实现局部更新，而且不需要编写任何客户端脚本。此外，如果有必要，可以添加定制的客户端脚本，以提高客户端的用户体验。

UpdatePanel 控件能够刷新指定的页面区域，而不是刷新整个页面。整个过程是由服务器控件 ScriptManager 和客户端类 PageRequestManager 来协调进行的。当部分页面更新被激活时，控件能够被异步地传递到服务器端。异步地传递行为就像通常的页面传递行为一样。随着一个异步的页面传递，页面更新局限于被 UpdatePanel 控件包含和被标识为要更新的页面区域。服务器只为那些受到影响的浏览器元素返回 HTML 标记。在浏览器中，客户端类 PageRequestManager 执行文档对象模型(DOM)的操作，以便使用更新的标记来替换当前存在的 HTML。

UpdatePanel 控件实现页面的局部更新依赖于 ScriptManager 控件的 EnablePartialRendering 属性，如果此属性设置为 False，则局部更新将失去作用。

一个 UpdatePanel 的定义可以包括如下几个部分：

```
<asp:UpdatePanel ID="UpdatePanel1" runat="server" ChildrenAsTriggers="true" UpdateMode="always"
RenderMode="Inline">
<ContentTemplate>
<ContentTemplate>
<Triggers>
<asp:AsyncPostBackTrigger/>
<asp:PostBackTrigger/>
</Triggers>
</asp:UpdatePanel>
```

上面代码中，UpdatePanel 控件的各属性含义如表 12-4 所示。

计算机 基础与实训教材系列

表 12-4 UpdatePanel 控件的主要属性

属　性	描　述
ChildrenAsTriggers	当 UpdateMode 属性为 Condition 时，UpdatePanel 中的子控件的异步传送是否触发 UpdatePanel 控件的更新
RenderMode	表示 UpdatePanel 控件最终呈现的 HTML 元素。当值为 Block 时表示<div>，为 Inline 时表示<span>
UpdateMode	表示 UpdatePanel 控件的更新模式。当取值为 Always 时，不管有没有 Trigger，其他控件都将更新该 UpdatePanel 控件，当为 Conditional 时表示只有当前 UpdatePanel 控件的 Trigger，或 ChildrenTriggers 属性为 True 时，当前 UpdatePanel 控件中的控件触发的异步回送或整页回送，或是服务器端调用 Update()方法才会触发更新该 UpdatePanel 控件

对于 UpdatePanel 控件而言，有以下两个重要的子标签。

(1) ContentTemplate 子标签

在 UpdatePanel 控件的 ContentTemplate 标签中，开发人员能够放置任何 ASP.NET 控件，就能够实现页面无刷新的更新操作。这个标签是 UpdatePanel 控件最重要的组成部分。

(2) Triggers 子标签

表示局部更新的触发器，包括以下两种触发器。

- AsyncPostBackTrigge 异步回传触发器：用来指定某个控件的某个事件触发异步回传(asynchronous postback)，即部分更新。有 ControlID 和 EventName 两个属性，分别用来指定控件 ID 和控件事件，若没有明确指定 EventName 的值，则采用控件的默认值，如 Button 按钮就是 Click 单击事件。把 ContorlID 设置为 UpdatePanel 外部控件的 ID，可以使用外部控件来控制 UpdatePanel 的更新。
- PostBackTrigge 不使用异步回传触发器：用来指定在 UpdatePanel 中的某个服务端控件，它所触发的回送不使用异步回送，而仍然是传统的整页回送。

2. 实现局部更新

通过设置 UpdatePanel 控件的属性，可以决定在局部页面构建期间何时更新面板的内容。

如果设置 UpdateMode 属性为 Always，在每次回送发生时 UpdatePanel 控件都被更新，这包括来自其他 UpdatePanel 控件中的控件的异步回送，以及来自那些不在 UpdatePanel 控件中的控件的异步回送。

【例 12-3】本例演示当单击一个按钮后，即对显示日期的 Label 控件实现局部更新。

(1) 启动 Visual Studio 2010，选择【文件】|【新建网站】命令，在打开的【新建网站】对话框中创建网站并命名为“例 12-3”。

(2) 在该网站中添加一个名为 Default 的 Web 窗体。

(3) 双击网站根目录下的 Default.aspx 文件，打开设计视图，从【工具箱】中拖动一个 UpdatePanel 控件、一个 ScriptManager 控件、两个 Label 控件和一个 Button 控件到设计视图中，如图 12-8 所示。

(4) 切换到源视图中，设置各控件的属性，代码如下：

```
1. <asp:ScriptManager ID="ScriptManager1" runat="server">
2. </asp:ScriptManager>
3. <asp:UpdatePanel ID="UpdatePanel1" runat="server">
4.   <ContentTemplate>
5.     <asp:Button ID="Button1" runat="server" Text="Button" onclick="Button1_Click" />
6.   </ContentTemplate>
7. </asp:UpdatePanel>
8. <asp:UpdateProgress ID="UpdateProgress1" runat="server" AssociatedUpdatePanelID="UpdatePanel1">
9.     <ProgressTemplate>
10.  <asp:Label ID="Label1" runat="server" Text="正在更新数据，请等待……
11. "></asp:Label>
12.     </ProgressTemplate>
13.  </asp:UpdateProgress>
```

代码说明：第 1 行为脚本控制器 ScriptManager1，用于管理页面的 AJAX 控件。第 3 行为 UpdatePanel1 控件，用于实现页面的局部更新。第 4 行为<ContentTemplate>子标签，可将需要局部更新的控件放置其中。第 5 行为 Label 控件，用于显示日期。第 8 行在 UpdatePanel1 的子标签 Triggers 内，通过 AsyncPostBackTrigger 绑定 Button1 按钮和单击事件，以实现异步更新。第 12 行为 Label1 控件，用于显示日期。第 13 行为 Button1 控件。

(5) 双击打开网站目录下的 Default.ascx.cs 文件，在该文件中编写代码如下：

```
1. protected void Page_Load(object sender, EventArgs e){
2.            Label1.Text = DateTime.Now.ToString();
3.            Label2.Text = DateTime.Now.ToString();
4.     }
5. protected void Button1_Click(object sender, EventArgs e){
6.            Label1.Text = DateTime.Now.ToString();
7.            Label2.Text = DateTime.Now.ToString();
8.     }
```

代码说明：第 1 行处理页面对象 Page 的加载事件 Load。第 2 行和第 3 行将当前的系统时间显示在两个 Label 控件上。第 5 行处理 Button1 控件的单击事件 Click。第 6 行和第 7 行将当前的系统时间显示在两个 Label 控件上。

(6) 当单击 Botton 按钮时，Label1 发生变化且实现了局部更新，而 Label2 并没有发生变化，因为页面只发回了 UpdatePanel 中的内容。运行程序，效果如图 12-9 所示。

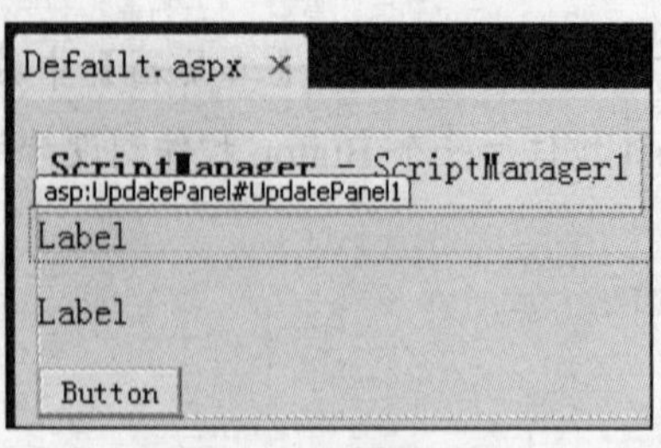

图 12-8 添加控件

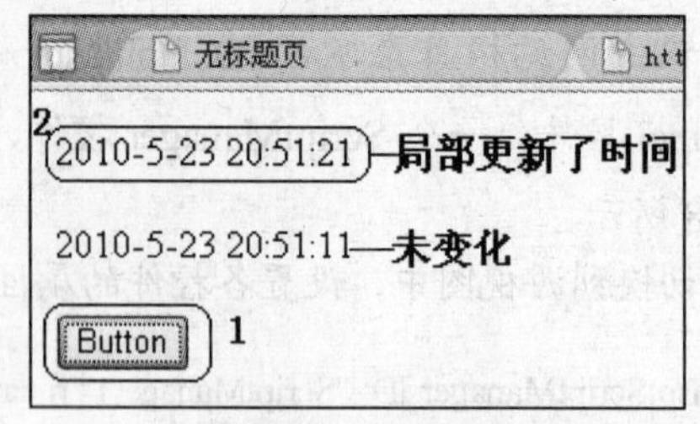

图 12-9 运行效果

12.2.3 UpdateProgress 控件

UpdateProgress 控件能够帮助程序员设计一个更直观的用户界面，而这个用户界面可用来显示一个页面中的一个或多个 UpdatePanel 控件部分页面刷新时的过程信息。如果页面刷新过程过于缓慢，就可以利用 UpdateProgress 控件显示更新过程的可视化状态信息。此外，在一个页面中可以使用多个 UpdateProgress 控件与不同的 UpdatePanel 控件相配合。

1. UpdateProgress 控件的构成

UpdateProgress 控件的结构非常简单，下面是一个使用该控件的实例，代码如下：

```
<asp:UpdateProgress ID="UpdateProgress1" runat="server" AssociatedUpdatePanel ID ="UpdatePanel1">
<ProgressTemplate >
 正在更新数据，请等待……
</ProgressTemplate>
</asp:UpdateProgress>
```

以上代码中，UpdateProgress 控件的常用属性如表 12-5 所示。

表 12-5 UpdateProgress 控件的常用属性

属　性	说　明
AssociatedUpdatePanel ID	获取或设置与 UpdateProgress 控件相关联的 UpdatePanel 控件的 ID
DisplayAfter	获取或设置显示 UpdateProgress 控件之前所经过的时间值(以毫秒为单位)
DynamicLayout	获取或设置一个值，该值可确定是否动态呈现进度模板
ProgressTemplate	获取或设置定义 UpdateProgress 控件内容的模板
Visible	获取或设置一个值，该值决定服务器控件是否作为 UI 呈现在页面上

AssociatedUpdatePanel ID 属性的默认值为空字符串，即 UpdateProgress 控件不与特定的 UpdatePanel 控件关联。

DynamicLayout 属性的值是一个布尔值，如果需要动态呈现进度模板，则设置该属性的值为

True；否则为 False。如果 DynamicLayout 属性的值为 True，则在首次呈现页面时，不会为进度模板内容分配空间，但在显示内容时，就可以根据需要进行动态更改。

必须为 UpdateProgress 控件定义模板。否则，在 UpdateProgress 控件的 Init 事件发生期间会触发异常。可通过将标记添加到 ProgressTemplate 元素，以声明的方式指定 ProgressTemplate 属性。如果要动态创建 UpdateProgress 控件，则应在页面的 PreRender 事件发生期间或发生之前进行创建。如果在页面生命周期晚期创建 UpdateProgress 控件，则不显示进度。

提示

UpdateProgress 控件实际上是一个 div，通过代码控制 div 的显示或隐藏来实现更新提示。在 B/S 应用程序中，如果需要大量的数据交换，则必须使用 UpdateProgress，同时设计良好的等待界面，这样才能保证与用户的交互。

2. UpdateProgress 应用

UpdateProgress 提供了一个进度行或信息，提醒用户目前的状态为正在处理请求的过程中。

【例 12-4】本例通过 UpdateProgress 控件和 UpdatePanel 控件配合使用，提示用户“正在更新数据，请等待……”。

(1) 启动 Visual Studio 2010，选择【文件】|【新建网站】命令，在打开的【新建网站】对话框径中创建网站并命名为“例 12-4”。

(2) 在该网站中添加一个名为 Default 的 Web 窗体。

(3) 双击网站根目录下的 Default.aspx 文件，打开设计视图，从【工具箱】中拖动一个 UpdatePanel 控件、一个 ScriptManager 控件、两个 Label 控件、一个 Button 控件和一个 UpdateProgress 控件到设计视图中，并设置相关的属性，如图 12-10 所示。

图 12-10　设计视图

知识点

UpdateProgress 控件的主要功能是当局部更新的内容比较多，时间上产生了延迟，为了让用户等待的过程中不至于太枯燥而通常使用的呈现一些等待的 UI 或进度条。

(4) 切换到源视图，生成的代码如下：

```
1. <asp:ScriptManager ID="ScriptManager1" runat="server">
2. </asp:ScriptManager>
3. <asp:UpdatePanel ID="UpdatePanel1" runat="server">
4.     <ContentTemplate>
5.         <asp:Button ID="Button1" runat="server" Text="Button" onclick="Button1_Click" />
6.     </ContentTemplate>
7. </asp:UpdatePanel>
8. <asp:UpdateProgress ID="UpdateProgress1" runat="server" AssociatedUpdatePanelID="UpdatePanel1">
9.     <ProgressTemplate>
```

```
10.         <asp:Label ID="Label1" runat="server" Text="正在更新数据，请等待……"></asp:Label>
11.     </ProgressTemplate>
12. </asp:UpdateProgress>
```

代码说明：第1行为脚本控制器ScriptManager1，用于管理页面中的AJAX控件。第3行为UpdatePanel1控件，用于实现页面的局部更新。第4行为<ContentTemplate>子标签，可将需要局部更新的控件放置其中。第5行为Button控件。第8行为UpdateProgress1控件，并设置关联控件为UpdatePanel1。第9行为<ProgressTemplate>子标签，将包含显示内容的控件或文本放置其中。第10行为Label1控件，用于显示提示信息“正在更新数据，请等待……”。

(5) 双击网站目录下的Default.ascx.cs文件，在该文件中编写代码如下：

```
1. protected void Button1_Click(object sender, EventArgs e){
2.         Button1.Text = DateTime.Now.ToString();
3.         System.Threading.Thread.Sleep(5000);
4.     }
```

代码说明：第1行处理Button1按钮的单击事件Click。第2行将当前系统时间显示在Button1按钮上。第3行设置延时5秒钟，以观看UpdateProgres1控件的效果。

(6) 当Button1按钮被单击时，会显示“正在更新数据，请等待……”，5秒钟后，提示信息消失，并在按钮上显示当前系统的时间。运行程序，效果如图12-11所示。

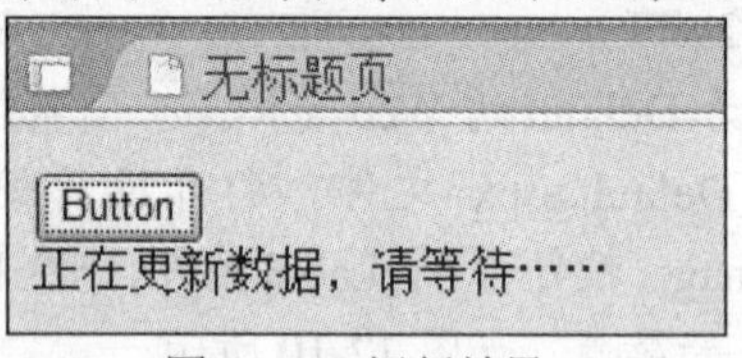

图12-11　运行效果

12.2.4　Timer控件

定时器控件Timer属于无人管理自动完成任务的一种特殊控件。Timer控件的功能与大多数编程工具中提供的Timer一样，都是按照特定的时间间隔执行指定的代码，ASP.NET AJAX中的Timer也是如此。

1. Timer控件的结构

Timer控件的结构比较简单，下面是一个使用该控件的实例，代码如下：

```
<asp:Timer ID="Timer1" runat="server" Interval ="3000" Enabled="true" ontick="Timer1_Tick" Visible="true" >
</asp:Timer>
```

以上代码中，Timer控件的常用属性如表12-6所示。

表 12-6 Timer 控件的常用属性

属　　性	说　　明
Enabled	获取或设置一个值来指明 Timer 控件是否定时触发一个回送到服务器上。包含 True 表示定时触发一个回送，False 则表示不触发回送
Interval	获取或设置定时触发一个回送的时间间隔，单位为毫秒。注意：时间间隔必须大于异步回送所消耗的时间，否则就会取消前一次异步刷新
Visible	获取或设置一个值，该值决定服务器控件是否作为 UI 呈现在页面上

Timer 控件能够定时触发整个页面回送，当它与 UpdatePanel 控件搭配使用时，就可以定时触发异步回送并局部刷新 UpdatePanel 控件的内容。

Timer 控件可以用在下列场合。

- 定期更新一个或多个 UpdatePanel 控件的内容，而且不需要刷新整个页面。
- 每当 Timer 控件触发回送时就运行服务器的代码。
- 定时同步地把整个页面发送到服务器。

Timer 控件是一个将 JavaScript 组件绑定在 Web 页面中的服务器控件。而这些 Javascript 组件在经过 Interval 属性定义的时间间隔后启动来自浏览器的回送。而程序员可以在服务器上运行的代码中设置 Timer 控件的属性，这些属性都会被传送给 Javascript 组件。

在使用 Timer 控件时，页面中必须包含一个 ScriptManager 控件，这是 ASP.NET AJAX 控件的基本要求。

当 Timer 控件启动一个回送时，Timer 控件在服务器端触发 Tick 事件。可以为 Tick 事件创建一个处理程序来执行页面发送回服务器的请求。

设置 Interval 属性，以指定回送发生的频率；设置 Enabled 属性，以开启或关闭 Timer。

如果不同的 UpdatePanel 必须以不同的时间间隔更新，那么就可以在同一页面中包含多个 Timer 控件。另一种选择是，单个 Timer 控件实例可以是同一页面中多个 UpdatePanel 控件的触发器。

此外，Timer 控件可以放在 UpdatePanel 控件内部，也可以放在 UpdatePanel 控件外部。当 Timer 控件位于 UpdatePanel 控件内部时，则 JavaScript 计时器组件只有在每一次回送完成时才会重新建立，也就是说，直到页面回送之前，定时器间隔时间不会从头计算。例如，如果 Timer 控件的 Interval 属性设置为 10 秒，但是回送过程本身却花了 2 秒才完成，这样下一次的回送将发生在前一次回送被触发之后的 12 秒。若 Timer 控件位于 UpdatePanel 控件之外，则当回送正在处理时，JavaScript 计时器组件仍然会持续计时。例如，如果 Timer 控件的 Interval 属性设置为 10 秒，而回送过程本身花了 2 秒完成，用户在看到 UpdatePanel 控件的内容被更新 8 秒后，又会看到 UpdatePanel 控件再度被刷新。

Timer 控件只有一个独立的事件 Tick，其他都从模板继承而来。当用其作为局部更新触发器时，所应用的 EventName 属性多是 Tick。一个页面中只能有一个 Timer 控件的实例。

2. Timer 控件的应用

Timer 控件是一个可以定时运行回传动作的控件，可以用在某些需要定时回复信息的功能上，Timer 控件本身并未包含任何 UI 的界面，只是定时地进行回传动作而已，将其与 UpdatePanel 控件合用时，就能将定时的回传动作变成异步回传动作，以实现局部更新。

【例 12-5】本例要实现的是每隔 5 秒刷新局部控件内的时间。

(1) 启动 Visual Studio 2010，选择【文件】|【新建网站】命令，在打开的【新建网站】对话框中创建网站并命名为："例 12-5"。

(2) 在网站中添加一个名为 Default 的 Web 窗体。

(3) 双击网站根目录下的 Default.aspx 文件，设计视图从【工具箱】中拖动一个 UpdatePanel 控件、一个 ScriptManager 控件、两个 Label 控件和一个 Timer 控件到设计视图中，如图 12-12 所示。

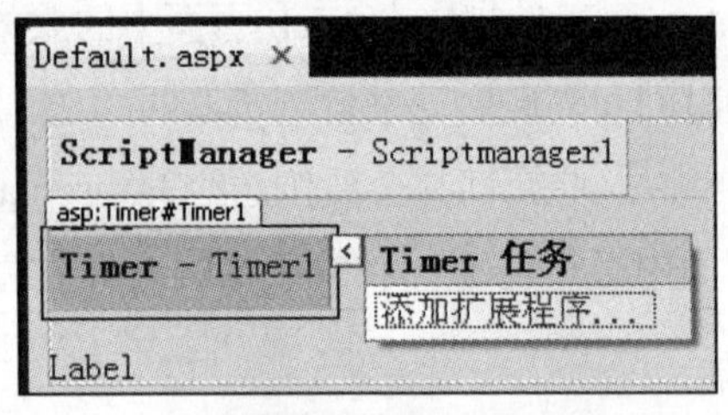

图 12-12 设计视图

(4) 切换到源视图中，设置各控件的属性。代码如下：

```
1. <asp:scriptmanager ID="Scriptmanager1"runat="server">
2. </asp:scriptmanager>
3. <asp:UpdatePanel ID="UpdatePanel1" runat="server">
4.     <ContentTemplate >
5.         <asp:Label ID="Label1" runat="server" Text="Label"></asp:Label>
6.         <asp:Timer ID="Timer1" runat="server" Interval ="5000" ontick="Timer1_Tick"></asp:Timer>
7.     </ContentTemplate>
8. </asp:UpdatePanel>
9. <br />
10. <asp:Label ID="Label2" runat="server" Text="Label"></asp:Label>
```

代码说明：第 1 行是脚本控制器 ScriptManager1，用于管理页面的 AJAX 控件。第 3 行是 UpdatePanel1 控件，用于实现页面的局部更新。第 4 行是<ContentTemplate>子标签，可将需要局部更新的控件放置其中。第 5 行是 Label1 控件。第 6 行是 Timer1 控件，设置时间间隔为 5 秒，同时设置触发 Tick 事件时调用 Timer1_Tick 方法。第 10 行是 Label1 控件。

(5) 双击网站目录下的 Default.ascx.cs 文件，在该文件中编写代码如下：

```
1. protected void Page_Load(object sender, EventArgs e){
2.         Label1.Text = DateTime.Now.ToString();
3.         Label2.Text = DateTime.Now.ToString();
4.     }
5. protected void Timer1_Tick(object sender, EventArgs e){
6.         Label1.Text = DateTime.Now.ToString();
7.     }
```

代码说明：第 1 行处理页面对象 Page 的加载事件 Load。第 2 行和第 3 行将当前的系统时间显示在两个 Label 控件上。第 5 行处理 Timer1 控件的 Tick 事件。第 6 行将当前的系统时间显示在 Label 控件上。

(6) 运行程序，5 秒后只更新了 UpdatePanel1 控件内 Label1 显示的时间，效果如图 12-13 所示。

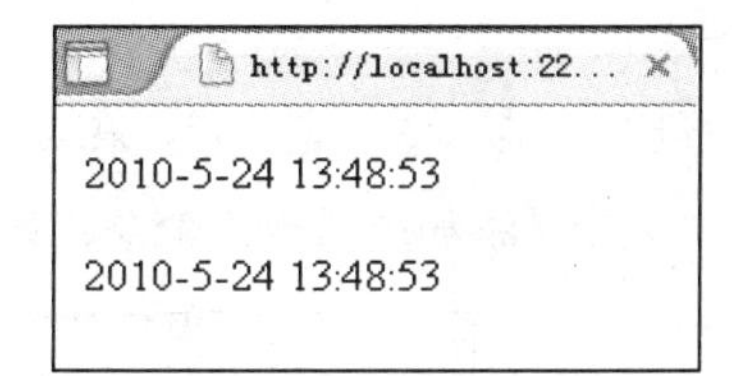

图 12-13　运行效果

12.3　ASP.NET AJAX Control Toolkit

说到 ASP.NET AJAX 技术，就不能不提到 AJAX Control Toolkit 控件包。它是 CodePlex 开源社区与微软之间的一个联合项目，是建立在 ASP.NET AJAX 扩展之上的。目前 AJAX Control Toolkit 已经成为 ASP.NET AJAX 所有可用的 Web 客户端组件中最大、最好的一个工具集。由于微软提供了源代码以及使用这些控件的详细示例，本章只介绍其中一个控件，其他可以参考微软的网站提供的文档以及源代码。

12.3.1　AJAX Control Toolkit 简介

AJAX Control Toolkit 是由 CodePlex 开源社区和 Microsoft 共同开发的一个 ASP.NET AJAX 扩展控件包，其中包含了三十多种基于 ASP.NET AJAX 的、提供某些专门功能的服务端控件。它可以在不重新载入整个页面的情况下实现最终更新页面或只刷新 Web 页中被更新的部分，并且它是一个免费的资源，任何开发人员都可以使用该资源。

AJAX Control Toolkit 构建在 ASP.NET 2.0 AJAX Extensions 之上，它提供了一个组件集，使网站开发者可以直接使用，从而快速完成 Web 应用程序的开发而不用写过多的代码。总而言之，AJAX Control Toolkit 是一组功能强大的 Web 客户端工具集，能大大提高 Web 应用程序的开发效率及其质量。

AJAX Control Toolkit 的安装步骤如下。

(1) Visual Studio 2010 本身并没有自带 AjaxControlToolkit 控件，必须下载安装后才能使用。下载地址为：http://asp.net/ajax/downloads/default.asxp，选择 AjaxControlToolkit-Framework3[1].5-NoSource.zip 文件下载。下载后解压缩文件，生成 AjaxControlExtender 和 SampleWebSite 文件夹。AjaxControlExtender 文件夹内是安装程序模板，安装程序文件名为 AjaxControlExtender.vsi。SampleWebSite 文件夹内是一个网站示例，包括所有的控件，可以在 Visual Studio 2010 中打开该网站，了解这些控件的功能和使用方法。

(2) 双击 AjaxControlExtender.vsi 文件，打开如图 12-14 所示的 AjaxControlExtender.vsi 的【Visual Studio Content Instauer】对话框。

(3) 选择所需安装的模板，单击【下一步】按钮进行安装。安装完毕后，在 Visual Studio 2010 Web 项目的【工具箱】中右击，从弹出的快捷菜单中选择【添加选项卡】命令，如图 12-15 所示。

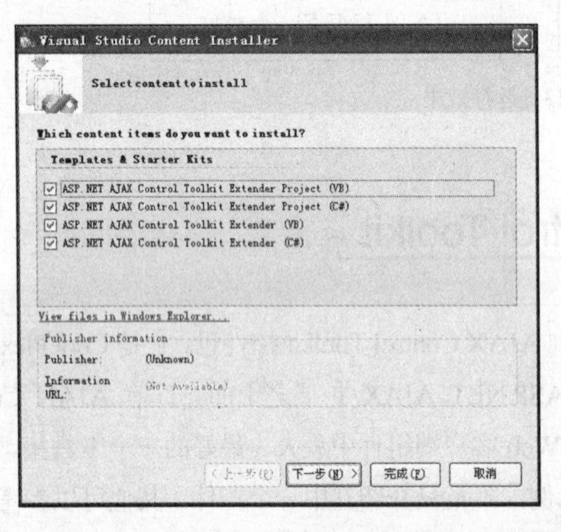

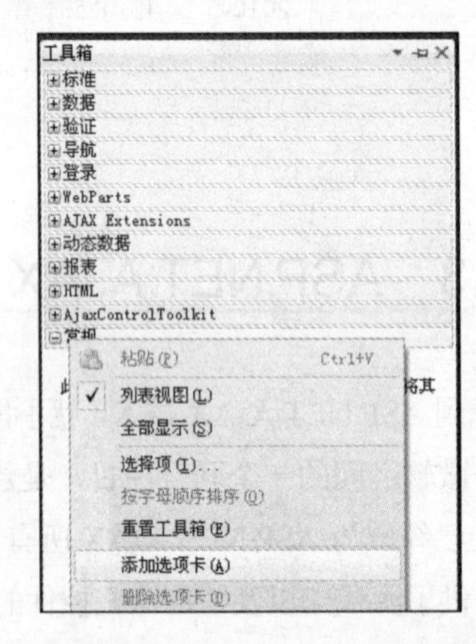

图 12-14 【Visual Studio Content Instauer】对话框　　图 12-15 选择命令

(4) 在打开的选项卡文本框中输入“AjaxControlToolkit”，按 Enter 键。然后对创建好的 AjaxControlToolkit 选项卡右击，从弹出的快捷菜单中选择【选择项】命令，打开如图 12-16 所示的【选择工具箱项】对话框。

(5) 在对话框中选中 Accordion 和 AccordionPane 选项，单击【确定】按钮。

(6) 这样就将 SampleWebSite 文件夹下 bin 目录中的 AjaxControlToolkit.dll 组件引入了工具箱。在 AjaxControlToolkit 选项卡下会出现三十多个 AJAX 控件，如图 12-17 所示接下来就可以通过拖拽的方法来使用这些 AjaxControlToolkit 控件了。

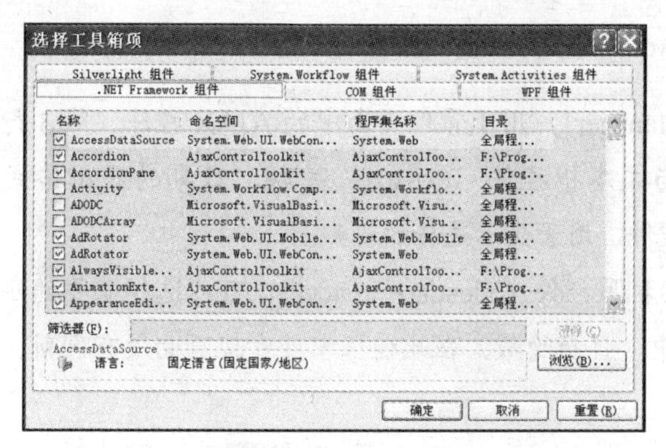

图 12-16 【选择工具箱项】对话框

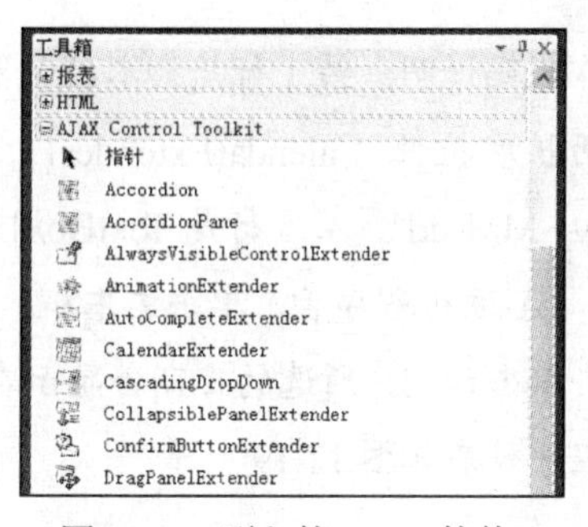

图 12-17 引入的 AJAX 控件

提示

在使用 AJAX Control Toolkit 的页面中，除了可以使用脚本控制器 ScriptManager 来管理 AJAX Control Toolkit 控件外，还也可以使用 ToolkitScriptManager 控件来进行管理。

12.3.2 AJAX Control Toolkit 使用示例

在 Visual Studio 2010 的工具箱中，有一个常用的 Calendar 日历控件，但这个控件一直让用户觉得不好，因为在选择日期时会刷新页面。现在，AjaxControlToolkit 中有了一个 CalendarExtender 日历扩展控件，不仅能够实现选择日期时无刷新，而且功能很强大。此控件有以上 3 个常用而重要的属性。

- TargetControlID 属性：用于设置关联的文本框控件编号，当用户单击关联的文本框时，会自动弹出日历，当选择好日期后，日历会自动隐藏，所选的日期会显示在文本框中。
- Format 属性：用于设置显示在关联文本框中日期的格式。
- CssClass 属性：用于设置此日历控件的 CSS 外观格式。

【例 12-6】使用 CalendarExtend 日历扩展控件实现无刷新选择日期。

(1) 启动 Visual Studio 2010，选择【文件】|【新建网站】命令，在打开的【新建网站】对话框中创建网站并命名为“例 12-6”。

(2) 在该网站中添加一个名为 Default 的 Web 窗体。

(3) 双击网站根目录下的 Default.aspx 文件，打开设计视图，从【工具箱】中分别拖动 1 个 ScriptManager 控件、1 个 TextBox 控件和 1 个 CalendarExtender 控件到设计视图中，如图 12-18 所示。

(4) 切换到源视图中，生成的代码如下：

```
1. <asp:ScriptManager ID="ScriptManager1" runat="server">
2. </asp:ScriptManager>
3. <cc1:CalendarExtender ID="CalendarExtender1" runat="server" TargetControlID="TextBox1"
   Format="yyyy-MM-dd">
4. </cc1:CalendarExtender>
```

```
5. <div><asp:TextBox ID="TextBox1" runat="server"></asp:TextBox></div>
```

代码说明：第 1 行是脚本控制器 ScriptManager1，用于管理页面中的 AJAX 控件。第 3 行是日历扩展控件 CalendarExtender1，设置其与文本框控件 TextBox1 关联，日期的显示格式为 "yyyy-MM-dd"。第 5 行是 TextBox1 文本框控件，用于显示选择的日期。

(5) 运行程序后，单击文本框，弹出日历扩展控件 CalendarExtender1，可以选择需要的年月日，单击日期。所选的日期会显示在文本框中，日历隐藏。在此过程中可发现页面没有刷新。运行程序效果如图 12-19 所示。

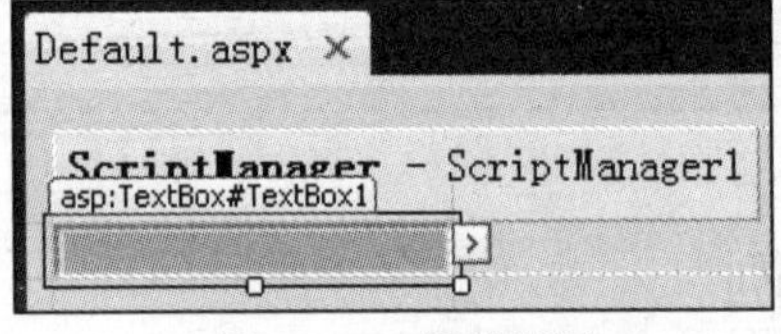

图 12-18　设计视图

图 12-19　运行效果

12.4　上机练习

模仿 Google 搜索引擎的智能匹配搜索功能：只要输入部分关键字，就能够显示相关搜索提示信息列表。使用 AJAX Control Toolkit 中的 AutoCompleteExtender 控件和 Web 服务实现。实例运行效果如图 12-20 所示。

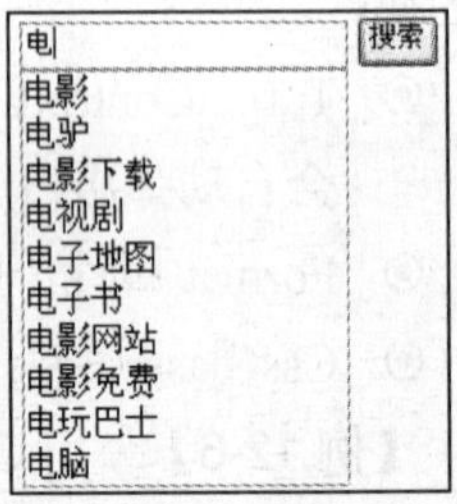

电　搜索
电影
电驴
电影下载
电视剧
电子地图
电子书
电影网站
电影免费
电玩巴士
电脑

图 12-20　智能匹配搜索

(1) 启动 Visual Studio 2010，选择【文件】|【新建网站】命令，在打开的【新建网站】对话框中创建网站并命名为“上机练习”。

(2) 右击网站项目名称，在弹出的快捷菜单中选择【添加新项】命令，打开【添加新项】对话框，选择【Web 服务】模板，然后修改文件名为“AutoCompleteService.asmx”，最后单击【添加】按钮。此时在网站目录下自动生成两个文件：AutoCompleteService.asmx 和 AutoCompleteService.cs，如图 12-21 所示。

(3) 在网站中添加一个名为 Default 的 Web 窗体。

(4) 双击网站根目录下的 Default.aspx 文件，打开设计视图，从【工具箱】中分别拖动一个 ToolkitScriptManager 控件、一个 AutoCompleteExtender 控件、一个 TextBox 控件和一个 Button 控件到设计视图中，并设置相关的属性，如图 12-22 所示。

图 12-21　Web 服务

图 12-22　添加控件

(5) 双击打开 AutoCompleteService.cs 文件，编写代码如下：

```
1. [System.Web.Script.Services.ScriptService]
2. public class AutoCompleteService : System.Web.Services.WebService {
3.     static string[] dicts = { "电影", "电驴", "电影下载", "电视剧", "电子地图", "电子书", "电影网站", "电影免
       费", "电玩巴士", "电脑" };
4.     public AutoCompleteService (){ }
5.     [WebMethod]
6.     public string [] GetCompleteList(string prefixText,int count) {
7.         if (prefixText == "*" || prefixText == "?")
8.             return dicts;
9.         else{
10.            ArrayList newdicts = new ArrayList();
11.            foreach (string s in dicts){
12.                if (s.StartsWith(prefixText))
13.                    newdicts.Add(s);
14.            }
15.            return (string [])newdicts.ToArray(typeof (string ));
16.        }
17.    }
```

代码说明：若要使 Web 服务能被 AJAX 引用，需要给 Web 服务加上[ScriptService]标记，该标记在 System.Web.Script.Service 命名空间中定义。所以，第 1 行引入了该命名空间。第 2 行定义了 AutoCompleteService 类，继承于 System.Web.Services.WebService。第 3 行定义了 AutoComplete 类的字符串私有属性 dicts，并将其初始化为需要显示的词语组合。第 4 行定义了本类的构造函数。第 5 行标识 Web 服务方法的属性 WebMethod。

第 6 行定义了 GetCompletionList(string prefixText, int count)，这个方法是 AJAXControlToolkit 中 AutoCompleteExtender 控件要求使用的方法。当然，方法名是可以任意的，重要的是该方法必须返回一个 string[]类型的参数，并接受两个参数，分别为 string 和 int 型。其中，最重要的是 string 类型的参数，它表示用户的输入；int 参数是客户端所请求的数据数量。第 7 行判断输入的值是否为空，若是，则返回 null。否则在第 11 行到第 14 行将 string 数组 dicts 中的值依次通过循环，添加到 ArrayList 对象 list 中。第 15 行返回数组对象。

(6) 切换到源视图，编写代码如下：

```
1. <cc1:ToolkitScriptManager ID="ToolkitScriptManager1" runat="server">
2. </cc1:ToolkitScriptManager>
3. <asp:TextBox ID="TextBox1" runat="server"></asp:TextBox>
4. <asp:Button ID="Button1" runat="server" Text="搜索" />
```

5. <cc1:AutoCompleteExtender ID="AutoCompleteExtender1" runat="server" TargetControlID ="TextBox1" ServicePath ="AutoCompleteService.asmx" ServiceMethod ="GetCompleteList" MinimumPrefixLength ="1">

6. </cc1:AutoCompleteExtender>

代码说明：第 1 行使用了 ToolkitScriptManager 控件。在使用 AjaxControlToolkit 控件的页面必须使用 ToolkitScriptManager 或 ScriptManager 控件对页面内的 AJAX 控件进行管理。第 3 行和第 4 行分别为 TextBox1 控件和 Button1 控件。第 5 行使用了 AutoCompleteExtender1 自动完成控件，并设置关联控件的 ID、关联 Web 服务文件的路径、关联 Web 服务中的方法名称和开始提供自动完成列表的文本框内最少的输入字符数量。

(7) 至此，整个实例编写完成，选择【文件】|【全部保存】命令保存文件即可。

12.5 习题

1. 单击页面中的“显示文件列表”按钮时，从服务器的 App_Data 目录读取文件列表并显示在其下方。使用 ASP.NET AJAX 创建该程序，在获取文件列表的过程中要求不刷新页面。运行效果，如图 12-23 所示。

2. 使用 AJAX Control Toolkit 中的 PasswordStrungth 控件，在网站用户注册时验证会员的密码安全程度。运行效果，如图 12-24 所示。

3. 利用 AJAX Control Toolkit 中的 TextboxWatermarkExtender 控件，在登录界面中的两个文本框上显示一个水印来提示用户输入信息。如果未输入用户名和密码则给出提示。运行后的效果如图 12-25 所示。

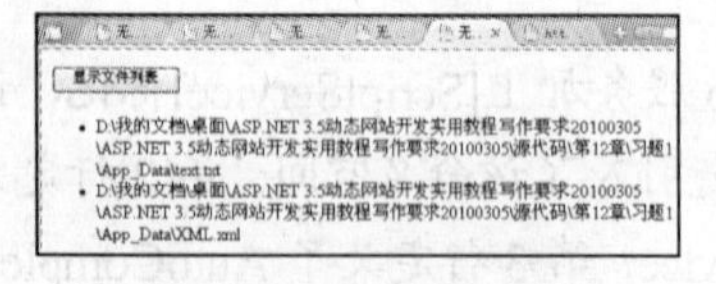

图 12-23 显示文件列表

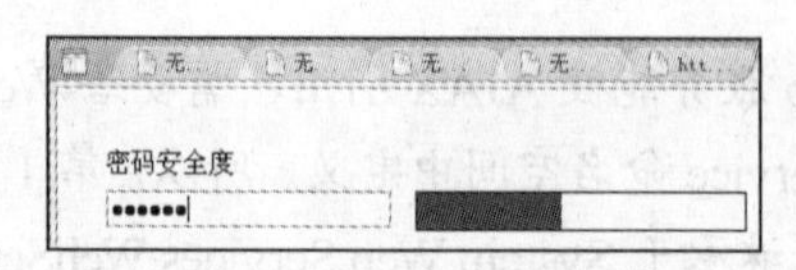

图 12-24 密码安全检查

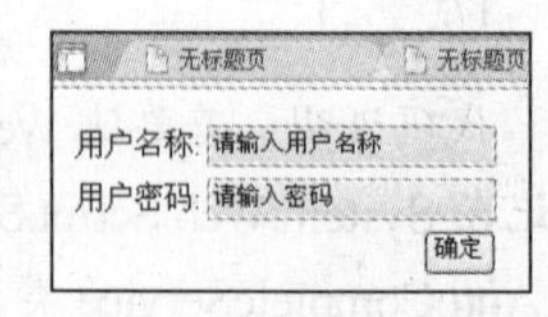

图 12-25 运行效果

4. 使用 AJAX Control Toolkit 中的 ValidatorCalloutExtender 控件，验证文本框中的数值是否在 0~100 之间，若不在则给出提示。运行效果，如图 12-26 所示。

5. 使用 AJAX Control Toolkit 中的 AnimationExtender 控件，实现日历控件 Canlendar 在鼠标指针进入控件范围和移出控件范围时的淡入和淡出效果。运行效果，如图 12-27 所示。

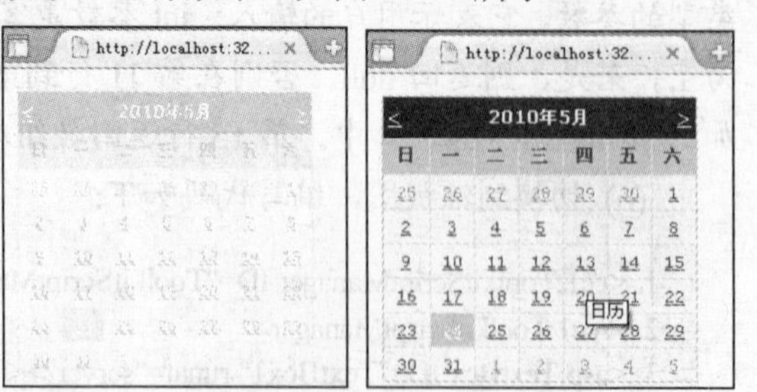

图 12-26 注册用户控件

图 12-27 淡入和淡出

第13章 商场 VIP 积分管理系统

学习目标

前面的章节系统地介绍了使用 ASP.NET 4.0 进行开发所必须掌握的各种知识和技术。为了能更好地帮助读者对这些内容进行理解消化并融会贯通，本章将通过介绍一个具有代表性的综合案例——商场 VIP 积分管理系统，来讲解一个 Web 网站项目的开发过程。本章从一个项目最基本的系统分析与设计开始，先确定系统的需求分析和模块划分，然后根据需求分析进行数据库和数据表的结构设计。在此基础上，为了满足系统与数据库的交互，分别创建出系统的实体类和数据库管理类。最后是对 4 个主要的管理模块界面的设计代码和业务逻辑的实现代码逐一进行了详尽的分析。如果读者在学习完本章内容之后，对使用 ASP.NET4.0 进行网站开发有了一种新的认识，那么就达到了作者编著本书的初衷。

本章重点

- 系统需求分析的确定
- 数据库管理模块的实现
- 数据库表的设计
- 界面设计和业务逻辑的实现

13.1 系统分析与设计

进入本世纪以来，随着我国经济持续高速、稳定的发展，各大、中型一线城市的商场的发展同样进入了繁荣期，由此产生了激烈的市场竞争。为了争夺更多的市场份额，大多数商场都采取了允许消费者成为会员，积分优惠消费的模式。本章介绍的就是一个管理商场 VIP 会员积分的系统。

13.1.1 系统需求分析

本系统主要面对两类用户：系统设置管理员和普通用户(使用本系统的商场售货人员)。系统设置管理员主要负责对系统的设置，可对本系统进行以下操作。

- 管理员通过登录界面，输入账号和密码后，进入网站。
- 负责对 VIP 卡类型进行管理，包括添加和修改 VIP 卡类型、修改 VIP 卡积分规定以及获得积分规定的操作。
- 负责对商品积分规定的管理，包括添加和删除商品的积分规定。

普通用户可对本系统进行如下操作。

- 首先在本网站进行注册，填写必须的个人信息。
- 在登录页面，输入用户名和密码，通过验证后进入操作界面。
- 可以进行会员资料的管理，包括查询、添加和修改会员资料。
- 负责对商品进行销售和退货操作。
- 对在销售和退货的过程中产生的积分增减情况进行处理，包括查询历史积分和处理积分的操作。

13.1.2 系统模块设计

根据上述的需求分析，首先把系统分成登录注册、数据库管理、实体类管理、VIP 卡类型管理、会员资料管理、商品管理和积分管理七大模块。各模块所包含的文件及其功能如表 13-1 所示。

表 13-1 商场 VIP 积分处理系统各模块一览表

模 块 名	文 件 名	功 能 描 述
登录注册模块	login.aspx	登录界面的设计文件
	login.aspx.cs	实现登录界面的代码文件
	Register.aspx	注册界面的设计文件
	Register.aspx.cs	实现注册界面的代码文件
	Default.aspx	首页界面设计文件
	Default.aspx.cs	实现首页界面的代码文件
数据库管理模块	App_Code/DB/SqlHelper.cs	公共数据库访问文件
	App_Code/InfoManager/CardManager.cs	VIP 卡管理业务逻辑代码文件
	App_Code/InfoManager//MemberInfoManager.cs	会员管理业务逻辑代码文件
	App_Code/InfoManager/MerchandiseInfoManager.cs	商品管理业务逻辑代码文件
实体类管理模块	Info/CardInfo.cs	VIP 卡实体类代码文件
	Info/MemberInfo.cs	会员实体类代码文件
	Info/MerchandiseInfo.cs	商品实体类代码文件

(续表)

模块名	文件名	功能描述
VIP 卡类型管理模块	CardReset.aspx	VIP 卡管理界面设计文件
	CardReset.aspx.cs	实现 VIP 卡管理界面代码文件
会员资料管理模块	AddUserMember.aspx	添加会员界面设计文件
	AddUserMember.aspx.cs	实现添加会员界面代码文件
	MemberEdit.aspx	编辑会员信息界面设计文件
	MemberEdit.aspx.cs	实现会员信息界面代码文件
	MemberInfoSelect.aspx	查询会员信息界面设计文件
	MemberInfoSelect.aspx.cs	实现查询会员信息界面代码文件
商品管理模块	MerchandiseSale.aspx	商品销售界面设计文件
	MerchandiseSale.aspx.cs	实现商品销售界面代码文件
	IntegralMerchandise.aspx	商品积分界面设计文件
	IntegralMerchandise.aspx.cs	实现商品积分界面代码文件
积分管理模块	HistotySelect.aspx	积分历史查询界面设计文件
	HistotySelect.aspx.cs	实现积分历史查询界面代码文件
	IntegralInfo.aspx	查询当前积分信息界面设计文件
	IntegralInfo.aspx.cs	实现当前积分信息界面设计文件
	IntegralUseRule.aspx	积分规定界面代码文件
	IntegralUseRule.aspx.cs	实现积分规定界面代码文件
	History.aspx	积分处理界面设计文件
	History.aspx.cs	实现积分处理界面代码文件

13.2　系统数据库设计

根据系统的需求分析，在 SQL Server 2008 中建立一个名为 DataBase 的数据库来存放本系统所必须的数据表，创建语句如下：

```
CREATE  DATABASE  [DataBase]  //创建数据库
USE  [DataBase]  //使用数据库
```

13.2.1　数据库表设计

为满足本系统功能的需要，设计各数据库表。这些表如下所示。

1. VIP 卡类别表(Card)

它用来记录各种 VIP 卡的类别信息。该表的结构如表 13-2 所示。

表 13-2 Card 表的结构

字　段	中文描述	数据类型	是否为空	备　注
ID	类型编号	int	否	主键
IntegralRule	积分规则	int	否	
TypeName	类型名称	nvarchar(20)	否	

创建 Card 表的 SQL 语句如下：

```
CREATE TABLE [dbo].[Card](
 [ID] [int] IDENTITY(1,1) NOT NULL PRIMARY KEY, //设置主键
 [IntegralRule] [int] NOT NULL
 [TypeName] [nvarchar](20) NOT NULL,
)
```

2. 积分历史表(History)

它用来管理会员积分的历史记录信息，该表的结构如表 13-3 所示。

表 13-3 History 表的结构

字　段	中文描述	数据类型	是否为空	备　注
ID	记录编号	int	否	主键
Number	VIP 卡号	nvarchar(20)	否	外键
Mode	积分类型	int	否	
IntegralBorder	积分数	numeric(18,0)	否	
BDate	发生日期	datetime	否	

创建 History 表的 SQL 语句如下：

```
CREATE TABLE [dbo].[History](
 [ID] [int] IDENTITY(1,1) NOT NULL PRIMARY KEY, //设置主键
 [Number] [nvarchar](20) NOT NULL,
 [Mode] [int] NOT NULL,
 [IntegralBorder] [numeric](18, 0) NOT NULL,
 [BDate] [datetime] NOT NULL,
FOREIGN KEY([Number])    REFERENCES [dbo].[ MemberInfo] ([CardID]) //设置外键
)
```

3. 积分规则表(IntegralRule)

它用来记录 VIP 卡积分的规则信息，该表的结构如表 13-4 所示。

表 13-4　IntegralRule 表的结构

字　段	中文描述	数据类型	是否为空	备　注
ID	规则编号	int	否	主键
MerchandiseID	商品编号	nvarchar(20)	否	外键
Integral	转换积分数	numeric(18,0)	否	

创建 IntegralRule 表的 SQL 语句如下：

```
CREATE TABLE [dbo].[IntegralRule](
 [ID] [int] IDENTITY(1,1) NOT NULL PRIMARY KEY, //设置主键
 [MerchandiseID] [nvarchar](20)   NOT NULL,
 [Integral] [numeric](18, 0) NOT NULL,
FOREIGN KEY([MerchandiseID])   REFERENCES [dbo].[ Merchandise] ([ID]) //设置外键
)
```

4. 会员信息表(MemberInfo)

它用于记录商场会员的详细信息，该表的结构如表 13-5 所示。

表 13-5　MemberInfo 表的结构

字　段	中文描述	数据类型	是否为空	备　注
ID	会员编号	int	否	主键
CardID	VIP 卡类型编号	int	否	外键
CardNumber	VIP 卡编号	nvarchar(20)	否	主键
Name	会员姓名	nvarchar(20)	否	
IC	会员身份证号	nvarchar(20)	否	
Phone	会员电话	nvarchar(20)	是	
Address	会员地址	nvarchar(100)	是	
BDate	加入日期	datetime	否	

创建 MemberInfo 表的 SQL 语句如下：

```
CREATE TABLE [dbo].[MemberInfo](
 [ID] [int] IDENTITY(1,1) NOT NULL PRIMARY KEY, //设置主键
 [CardID] [int] NOT NULL,
 [CardNumber] [nvarchar](20) NOT NULL PRIMARY KEY, //设置主键
 [Name] [nvarchar](20) NOT NULL,
 [IC] [nvarchar](20) NOT NULL,
 [Phone] [nvarchar](20) NULL,
 [Address] [nvarchar](100) NULL,
```

```
[BDate] [datetime] NOT NULL,
FOREIGN KEY([CardID]) REFERENCES [dbo].[ Card] ([ID]) //设置外键
)
```

5. 商品信息表(Merchandise)

它用于记录商品的信息，该表的结构如表 13-6 所示。

表 13-6 Merchandise 表的结构

字 段	中文描述	数据类型	是否为空	备 注
ID	商品编号	nvarchar(20)	否	主键
Name	商品名称	nvarchar(50)	否	
Price	商品价格	float	否	
MerchandiseIntegral	商品积分	int	否	

创建 Merchandise 表的 SQL 语句如下：

```
CREATE TABLE [dbo].[Merchandise](
 [ID] [nvarchar](20) NOT NULL PRIMARY KEY, //设置主键
 [Name] [nvarchar](50) NOT NULL,
 [Price] [float] NOT NULL,
 [MerchandiseIntegral] [int] NOT NULL
)
```

6. 商品退货表(MerchandiseBack)

它用于存放顾客购买商品的信息，该表的结构如表 13-7 所示。

表 13-7 MerchandiseBack 表的结构

字 段	中文描述	数据类型	是否为空	备 注
ID	退货编号	int	否	主键
MerchandiseID	商品编号	nvarchar(20)	否	外键
MerchandiseIntegral	退货积分	int	否	
BDate	发生日期	datetime	否	

创建 MerchandiseBack 表的 SQL 语句如下：

```
CREATE TABLE [dbo].[MerchandiseBack](
 [ID] [int] IDENTITY(1,1) NOT NULL PRIMARY KEY, //设置主键
 [MerchandiseID] [nvarchar](20) NOT NULL,
 [MerchandiseIntegral] [int] NOT NULL,
 [BDate] [datetime] NOT NULL,
FOREIGN KEY([MerchandiseID]) REFERENCES [dbo].[ Merchandise] ([ID])  //设置外键
)
```

7. 商品积分表(MerchandiseIntegral)

它用于记录商品积分的信息，该表的结构如表 13-8 所示。

表 13-8　MerchandiseIntegral 表的结构

字　段	中文描述	数据类型	是否为空	备　注
ID	商品积分编号	int	否	主键
MerchandiseID	商品编号	nvarchar(20)	否	外键
BDate	创建日期	datetime	否	

创建 MerchandiseIntegral 表的 SQL 语句如下：

```
CREATE TABLE [dbo].[MerchandiseIntegral](
 [ID] [int] IDENTITY(1,1) NOT NULL PRIMARY KEY, //设置主键
 [MerchandiseID] [nvarchar](20) NOT NULL,
[BDate] [datetime] NOT NULL,
FOREIGN KEY([MerchandiseID]) REFERENCES [dbo].[ Merchandise] ([ID]) //设置外键
)
```

8. 商品销售表(MerchandiseSale)

它用于记录已售商品的详细信息，该表的结构如表 13-9 所示。

表 13-9　MerchandiseSale 表的结构

字　段	中文描述	数据类型	是否为空	备　注
ID	销售编号	int	否	主键
MerchandiseID	商品编号	nvarchar(20)	否	外键
MerchandiseIntegral	销售积分	int	否	
BDate	发生日期	datetime	否	

创建 MerchandiseSale 表的 SQL 语句如下：

```
CREATE TABLE [dbo].[MerchandiseSale](
 [ID] [int] IDENTITY(1,1) NOT NULL PRIMARY KEY, //设置主键
 [MerchandiseID] [nvarchar](20) NOT NULL,
 [MerchandiseIntegral] [int] NOT NULL,
 [BDate] [datetime] NOT NULL,
FOREIGN KEY([MerchandiseID]) REFERENCES [dbo].[ Merchandise] ([ID]) //设置外键
)
```

13.2.2　系统运行演示

运行本系统后，首先打开的是如图 13-1 所示的登录界面。

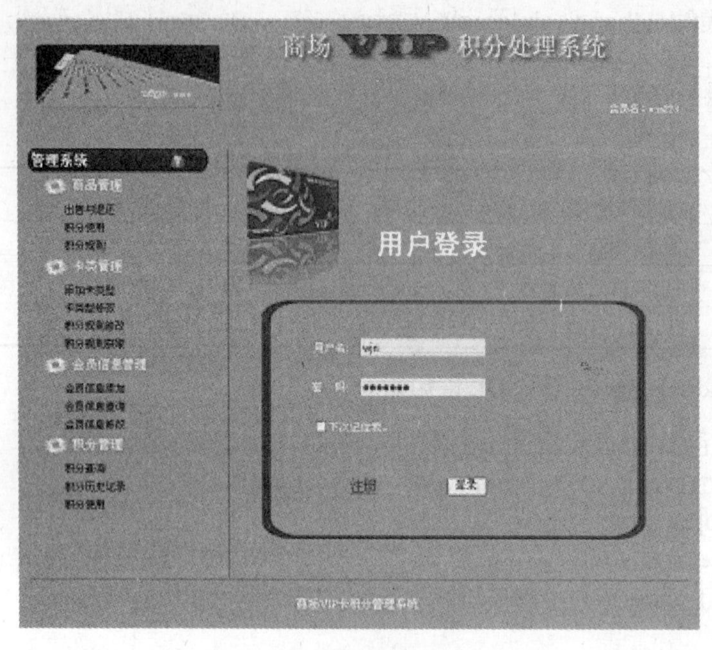

图 13-1　登录界面

如果用户是首次登录，必须单击页面中的【注册】按钮，先进入注册页面注册成为用户，如图 13-2 所示。

在该页面中，填写用户名、密码、确认密码、电子邮件、安全提示问题和安全答案后，单击【创建用户】按钮，完成注册操作。注册成功后，返回登录页面。输入用户名和密码后，单击【登录】按钮，通过身份验证后，页面跳转至如图 13-3 所示的系统首页界面。

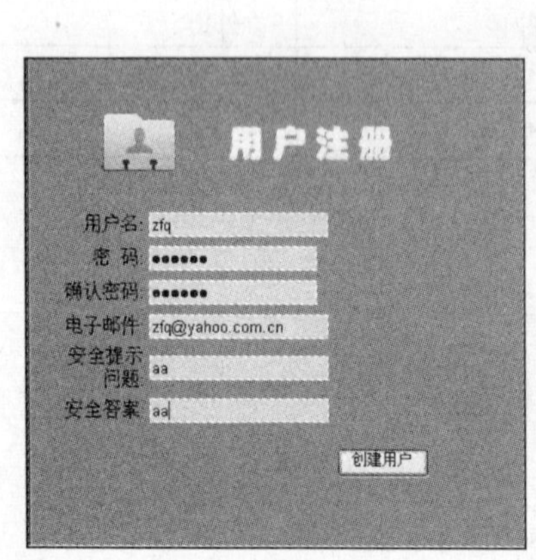

图 13-2　注册界面

图 13-3　系统首页界面

首页左边是操作的导航菜单，用户可以进行商品管理、卡类管理、会员信息管理和积分管理操作。首先单击【会员信息添加】按钮，打开如图 13-4 所示的界面。

用户在添加会员的页面中，输入卡号、姓名、身份证号、联系电话、居住地址、电子邮件、籍贯和卡类型后，单击【添加】按钮，执行添加会员的操作。

当添加会员后，单击导航菜单中的【会员信息查询】按钮，可以打开如图 13-5 所示的会员信息查询页面。

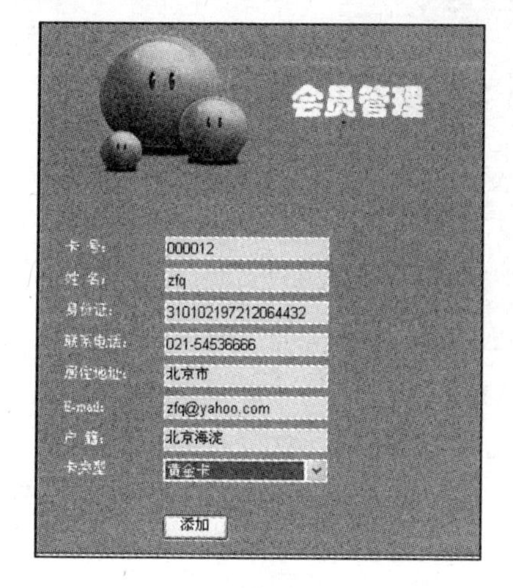

图 13-4　添加会员的界面

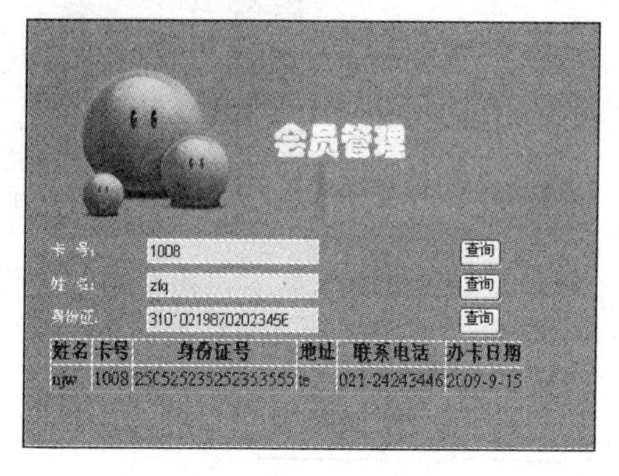

图 13-5　查询会员信息的界面

在会员信息查询页面中，用户可以通过卡号、姓名和身份证号对会员信息进行查询。

用户还可以单击首页导航菜单中的【出售和退还】按钮，打开如图 13-6 所示的页面，输入商品编号、商品数量和选择销售商品的操作，单击【确定】按钮，完成对商品的销售操作。

用户还能在首页导航菜单中，单击【积分规则】按钮，进入设置积分规则页面，如图 13-7 所示。输入商品编号和总积分，单击【确定】按钮，完成添加新的积分规则。

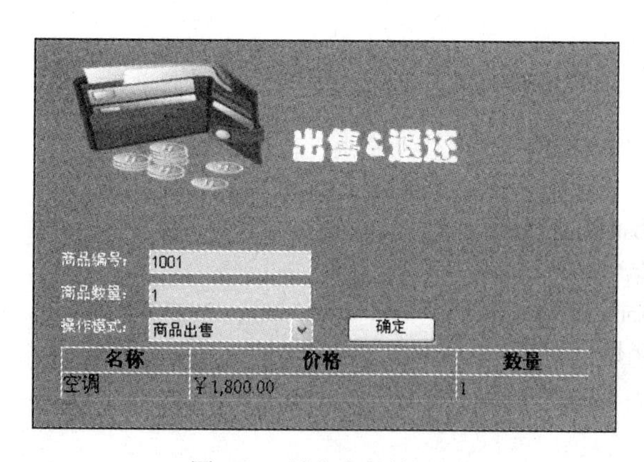

图 13-6　销售商品的界面

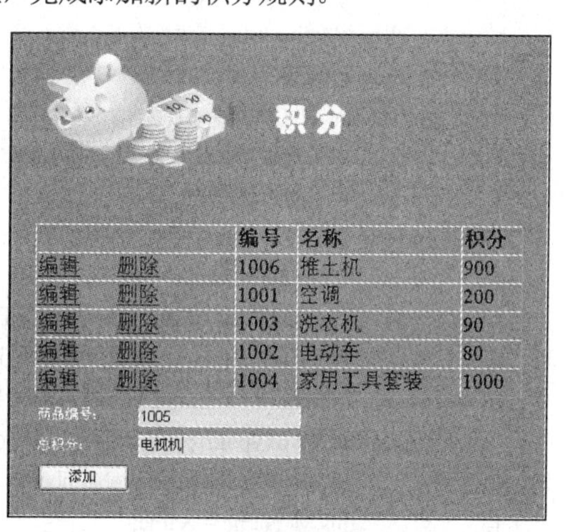

图 13-7　设置积分规则的界面

用户也可以在首页的导航菜单中单击【积分历史记录】按钮，查询会员的历史积分，输入 VIP 卡号，单击【查询】按钮，获得的查询结果如图 13-8 所示。

系统中的其他操作和界面都类似，这里不再一一演示，读者可以运行随书光盘中的源代码进行学习。

图 13-8　历史积分查询界面

13.3　实体类模块

完成数据库的设计之后，开始进入实体类的创建。根据系统的实际需要，这里将实体类归纳为 3 类：VIP 卡实体类 CardInfo、会员实体类 MemberInfo 和商品信息实体类 MerchandiseInfo。因本章篇幅有限，无法对每个实体类进行一一讲述，且封装类的方法非常简单，都是相同的代码，所以这里只以会员信息类为例进行说明，如代码 13-1 所示。

代码 13-1　MemberInfo 的代码

```
1. public class MemberInfo{   //定义实体类
2.       private string M_CardNumber = "";
3.       private int M_CardID = 0;
4.       private string M_Name = "";
5.       private string M_IC = "";
6.       private string M_Phone = "";
7.       private string M_Address = "";
8.       private DateTime M_CreateDate = System.DateTime.Now;
9.       public MemberInfo(){}   //定义无参的构造函数
10.      public MemberInfo(string cNumber,string Name,string IC,string Phone,string Address,DateTime
   CreateDate,int cTypeId){ //定义带参的构造函数
11.            this.M_CardNumber = cNumber;
12.            this.M_Name = Name;
13.            this.M_IC = IC;
14.            this.M_Phone = Phone;
15.            this.M_Address = Address;
16.            this.M_CreateDate = CreateDate;
17.            this.M_CardID = cTypeId;
18.      }
```

```
19.      public string CardNumber{   //声明 VIP 卡编号
20.          get { return M_CardNumber; }
21.          set { M_CardNumber = value; }
22.      }
23.      public int CardID{      //声明 VIP 卡类型编号
24.          get { return M_CardID; }
25.          set { M_CardID = value; }
26.      }
27.      public string Name {     //声明会员名
28.          get { return M_Name; }
29.          set { M_Name = value; }
30.      }
31.      public string IC{     //声明会员身份证号
32.          get { return M_IC; }
33.          set { M_IC = value; }
34.      }
35.      public string Phone{     //声明会员电话
36.          get { return M_Phone; }
37.          set { M_Phone = value; }
38.      }
39.      public string Address{   //声明会员地址
40.          get { return M_Address; }
41.          set { M_Address = value; }
42.      }
43.      public DateTime CreateDate{     //声明加入时间
44.          get { return M_CreateDate; }
45.          set { M_CreateDate = value; }
46.      }
47.  }
```

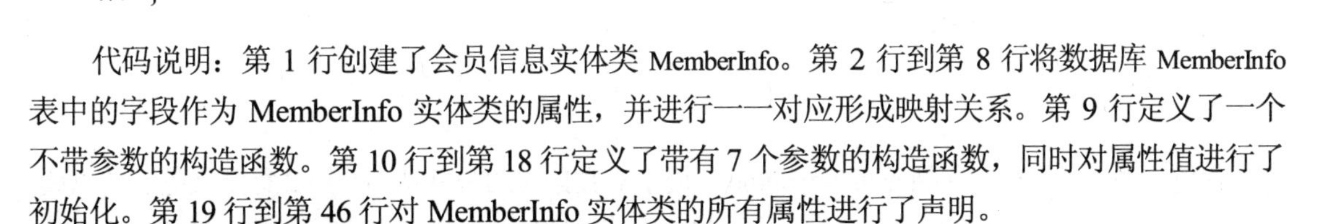

代码说明：第 1 行创建了会员信息实体类 MemberInfo。第 2 行到第 8 行将数据库 MemberInfo 表中的字段作为 MemberInfo 实体类的属性，并进行一一对应形成映射关系。第 9 行定义了一个不带参数的构造函数。第 10 行到第 18 行定义了带有 7 个参数的构造函数，同时对属性值进行了初始化。第 19 行到第 46 行对 MemberInfo 实体类的所有属性进行了声明。

13.4　数据库管理模块

本系统的数据库管理模块的文件都存放于网站根目录下的 App_Code 文件夹内。其中，DB 子文件夹内存放的是公共的数据库访问文件；InfoManager 子文件夹内存放的是实体类对数据库的访问文件。

13.4.1 公共的数据库访问

本系统的公共数据库访问类文件为 SqlHelper.cs 文件。该文件设计了访问数据库的基本属性，如连接数据库、关闭数据库和对数据库的公共操作。SqlHelper.cs 类中的关键内容，如代码 13-2 和代码 13-3 所示。

代码 13-2 获得查询数据库结果的代码 1

```
1. public abstract class SqlHelper{
2. public static readonly string ConnectionStringLocalTransaction =
ConfigurationManager.ConnectionStrings["DBConfig"].ConnectionString;
3. private static Hashtable paramterCache = Hashtable.Synchronized(new Hashtable());
4. public static int ExecuteNonQuery(string connectionString, CommandType cmdType, string cmdText, params
SqlParameter[] Parameters){
5.          SqlCommand cmd = new SqlCommand();
6.          using (SqlConnection con = new SqlConnection(connectionString)){
7.              PrepareCommand(cmd, con, null, cmdType, cmdText, Parameters);
8.              int val = cmd.ExecuteNonQuery();    //获得受影响的行数
9.              cmd.Parameters.Clear();
10.               return val;
11.         }
12.     }
13. public static object ExecuteScalar(SqlConnection connection, CommandType cmdType, string cmdText,
params
    SqlParameter[] Parameters){
14.         SqlCommand cmd = new SqlCommand();
15.         PrepareCommand(cmd, connection, null, cmdType, cmdText, Parameters);
16.         object val = cmd.ExecuteScalar();    //获得第一行第一列的数据对象
17.         cmd.Parameters.Clear();
18.         return val;
19. }
```

代码说明：第 1 行定义抽象类 SqlHelper，用于对数据库的公共访问。第 2 行定义静态的只读属性 ConnectionStringLocalTransaction，获得数据库连接字符串。第 3 行定义静态的哈希表对象 paramterCache，用于缓存参数。第 4 行定义静态的方法 ExecuteNonQuery，用于执行查询语句，获得数据库中影响的行数。第 13 行定义 ExecuteScalar 静态方法，获得查询结果集中第一行第一列的数据对象。

代码 13-3 获得查询数据库结果的代码 2

```
1. public static SqlDataReader ExecuteReader(string connectionString, CommandType cmdType, string cmdText,
   params SqlParameter[] Parameters){
```

```
2.          SqlCommand cmd = new SqlCommand(); //定义 sql 命令对象
3.          SqlConnection con = new SqlConnection(connectionString); //定义数据库连接对象
4.          try{
5.              PrepareCommand(cmd, con, null, cmdType, cmdText, Parameters);
6.              SqlDataReader dr = cmd.ExecuteReader(CommandBehavior.CloseConnection);
7.              cmd.Parameters.Clear();
8.              return dr;
9.          }
10.          catch{
11.              con.Close();
12.              throw;
13.          }
14.      }
15.  private static void PrepareCommand(SqlCommand cmd, SqlConnection conn, SqlTransaction trans,
    CommandType cmdType, string cmdText, SqlParameter[] cmdParms){
16.          if (conn.State != ConnectionState.Open)
17.              conn.Open();          //打开连接
18.          cmd.Connection = conn;
19.          cmd.CommandText = cmdText;
20.          if (trans != null)
21.              cmd.Transaction = trans;   //启动事务处理
22.          cmd.CommandType = cmdType;
23.          if (cmdParms != null){
24.              foreach (SqlParameter parmeter in cmdParms)
25.                  cmd.Parameters.Add(parmeter);
26.          }
27.      }
```

代码说明：第 1 行定义静态的 ExecuteReader 方法，用于获取并返回查询到的结果集。第 5 行调用本类的 PrepareCommand 方法为各个对象赋值。第 6 行获得查询结果集。第 15 行定义了 PrepareCommand 方法，为执行 SQL 命令做好准备工作，并进行对象属性的赋值。

13.4.2 实体类对数据库的访问

数据库访问层建立在数据库之上，为页面显示提供数据服务，应用程序通过该访问层访问数据库。数据访问层一般封装数据库的查询、添加、更新和删除等操作，同时还为业务逻辑层提供访问数据库的接口。对应于每个实体类，都有一个相应的类来完成数据库访问。限于篇幅原因，这里不再对 3 个数据库访问类一一作介绍，只能以有代表性的 MemberInfoManager 类来举例说明。

MemberInfoManager 类是为会员实体类建立的数据库访问类，它封装了对会员信息的常用数据库操作。其关键内容如代码 13-4、代码 13-5 和代码 13-6 所示。

代码 13-4　获得会员信息的代码 1

```
1. private const string INSERT_MEMBERINFO = "INSERT INTO memberinfo VALUES(@ID, @CardNumber,
   @name, @IC, @phone, @address,@createdate)"; //定义添加会员的查询语句
2. private const string UPDATE_MEMBERINFO = "update memberinfo set
   Name=@name,Phone=@phone,Address=@address";   //定义修改会员的查询语句
3.        private const string PARAMETER_CARD_ID = "@ID";
4.        private const string PARAMETER_PHONE = "@phone";
5.        private const string PARAMETER_CARD_NUMBER = "@CardNumber";
6.        private const string PARAMETER_ADDRESS = "@address";
7.        private const string PARAMETER_CARD_CREADTE_DATE= "@createdate";
8.        private const string PARAMETER_IC = "@IC";
9.        private const string PARAMETER_NAME = "@name";
10.         public MemberInfo GetMemberInfoByCardNumber(string cNumber) {
11.         MemberInfo memberinfo = null;
12.         SqlParameter parmeter = new SqlParameter(PARAMETER_CARD_NUMBER, SqlDbType.NVarChar,
        20);
13.               parmeter.Value = cNumber;
14.       using (SqlDataReader dr = SqlHelper.ExecuteReader(SqlHelper.ConnectionStringLocalTransaction,
       CommandType.Text,   SELECT_BY_CARD_NUMBER, parmeter)) {
15.                  while (dr.Read()) {
16.          memberinfo = new MemberInfo(dr.GetString(0), dr.GetString(1), dr.GetString(2), dr.GetString(3),
       dr.GetString(4), dr.GetDateTime(5), dr.GetInt32(7));
17.                      }
18.               }
19.               return memberinfo;
20.       }
```

代码说明：第 3 行到第 9 行定义了 SQL 语句中的参数。第 10 行定义了根据卡编号获得会员信息的方法 GetMemberInfoByCardNumber。第 14 行通过调用数据库公共访问类 SqlHelpe 的 ExecuteReader 方法获得查询结果集。第 16 行将结果集中的值赋给会员对象。第 19 行返回会员对象。

代码 13-5　添加会员信息的代码 2

```
1.     public bool Insert(MemberInfo memberinfo) {
2.            StringBuilder sbSQL = new StringBuilder();
3.            SqlParameter[] Parameters = GetParameters(); //定义存放参数的数组
4.            SqlCommand cmd = new SqlCommand();
5.            Parameters[0].Value = memberinfo.CardID;   //为 sql 语句的参数赋值
6.            Parameters[1].Value = memberinfo.CardNumber;
7.            Parameters[2].Value = memberinfo.Name;
8.            Parameters[3].Value = memberinfo.IC;
```

```
9.          Parameters[4].Value = memberinfo.Phone;
10.          Parameters[5].Value = memberinfo.Address;
11.          Parameters[6].Value = memberinfo.CreateDate;
12.          foreach (SqlParameter parmeter in Parameters)
13.              cmd.Parameters.Add(parmeter);        //添加参数到数组
14.         MemberInfo testen = GetMemberInfoByIC(memberinfo.IC); //创建会员对象
15.         if (testen != null)
16.             return false;              //执行 sql 查询操作
17.  using (SqlConnection con = new SqlConnection(SqlHelper.ConnectionStringLocalTransaction)) {
18.              sbSQL.Append( INSERT_MEMBERINFO);
19.              con.Open();           //打开数据库连接
20.              cmd.Connection = con;
21.              cmd.CommandType = CommandType.Text;
22.              cmd.CommandText = sbSQL.ToString(); //获得 sql 查询语句
23.              int val= cmd.ExecuteNonQuery();
24.              cmd.Parameters.Clear();
25.              if (val > 0)
26.                  return true;
27.              else
28.                  return false;
29.          }
30.  }
```

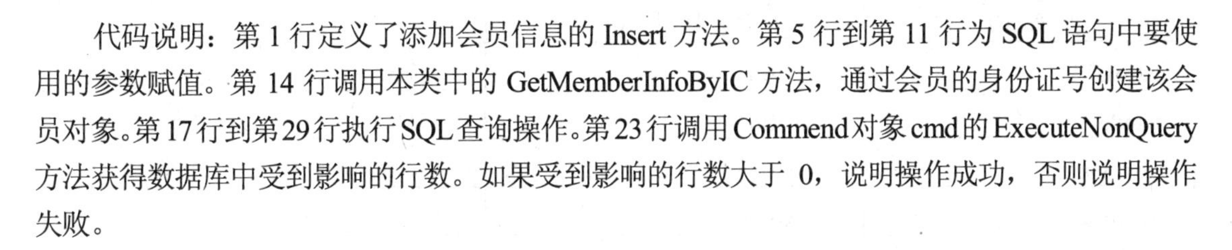

代码说明：第 1 行定义了添加会员信息的 Insert 方法。第 5 行到第 11 行为 SQL 语句中要使用的参数赋值。第 14 行调用本类中的 GetMemberInfoByIC 方法，通过会员的身份证号创建该会员对象。第 17 行到第 29 行执行 SQL 查询操作。第 23 行调用 Commend 对象 cmd 的 ExecuteNonQuery 方法获得数据库中受到影响的行数。如果受到影响的行数大于 0，说明操作成功，否则说明操作失败。

代码 13-6　获得参数列表的代码 3

```
1.  private static SqlParameter[] GetParameters() {
2.   SqlParameter[] parameters = SqlHelper.GetParametersFromCache( INSERT_MEMBERINFO);
3.         if (parameters == null) { //如果参数列表不为空，
4.           parameters = new SqlParameter[] {  //以下为每个参数赋值
5.           new SqlParameter(PARAMETER_CARD_ID, SqlDbType.Int),
6.           new SqlParameter(PARAMETER_CARD_NUMBER, SqlDbType.VarChar, 20),
7.           new SqlParameter(PARAMETER_NAME, SqlDbType.VarChar, 20),
8.           new SqlParameter(PARAMETER_IC, SqlDbType.VarChar, 20),
9.           new SqlParameter(PARAMETER_PHONE, SqlDbType.VarChar, 20),
10.            new SqlParameter(PARAMETER_ADDRESS, SqlDbType.VarChar, 100),
11.          new SqlParameter(PARAMETER_CARD_CREADTE_DATE, SqlDbType.DateTime)};
12.           SqlHelper.CacheParameters( INSERT_MEMBERINFO, parameters);
```

```
13.         }
14.         return parameters;   //返回参数列表
15. }
```

代码说明：第 1 行定义了获得参数列表的方法 GetParameters。第 2 行调用数据库公共的数据库访问类 SqlHelper 的 GetParametersFromCache 方法获得参数列表。第 3 行到第 12 行为参数列表中的每个参数赋值。第 12 行调用 SqlHelper 的 CacheParameters 方法进行缓存操作。

13.5 VIP 卡类型管理模块

这一模块是由负责系统设置的管理员来操作的。其中，所有界面和代码文件都放置在网站根目录下的 Admin 文件夹中。

13.5.1 VIP 卡类型管理界面设计

CardReset.aspx 文件实现了 VIP 卡类型管理界面的设计。该文件通过使用用户控件 CardReset.ascx 来完成界面的布局。CardReset.ascx 中使用的主要控件及其属性描述，如表 13-10 所示。

表 13-10 CardReset.ascx 中的主要控件

控件 ID	控件类型	功能描述
txttype	TextBox	用来输入卡类型的文本框
txtrule	TextBox	用来输入积分规定的文本框
TextBox1	TextBox	用来输入原卡类型的文本框
TextBox2	TextBox	用来输入新卡类型的文本框
TextBox3	TextBox	用来输入卡类型的文本框
TextBox4	TextBox	用来输入新积分规定的文本框
TextBox5	TextBox	用来输入卡类型的文本框
TextBox6	TextBox	用来获得积分规定的文本框
Button1	Button	添加卡类型的按钮
Button2	Button	修改卡类型的按钮
Button3	Button	修改积分规定的按钮
Button4	Button	获得积分规定的按钮

CardReset.ascx 文件使用上表的控件组成了 3 种卡类型的操作界面，分别是添加卡类型、修改卡类型和获取卡类型。其中添加操作界面的内容，如代码 13-7 所示。

代码 13-7 CardReset.ascx 中部分 Html 代码

```
1. <table> <tr> <td colspan="3" >
2. <table id="TABLE1" runat="server"><tr><td >卡类型：</td>
3. <td ><asp:TextBox ID="txttype" runat="server" ></asp:TextBox>
4. <asp:Label ID="Label12" runat="server" ></asp:Label></td></tr>
5. <tr><td >积分规定：</td>
6. <td ><asp:TextBox ID="txtrule" runat="server" ></asp:TextBox>分/元</td></tr>
7. <tr> <td colspan="2" align="center" >
8. <asp:Button ID="Button1" runat="server" Text="添加" OnClick="Button1_Click" />
9. </td> </tr>
10.  </table>
```

以上代码中，第 3 行使用 TextBox 控件来输入卡的类型。第 4 行使用 Label 控件来显示提示信息。第 8 行使用 Button 控件来添加卡类型。

CardReset.ascx 的设计界面，如图 13-9 所示。

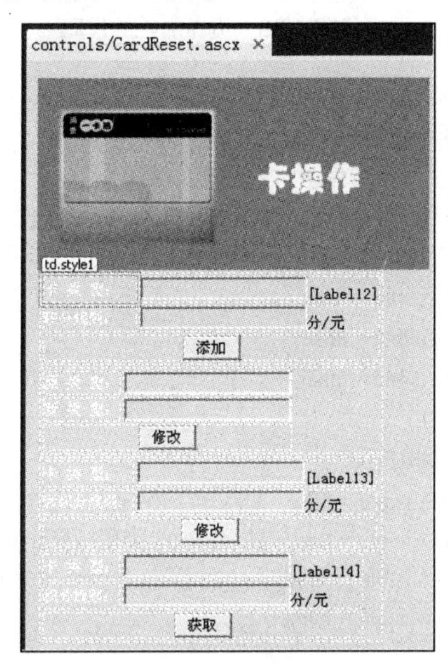

图 13-9 VIP 卡类型管理界面

13.5.2 实现卡类型管理界面的代码

实现卡类型管理界面的代码是 CardReset.ascx.cs 文件。该文件定义了一个卡类型的枚举，然后使用 switch...case...语句判断用户的选择，其主要内容如代码 13-8、代码 13-9 和代码 13-10 所示。

代码 13-8　定义卡类型枚举类

```
1. private PageSet pageview = PageSet.AddCardType; //设置属性值为添加卡类型
2.       public PageSet PageView{       //声明属性 PageSet，判断用户的选择
3.             get { return pageview; }
4.             set { pageview = value; }
5.       }
6. public enum PageSet{          //定义枚举类型
7.             AddCardType,     //添加卡类型
8.             UpdateCardType, //修改卡类型
9.             UpdateRule,       //修改积分规定
10.             GetRule             //获得积分规定
11.       }
```

代码说明：第 2 行到第 5 行声明类的 PageSet 属性。第 6 行定义了枚举类型，用于判断用户选择的是什么操作。

代码 13-9　页面加载的代码

```
1. protected void Page_Load(object sender, EventArgs e){
2. string pageview = this.Parent.Page.Request.QueryString["PageView"];
3.             switch (pageview){  // 判断 pageview 是那个选择
4.                   case "AddCardType":
5.                         TABLE1.Visible = true;   //显示添加卡类型的操作界面
6.                         TABLE2.Visible = false;
7.                         TABLE3.Visible = false;
8.                         TABLE4.Visible = false;
9.                         break;
10.                   case "UpdateCardType":
11.                         TABLE1.Visible = false;
12.                         TABLE2.Visible = true; //显示修改卡类型的操作界面
13.                         TABLE3.Visible = false;
14.                         TABLE4.Visible = false;
15.                         break;
16.                   case "UpdateRule":
17.                         TABLE1.Visible = false;
18.                         TABLE2.Visible = false;
19.                         TABLE3.Visible = true; //显示修改卡积分规定的操作界面
20.                         TABLE4.Visible = false;
21.                         break;
22.                   case "GetRule":
23.                         TABLE1.Visible = false;
24.                         TABLE2.Visible = false;
25.                         TABLE3.Visible = false;
26.                         TABLE4.Visible = true; //显示获得卡积分的操作界面
```

```
27.                       break;
28.              }
29.      }
```

代码说明：第 1 行处理页面加载的 Page_Load 事件。第 2 行获得用户选择的功能。第 3 行到第 28 行使用多分支条件判断 switch...case...语句判断用户选择的功能是哪一个，根据用户的选择加载相应的功能。

代码 13-10　修改卡类型和添加卡类型的代码

```
1.   protected void Button2_Click(object sender, EventArgs e){
2.          CardManager myda = new CardManager(); //创建 VIP 卡管理类
3.          bool result = myda.UpdateCardType(TextBox1.Text, TextBox2.Text);
4.          if (result) {
5.              TextBox1.Text = "";  //清空文本框内的输入
6.              TextBox2.Text = "";
7.   Page.ClientScript.RegisterStartupScript(GetType(), "", "<script>alert('执行成功')</script>");
8.        }  //提示信息
9.          else
10.  Page.ClientScript.RegisterStartupScript(GetType(), "", "<script>alert('执行失败')</script>");
11. }
12. protected void Button1_Click(object sender, EventArgs e){
13.          CardInfo ci = new CardInfo();  //创建 VIP 卡信息类
14.          ci.CardType = txttype.Text;
15.          ci.IntegralRule = Int32.Parse(txtrule.Text);
16.          CardManager cm = new CardManager();//创建 VIP 卡管理类
17.          bool re = cm.Insert(ci);
18.          if (re){
19.              txttype.Text = "";
20.              txtrule.Text = "";
21.          }
22.          if (re){
23.     Page.ClientScript.RegisterStartupScript(GetType(), "", "<script>alert('执行成功')</script>");
24.          else{
25.  Page.ClientScript.RegisterStartupScript(GetType(), "", "<script>alert('执行失败')</script>");
26.          }
27.     }
```

代码说明：第 1 行处理 Button2 按钮的 Click 事件。第 3 行调用 VIP 卡管理类 CardManager 的修改 VIP 卡类型的方法 UpdateCardType，获得执行操作后数据库修改的行数。第 4 行判断操作是否成功。如果成功，则将文本框内的数据清空。

第 12 行定义处理按钮 Button1 的单击事件 Click。第 17 行调用 VIP 卡管理类 CardManager 的修改 VIP 卡类型方法 Insert，获得数据库中被修改的行数。第 22 行到第 25 行，无论操作成功与否，都给出相应的提示信息。

13.6 会员资料管理模块

与会员资料管理模块有关的文件有 6 个，分别是 AddUserMember.aspx、AddUserMember.aspx.cs、MemberEdit.aspx、MemberEdit.aspx.cs、MemberInfoSelect.aspx 和 MemberInfoSelect.aspx.cs。

13.6.1 界面设计

会员资料管理模块中的界面设计包括添加会员界面、编辑会员信息界面和查询会员信息界面。下面逐一对这 3 个界面的设计进行介绍。

1. 添加会员界面设计

实现添加会员界面的页面是 AddUserMember.aspx 文件。该文件中使用了用户控件 AddUserMember.ascx 进行布局设计。AddUserMember.ascx 中使用的控件及其属性，如表 13-11 所示。

表 13-11 AddUserMember.ascx 中主要控件描述

控 件 ID	控 件 类 型	功 能 描 述
txtNumber	TextBox	输入 VIP 卡号的文本框
txtname	TextBox	输入会员姓名的文本框
txtIC	TextBox	输入会员身份证的文本框
txtphone	TextBox	输入会员电话的文本框
txtaddress	TextBox	输入会员住址的文本框
TextBox1	TextBox	输入会员邮箱的文本框
TextBox2	TextBox	输入会员户籍的文本框
ddlCard	DropDownList	显示卡类型的下拉列表框
btnadd	Button	添加会员的按钮
SqlDataSource1	SqlDataSource	下拉列表控件的数据源
ValidationSummary1	ValidationSummary	显示验证提示汇总的验证控件
RegularExpressionValidator2	RegularExpressionValidator	验身份证输入格式的验证控件
RegularExpressionValidator1	RegularExpressionValidator	验证电话输入格式的验证控件
RequiredFieldValidator2	RequiredFieldValidator	验证身份证文本框的验证控件
RequiredFieldValidator3	RequiredFieldValidator	验证卡号文本框的验证控件
Image1	Image	显示会员管理图片
RequiredFieldValidator1	RequiredFieldValidator	验证姓名文本框的验证控件

AddUserMember.ascx 用户控件文件通过图片控件、多个文本框控件以及各种验证控件组成一个添加会员信息的表格，实现的主要内容，如代码 13-11 所示。

代码 13-11　AddUserMember.ascx 中的部分 HTML 代码

```
1.  <tr><td style="width: 102px; height: 17px;">身份证：</td>
2.  <td style="width: 172px; height: 17px;">
3.  <asp:TextBox ID="txtIC" runat="server" Width="150px"></asp:TextBox> </td>
4. <td style="height: 17px;">
5. <asp:RequiredFieldValidator ID="RequiredFieldValidator2" runat="server" ControlToValidate="txtIC"
   ErrorMessage="请填写身份证" Style="height: 16px">*</asp:RequiredFieldValidator>
6.  <asp:RegularExpressionValidator ID="RegularExpressionValidator2" runat="server" ControlToValidate="txtIC"
   ErrorMessage="请填写正确的身份 ValidationExpression="\d{17}[\d|X]|\d{15}"
7.  ForeColor="Red">*</asp:RegularExpressionValidator></td>
</tr>
```

代码说明：第 3 行定义了一个 TextBox 控件，用于输入身份证号的信息。第 5 行定义了 Required FieldValidator 验证，用于验证身份证文本框是否为空。第 6 行定义了 RegularExpression 控件，用于验证身份证的格式是否正确。

AddUserMember.ascx 设计的界面，如图 13-10 所示。

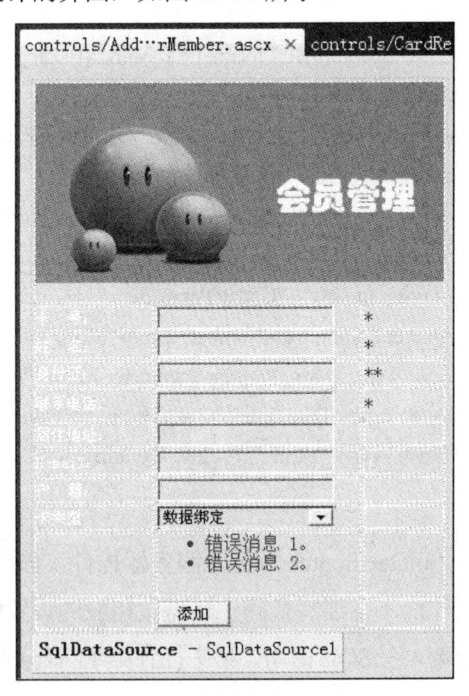

图 13-10　添加会员设计界面

2. 编辑会员信息界面设计

MemberEdit.aspx 文件为编辑会员信息的界面。该文件使用用户控件 EditMemberInfo.ascx 布

局界面。EditMemberInfo.ascx 中使用的控件及其属性，如表 13-12 所示。

表 13-12　EditMemberInfo.ascx 中的主要控件

控 件 ID	控 件 类 型	功 能 描 述
GridView1	GridView	输入实付金额的文本框
SqlDataSource1	SqlDataSource	计算商品价格的按钮

EditMemberInfo.ascx 文件主要使用了上表的 GridView1 列表控件和 SqlDataSource1 数据源控件一起配合完成编辑会员信息的界面设计，实现的内容，如代码 13-12 所示。

代码 13-12　EditMemberInfo.ascx 中的部分 HTML 代码

```
1. <asp:SqlDataSource ID="SqlDataSource1" runat="server" ConnectionString="<%$ ConnectionStrings:DBConfig
   %>"
2. DeleteCommand="DELETE FROM [MemberInfo] WHERE [ID] = @ID" InsertCommand="INSERT INTO
[MemberInfo] ([CardNumber], [Name], [IC], [BDate], [Address], [Phone]) VALUES (@CardNumber, @Name,
@IC, @BDate, @Address, @Phone)"
3. SelectCommand="SELECT [ID], [CardNumber], [Name], [IC], [BDate], [Address], [Phone] FROM
   [MemberInfo]"
4. UpdateCommand="UPDATE [MemberInfo] SET [Name] = @Name, [BDate] = @BDate, [Address] = @Address,
   [Phone] = @Phone WHERE [ID] = @ID">
5. <DeleteParameters><asp:Parameter Name="ID" Type="Int32" /></DeleteParameters>
6. <UpdateParameters><asp:Parameter Name="Name" Type="String" />
7. <asp:Parameter Name="BDate" Type="DateTime" />   <asp:Parameter Name="Address" Type="String"
   /><asp:Parameter Name="Phone" Type="String" />
8. <asp:Parameter Name="ID" Type="Int32" /></UpdateParameters>
9. <InsertParameters><asp:Parameter Name="CardNumber" Type="String" />
10. <asp:Parameter Name="Name" Type="String" /><asp:Parameter Name="IC" Type="String" />
11. <asp:Parameter Name="BDate" Type="DateTime" /><asp:Parameter Name="Address" Type="String"
    /><asp:Parameter Name="Phone" Type="String" /></InsertParameters>
12. </asp:SqlDataSource>
```

代码说明：第 1 行定义了 SqlDataSource 数据源服务器控件，该控件作为下拉列表的数据源，可以进行查询、修改和删除操作而不需要写代码，只需做相应的设置即可。第 2 行到第 5 行分别设置了添加、查询、修改和删除 4 个 SQL 语句。第 7 行到第 11 行分别对这 4 个 SQL 语句中的参数名称和数据类型进行设置。

EditMemberInfo.ascx 设计的界面，如图 13-11 所示。

图 13-11　编辑会员信息设计界面

3. 查询会员信息界面设计

MemberInfoSelect.aspx 文件设计了查询会员信息的界面。该文件中使用了用户控件 MemberInfoSelect.ascx 布局界面。MemberInfoSelect.ascx 中使用的控件及其属性，如表 13-13 所示。

表 13-13　MemberInfoSelect.ascx 中主要控件描述

控 件 ID	控 件 类 型	功 能 描 述
TextBox1	TextBox	用于输入会员卡号的文本框
TextBox2	TextBox	用于输入会员姓名的文本框
TextBox3	TextBox	用于输入会员身份证的文本框
Button1	Button	用于查询的按钮
Button2	Button	用于查询的按钮
Button3	Button	用于查询的按钮
RegularExpressionValidator1	RegularExpressionValidator	验证身份证输入格式
ValidationSummary1	ValidationSummary	验证错误提示
ObjectDataSource1	ObjectDataSource	列表控件的对象数据源控件
GridView1	GridView	显示会员信息的列表

MemberInfoSelect.ascx 文件主要使用 GridView1 列表控件和 ObjectDataSource1 数据源控件一起配合完成查询会员信息的界面设计，实现的内容，如代码 13-13 所示。

代码 13-13　MemberInfoSelect.ascx 中的部分 HTML 代码

```
1.  <tr> <td colspan="3">
2.  <asp:ValidationSummary ID="ValidationSummary1" runat="server" />
```

```
3. <asp:GridView ID="GridView1" runat="server" AllowPaging="True" AutoGenerateColumns="False"
DataSourceID="ObjectDataSource1" PageSize="5" >
4. <Columns><asp:BoundField DataField="Name" HeaderText="姓名" SortExpression="Name" />
5. <asp:BoundField DataField="CardNumber" HeaderText="卡号" SortExpression="Number" />
6. <asp:BoundField DataField="IC" HeaderText="身份证号" SortExpression="IC" />
7. <asp:BoundField DataField="Address" HeaderText="地址" SortExpression="CustAdress" />
8. <asp:BoundField DataField="Phone" HeaderText="联系电话" SortExpression="Phone" />
9.  <asp:BoundField DataField="CreateDate" DataFormatString="{0:d}"
10. HeaderText="办卡日期" HtmlEncode="False"   SortExpression
    ="BDate" /></Columns>
```

代码说明：第 2 行使用了 ValidationSummary 控件显示页面输入错误的信息。第 3 行使用 GridView 列表控件显示会员的信息。第 5 行到第 9 行设置列表控件内各数据列的标题、绑定的会员信息表字段值和排序功能。

MemberInfoSelect.ascx 设计的界面，如图 13-12 所示。

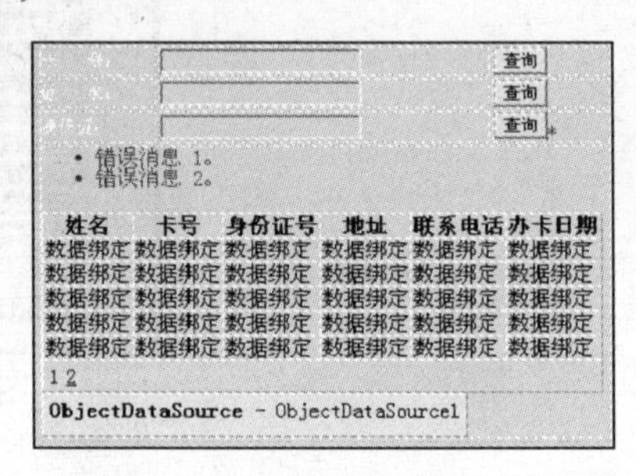

图 13-12　查询会员信息的设计界面

13.6.2　实现界面的代码

对应于会员资料管理模块的 3 个界面文件，使用相应的代码文件实现其界面的功能。其中，实现编辑会员信息界面的代码由 SqlDataSource1 数据源控件自动实现。

1. 实现会员添加界面的代码

实现会员添加界面的文件是 AddUserMember.ascx.cs。该文件定义了处理【添加会员】按钮的单击事件，主要内容如代码 13-14 所示。

代码 13-14　会员添加的代码

```
1. protected void btnadd_Click(object sender, EventArgs e){
2.          if (Page.IsValid){
3.              MemberInfo mi = new MemberInfo();
4.              mi.Name = txtname.Text;     //获得输入的会员信息
5.              mi.IC = txtIC.Text;
6.              mi.Phone = txtphone.Text;
7.              mi.Address = txtaddress.Text;
8.              mi.CardNumber = txtNumber.Text;
9.              mi.CardID = CardManager.GetCardID(ddlCard.SelectedValue);
10.              mi.CreateDate = DateTime.Now;
11.              MemberInfoManager mim = new MemberInfoManager(); //创建会员管理类
12.              bool re = mim.Insert(mi);
```

```
13.                if (re){
14.     Page.ClientScript.RegisterStartupScript(GetType(), "", "<script>alert('执行成功')</script>");
15.                }
16.                else{
17.     Page.ClientScript.RegisterStartupScript(GetType(), "", "<script>alert('执行失败')</script>");
18.                }
19.        }
```

代码说明：第 1 行定义了处理【添加会员】按钮 btnadd 的 Click 事件的方法。第 3 行到第 10 行获得新会员的各种详细信息。第 12 行调用会员管理类的 Insert 方法添加新会员。

第 13 行到第 17 行判断添加操作是否成功，无论成功与否，都给出相应的信息提示。

2. 实现会员信息查询界面的代码

实现会员信息查询界面的文件是 MemberInfoSelect.ascx。该文件定义了处理查询按钮的单击事件 Click，主要内容如代码 13-15 所示。

代码 13-15　查询会员信息的代码

```
1.  protected void Button1_Click(object sender, EventArgs e){
2.        ObjectDataSource1.SelectMethod = "GetMemberInfoByCardNumber";
3.        Parameter parmeter = new Parameter("cNumber"); //创建参数类
4.            if (TextBox1.Text == "")
5.                parmeter.DefaultValue = "0";
6.            else
7.                parmeter.DefaultValue = TextBox1.Text; //为方法的参数赋值
8.            ObjectDataSource1.SelectParameters.Clear();
9.            ObjectDataSource1.SelectParameters.Add(parmeter); //添加参数到数据源
10.             ObjectDataSource1.Select();
11.  }
```

代码说明：第 1 行定义了处理【查询】按钮 Button1 的 Click 事件的方法。第 2 行指定对象数据源控件的查询方法是会员信息管理类中的 GetMemberInfoByCardNumber 方法。第 3 行到第 7 行为方法中的参数赋值。第 11 行执行查询操作。

13.7　商品管理模块

与商品管理模块有关的文件有 4 个，分别是：MerchandiseSale.aspx、MerchandiseSale.aspx.cs、IntegralMerchandise.aspx 和 IntegralMerchandise.aspx.cs。

13.7.1 界面设计

商品管理模块的界面包括商品销售界面和商品积分界面。下面分别对这两个界面进行介绍。

1. 商品销售界面设计

实现商品销售界面的页面文件是 MerchandiseSale.aspx。该文件中使用了用户控件 MerchandiseSale.ascx 进行布局设计。MerchandiseSale.ascx 中使用的控件及其属性，如表 13-14 所示。

表 13-14 MerchandiseSale.ascx 中的主要控件

控 件 ID	控 件 类 型	功 能 描 述
txtMerchandiseID	TextBox	用于输入商品编号的文本框
txtcount	TextBox	用于输入商品数量的文本框
RegularExpressionValidator1	RegularExpressionValidator	验证输入商品编号的格式
RegularExpressionValidator2	RegularExpressionValidato	验证输入商品数量文的格式
ddltype	DropDownList	显示操作选项的下拉列表
Button2	Button	用于提交操作的按钮
ObjectDataSource1	ObjectDataSource	列表控件的对象数据源控件
GridView1	GridView	显示商品信息的列表

MerchandiseSale.ascx 文件中主要使用上表中的 GridView1 列表控件和 ObjectDataSource1 数据源控件一起配合显示商品销售的界面，实现的内容如代码 13-16 所示。

代码 13-16 MerchandiseSale.ascx 中的部分 HTML 代码

```
1. <td colspan="2"> <asp:GridView ID="GridView1" runat="server" AutoGenerateColumns="False"
DataSourceID="ObjectDataSource1" Width="453px">
2. <Columns>
3. <asp:BoundField DataField="Name" HeaderText="名称" SortExpression="Name" />
4. <asp:BoundField DataField="Price" DataFormatString="{0:C}" HeaderText="价格" SortExpression="Price" />
5. <asp:BoundField DataField="MerchandiseIntegral" HeaderText="数量" SortExpression="MerchandiseIntegral"
/></Columns></asp:GridView>
6. <asp:ObjectDataSource ID="ObjectDataSource1" runat="server" SelectMethod="GetMerchandiseByID"
TypeName="MerchandiseInfoManager">
7. <SelectParameters><asp:ControlParameter ControlID="txtMerchandiseID"  DefaultValue="0" Name="mId"
PropertyName="Text" Type="String" />
8. <asp:ControlParameter ControlID="txtcount" DefaultValue="1" Name="count" PropertyName="Text"
Type="Int32" /></SelectParameters>
9. </asp:ObjectDataSource>
10. </td>
```

代码说明：第 1 行定义了 GridView1 列表控件。第 2 行到第 5 行使用<Columns>子标签设置列表控件中各个数据列的标题和绑定的字段值。第 6 行定义了 ObjectDataSource1 数据源控件作为列表控件的数据源。第 6 行到第 8 行分别设置 ObjectDataSource 数据源控件的相关类，方法的参数、类型和值。

MerchandiseSale.ascx 设计的界面，如图 13-13 所示。

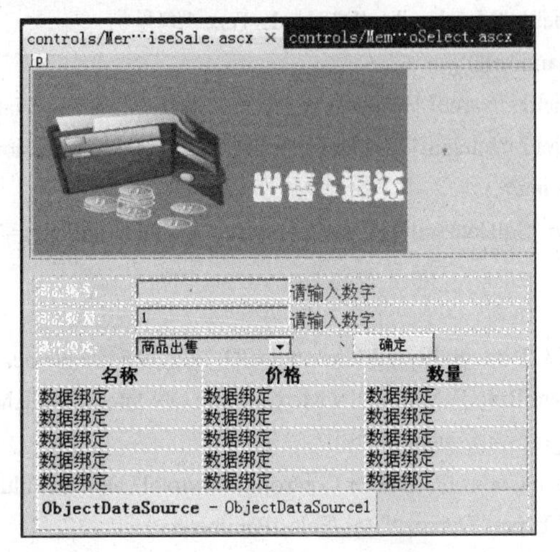

图 13-13　商品销售界面设计

2. 商品积分界面设计

实现商品积分界面的页面文件是 IntegralMerchandise.aspx。该文件中使用了用户控件 IntegralMerchandise.ascx 进行布局设计。IntegralMerchandise.ascx 中使用的控件及其属性如表 13-15 所示。

表 13-15　IntegralMerchandise.ascx 中的主要控件

控 件 ID	控 件 类 型	功 能 描 述
txtNumber	TextBox	用于输入会员卡号的文本框
txttotal	TextBox	用于输入当前积分的文本框
txtMerchandise	TextBox	用于输入商品编号的文本框
txtcount	TextBox	用于输入积分要求的文本框
Button1	Button	用于查询的按钮
Button2	Button	用于确认的按钮
SqlDataSource1	SqlDataSource	列表控件的数据源控件
GridView1	GridView	显示商品积分的列表

IntegralMerchandise.ascx 中主要使用了上表中的 GridView1 列表控件和 SqlDataSource1 数据源控件一起完成显示商品积分信息的界面，实现的内容如代码 13-17 所示。

代码 13-17　IntegralMerchandise.ascx 中的部分 HTML 代码

```
1. <asp:GridView ID="GridView1" runat="server" AutoGenerateColumns="False" DataKeyNames="ID"
   DataSourceID="SqlDataSource1" Width="377px"
   OnSelectedIndexChanged="GridView1_SelectedIndexChanged">
2. <Columns><asp:CommandField ShowSelectButton="True" />
3. <asp:BoundField DataField="MerchandiseID" HeaderText="编号"
4. SortExpression="MerchandiseID" />
5. <asp:BoundField DataField="Name" HeaderText="名称" SortExpression="Name" />
6. <asp:BoundField DataField="Integral" HeaderText="积分要求" SortExpression="Integral" />
7. </Columns></asp:GridView>
8.  <asp:SqlDataSource ID="SqlDataSource1" runat="server" ConnectionString="<%$ ConnectionStrings:
    DBConfig
  %>"
9. SelectCommand="SELECT IntegralRule.MerchandiseID, Merchandise.Name, IntegralRule.Integral,
IntegralRule.ID FROM IntegralRule INNER JOIN Merchandise ON IntegralRule.MerchandiseID =Merchandise.ID
WHERE (IntegralRule .Integral <= @Integral)">
10.  <SelectParameters> <asp:ControlParameter ControlID="txttotal" DefaultValue="0" Name="Integral"
   PropertyName="Text"   Type="Decimal" /></SelectParameters>
11.  </asp:SqlDataSource>
```


代码说明：第 1 行定义了 GridView1 列表控件。第 2 行到第 7 行使用<Columns>子标签设置列表控件中各个数据列的标题和绑定的字段值。第 8 行定义了 ObjectDataSource1 数据源控件作为列表控件的数据源。第 8 行到第 11 行分别设置对象数据源控件的相关类，方法的参数、类型和值。

IntegralMerchandise.ascx 设计的界面，如图 13-14 所示。

图 13-14　商品积分界面设计

13.7.2 实现界面的代码

对应于商品管理模块的两个界面文件 MerchandiseSale.ascx 和 IntegralMerchandise.ascx，通过使用后台代码文件 MerchandiseSale.ascx.cs 和 IntegralMerchandise.ascx.cs 实现其功能。

1. 实现商品销售界面的代码

实现商品销售界面的文件是 MerchandiseSale.ascx.cs。该文件定义了处理按钮的 Click 事件，主要内容如代码 13-18 所示。

代码 13-18 商品销售的代码

```
1.  protected void Button2_Click(object sender, EventArgs e) {
2.      MerchandiseInfoManager mim = new MerchandiseInfoManager();//创建商品管理类
3.  bool re=mim.UpdateMerchandiseCount(txtMerchandiseID.Text, int.Parse(txtcount.Text),
    int.Parse(ddltype.SelectedValue));
4.          if (re){
5.  Page.ClientScript.RegisterStartupScript(GetType(), "", "<script>alert('执行成功')</script>");
6.          }
7.          else{
8.  Page.ClientScript.RegisterStartupScript(GetType(), "", "<script>alert('执行失败')</script>");
9.          }
10.     }
```

代码说明：第 1 行定义了处理 Button2 按钮的 Click 事件的方法。第 3 行通过商品管理类对象 mim 的 UpdateMerchandiseCount 方法修改商品的数量。第 4 行到第 9 行判断操作是否成功。如果成功，则显示执行成功的提示信息，否则显示执行失败的提示信息。

2. 实现商品积分界面的代码

IntegralMerchandise.ascx.cs 是实现商品积分界面的文件。该文件分别定义了一个处理获得总积分按钮的单击事件和一个处理积分按钮的单击事件，主要内容如代码 13-19 和代码 13-20 所示。

代码 13-19 获得总积分的代码

```
1.  protected void Button1_Click(object sender, EventArgs e){
2.      InetgralInfoManager iim = new InetgralInfoManager(); //创建商品管理类对象
3.      txttotal.Text = iim.GetIntegralByCardNumber(txtNumber.Text).ToString();
4.    }
5.    protected void GridView1_SelectedIndexChanged(object sender, EventArgs e){
6.          GridViewRow gr = GridView1.SelectedRow; //获得选择的数据行对象
7.          txtMerchandise.Text = gr.Cells[1].Text;
8.          txtcount.Text = gr.Cells[3].Text;
9.    }
```

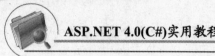

代码说明：第 1 行定义处理 Button1 按钮的 Click 事件的方法。第 3 行调用商品管理类对象 iim 的 GetIntegralByCardNumber 方法获得会员的总积分情况。第 5 行处理 GridView1 列表控件的 SelectedIndexChanged 事件。第 7 行和第 8 行将列表控件中所选择行的第 2 个和第 5 个单元格的数据显示在页面的文本框中。

代码 13-20　积分处理的代码

```
1. protected void Button2_Click(object sender, EventArgs e){
2.         InetgralInfoManager iim = new InetgralInfoManager(); //创建积分管理类对象
3.         try{
4.                 int money = 0;
5.                 int temp = 2;
6.                 money = int.Parse(txtcount.Text);
7.                 bool re1 = iim.AddHistory(txtNumber.Text, money, temp);
8.                 if (!re1){
9.     Page.ClientScript.RegisterStartupScript(GetType(), "", "<script>alert('执行失败')</script>");
10.                    return;
11.                }
12.            }
13.            catch (Exception ex){
14.    Page.ClientScript.RegisterStartupScript(GetType(), "", "<script>alert('执行失败')</script>");
15.            }
16.        MerchandiseInfoManager mim = new MerchandiseInfoManager();//创建商品管理类对象
17.            bool re = mim.UpdateMerchandiseCount(txtMerchandise.Text, 1, 2);
18.            if (re){
19.    Page.ClientScript.RegisterStartupScript(GetType(), "", "<script>alert('执行成功')</script>");
20.            }
21.            else{
22.    Page.ClientScript.RegisterStartupScript(GetType(), "", "<script>alert('执行失败')</script>");
23.            }
24.    }
```

代码说明：第 1 行定义处理 Button2 按钮的 Click 事件的方法。第 7 行通过调用积分管理类对象 iim 的 AddHistory 方法，将选择商品的积分添加到会员积分历史记录中。第 8 行判断添加的操作是否成功，如果失败，显示相应的提示信息。

第 17 行调用商品管理类对象 mim 的 UpdateMerchandiseCount 方法修改商品数量。第 18 行到第 22 行，判断操作是否成功，如果成功，就将相应的提示信息显示到页面，否则显示操作不成功的提示信息。

13.8　积分管理模块

与积分管理模块相关的文件有 8 个，分别是：HistotySelect.aspx、HistotySelect.aspx.cs、Integral

Info.aspx、IntegralInfo.aspx.cs、IntegralUseRule.aspx、IntegralUseRule.aspx.cs、History.aspx 和 History.aspx.cs。

13.8.1　界面设计

积分管理模块的界面设计包括积分历史查询界面、查询当前积分界面、积分规则界面和积分处理界面。下面对这 4 个界面文件进行介绍。

1. 积分历史查询界面设计

实现积分历史查询界面的页面是 HistotySelect.aspx 文件。该文件中使用了用户控件 History Select.ascx 进行布局设计。在 HistorySelect.ascx 中使用的控件及其属性，如表 13-16 所示。

表 13-16　HistorySelect.ascx 中的主要控件

控 件 ID	控 件 类 型	功 能 描 述
txtNumber	TextBox	用于输入会员卡号的文本框
Button1	Button	用于查询的按钮
ObjectDataSource1	SqlDataSource	列表控件的对象数据源控件
GridView1	GridView	显示积分历史的列表

HistorySelect.ascx 的界面主要是通过上表中的 GridView1 列表控件和 ObjectDataSource1 数据源控件共同显示的，其实现的主要内容如代码 13-21 所示。

代码 13-21　HistorySelect.ascx 中的部分 HTML 代码

```
1.  <asp:ObjectDataSource ID="ObjectDataSource1" runat="server" SelectMethod="GetHistroy"
2.   TypeName="InetgralInfoManager">
3.   <SelectParameters>
4.   <asp:ControlParameter ControlID="txtNumber"  DefaultValue="0"  Name="cNumber"
    PropertyName="Text"  Type="String" />
5.   </SelectParameters>
6.  </asp:ObjectDataSource>
```

代码说明：第 1 行使用 ObjectDataSource 数据源控件作为列表控件的数据源。第 3 行到第 5 行使用<SelectParameters>子节点设置查询语句的参数名、参数属性和参数数据类型。

HistorySelect.ascx 设计的界面，如图 13-15 所示。

图 13-15 查询历史积分界面设计

2. 查询当前积分信息界面设计

IntegralInfo.aspx 文件是实现查询当前积分信息的界面。该文件中使用了用户控件 IntegralInfo.ascx 进行布局设计。在 IntegralInfo.ascx 中使用的控件及其属性，如表 13-17 所示。

表 13-17 IntegralInfo.ascx 中的主要控件

控 件 ID	控 件 类 型	功 能 描 述
txtNumber	TextBox	用于输入会员卡号的文本框
Button1	Button	用于查询的按钮
Label3	Label	显示当前积分数

IntegralInfo.ascx 文件中通过 TextBox 控件、Button 控件和 Label 控件组成显示的界面，实现的内容如代码 13-22 所示。

代码 13-22 IntegralInfo.ascx 中的部分 HTML 代码

```
1. <table style="width: 300px; "><tr><td >卡号：</td>
2. <td ><asp:TextBox ID="txtNumber" runat="server"></asp:TextBox></td>
3. <td><asp:Button ID="Button1" runat="server" OnClick="Button1_Click" Text="查询"
4. Width="50px" /></td></tr>
5. <tr><td >当前积分：</td><td ><asp:Label ID="Label3" runat="server" ></asp:Label></td>
6. <td ></td></tr>
7. </table>
```

代码说明：第 2 行定义了 TextBox 控件，用于输入会员卡号。第 3 行使用 Button 控件提交查询的命令。第 5 行使用 Label 控件显示当前的积分情况。

IntegralInfo.ascx 设计的界面，如图 13-16 所示。

图 13-16　查询当前积分信息的界面

3. 积分规则界面设计

实现积分规则界面的文件是 IntegralUseRule.aspx。该文件中使用了用户控件 IntegralUseRule.ascx 进行布局设计。在 IntegralUseRule.ascx 中使用的控件及其属性，如表 13-18 所示。

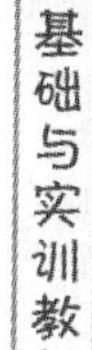

表 13-18　IntegralUseRule.ascx 中的主要控件

控件 ID	控件类型	功能描述
GridView1	GridView	用于显示商品积分的列表
Button1	Button	进行添加操作的按钮
txtMerchandiseID	TextBox	输入商品编号的文本框
txtcount	TextBox	输入总积分的文本框

IntegralUseRule.ascx 文件中使用 GridView 控件、Button 控件和两个 TextBox 文件共同组成积分规则界面，实现的主要内容如代码 13-23 所示。

代码 13-23　IntegralUseRule.ascx 中的部分 HTML 代码

```
1. <asp:GridView ID="GridView1" runat="server"
AllowPaging="True" AutoGenerateColumns="False"
DataSourceID="SqlDataSource1" DataKeyNames="ID"
Width="463px"
onselectedindexchanging="GridView1_SelectedIndexChanging">
2. <Columns><asp:CommandField
ShowDeleteButton="True" ShowEditButton="True" />
3. <asp:BoundField DataField="MerchandiseID"
HeaderText="编号" SortExpression="MerchandiseID" />
4. <asp:BoundField DataField="Name" HeaderText="名称
" SortExpression="Name" />
5. <asp:BoundField DataField="Integral" HeaderText="
```

```
积分" SortExpression="Integral" />
6.   </Columns>
7.  </asp:GridView>
```

代码说明：第 1 行使用 GridView 列表控件显示有关积分规则的信息。第 2 行到第 6 行使用<Columns>子节点设置列表控件中各数据列的标题、数据值和使用排序功能的字段。

IntegralUseRule.ascx 设计的界面，如图 13-17 所示。

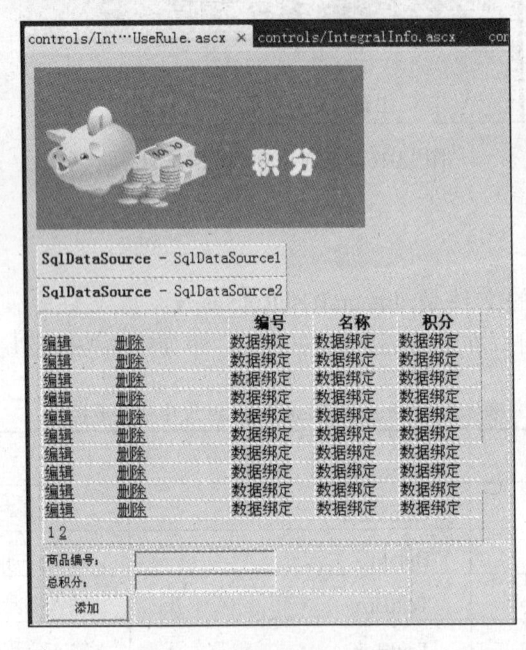

图 13-17　积分规则的设计界面

4. 积分处理界面设计

实现积分处理界面的文件是 History.aspx。该文件中使用了用户控件 History.ascx 进行布局设计。在 History.ascx 中使用的控件及其属性，如表 13-19 所示。

表 13-19　History.ascx 中主要控件描述

控 件 ID	控 件 类 型	功 能 描 述
ddltype	DropDownList	用于显示操作类型的下拉列表框
txtNumber	TextBox	输入 VIP 卡号的文本框
txtmoney	TextBox	输入积分金额的文本框
Button1	Button	提交确定操作的按钮

History.ascx 文件中由 DropDownList 下拉列表控件、Button 按钮控件和两个 TextBox 文本框控件共同组成积分处理界面，实现的主要内容如代码 13-24 所示。

代码 13-24　History.ascx 中的部分 HTML 代码

```
1. <tr><td>操作类型：</td>
2. <td><asp:DropDownList ID="ddltype" runat="server" Width="130px" Height="16px">
3. <asp:ListItem Selected="True" Value="0">商品出售</asp:ListItem>
4. <asp:ListItem Value="1">商品退还</asp:ListItem><asp:ListItem Value="2">使用积分</asp:ListItem>
5. </asp:DropDownList></td>
6. </tr>
```

代码说明：第 2 行使用了 DropDownList 下拉列表控件。第 3 行和第 4 行设置下拉列表框中显示的内容。

History.ascx 设计的界面，如图 13-18 所示。

图 13-18　积分处理设计界面

13.8.2　实现界面的代码

对应于积分管理模块的 4 个界面文件为 HistorySelect.ascx、IntegralInfo.ascx、Integral UseRule.ascx 和 History.ascx，通过使用后台代码文件实现其界面的功能。

1. 实现积分历史查询界面的代码

实现积分历史查询界面的代码文件是 HistorySelect.ascx.cs。该文件定义了处理主列表数据行绑定事件 RowDataBound，内容如代码 13-25 所示。

代码 13-25　处理列表数据行绑定事件的代码

```
1.  protected void GridView1_RowDataBound(object sender, GridViewRowEventArgs e){
2.          switch ((int)(e.Row.RowType)){   //判断数据源中数据行的类型
3.              case (int)DataControlRowType.DataRow:
4.                  total += Convert.ToInt32(e.Row.Cells[3].Text);
5.                  break;
6.              case (int)DataControlRowType.Footer:
```

```
7.                  e.Row.Cells[1].Text = "当前总积分为：";
8.                  e.Row.Cells[3].Text = total.ToString();
9.                  break;
10.         }
11.     }
```

代码说明：第 1 行定义处理列表控件 GridView1 的 RowDataBound 数据行绑定事件的方法。第 2 到第 10 行通过 switch…case…多分支条件语句判断数据源中数据行的类型，如果是数据行类型(DataRow)，就将列表控件中的积分进行加总，如果数据类型是脚注(Footer)，则在列表控件中第 2 列显示“当前总积分为：”的字样，在第 4 列显示积分的总数。

2. 实现查询当前积分信息界面的代码

实现查询当前积分信息界面的代码文件是 IntegralInfo.ascx.cs。该文件定义了处理查询按钮的 Click 事件，主要内容如代码 13-26 所示。

代码 13-26 查询当前积分的代码

```
1. protected void Button1_Click(object sender, EventArgs e){
2.   InetgralInfoManager iim = new InetgralInfoManager(); //创建积分信息管理对象
3.   int integral=iim.GetIntegralByCardNumber(txtNumber.Text); //获得受影响的行数
4.   Label3.Text = integral.ToString(); //将当前积分显示在页面 Label 控件
5. }
```

代码说明：第 1 行到第 4 行定义处理按钮 Button1 的 Click 方法。第 3 行调用积分信息管理对象 iim 的 GetIntegralByCardNumber 方法获得当前的积分。

3. 实现积分规则界面的代码

实现积分规则界面的代码文件是 IntegralUseRule.ascx.cs。该文件定义了处理【添加】按钮的单击事件 Click，主要内容如代码 13-27 所示。

代码 13-27 添加积分规则的代码

```
1. protected void Button1_Click(object sender, EventArgs e){
2.     MerchandiseInfoManager mim = new MerchandiseInfoManager();// 创建商品信息管理对象
3.         bool re = false;
4.         try{
5.         re = mim.AddIntegralUseRule(txtMerchandiseID.Text, int.Parse(txtcount.Text));
6.         }
7.         catch (Exception ex){}
8.         if (re){ //判断操作是否成功
9.   Page.ClientScript.RegisterStartupScript(GetType(), "", "<script>alert('执行成功')</script>");
```

```
10.            }
11.            else{
12.   Page.ClientScript.RegisterStartupScript(GetType(), "", "<script>alert('执行失败')</script>");
13.            }
14.      }
```

代码说明：第 1 行定义处理按钮 Button1 的单击事件的 Click 方法。第 5 行调用商品信息管理对象 mim 的添加积分规则的方法 AddIntegralUseRule。第 8 行到第 13 行判断操作是否成功，并显示相应的提示信息。

4. 实现积分处理界面的代码

实现积分处理界面的代码文件是 History.ascx.cs。该文件定义了实现积分处理按钮的 Click 事件，主要内容如代码 13-28 所示。

代码 13-28　实现积分处理的代码

```
1.  protected void Button1_Click(object sender, EventArgs e){
2.            InetgralInfoManager iim = new InetgralInfoManager(); //创建积分信息管理对象
3.            int money=int.Parse(txtmoney.Text);    //获得用户的输入
4.            int temp = int.Parse(ddltype.SelectedValue);
5.            bool re=iim.AddHistory(txtNumber.Text,money,temp);
6.            if (re){
7.  Page.ClientScript.RegisterStartupScript(GetType(), "", "<script>alert('执行成功')</script>");
8.         }
9.            else{
10.  Page.ClientScript.RegisterStartupScript(GetType(), "", "<script>alert('执行失败')</script>");
11.   }
12.  }
```

代码说明：定义处理按钮 Button1 的单击事件的 Click 方法。第 5 行调用商品信息管理对象 iim 的处理积分的方法 AddHistory。第 6 行到第 11 行判断处理积分的操作是否成功，如果操作成功，显示“执行成功”的提示信息；如果操作失败，则显示“执行失败”的提示信息。